교수님 성함	
교수님 연구실	
교수님 이메일	
수업시간	
강의실	
강의교재	
과제	
중간고사 시험범위	
기말고사 시험범위	
참고도서	

5판 COMMUNITY NUTRITION

지역사회영양학

5판 COMMUNITY NUTRITION

지역사회영양학

모수미 · 구재옥 · 김복희 · 이윤나 · 이정은 · 임경숙 · 정상진

교문사

머리말

지역사회영양학은 개인과 집단의 건강유지와 건강증진을 도모하기 위해 공동체가 가지고 있는 사회, 환경, 경제 · 보건 · 교육 문화적 특성에 학제적으로 접근하여 영양과 건강에 관련시키면서 영양활동에 필요한 지식과 기술을 연구하는 응용학문이다. 건강유지와 증진은 개인의 차원을 넘어 지역사회는 물론 국가에서 정책적으로 이루어져야 하며 지역사회영양학의 내용은 다양한 학문의 이론과 시대 변화의 내용을 반영하게 된다.

최근 한국인의 평균수명의 증가로 인한 고령화와 저출산 문제가 심각하며 식생활의 변화와 함께 질병구조가 변화하고 있다. 사회 · 경제발전, 산업의 발달, 환경오염 등은 지역주민의 건강에 큰 영향을 주며 식생활 변화에도 영향을 미치고 있다. 따라서 지역사회영양학은 생리적인 면의 영양이나 건강측면뿐만 아니라 경제 · 사회 전반과 인간의 심리 · 문화 등 식생활과 관련된 부분을 감안하여 계획하고 실시되어야 한다.

지역사회영양학의 개정은 사회, 경제, 각종 환경 등이 많이 변화되어 시대상황의 변화에 맞게 내용을 개정하였고, 새로운 내용을 추가하였다.

이번 개정판에서는 지역사회영양에 관한 전반적인 이해와 실제 실시과정, 생애주기별 영양사업 실제와 실시방법 등을 포함하고 보건, 영양정책 및 행정기관과 관련법으로 구성하였다. 이 개정판은 2부로 나누어 다음과 같은 내용으로 구성하였다.

1부 지역사회영양학과 영양활동에서는 첫째 지역사회영양학의 대상과 내용, 역사 등과 건강증진, 영양사업과의 관계를 제시하여 지역사회영양학의 중요성과 일반적인 개요를 제공하였다. 둘째 지역사회영양의 연구방법과 영양진단 내용을 제시하였다.

지역주민의 건강증진을 위해서는 현재의 영양상태를 파악하여 사업이 계획되어야 하는데, 이를 살펴보기 위해 실제 영양진단의 과정과 방법, 평가내용을 제시하였다. 한국인의 건강과 식생활 현황을 최근에 보고된 결과를 제시하여 현재 한국인의 식생활, 건강상황과 함께 시대적인 식생활과 건강양상의 변화 등도 제시하였다.

한편, 지역사회영양활동의 개발과 평가, 활동과 기술에서는 지역사회영양활동을 실시하기 위한 개발, 실행, 평가를 중요하게 파악하도록 하였다. 영양활동을 전개할 때 필요한 영양교육의 기법, 활용도구 등도 소개하였다.

2부에서는 지역사회영양사업의 실제와 영양정책을 다룬다. 우리나라에서 실시하고 있는 생애주기별 영양사업을 소개하였다. 임신·수유부와 영·유아 영양사업, 아동·청소년 영양사업, 성인과 노인의 영양사업, 국제기구의 사업 등을 소개하였다.

영양정책과 영양행정기관과 관련 법규를 두 장에서 다루었다. 우리나라의 국가 또는 지방자치단체의 영양정책과 외국의 영양활동에서는 각국의 영양활동을 소개하였고, 미국과 일본의 영양정책과 활동과 세계의 영양문제나 국제기구의 영양활동을 추가하였다.

본 저서는 식품영양학 전공 학생들은 물론 영유아 시설, 보건소, 학교, 산업체, 복지시설 등의 영양사와 의료, 보건과 영양교육 업무에 관련된 전문인들이 지역사회영양학에 대한 이해와 활동, 실제 활동능력을 증진시키는 데 활용할 수 있게 되기를 바라면서 집필되었다. 끝으로 이 책이 출판되기까지 도움을 주신 교문사 관계자 여러분들께 감사를 표한다.

2022년 8월

저자 대표

| 차 례 |

CHAPTER 4 지역사회영양활동의 기술과 도구

CHAPTER 5 한국인의 건강문제와 식생활

PART 2 지역사회영양사업의 실제와 영양정책

CHAPTER 6 임신·수유부와 영유아 영양사업

CHAPTER 7 아동·청소년 영양사업

PART 1 지역사회영양학과 영양활동

CHAPTER 1

지역사회영양학과 건강증진

1. 지역사회영양학의 이해

1 지역사회의 정의

지역사회community 일정한 지역에 살거나 공동의 가치관과 이익을 나누면서 생활, 직업, 학문, 취미 등을 가진 사람들의 생활공동체로서의 사회집단

일반적으로 지역사회라 하면 지역단위나 범위, 크기를 연상하게 한다. 면, 군, 도 단위 또는 중부지역, 영남지역, 호남지역과 또는 남한지역과 북한지역으로 나눌 수 있고 한반도 전체를 하나의 지역사회로 볼 수 있다.

공간으로서의 지역이 아닌 공통성이 있는 집단도 하나의 특정 지역사회로 볼 수 있다. 예를 들어, 대도시에 저소득층의 집단이 여기저기 산재하고 있는 경우 저소득 지역사회로 볼 수 있으며 특정 종교집단이나 노년기, 중년기 등의 집단도 특징을 가진 그룹으로 볼 수 있다. 지역사회는 지역적인 지역사회뿐만 아니라 비슷한 관심, 위치, 특성으로 함께 모여 사는 인간의 공동체로서 인간의 집합 이상의 것을 의미한다.

오늘날의 보건의료와 관련하여서도 지역사회는 지역집단 또는 지역공동체뿐만 아니라 학교나 산업체, 나아가서는 병원 등과 같은 기능집단과 이익공동체까지도 포괄하는 매우 넓은 개념으로 확대되고 있다. 식량이나 영양과 보건문제는 국한된 지역뿐만 아니라 국가와 국민 전체에까지 파급된다. 더구나 국제화 시대인 오늘날에는 인접해 있는 나라들의 영양과 보건문제가 상호영향을 받게 된다. 특히 우리나라는 외국이 아닌 북한이 인접해 있다는 점도 중요하다.

2 지역사회영양학의 정의

지역사회영양학community nutrition 개인과 집단의 건강유지와 건강증진을 도모하기 위해 공동체가 가지고 있는 사회, 환경, 경제, 농업, 보건, 교육문화적 특성에 학제적으로 접근하여 영양과 관련시키면서 영양활동의 계획, 실천과 평가에 필요한 지식과 기술을 연구하는 종합과학이며 시스템과학

지역사회영양학은 개개인의 건강은 물론 사회생활을 영위하는 공동체의 건강문제를 중시하고 해결하고자 하며, 현대사회에서 지역사회영양학의 역할과 그 필요성이 더욱 증대되고 있다.

3 지역사회영양학의 의의

지역사회영양학은 지역주민의 건강증진과 질병을 예방하여 국민건강을 증진시키고 삶의 질 향상에 기여함을 목적으로 하고 있다. 사회 · 경제발전과 산업의 발달, 환경오염 등이 지역주민의 건강에 큰 영향을 주며 식생활 변화에도 작용하고 있다.

근래 우리나라는 경제발전과 의료 · 과학기술의 발달로 국민건강과 생활수준이 향상되고 평균수명 증가로 노인인구가 급증하고 있으나 저출산으로 인구분포가 크게 달라지고 있다. 또한 경제수준 향상으로 경제취약계층인 도시 빈곤층 · 농어촌 등의 빈부차가 나타나는 영양취약계층이 늘어나고 있다. 한편 사회변화와 산업의 발달로 인하여 환경오염과 파괴가 일어나고 있어서 지역주민의 건강을 저해하는 요소가 되고 있다. 또한 경제발전에 따라 전통식습관과 생활습관이 변화되면서 비만 · 당뇨 · 심혈관질환 등 각종 생활습관병이 증가하고 있다.

인구동태면에서 인구는 점차 고령화되었는데도 출생률은 낮아지면서 연소층이 줄고 일할 수 있는 연령층은 감소되어 가고 있다. 건강의 유지와 증진은 개인의 단계로부터 가족 · 집단 · 지역사회주민과 국가수준의 문제로 크게 확대되었다. 지역주민의 건강유지와 증진은 개인의 차원을 넘어 지역사회는 물론 국가에 의해서 정책적으로 이끌어가야 할 단계이다. 따라서 지역사회영양학은 시대와 사회배경을 기반으로 하고, 보건과 영양학의 영역뿐만 아니라, 사람이 거주하는 지역의 생활환경 · 역사와 경제 · 문화 · 계승되고 있는 식습관과 식행동의 식생태를 파악하는 동시에 현재의 인간성과 심리현상도 판단하여 종합적인 입장에서 보건과 식생활 개선을 추진하여야 한다.

4 지역사회영양학의 개념적 모델

지역사회영양학의 개념을 명확히 하기 위하여 개념적 모델을 제시하면 그림 1-1과 같다. 지역사회인의 영양과 건강증진을 이루기 위해서 지역사회영양의 대상, 목표, 영양활동의 세 가지 요소들 간의 상호작용이 이루어져야 한다. 따라서 이러한 세 가지를 이루는 요소들과 정책결정 등이 지역사회영양학의 학문적 대상이면서 지역사회영양학의 내용이 된다고 볼 수 있다.

(1) 지역사회영양학의 대상

영양학이나 지역사회영양학이 영양현상을 대상으로 하는 것은 같으나 영양학은 개인을 대상으로 하고, 지역사회영양학은 집단 쪽에 초점을 맞춘다.

지역사회영양활동의 주 대상은 환자보다는 건강한 사람, 반건강인, 질병이 매우 경미한 사람이 되는 경우가 많다(그림 1-2). 다양한 인구집단을 대상으로 하여 영양학 지식을 기반으로 건강유지와 증진, 그리고 질병발생을 예방하는 활동을 한다.

인구집단에는 여러 가지 종류가 있으며 크기도 다르다. 지역사회영양학의 대상으로는 가족과 같은 작은 집단을 비롯해 도시 · 농촌 · 어촌 · 도서벽촌 · 산촌 등 또는 리 · 면 · 군 · 시 · 도의 주민과 국민 전반이 될 수도 있고, 인접국가나 넓게는 지구나 지구 전체의 대상집단까지 생각해 볼 수도 있다. 지역사회의 종류로는 연령 · 성 · 인종 · 취약상태별로 대상집단을 묶어서 다룰 수 있다. 때에 따라 사회 · 경제적 요인을 대상집단으로 할 수 있다. 이 밖에 식습관 · 음주 · 흡연 · 가족생활 양상 등 공통된 생활습관을 기준으로 지역사회의 종류를 나누어 볼 수 있다.

(2) 지역사회영양학의 목표

지역사회영양학의 목표는 건강수준향상을 위한 영양과 건강증진이며 이를 위한 정책결정을 포함한다.

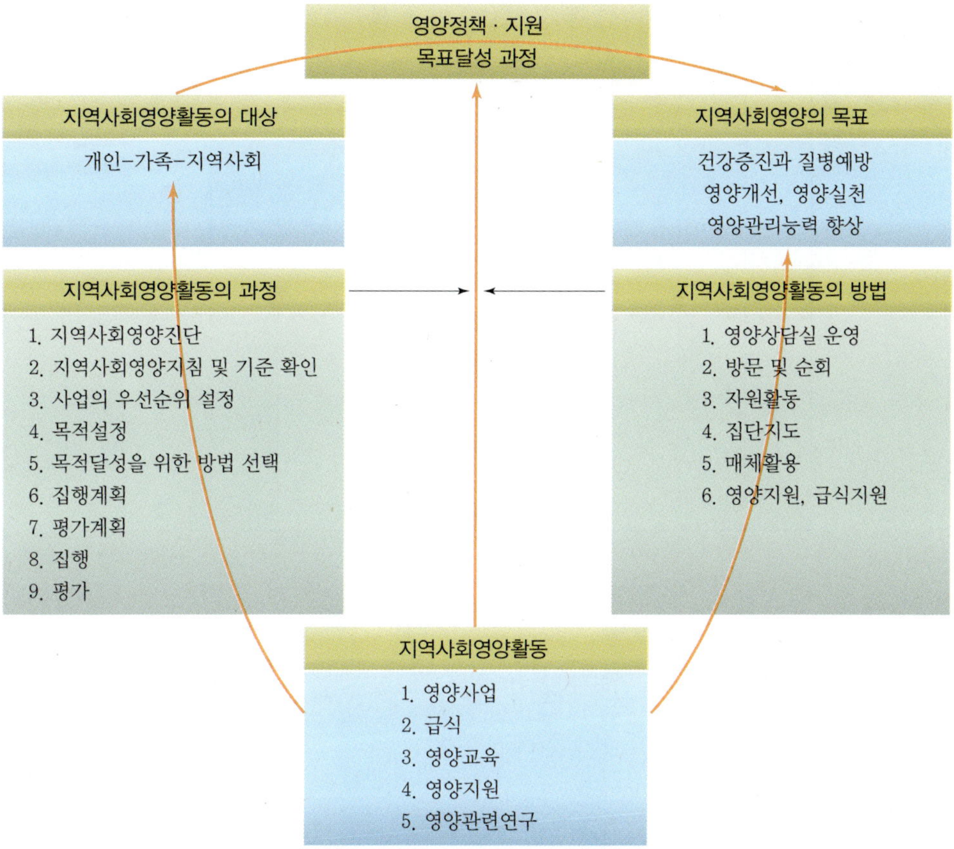

그림 1-1 지역사회영양학의 개념적 모델

(3) 지역사회영양활동의 방법

지역사회영양활동의 방법에는 영양상담실 운영, 방문 및 순회, 자원 활동 및 의뢰, 집단지도, 상담 및 면접, 매체활용을 연구개발하는 과학적 실천, 영양지원과 급식지원 등이 있다.

(4) 지역사회영양활동

지역사회영양활동으로는 영양사업, 영양서비스, 급식제공과 영양교육이 있다. 지역사회영양활동에는 건강진단, 영양지침 및 기준 확인, 사업의 우선순위 결정, 목적설

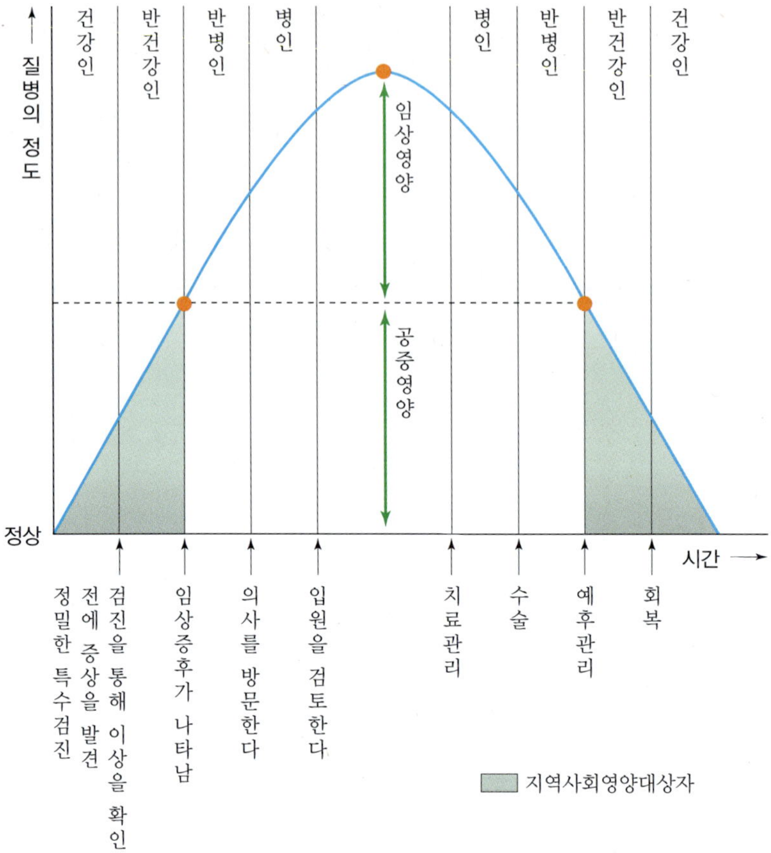

그림 1-2 지역사회영양활동의 대상

정, 목적달성을 위한 방법 선택, 집행계획, 집행, 평가 등의 일련의 과정이 포함된다.

지역사회영양활동은 지역이나 국민을 대상으로 하여 이루어지며, 특히 영양취약 지역이나 계층을 대상으로 한다. 따라서 생리적인 면의 영양이나 건강측면뿐만 아니라 경제 · 사회 전반과 인간의 심리 · 문화의 측면과 관련지어서 식생활을 살펴 보아야 한다. 그리고 이러한 점을 토대로 영양활동을 계획하고 실시하여야 한다.

2. 지역사회영양학의 발달

1 외국의 지역사회영양학 역사

일반적인 영양학의 개념은 영양소에 의한 소화, 흡수, 대사과정과 생명현상을 위주로 다루어졌다. 그러나 급격한 사회변화에 따라 사회, 경제, 환경, 농업, 교육심리, 문화적 요인과 영양을 관련시키고 통합시켜 개인과 집단, 지역사회사람들을 대상으로 한 응용영양학적인 측면이 부각되기 시작하였다. 이에 따라 지역사회영양학은 학문의 영역을 보다 통합적이고 학제적으로 전개해 나가면서 국민건강 유지와 증진을 위해 더욱 효율성 있는 실천학문으로 발달되었다.

특히 제2차 세계대전 이후 세계 곳곳에서 빈곤과 영양결핍, 질병으로 허덕이는 인구가 증가하였고, 국제연합의 출범과 함께 세계평화와 식량문제의 해결 및 건강향상을 기본이념으로 한 세계식량농업기구(FAO), 세계보건기구(WHO), 유엔아동구호기금(UNICEF)이 설립되면서 중요한 실천방법으로 응용영양사업(applied nutrition program)이 시작되었다.

FAO(Food and Agriculture Organization)는 1945년에 발족되어 세계 각국의 영양 · 식량 · 농림어업의 증산, 분배의 개선과 생활의 향상, 농촌생활개선에 관한 일을 한다. WHO(World Health Organization)는 1946년에 발족하여 세계 각 국민의 보건사업지도 · 지원 · 조정 · 전염병 발생 시의 감시 · 국제적인 질병 · 장애 등의 일을 하면서 영양사업과 밀접한 관계를 맺게 되었다. 한편, UNICEF(the United National International Children Emergency Fund)가 1945년에 세계의 전쟁이재국의 어린이와 임신 · 수유부의 보건 · 영양개선과 복지를 위해 발족되었다. 이들 각 국제기구는 회원국의 응용영양사업을 위해서 국가영양사업으로 조직하고 활동을 강화하는 것을 재원과 기술로 원조하였다. 이와 동시에 UN응용영양사업개발의 일환으로 영국의 런던대학에 응용영양학의 국제코스를 개설하여 세계 각국의 영양개선지도자를 양성하였다.

미국에서는 제2차 세계대전을 기해 미국 국민을 위한 보건과 영양개선에 기여하는 공중보건영양(public health nutrition)을 발달시키는 한편, 대학에는 공중보건영양학이란 새로운 학과목을 개설해서 공중보건영양사업을 전국적으로 보급하기에 이르렀다.

응용영양학의 발상지인 영국을 중심으로 한 유럽 및 아프리카 제국과 중동 및 아시아 제국의 대학에서는 아직도 응용영양학이란 명칭을 사용하는 경우가 많다. 미국은 공중보건영양학이란 명칭과 함께 지역사회영양학이란 명칭을 많이 사용하고 있으며 일본은 공중영양학이란 명칭과 영양지도라는 명칭을 공용하고 있다.

2 우리나라의 지역사회영양학 역사

우리나라는 1965년에 처음으로 서울대학교 농과대학에 응용영양학이라는 교과과목이 새롭게 개설되었으며, 1968년에는 대한민국정부를 대표하는 농촌진흥청과 FAO · WHO · UNICEF 대표가 공식적으로 공동서명함으로써 응용영양사업을 국가수준에서 착수하게 되었다. 우리나라의 응용영양사업은 한국전쟁으로 인해 다른 개발도상국보다 훨씬 늦게 착수되었다. 대만은 이미 1952년에, 필리핀은 1964년에, 인도는 1961년에 각각 착수되었다. 일본의 응용영양사업은 국제기구의 도움 없이 1949년에 이미 농림성 주관으로 생활개선사업을 통해 추진되었다.

우리나라 응용영양사업은 1968~1986년까지 국제기구의 지원을 받아 국제기구와 협정사업으로 추진되었다. 협정기간 중이던 1978년에 정부는 응용영양사업을 더욱 강화하기 위해 UNICEF의 협력하에 농촌영양개선연수원을 설립하였다. 한편, UNICEF와 WHO는 전국의 도 · 군소재지에 있는 보건소의 임산부와 어린이를 위한 영양지도를 강화하여 영양개선에 기여하였다.

대학의 응용영양학은 1970년에 서울대학교 가정대학에도 개설되었고, 대학원 과정의 연구과제로 확대되었으며 응용영양학 전문지도인력의 양성이 강화되었다. 한편 1972년에 한국방송통신대학교 가정학과에서 응용영양학의 명칭을 지역사회영양학으로 하여 새 교과과정에 개설하였고, 방송강의와 통신교육을 통해 전국으로 보급하였으며, 현재까지 많은 대학에서 지역사회영양학을 교육하고 있다.

이상과 같은 발전단계를 거쳐 대학교과과목에 지역사회영양학이 자리잡게 되었다. 1996년에는 대한지역사회영양학회가 창설되면서 지역사회영양학의 학문적 발전과 사회활동을 강화하고 국민건강증진과 복지에 기여함으로써 학문의 중요성에 대한 인식을 더욱 높이고 있다.

CHAPTER 1

3. 건강증진과 지역사회영양활동

1 건강증진 개념과 요소

(1) 건강증진 개념

세계보건기구(WHO)는 1946년에 건강이란 질병이 없고 허약하지 않은 상태뿐만 아니라 심신 양면이 건강하고, 사회생활에 원만하게 적응하고 활동할 수 있는 상태로 정의하였다. 과거의 심신에만 치중하던 테두리를 넘어선 건강에 대한 새로운 정의임을 알 수 있다.

심신 양면에서 높은 건강을 유지하는 것은 삶의 질(Quality Of Life : QOL)을 보다 높이는 밑거름이 된다. 생활의 만족도가 높고 즐거우면 신체 면역기능 및 살균기능이 높아지며, 내분비계 기능도 활성화되고, 건강이 더 좋아진다. 그러므로 삶의 질을 높이기 위해서 항상 건강증진을 위해 노력할 필요가 있다.

건강증진은 사람들의 잘못된 생활방식을 개선하여 최상의 건강을 유지할 수 있도록 도와주는 것이다. 건강관리전략의 주된 내용은 개인의 건강과 관련된 식생활, 운동, 흡연, 음주, 스트레스 등의 생활습관을 바람직하게 개선하고 이를 지원할 수 있는 환경을 조성하는 것에 있다.

지역사회 또는 집단과 국가수준의 건강상태를 나타내는 지표로는 유아사망률과 평균수명 등이 가장 널리 이용된다. 이 밖에도 사회통계지표, 보건통계지표, 식품영양지표 등이 지역사회의 건강상태를 나타내는 지표로 활용된다.

BOX 1-1 **삶의 질 : QOL의 배경**

삶의 질(Quality Of Life : QOL)의 배경에는 급격한 사회정세의 변화로 사람이 살아가는 방향을 놓치게 될지 모르는 불안감으로 어떻게 살아가야 할지에 대한 걱정이 심화되면서 구상된 것이다.
원래 QOL이란 말은 19세기의 산업혁명기에 영국의 노동당이 노동자의 생활환경 개선을 위해 쓰기 시작했다고 한다. 그러나 QOL이란 말이 갑자기 다시 국제사회에서 제창된 것은 1972년 봄, FAO 가맹국이 인구문제와 생활 개선에 관한 마닐라국제회의에서 야마모토(M.Yamamoto)에 의해 QOL이란 주제목이 발표되었으며, 같은 해 가을에는 미국가정학회가 노스캐롤라이나주 채펄힐에서 가정학의 목표는 가족과 가정의 행복이며 이어서 인간생활의 복지이므로 QOL은 모든 인간생활의 간절한 소원이라 하였다. 그 후 점차 QOL은 의료·보건·경제·사회·교육·정치에서도 흔히 통용되게 되었다.

(2) 건강증진 요소

건강증진의 의미는 1974년 당시 캐나다의 보건부 장관이었던 래런드(Lalonde)에 의해 제출된 보고서의 영향이 컸다. 래런드는 건강을 결정하는 요인을 유전학적 요인, 환경적 요인, 생활양식, 보건의료조직의 4가지로 설명하는 건강장 개념(health field concept)을 도입하였다. 개인 또는 지역사회의 건강상태는 4가지 상호작용하는 요소인 생물학적 배경, 자신이 결정한 행동 또는 생활 스타일, 사회 · 물리적 환경과 건강관리시스템의 영향을 받는다. 이러한 요소들이 건강상태를 긍정적으로 변화시키며 건강과 영양증진을 실천하는 데 중요한 역할을 한다.

개인의 생물학적 배경은 유전, 성장, 질병에 대한 저항력 등이다. 이 생물학적 배경은 일생 동안 오염 · 질병 · 스트레스와 빈곤과 같은 개인환경과 개인의 생활 스타일 선택 등과 같이 상호작용하게 된다. 그 결과로 인한 건강상태와 질병발생은 건강관리를 받을 수 있는가와 시스템의 질이 어떤가에 의해서 영향을 받는다. 이러한 생물학적 요인, 생활 스타일, 환경과 건강관리의 상호작용은 건강관련분야를 이룬다(그림 1-3).

이 모델의 4가지 요소들은 각각 질병예방과 건강증진을 위해서 다른 중재기회를 제공한다. 예를 들면, 적절한 영양은 환경 내의 전염병원의 제공을 저하시켜서 면역기능을 증진한다. 유전적 배경은 가계의 질환위험을 나타내나 개인이 식이요법에 신

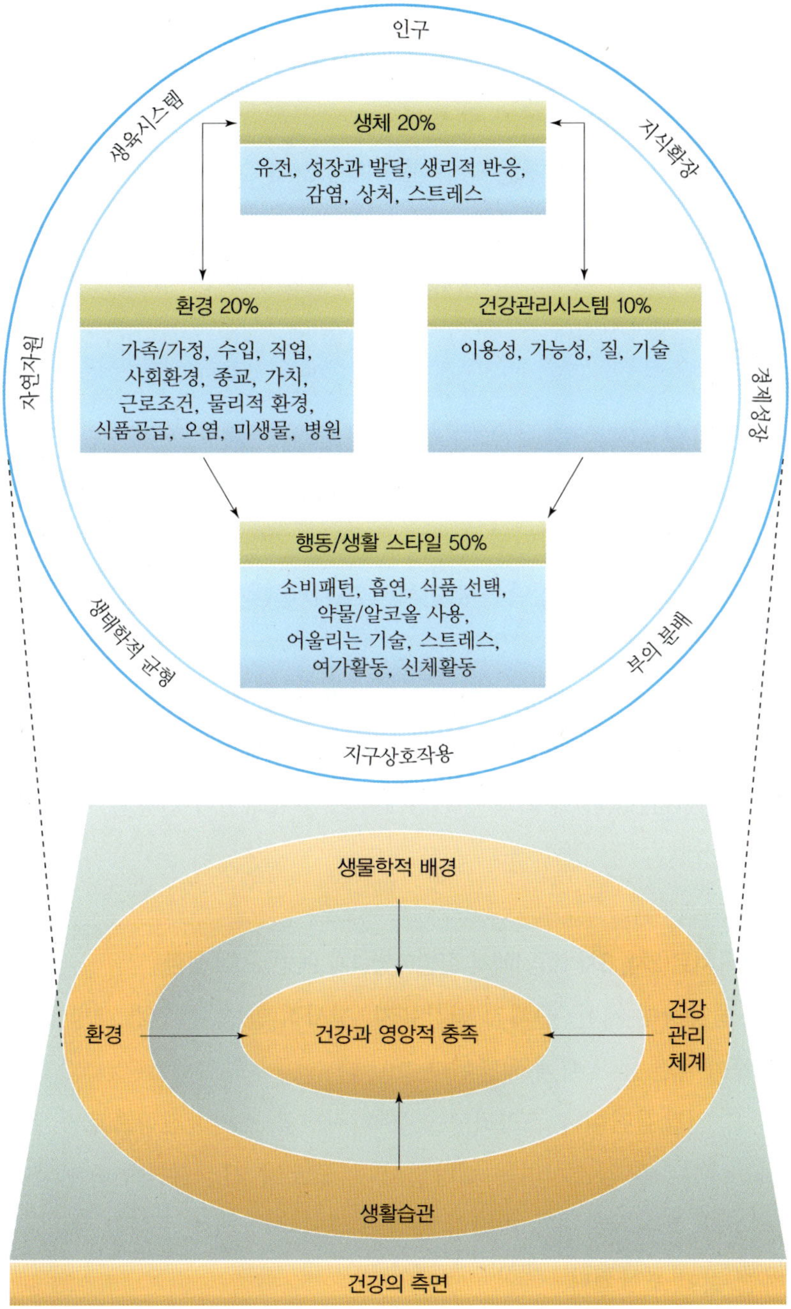

그림 1-3 건강관련분야 : 지역사회-건강과 영양실천에 영향을 주는 모형도

자료: Owen 등, 1999

경 쓰고 운동을 생활화하면 이 위험을 감소시킬 수 있다. 오염되고 혼잡한 환경 등 환경요소는 발병요인과의 접촉을 증가시키지만 예방접종과 같은 건강관리서비스를 받으면 장애나 조기사망을 예방할 수 있다.

세계보건기구(WHO)는 1978년에 알마-아타(Alma-Ata) 선언에서 '서기 2000년까지 모든 사람에게 건강을!' 이란 표어를 걸어 1차 진료(primary health care)의 개념을 내세웠다. 1986년, WHO는 오타와(Ottawa) 헌장이란 형식으로 건강증진이란 개념을 국제적으로 정착시켰다.

(3) 건강증진 방향

우리나라도 WHO의 건강증진정책에 따라서 새로운 건강증진시대를 열게 되었다. 지금까지 건강증진을 위한 성인병의 보건활동은 조기발견 · 조기치료를 주로 한 2차 예방이 중점이 되었다. 대상집단을 검진해서 조기에 환자를 발견하여 의료궤도에 올리는 일이 중점이었던 것이다.

근래에는 질병발생에 관련된 생활습관을 바람직한 방향으로 이끌어 가는 1차 예방을 추진해서 질병발생을 예방하는 방향으로 나아가게 되었다. 이러한 목적으로 건강증진(health promotion)의 핵심인 건강교육이 중시되면서 건강과 영양교육분야에 큰 변화가 생겼다.

① 조기발견과 치료(2차, 3차 예방)에서 질병예방(1차 예방)으로 전환

1차 예방은 영양상태 개선, 신체적 건강유지, 정서적 안녕, 전염병 예방을 위한 예방접종, 환경문제해결 등이 이에 해당된다.

2차 예방은 건강검진이나 스크리닝을 통해 질병을 조기발견함으로써 질병기간을 단축시키고 이환율을 감소시키는 예방법이다. 근로자 건강검진이나 전국민 건강검진이 그 예이다. 2차 예방에는 질병의 증상이 나타나기 전에 중재활동(intervention)을 실시하는 것이 포함된다.

3차 예방은 질병이 이미 발생한 환자들을 치료하고 회복시키는 과정으로 건강장애를 최소화하고 질병합병증을 감소시키는 목적으로 시행된다.

② 성인병 예방

나이가 증가함에 따라 악성신생물(암) · 심장질환 · 뇌혈관질환 · 당뇨병 · 통풍 · 류머티스 등의 성인병의 발생이 높아지는데 식생활을 비롯한 생활습관에서 오는 것으로 생활습관병이라고도 한다.

학교교육과 가정교육을 통해 어린 시절부터 영양과 건강교육을 통하여 올바른 생활습관을 형성하게 하는 것이 건강증진과 질병예방에 기여하게 된다.

③ 식생활관련 행동변화 유도

건강증진과 영양실천에 영향을 주는 요소들로는 영양관련행동, 건강관리와 영양서비스, 식품생산공급, 식품이용의 용이성과 같은 자원의 활용 등을 들 수 있다. 생활습관의 변화를 위해서 개인은 영양관련행동과 기술과 방법을 알아야 한다. 안전한 식품과 영양이 풍부한 식품을 선택하도록 행동의 변화를 유도해야 한다.

2 건강증진 종합대책과 건강증진사업

(1) 건강증진 종합대책

우리나라는 1995년 국민건강증진법을 제정하여 국민건강증진체계를 수정하며 추진하고 있다. 보건복지부 주관으로 2002년 제1차 국민건강종합계획을 수립하여 국민이 함께 건강한 세상을 목표로 하여 국민의 건강증진을 위한 장단기 목표를 설정하였다. 이를 위해 정책과 사업을 추진해왔다.

2021년 제5차 국민건강증진종합계획을 발표하였으며 교육과 예방의학 · 보건환경적 접근방법을 모두 이용하여 모든 사람이 평생건강을 누리는 사회를 비전을 제시하였다. 건강수명 연장과 건강형평성 제고를 목표로 세부사업 기반구축을 강화하고 있다(그림 1-4).

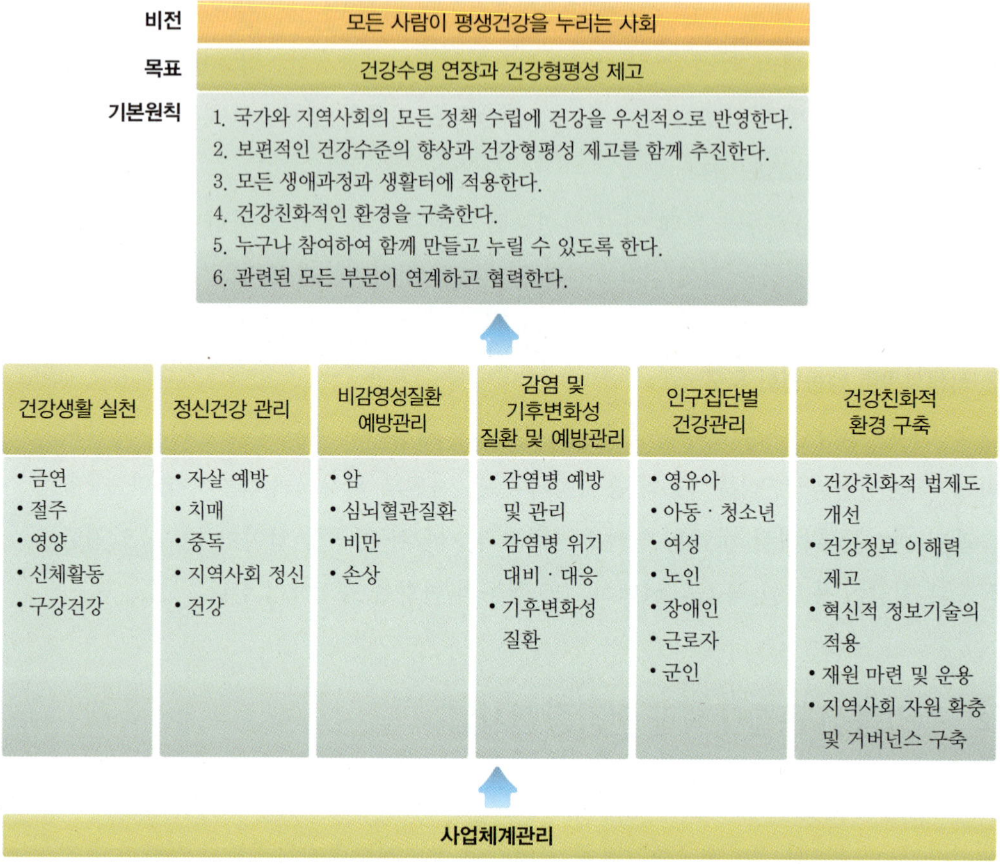

그림 1-4 제5차 국민건강증진종합계획(Health Plan 2030, 2021~2030) 기본 틀

자료: 관계부처합동(2021). 제5차 국민건강증진종합계획(Health Plan 2030, 2021~2030)

표 1-1 국민건강종합계획의 중점과제

분야	중점과제
건강생활 실천 확산	금연, 절주, 영양, 신체활동, 구강건강
비감염성 질환관리	암, 건강검진, 심뇌혈관질환, 비만, 손상
감염질환관리	감염병 예방 및 감염병 위기 대응 · 관리
안전환경보건	식품정책, 손상예방, 건강영향평가
인구집단 건강관리	영유아, 아동 · 청소년, 여성, 노인, 장애인, 근로자, 군인
사업체계관리	기반(인프라), 평가, 정보 · 통계, 재원

자료: 보건복지부, 2021

(2) 국민건강증진 중점과제

국민건강증진 방향에 맞추어 국민건강증진 종합계획에서 건강증진의 목표달성을 위한 중점분야는 건강생활실천, 정신건강 관리, 비감염성질환 예방관리 및 기후변화성 질환 예방관리, 인구집단별 건강관리, 건강친화적 환경 구축 등 6개 분야별 28개 중점과제를 제시하였다(그림 1-4).

국민건강종합계획 2030에서 제시한 중점과제는 표 1-1과 같다. 이 표에서 제시한 건강증진 목표를 달성하기 위한 영양사업을 제시하면 다음과 같다.

(3) 건강증진사업의 영양 중점과제

건강생활실천 최적의 영양상태를 유지하기 위해 인구집단 및 맞춤형 영양관리 서비스 확대 및 접근성 확대, 만성질환예방관리 · 정책 추진, 올바른 식생활, 영양정보의 효율적 제공 체계 등으로 실시하며, 그 추진과제는 그림 1-5와 같다. 표 1-2는 각각의 영양 중점과제의 성과지표를 제시하였다.

건강한 식생활 실천 및 최적의 영양상태 유지 기반 강화

인구집단별 맞춤형 영양관리 서비스 확대 및 접근성 강화

영양플러스 사업 확대, 취약계층 영양개선 도모
아동 · 청소년 · 젊은 성인의 영양문제(아침결식, 채소/과일 섭취 증가)해결 위한 홍보 · 캠페인 실시
당류 · 포화지방 · 나트륨 섭취의 관리방안 마련
노인 유형별 영양관리 프로그램(화합형, 방문/배달 프로그램 등)도입, 노인 대상 급식위생 · 영양관리 지원

만성질환의 예방 및 관리 위한 영양정책 추진

만성질환별, 생애주기별 세분화된 영양소 섭취기준 및 식생활지침 마련(5년 주기)
효과적인 교육 · 홍보 자료 개발 및 보급, 영양사업 정책 제안 등으로 연계

올바른 식생활 · 영양정복의 효율적 제공 체계 구축

민관 협력체계 강화 등으로 건강식생활 실천 캠페인 추진
건강한 식품 선택권 보장 환경 조성: 국가공인 영양성분 DB 제공, 가공 · 간편식의 영양표시 의무화 확대 등

그림 1-5 HP 2030의 '영양' 중점과제의 사업 추진 계획

자료: 관계부처합동(2021). 제5차 국민건강증진종합계획(Health Plan 2030, 2021~2030)

표 1-2 제5차 HP 2030 '영양' 중점과제의 성과지표

성과지표	2018년(%)	2030년(%)
1. 식품안전성 확보 가구분율	96.9	97.0
2. 소득 1-5분위 식품안전성 확보 가구분율 격차	11.4%p	7.0p%
3. 포화지방산 적정수준으로 섭취하는 인구 비율(만3세 이상)	56.5	74.0
4. 소득 1-5분위 포화지방산 적정수준 섭취 인구 비율(만3세 이상)	-3.7%p	0.0%p
5. 나트륨 1일 2,300mg 이하로 섭취하는 인구 비율(만9세 이상)	33.2	42.0
6. 소득 1-5분위 나트륨 적정수준 섭취 인구 비율 격차(만9세 이상)	-7.9%p	-0.2%p
7. 과일/채소를 1일 500g 이상 섭취하는 인구 비율(만6세 이상)	29.3	41.0
8. 소득 1-5분위 과일/채소를 1일 500g 이상 섭취 인구 비율 격차(만6세 이상)	9.7%p	6.0%p
9. 가공식품의 영양표시 이용률(만7세 이상)	26.4	31.7
10. 소득 1-5분위 가공식품의 영양표시 이용 인구 비율 격차	4.4%p	4.0%p
11. 건강 식생활 실천율(만6세 이상)	41.5	50.6
12. 소득 1-5분위 건강 식생활 실천율 격차	7.7%p	4.4%p
13. 칼슘 적정수준 섭취하는 인구 비율(만1세 이상)	16.5	21.0
14. 소득 1-5분위 칼슘 적정수준 섭취율 격차(만1세 이상)	3.9%p	2.0%p
15. 비타민 A 적정수준 섭취하는 인구 비율(만1세 이상)	11.4	24.0
16. 소득 1-5분위 비타민 A 적정수준 섭취 분율 격차(만1세 이상)	0.9%p	0.0%p
17. 영양섭취부족노인 인구 비율(75세 이상)	18.5	12.0
18. 소득 1-5분위 영양섭취부족노인 인구 분율 격차(75세 이상)	5.4%p	0.0%p
19. 가임기 여성의 빈혈 유병률	13.1	11.0
20. 소득 1-5분위 가임기 여성의 빈혈 유병률 격차	2.8p%	0.0%p

자료: 관계부처합동(2021). 제5차 국민건강증진종합계획(Health Plan 2030, 2021~2030)

4. 지역사회영양활동 관련 요소 및 체계

1 지역사회영양활동 관련 요소

인간은 식생활 형성의 주체로서 스스로 건강을 유지·증진하고 질병을 예방하고 질병에서 회복할 수 있는 능력을 필요로 한다. 질병을 예방하려면 질병예방의 기술이나 방법을 알아야 한다. 질병예방의 기술이나 방법을 알면 지식, 도입력, 적응력을 통합하여 올바른 식생활을 형성하는 능력을 발휘하게 된다. 지역사회영양활동은 이러한 능력개발을 지원하는 것이다. 영양활동은 지식 제공, 현실 생활에의 도입, 문화적 갈등 등을 위한 지원에 역점을 둔다.

영양활동의 대상자인 주민의 특성에 따라서 영양활동을 결정해야 한다. 영양활동의 하나인 영양사업의 경우 대상인 지역, 즉 주민이나 계층의 영양상태는 지역사회의 여러 생태학적 특성과 밀접하게 연관되어 있다(그림 1-6).

- 지역사회의 물리적 환경이나 문화·인구학적 요인에 따라 주민·계층의 건강상태와 건강관련 행동·환경이 달라지기 때문이다. 나아가서 식품행동이나 식품환경도 영향을 받는다. 이러한 건강상태와 건강식품 관련행동·환경의 변화는 주민, 계층의 건강과 영양소 섭취량과 나아가서 영양상태를 변화시킨다.
- 개인 대상일 때는 건강행위와 생활양식을 건강한 양식으로 변화시키고 사회적, 문화적, 자연적 혹은 기술적 환경이 건강과 밀접하게 관련되어 있으므로 이들의 개선도 함께 고려되어야 한다. 구체적인 내용으로는 충분한 영양섭취, 예방접종, 교육, 상담, 건강정보의 제공, 운동, 사회적 활동 등이 있다.
- 지역사회 대상일 때는 사회생태학적 건강잠재력인 건강자원(예: 사회적, 경제적, 문화적, 기술적 환경 등)을 향상시키도록 계획한다. 지역사회 대상의 건강증진활동으로 매스컴을 통한 건강정보 제공, 시민협동의 지원활동, 보건정보망 수립, 산업안전대책, 보건교육강화, 주민건강에 위험을 주는 각종 위해배출과 물품생산의 억제 등을 들 수 있다.

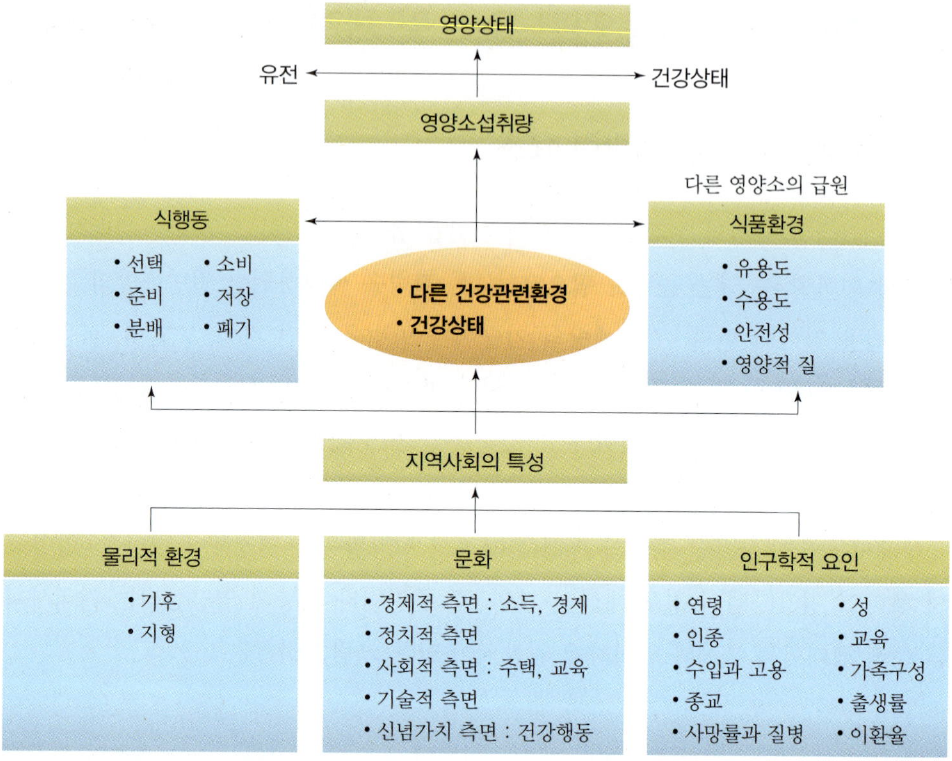

그림 1-6 건강과 영양상태에 영향을 미치는 요소

자료: Terry, 1993

- 영양교육을 통하여 건강에 도움이 되는 생활습관이나 행동을 자발적으로 선택하고 개인의 건강을 스스로 통제할 수 있는 능력을 획득하도록 하여 개인적 변화를 유도해야 한다. 개인과 지역사회로 하여금 건강관리의 계획과 활동적인 역할을 수행할 수 있도록 한다. 영양교육은 건강증진의 중심적 부분이 된다. 영양교육이 조직적으로 행해지는 장소는 학교 · 병원 · 직장 · 보건소 및 지역사회로 크게 나뉜다.
- 지역사회영양활동의 경우 영양학의 지식과 기술을 토대로 식생태학, 임상영양학, 식품학과 보건관련인문학인 지역사회학, 교육학, 통계학 등이 적절히 활용되어야 한다. 사회요구에 관련된 지역사회영양활동에서는 특히 통합적 접근이 요구된다.

2 지역사회영양활동 체계와 개념적 모형

(1) 지역사회영양활동의 체계

지역사회영양활동, 영양사업은 하나의 체계(system)로 이루어지며 기업주가 생산품을 만들어 내는 체계와 지역사회영양사업을 비교해 본다면 그림 1-7과 같다. 지역사회영양사업의 투입에는 지역사회, 지역사회영양, 각종 자원 등이 있고, 과정에는 지역사회영양활동과정이 있으며, 산출에는 지역사회영양사업의 목표 및 효과가 있다.

지역사회건강증진활동에는 지역사회를 조직하고 지역사회망을 통하거나 대중매체를 통하여 건강문제를 해결하도록 돕는 방법이 있다. 가장 효과적으로 접근할 수 있는 방법으로는 텔레비전이나 라디오 · 신문 등의 매체를 이용하는 방법, 사회적 조직망을 구상하고 지역사회인구집단에 접근하여 교육적 중재를 시행하는 방법 등이 있다.

지역사회를 대상으로 영양활동을 전개하는 많은 전문분야에서도 그들 나름대로의 지역사회에 대한 이해를 갖고 있어야 한다. 지역사회영양전문가가 영양활동 대상으로 삼고 있는 지역사회는 모두가 인간을 주체로 하며 여기에는 자원 및 환경이 함께 존재한다. 이들은 상호작용하면서 일정한 목표를 달성하기 위한 방향으로 나아가게 된다.

지역사회체계는 인구와 자원 및 환경 간에 이루어지는 작용을 의미한다. 건강수준

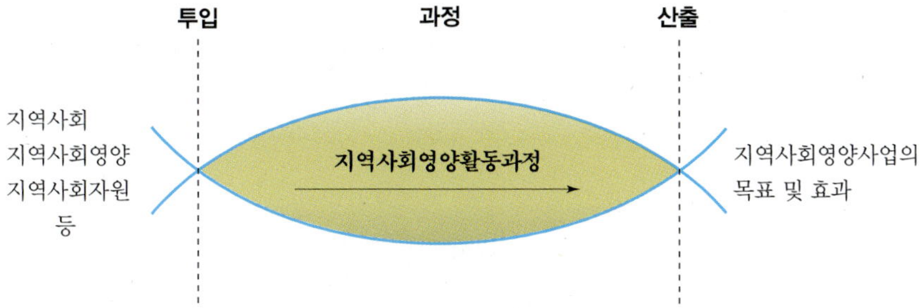

그림 1-7 지역사회영양활동 체계의 모형

의 향상이라는 목표를 향하여 이들은 끊임없이 상호작용한다. 인구는 지역사회체계를 구성하는 주체로서 지역사회를 존재하도록 하는 중요한 요소이다. 따라서 지역사회영양의 초점도 지역사회영양주체인 인구집단의 건강과 영양수준에 맞추게 된다. 지역사회 체계 내에서 인구가 아닌 다른 부분들은 모두 자원 및 환경으로 구분할 수 있다.

(2) 지역사회 영양개선사업의 모형

지역사회영양활동의 하나인 영양개선사업에서는 지역사회를 중심으로 해서 외부에서 여러 자원을 투입하여 지역주민의 건강관련행동 변화를 이루도록 한다. 그리고 행동 변화를 계속적으로 유지 · 관리하여 건강행동의 위해요인을 감소시킴으로써 영양개선의 목적을 달성하게 된다. 이때 지역사회 안에 존재하는 조직, 예를 들면 대중매체, 건강 및 관련 서비스, 기업체, 법제도화 등에 자원을 활용하여야 한다. 이러한 지역사회조직의 협조를 위해서는 우선 지역사회에서 여론을 주도하는 공식 · 비공식의 지도자 위치에 있는 사람들을 변화시키도록 해야 한다. 이들의 영향에 따라 비교

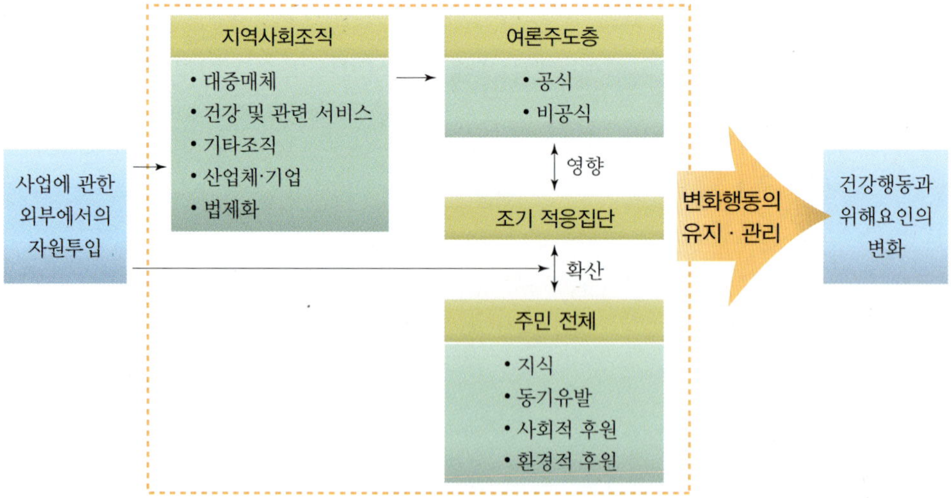

그림 1-8 영양개선사업의 모형

적 변화를 쉽게 받아들이는 진취적인 집단이 형성될 수 있다.

영양사업은 지역주민 전체가 건강관련행동을 변화시키는 것을 목표로 한다. 남보다 먼저 건강관련행동 변화를 실천하는 집단은 주민 전체에게로 행동 변화를 확산되도록 돕는 촉매역할을 하게 된다. 확산을 극대화시키기 위해 외부의 자원이 투입되어야 할 필요가 있다. 주민 전체의 행동 변화를 달성하려면 그들에게 지식을 전달하고 동기를 부여하고 기술을 습득시키고 사회적 · 환경적 보조와 후원을 강화하는 일련의 노력이 필요하다.

5. 식생활 환경 변화와 지역사회영양활동

1 식생활 환경 변화

인간의 건강과 영양은 인구증가와 인구구조의 변화, 식량자원 생산과 소비, 산업 유통의 발달 등 환경의 변화에 따라 영향을 받으며 질병양상, 생활방식에도 변화가 일어났다.

우리나라의 식생활은 경제수준의 향상과 함께 저출산과 고령화로 인한 인구구조의 변화, 질병구조의 변화, 여성의 취업, 식품산업과 외식산업과 매체가 발달하면서 식생활 환경이 변화하고 있다. 따라서 이러한 식생활 환경의 변화를 종합적으로 파악하여 지속적으로 영양활동과 사업이 전개되어야 하며 이를 위한 정책이 수반되어야 한다. 식생활 환경 변화와 영양활동의 관계는 그림 1-9와 같다.

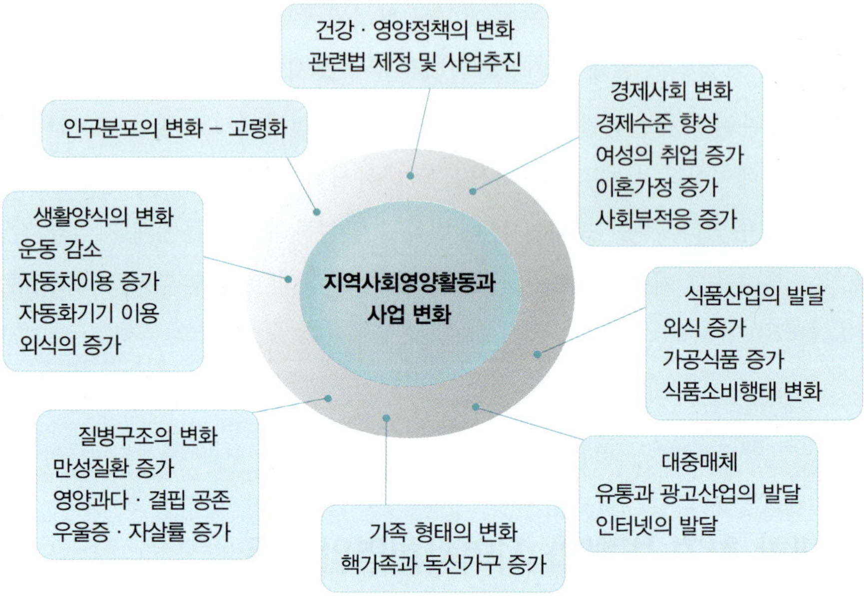

그림 1-9 식생활 환경 변화와 지역영양활동

2 인구분포의 변화

의학의 발달로 인해 평균수명이 연장되고, 여성의 사회적 진출로 결혼연령이 늦어지고 있다. 출산율 또한 1980년 2.82명이던 것이 2000년에 1.47명으로, 2015년에는 1.24명, 2020년에는 0.82명으로 크게 감소하였다.

우리나라의 인구구조를 보면 2016년을 정점으로 출산율 감소와 고령화로 생산인구가 감소하고 있다. 반면에 65세 이상 노인인구는 1980년에 145만 명(3.8%)이었던 것이 2010년에 542만 명(11%)이었고 2020년에는 782만 명(15.7%)이 될 전망이다. 이처럼 계속되는 저출산과 노인인구의 증가는 인구구조를 변화시켜서, 2002년에 노인인구 비율이 7.2%가 되어 고령화사회로 진입하였고 2018년에는 14.3%를 넘어서 고령사회로 진입할 전망이다. 노인인구가 증가하면서 만성질환 이환율이 증가하고 장애인구 또한 증가하여 사회적 문제가 되고 있으며, 그에 따른 식생활 문제도 대두되고 있다. 따라서 출산장려와 건강한 임신과 출산 그리고 노년기의 영양증진을 위

그림 1-10 인구구조의 변화

구 분	1980년	2000년	2010년	2020년	2030년
단위: 천 명	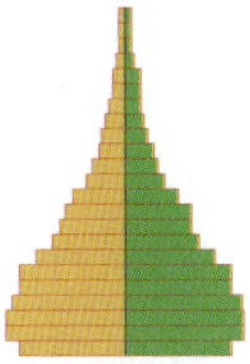	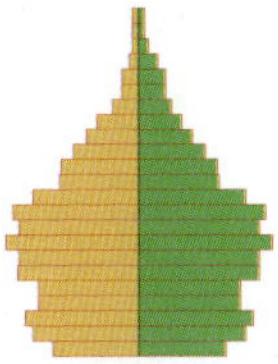		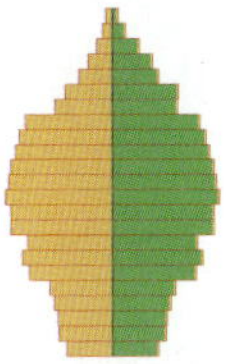	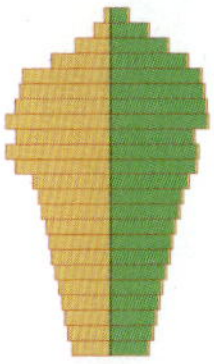
총인구	38,124	47,008	49,410	51,435	52,160
0~14세	12,951	9,911	7,975	6,788	6,575
15~64세	23,717	33,702	35,983	36,563	32,893
65세 이상	1,456	3,395	5,656	8,084	12,691
65세 인구비	3.8	7.2	11.0	15.7	24.3

자료: 통계청, 2015

한 영양활동이 증대되어야 한다.

3 질병구조의 변화

저출산과 고령화 등으로 노인인구 증가, 비만 · 당뇨 · 심혈관계질환 · 암 · 골다공증 등과 같은 만성질환의 유병률과 사망률이 높게 나타나고 있고 의료환경도 변화하고 있으며 노인의료비가 폭등하고 있다. 따라서 만성질환을 예방하고 건강을 증진시키기 위해서는, 지역사회는 물론 단체 및 개인을 위한 건강증진과 영양활동이 요구되고 있다.

4 가족형태의 변화

사회학적인 가족 개념이 변화되고 있다. 한 부모 가구, 맞벌이 부부, 독신가구 등이 증가하면서 전통적 가족 개념이 바뀌고 다양한 식생활 패턴이 형성되고 있다. 특히 성인 남녀의 독신가구와 노인가구 및 노인독신이 증가하고 있어서 식생활이 변화하고 있다. 혼자서 식사하고 생활하는 비율이 증가하고 있다.

5 식품산업과 유통·광고의 발달

식품산업의 발달로 가공식품과 외식산업이 크게 확대되면서 가계의 외식비 지출과 가공식품의 이용률이 크게 증가하고 있다. 최근 기능성 식품의 과장된 광고와 남용으로 건강한 식생활이 저해되는 부작용을 낳고 있다. 식품제조와 유통산업 및 광고산업에서 소비자들이 올바른 식품을 선택할 수 있도록 정확한 정보를 제공하고 교육하는 것이 필요하다.

6 대중매체와 인터넷의 발달

TV · 신문 · 인터넷방송 등을 통하여 건강과 영양, 식생활에 관한 정보가 대중에게 제공되고 있고 이 정보들이 미치는 영향은 매우 크다. 최근에는 홈쇼핑과 인터넷을

알아두기 세계인구 증가와 식품 환경

세계인구는 2009년 68억 명을 돌파하고, 2050년에는 90억 명을 넘게 될 것으로 전망하고 있다. 2014년 70억 명의 세계인구 가운데 수억 명 이상이 기아나 영양부족상태에 놓여 있다.

기아의 원인은 세계 농산물의 부족과 함께 전쟁과 내전 등이 식량의 수급과 산지를 파괴하고 있기 때문이다. 식품부족의 원인으로는 소득이 없거나 부족하여 식품구입 능력이 없는 경우, 알코올 음주, 정신·신체적 질병, 노인빈곤 등이 있다.

세계적으로 식량생산량이 매년 감소하는데 삼림훼손은 비로 인한 농경지 손실을 더욱 늘어나게 한다. 홍수로 인하여 곡식이 물에 잠기고 집을 파괴하고 있다.

공기오염과 기후변화로 인한 지구 온난화 현상으로 온도가 급상승하면서 토양이 변하고 해수면이 높아지면서 농경지가 바닷물에 잠기게 되고 농작물이 자라지 못하게 되는 상황이 발생한다.

인구과잉증가와 환경문제로 인하여 식량생산이 더욱 감소되고 있다. 인구증가는 빈곤, 기아, 환경 문제를 악화시킨다. 따라서 지역사회영양학도 이러한 세계적인 인간의 식량, 환경오염 등과 건강문제를 결부시켜 교육하여야 할 것이다.

통한 식품구매, 식사주문과 건강기능성식품 판매가 크게 증가하고 있어서 소비자에게 올바른 교육을 할 필요가 증대되고 있다. 컴퓨터와 인터넷의 발달은 영양교육과 상담에서 획기적 변화를 초래하였다. 특히 인터넷 이용 인구가 급증하고 있어서 인터넷 활용 영양교육과 상담의 콘텐츠와 교육기술 등이 매우 중요하게 대두되고 있다.

6. 지역사회영양활동과 영양전문가의 역할

1 우리나라의 지역사회영양활동

경제수준의 향상과 함께 사회복지의 개념이 확대되면서 국민이나 지역주민의 건강과 영양문제는 개인만의 책임이 아니고 지방자치단체나 국가의 책임이라는 인식이 확대되고 있다. 따라서 국가에서는 국민의 건강향상을 위하여 1962년 식품위생법을 제정하여 영양사가 법적으로 양성되었다. 그 후 건강증진법, 지역보건법, 영유아보육법, 학교급식법, 노인복지법 등을 제정하고 이를 뒷받침하는 시행령 및 시행규칙을 시행하기 위한 행정조직을 통해서 국민복지와 건강 · 영양개선을 도모하여 왔다. 이러한 지역사회영양활동을 뒷받침하는 내용은 그림 1-11과 같다.

국민이나 지역주민을 위한 영양활동은 유관기관과 협력하여 효율적으로 수행할 수 있다. 지역사회에 영양활동을 하는 기관들을 보면 보건소, 시청, 구청 등의 가정복지과, 학교 · 사업체, 병 · 의원, 사회복지시설, 부녀아동상담소, 농촌진흥청, 자원봉사자 등 아주 다양하다(그림 1-12).

지역주민을 위한 영양사업의 전개는 다양한 기관에서 실시되고 있으며 그 기관에 속하거나 찾아오는 사람들의 건강을 지키고 질병을 사전에 예방하는 차원에서 영양사업이나 영양교육이 이루어지는 것이 바람직하다.

보건소나 병원에서는 질병치료의 기능과 함께 질병예방과 건강증진에 더욱 주안

점을 두고 있다. 이는 질병발생에 따른 의료수가의 상승과 생산성 저하를 염두에 둘 때 예방이 더 경제적이기 때문이다.

그림 1-11 지역사회영양의 발전사항

정책 또는 사업	연도	법령
한국인 영양권장량 제정	1962	식품위생법 제정, 보건소법 전부개정
집단급식에 영양사 배치 의무화		
	1963	영양사에 관한 규칙 제정
응용영양사업 시작	1968	
국민영양조사 시작	1969	국민영양개선령 제정
대한영양학회 창립		
초등학교급식에서 영양사 배치 명시	1981	학교급식법 제정
입원시설을 갖춘 병원에 영양사 배치 의무	1982	의료법 시행규칙 개정
국민식생활지침 제정	1990	
영유아 보육시설에 영양사 배치 명시	1991	영유아보육법 제정
보건소에 영양사 배치 시작	1994	'식품등의표시기준'에 영양표시에 관한 규정 마련
영양표시제도 시작	1995	국민건강증진법제정
국민건강영양조사 시작	1998	
초 · 중등학교에 영양교사 배치 명시	2003	초 · 중등교육법, 학교급식법,
보건교육사 자격기준 신설		국민건강증진법 개정
영유아보충영양관리사업 시작	2005	
한국인 영양소 섭취기준 제정		
	2006	학교급식법 전부개정
초 · 중등학교에 영양교사 배치 시작	2007	학교급식법 시행령 · 시행규칙 전부개정
	2008	어린이식생활안전관리특별법 제정
	2009	식생활교육지원법 제정
임상영양사 자격기준 명시	2010	국민영양관리법 제정
어린이급식관리지원센터 개소 시작	2011	어린이식생활안전관리특별법 근거
제1차 국민영양관리기본계획 수립	2012	국민영양관리법 근거
제2차 국민영양관리기본계획 수	2017	
제3차 국민영양관리기본계획 수립	2022	

자료: 최혜미 외, 지역사회영양학

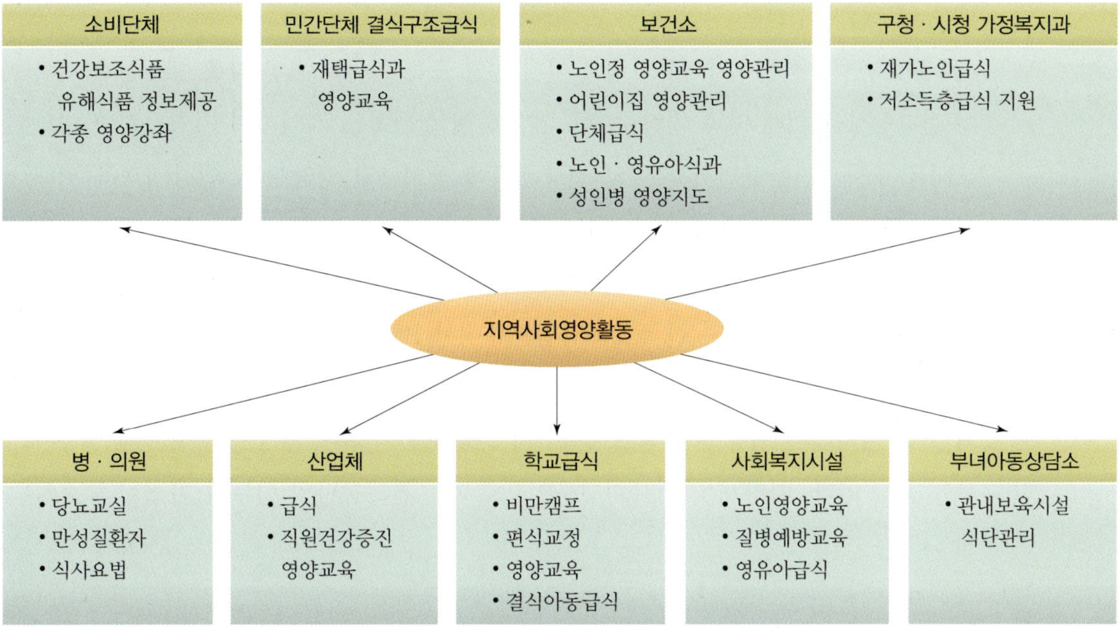

그림 1-12 우리나라의 지역사회영양활동

2 지역사회영양전문가와 지역사회영양사의 역할

(1) 지역사회영양전문가

지역사회에서 주민의 건강을 위하여 영양사업업무를 수행하는 사람들로는 영양사 · 영양관리자 · 영양전문가 · 보건관계연락원 · 보건영양관련요원 교육자 등을 들 수 있다. 지역주민을 대상으로 하는 영양사업업무를 우선적으로 담당하는 사람은 영양사이거나 영양전문가이다. 영양사나 영양전문가들은 건강증진과 영양실천을 위하여 전문성을 가지고 활동해야 한다.

영양사는 지역사회영양활동과 영양지도의 중심인물로서 역할을 수행한다. 국제노동기구(ILO)는 1973년에 국제직업표준분류에서 영양사는 '병원, 기업 또는 다른 시설에서 치료식 또는 식사를 개인, 집단 또는 특정직장의 근로자를 위해 계획 및 감독하여 영양의 법칙에 따라 식품을 선택하고 특정한 조리와 지도를 통해 영양문제에 관한 임무를 달성하는 직업' 이라고 제시하고 있다.

공중보건영양사는 '지역사회에 있어서 영양 또는 식사에 관한 각종 요소를 평가하여 건강향상을 위해 각종 영양수단을 계획하여 실행하는 직업이며 지역사회의 영양상태를 조사 · 진단하면서 지역의 건강계획에 참여하고 영양교육, 건강계획을 위해 영양문제를 지도하며 영양회복을 위해 일을 한다' 고 제시되어 있다.

우리나라에서는 보건영양사가 정착단계에 있는 것은 아니며 각 활동부서에서 영양활동을 수행하고 있다. 한국표준직업분류에서 1999년 영양사는 '보건의료전문가(health and medical professionals)' 중 '영양전문가(dietitian)' 에 포함되도록 개정되었다. 여기에서 영양사의 직업예시로서 산업보건영양사, 임상영양사, 상담영양사 등을 들고 있다. 따라서 지역사회전문인으로서 보건영양사의 임무와 자질이 중요하게 되었다.

(2) 지역사회영양사의 역할

지역사회영양활동과 사업을 전개하는 과정에서 영양사의 역할은 매우 중요하며 영양사가 얼마나 업무를 잘 관리하고, 수행하는가에 따라서 사업의 성공 여부가 달라지게 된다. 다양한 분야에서의 영양전문가의 역할은 다음과 같다.

- 영양사는 건강과 영양에 대한 교육자의 역할은 물론이고 홍수처럼 쏟아지는 식품영양관련 정보를 올바로 판단하여 일반인에게 전달하는 역할을 해야 한다.
- 영양사는 영양활동의 주체이며 서비스의 전달자이다. 영양사는 병원, 양로원, 개인의원, 체육시설 및 건진센터 등 보건의료관련기관에서 영양교육과 영양서비스 활동을 전개한다.
- 임상영양사는 환자의 영양판정 및 영양서비스를 제공하고, 그 결과를 평가하며, 당뇨병, 심장병, 소아, 노인, 신장 등 질환별 전문영역에서 임상영양 치료활동을 수행한다.
- 산업체영양사는 산업체, 회사 등 모든 곳에서 대규모의 식사를 제공하는 기본적 임무를 수행하면서, 급식을 받고 있는 사람들을 대상으로 건강과 영양교육, 상담

활동 등을 실시하여 건강증진에 기여하게 된다.

- 초등학교, 중고등학교의 영양교사는 학교급식업무를 담당하며, 학생을 대상으로 영양교육을 실시하여 영양교육과 급식이 조화를 이루도록 해야 한다. 또한 다른 교과와 연계하여 식생활교육을 확대하고 있다.
- 보건영양사는 지역보건소에서 지역주민을 대상으로 영양교육과 모니터링을 실시하고, 영양사업을 전개한다. 한편, 국제기구나 정부, 지방자치단체, 여러 민간자선단체에서 일하면서 영양업무를 수행하고 있다.
- 영양교육자는 대학에서 영양사를 양성하거나, 보건의료인에게 식품영양학을 가르친다. 또한 영양연구자로서 정부기관이나 식품회사, 제약회사, 대학병원, 교육기관, 연구소에서 과학적인 방법과 분석기술을 이용하여 정책의 실현사업을 위한 기초 자료 프로그램 등을 개발하여 지역사회영양증진에 기여해야 한다.

현재 우리나라에서 영양사는 다양한 장소에서 영양활동을 전개하고 있다. 사업체, 학교, 병원 등의 집단급식소에 진출하여 급식관리 및 임상영양업무를 담당하고 있으며, 더 나아가 식품회사, 보건소, 행정부서, 연구기관 등으로 활동범위를 넓혀가고 있다.

보건소, 사회복지시설 또는 보육시설, 군대, 교정시설 등에도 진출하고 있다. 특히 보건소와 영양사는 건강증진사업이나 보건소영양사업을 활발히 전개하고 있다. 그 외 보건행정직에도 영양사가 진출하고 있으며, 정책입안과 결정 · 시행과정에 참여하고 영양사업의 확대를 도울 수 있게 될 것이다.

CHAPTER 2

지역사회영양 연구방법과 진단

1 지역사회영양 연구방법 | 2 지역사회영양 진단

1. 지역사회영양 연구방법

지역사회인구집단의 식생활과 건강과의 관련성은 영양역학연구를 통해 분석하며, 국민영양모니터링과 국민건강영양조사를 통해 지역사회의 영양진단 및 문제점을 도출하게 된다. 또한 지역사회에서 수행할 영양프로그램이나 영양정책을 수립하기 위해서는 해당 지역사회의 보건지표와 영양문제를 정확하게 진단하고 이를 통해 영양위험집단을 선별한 후 어떠한 영양개선활동이 필요한가에 대한 우선순위를 정하는 것이 필요하다.

1 영양역학

역학이란 특정한 인구집단의 건강-질병 현상의 발생수준을 측정하고, 질병의 발생에 영향을 미치는 위험요인들을 규명함으로써 예방대책을 수립하고, 해당 인구집단을 대상으로 수행된 예방대책사업의 효과를 평가하는 것이다.

역학

- **연구대상** : 인구집단
- **연구과제** : 집단구성원들 중에서 발생하는 모든 건강문제의 분포 및 관련 요인
- **목적** : 인구집단의 건강증진을 위한 수단을 개발

역학의 분류 임상역학, 약물역학, 직업병역학, 암역학, 심혈관질환역학, 감염병역학, 유전역학, 분자역학, 노인병역학, 영양역학

영양역학(Nutritional Epidemiology)이란 영양과 질병, 건강상태 등과의 인과관계를 통계적 기법에 의해 밝히는 학문이다. 최근 질병양상이 급성전염병 질환에서 만성적인 생활습관형 질환으로 바뀌게 됨에 따라 영양역학은 그 의미가 매우 중요해졌다. 즉, 사람들의 건강문제가 상당부분 식생활에 의해서 나타난다는 것이 여러 연구

에서 입증되었기 때문이다.

영양역학은 특정한 건강문제가 식생활에 의해 얼마나 영향을 받는가를 알려준다. 이러한 연구결과에 의해 특정영양소섭취량과 질병 발생과의 연관성이 확인되었으며, 질병의 예방을 위한 식생활 전략도 수립되었다. 예를 들면, 비만 발생이 에너지 섭취량이 과다하거나 지방섭취비율이 높은 것과 관련이 있다거나, 소금섭취량 과다가 고혈압 발생을 높인다는 것 등이 영양역학연구에 의해 밝혀졌다.

또한 영양역학에서는 영양섭취량을 신뢰성 있고, 타당도가 높게 조사하는 방법을 연구한다. 그리고 식사형태를 변화시키려고 할 때 어떤 전략이 가장 효과적인지도 연구한다. 어떤 사람은 쉽게 식사형태를 변화시킬 수 있는데 반해, 어떤 사람은 왜 식사형태를 바꾸지 못하는지에 대해서도 연구한다.

이러한 영양역학연구에 의해 얻어진 연구결과를 토대로 하여 질병예방을 위한 식생활지침이 수립되고 지역주민을 위한 영양교육의 자료가 만들어지며, 지역사회영양사업을 효율적으로 수행할 수 있다.

1) 역학연구의 목적

① 인구집단의 건강상태를 설명한다

특정 인구집단 내에서의 건강문제 발생을 수치로 하여 건강문제의 증가나 감소 상태를 파악함으로써 건강상태를 설명한다. 특히 성별, 연령별, 지역별 건강문제 발생률의 변화를 수치로 설명하는 과정을 통해 지역사회진단이 이루어지며 지역사회영양사업 계획이 수립될 수 있다.

예 인구 수 100,000명인 경기도 A시의 작년 한해 고혈압환자 발생 수가 200명이었다. A시의 작년 고혈압 발생률은 1,000명당 2명이다. 인근지역인 B시의 작년 고혈압 발생률이 1,000명당 1.2명인 것을 고려하면 A시의 고혈압 발생률이 높은 편이다.

② 건강문제의 원인을 규명한다

질병이나 건강문제의 변화추세를 조사함으로써 그 원인이 무엇인지 밝혀낸다.

예 1950년 이후 폐암 사망률 증가추세의 원인을 규명하기 위한 연구를 하던 중, 담배소비량이 비슷한 추세로 증가하였음을 확인하고 폐암의 원인과 흡연과의 관련성에 대해 집중적으로 연구하였다. 이후 여러 연구에서 흡연이 폐암의 원인으로 밝혀졌다.

③ 건강문제의 발생을 예견한다

특정 인구집단에서의 질병이나 건강문제 발생을 예견할 수 있다. 즉, 특정 건강문제를 유발하는 요인들을 가지고 있는 사람 수를 파악하면 앞으로 그 건강문제가 얼마나 발생할 것인지 예측할 수 있다.

예 각종 암의 발생추이와 분포를 매년 조사하여, 해당 암이 발생가능한 연령층의 인구집단에 적용함으로써, 매년 몇 명에게서 암이 발생할 것인지를 예견한다. 40세 이후 여성에게 주로 발생하는 유방암의 경우, 40세 이상 여성 인구 수를 참고하여 연간 유방암이 몇 건 발생할 것인지를 예견할 수 있다.

④ 건강문제가 발생되지 않도록 통제한다

특정 인구집단에서 질병이나 건강문제가 더 이상 발생하지 않도록 통제한다. 특정 건강문제가 유발될 수 있는 위험집단을 파악한 다음, 고위험집단을 대상으로 특정 건강문제가 나타나지 않도록 집중관리하는 것이다. 예견되는 건강문제 발생을 통제함으로써 인구집단이 최적의 건강을 유지하고 증진하는 데 기여한다.

예 고혈압 발생률은 나이가 들수록 증가한다. 따라서 노인 대상의 영양교육에서 저염식사에 대한 교육을 함으로써 고혈압 발생률이 높아지지 않도록 한다.

⑤ 지역사회보건사업을 평가한다

보건사업의 필요성을 측정하고, 새로이 적용될 보건사업 계획 및 설계에 대한 평가, 보건사업 진행과정, 보건사업의 효율성, 보건사업의 효과에 대한 평가를 한다.

> **예** 식사 전에 손을 씻는 것은 호흡기질환 예방의 기본이다. 따라서 학교급식실에 손 씻기 시설을 설치하고 학생들에게 점심급식 전에 반드시 손을 씻도록 교육한 결과 환절기에 호흡기질환에 의한 결석률이 현저하게 감소하였다.

2) 역학연구방법

역학연구에는 특정 건강문제가 누구에게, 언제, 어디에서 발생하였는지 분포를 나타내는 기술역학연구와 특정 건강문제의 원인, 결정요인, 중재효과를 규명하는 분석역학연구가 있다. 분석역학연구는 연구자가 현상을 있는 그대로 관찰하여 분석하는 관찰연구와 연구자가 실험적인 중재를 투입하여 중재효과를 분석하는 실험연구가 있다.

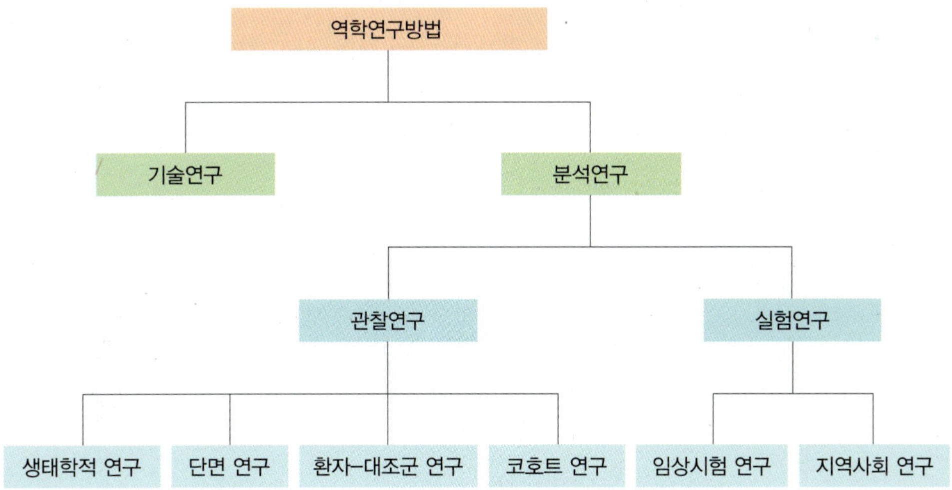

그림 2-1 역학연구방법

(1) 기술연구

특정 건강문제의 발생에 대해 다음 사항을 기술한다.

- **사람의 특성** : 누구에게 발생하였는가? 성별, 연령별 특징
- **장소의 특성** : 어디에서 발생하였는가?
- **시간의 특성** : 언제 발생하였는가?

예 국가별 흡연율 비교, 연령별 아침 결식률 비교 등

(2) 분석연구

① 관찰연구

- **생태학적 연구**

인구집단에서 특정 건강문제와 유해요인과의 상관관계를 연구한다. 인구집단 대상의 생태학적 연구에서 의미 있는 결과가 나온 경우에는 개인에게도 같은 결과가 나오는지 단면 연구, 환자-대조군 연구, 코호트 연구 등을 통해 다시 살펴보아야 한다.

예 : 생태학적 연구

- 육류섭취량 또는 포화지방섭취량이 증가할수록 심혈관계질환 발생률이 증가한다.
- 생선섭취량이 많은 일본 북해도 어부의 심혈관계질환 발생률은 낮다.

- **단면 연구**

특정 건강문제의 유무와 건강문제의 원인으로 의심되는 유해요인의 유무를 동시에 조사하는 연구로서, 흔히 조사연구라고 한다. 예를 들면, 현재의 에너지섭취량과 비만과의 관련성을 연구하기 위해 음식섭취량과 비만도를 동시에 조사하는 것

이다.

단면 연구는 특정 건강문제와 유해요인을 동시에 조사하기 때문에 짧은 시간 내에 수행할 수 있다는 장점이 있다. 단면 연구의 단점은 건강문제와 유해요인의 상관성을 조사하는 것이므로, 유해요인에 의해 특정 건강문제가 발생하였다는 인과관계로 과대 해석하지 말아야 한다는 점이다.

예 비만과 운동 간의 관련성 연구를 위해 비만한 사람과 비만하지 않은 사람의 운동 횟수를 비교하였다. 일반적으로 연구자는 운동을 적게 할수록 비만해진다는 기대를 하고 있다. 하지만 연구 결과, 비만한 사람이 비만하지 않은 사람에 비해 더 자주 운동을 하였다. 연구자의 기대와는 반대로 나타났는데, 그 이유는 비만한 사람이 살을 빼기 위해 더 자주 운동을 하였기 때문이었다. 이처럼 단면 연구는 질병 발생과 유해요인과의 인과관계를 설명하기에는 부족하다.

● **환자-대조군 연구**

건강문제가 있는 사람(환자군)과 없는 사람(대조군)을 확인한 후, 이들이 과거에 특정 유해요인에 대한 노출이 어느 정도였는지 조사하여 유해요인이 건강문제 발생의 원인이 되었는지를 확인하는 연구이다.

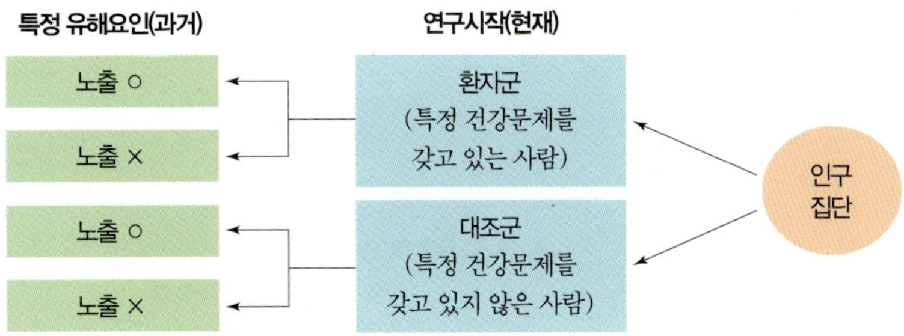

그림 2-2 환자-대조군 연구

예 : 수면제 일종인 탈리도마이드와 선천성 기형아 출산에 대한 환자-대조군 연구

- **건강문제 발생** : 1959~1960년 사이 독일에서 선천성 기형아 출산율이 급증
- **환자-대조군 연구**
  환자군(선천성 기형아 출산) 46명 중 임신 초기에 탈리도마이드 복용자 41명
  대조군(정상아 출산) 300명 중 임신 초기에 탈리도마이드 복용자 0명
- **결론** : 탈리도마이드 복용이 선천성 기형아 출산의 원인이었음이 확인되었다.

● **코호트 연구**

환자-대조군 연구보다 건강문제와 유해요인과의 인과관계를 더욱 명확하게 연구할 수 있다. 코호트 연구는 건강문제를 갖고 있지 않은 건강한 사람들을 특정 유해요인을 갖고 있는 그룹과 갖고 있지 않은 그룹으로 나누어 계속 추후 관리한 후, 건강문제가 발생하는지의 여부를 조사하는 방법이다. 코호트(cohort)란 동일한 경험을 갖고 있는 사람을 뜻한다.

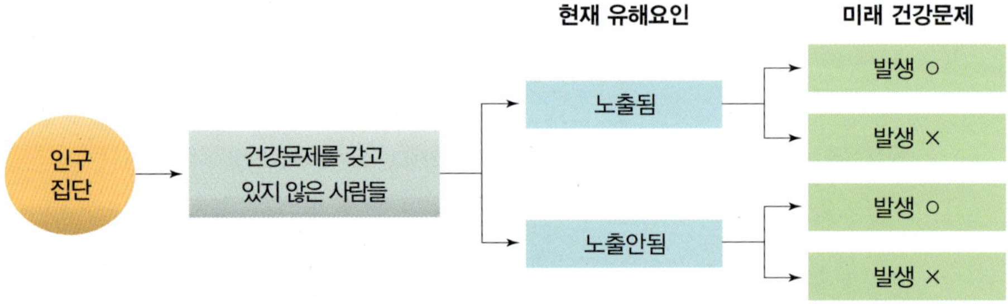

그림 2-3 코호트 연구

② 실험연구

건강상태에 영향을 미치는 유해요인이나 예방요인에 대하여 연구자가 의도적인 중재활동을 한 후 대상자의 건강문제가 어떻게 변화하는지를 측정하는 연구이다.

● 임상시험 연구

환자나 건강한 개인들을 대상으로 새로운 치료법이나 예방법의 효과를 분석하는 연구이다.

예 : 비타민 C와 독감 발생에 대한 예방효과 연구

- 독감 발생 고위험군을 선정하여, 무작위로 실험군과 대조군으로 나눔
- 실험군에게는 비타민 C를 복용시키고, 대조군에게는 위약을 복용시킴
- 실험군의 독감 발생이 대조군에 비해 어느 정도 감소되었는지 측정

● 지역사회 연구

개인이 아닌 지역사회인구집단을 대상으로 새로운 치료법이나 예방법의 효과를 분석하는 연구이다.

예 : 불소의 충치 예방효과 연구

- 1944~1955년 미국 뉴욕 지역
- **방법** : 사회경제적 여건이 비슷한 두 지역사회를 선정하여, 한 곳에는 수돗물에 불소를 넣어 음료수로 사용하도록 하고, 다른 지역은 예전처럼 그대로 수돗물을 사용하도록 한 후, 11년간 추후 조사함
- **결과** : 불소가 포함된 수돗물을 마신 지역의 6~12세 아동의 충치 발생률이 다른 지역 아동의 충치 발생률보다 60% 정도 감소됨
- **결론** : 불소용액이 아동의 충치를 예방할 수 있다는 결론을 얻음

2 국민영양모니터링

국가영양정책의 기본 목적은 국가와 지역사회구성원인 개인의 최적 영양을 실현함으로써 국민의 건강증진을 통해 개인의 행복을 추구할 수 있는 여건을 마련하면서, 동시에 사회에서 요구되는 건전한 노동력이 확보될 수 있도록 하는 것이다.

이러한 목적을 달성하기 위한 수단의 하나로, 여러 국가에서는 영양조사를 포함하는 영양감시체계(nutritional surveillance system)나 모니터링체계(monitoring system)를 구축하여 운영하고 있다. 영양모니터링은 지역주민의 식품소비나 영양상태에 나타나는 변화를 파악하기 위하여 주기적으로 식생활과 영양상태를 조사하고 판정하는 것이다. 영양모니터링시스템으로는 우리나라에서 시행되고 있는 국민건강영양조사가 있다. 국민영양모니터링을 통해 산출된 결과는 국가의 영양정책 방향을 설정하는 데 활용된다.

(1) 미국의 국민영양모니터링

미국의 영양모니터링은 식생활, 영양, 건강 관련정보를 제공하고, 식사와 건강과의 관련성, 식사와 영양상태의 관련성에 대한 정보를 제공하는 매우 복합적인 시스템이다. 영양모니터링과 감시체계에 의해 나타난 결과는 연방정부의 영양과 건강 관련정책을 수립하는 데 활용되고 있으며, 영양연구의 우선순위를 정하는 데에도 활용되고 있다. 미국의 영양조사, 영양감시체계, 영양모니터링활동은 1990년에 제정된 국가영양모니터링 및 관련연구법(The National Nutrition Monitoring and Related Research Act)에 의거하여 국가영양모니터링 및 관련연구사업단(The National Nutrition Monitoring and Related Research Program : NNMRRP)에서 시행되고 있다. 주로 농무성(USDA)과 보건후생성(DHHS)이 주관하고 있으며, 미국 국민의 건강과 영양상태를 점검하는 다양한 감시활동을 하고 있다. NNMRRP에서 시행하는 영양모니터링 활동의 목표는 다음과 같다.

- 국민의 영양상태 개선과 건강을 위해, 국가적으로 양질의 식료품 공급을 유지하고 개선하기 위한 기초자료를 제공한다.
- 국민의 식생활, 영양상태, 식품의 영양학적 우수성, 식품소비패턴, 영양에 대한 소비자의 지식과 태도에 관한 적절한 자료를 수집하고 분석하여 정보를 제공한다.
- 영양개선활동에 활용될 수 있도록 영양위험집단을 선별하고, 영양문제점과 그 추이를 확인하고 규명한다.

● 식품 생산, 가공, 분배와 관련된 농업정책의 변화가 식품의 영양품질에 어떠한 영향을 미치는가에 대한 평가자료를 제공한다.

NNMRRP에서 수행하는 영양모니터링 영역

- 영양상태 및 영양 관련 건강지표 조사
- 식품 및 영양소섭취량 조사
- 지식, 태도, 행동지표 조사
- 식품성분표 및 영양소 데이터베이스 구축
- 식품생산량 조사

표 2-1 미국의 영양모니터링 조사 사례

영 역	영양모니터링
영양상태 및 영양 관련 건강지표 조사	• National Health and Nutrition Examination Survey (NHANES) I, II, III • National Health Interview Survey (NHIS) • Pediatric Nutrition Surveillance System (PedNSS) • National Nursing Home Survey (NNHS) • School Health Policies and Programs Study (SHPPS)
식품 및 영양소 섭취량 조사	• American Community Survey • Continuing Survey of Food Intakes by Individuals (CSFII), 1985–86 • Continuing Survey of Food Intakes by Individuals (CSFII), 1989–91 • An Evaluation of the Special Supplemental Food Program for Women, Infants, and Children (An Evaluation of WIC)
지식, 태도, 행동 지표 조사	• Cancer Prevention Awareness Survey • Diet and Health Knowledge Survey (DHKS) 1989–91, 1994–96 • Health and Diet Survey • Weight Loss Practices Survey
식품성분표 및 영양소 데이터베이스 구축	• Food Coding Database: CSFII 1994–96 Technical Support Files • Food Composition Laboratory • Food Label and Package Survey (FLAPS)
식품생산량 조사	• Fisheries of the United States • U.S. Food and Nutrient Supply Series

소아영양감시시스템Pediatric Nutrition Surveillance System : PedNSS 미 질병통제센터(CDC)의 만성질환 예방 및 건강증진센터에서 주관하고 있는 영양모니터링사업

- 건강, 영양, 식품보조 프로그램의 정부 보조를 받고 있는 저소득, 고위험군의 영아와 소아의 영양상태를 판정하는 주요 지표들을 모니터링한다.
- 대상자는 출생 후 5년간은 집중 모니터링하며, 그 후 17세가 될 때까지 추후 모니터링을 한다.
- 신체계측(신장, 체중), 출생체중, 혈액검사(헤모글로빈, 헤마토크리트), 모유수유 여부와 기간 등에 대해 관찰한다.

(2) 국가영양모니터링 자료의 활용 분야

국가영양모니터링은 국민의 영양상태를 양호한 상태로 유지하는 데 필요한 정보를 얻고자 시행되고 있다.

- 국가영양모니터링 자료는 식사섭취량 판정에 활용된다. 인구집단의 식품섭취량과 영양소섭취량에 대한 표준자료를 제공하며, 식사의 영양학적 질을 모니터링할 수 있도록 한다. 일부 영양소의 섭취량이 과다하거나 부족한 위험집단의 특성을 파악하고, 식사와 관련된 사회경제적 요소와 태도 관련 요인을 밝혀낸다.
- 국가영양모니터링 자료는 식품소비의 경제적 측면 연구에 활용된다. 이 자료를 통해 농산물 생산과 시장요구도를 예측할 수 있으며, 식품소비에 영향을 미치는 사회경제적 요인 파악에도 활용된다.
- 국가영양모니터링 자료는 식생활지침 개발에 활용된다. 영양학적 문제점 해결을 위한 식품가이드와 식사지침서 개발에 활용되며, 중재프로그램에서 어떠한 특성을 가진 집단이 효과를 나타내었는가를 평가한다.
- 국가영양모니터링 자료는 식품안전성 평가에 활용된다. 이를 활용해서 환경오염물질, 식품첨가물과 자연독섭취량을 추정할 수 있다.
- 국가영양모니터링 자료는 식품 및 영양상태의 시대적 변화 예측에 활용된다. 생애주기에 따른 식품소비량 변화를 추적관찰하고, 일정 시간이 지난 후의 식품섭취 변화와 질병양상의 변화와의 상관성을 추정한다.

3 국민건강영양조사

국민건강영양조사는 국민건강증진법 제16조에 근거하여 정부차원에서 이루어지는 영양과 건강조사로서, 규모가 크고 체계화되어 있다. 우리나라의 국민영양조사는 1969년부터 1995년까지 매년 실시되어 오다가, 별도로 실시되고 있던 국민건강 및 보건의식행태조사와 통합하여, 1995년 국민건강증진법에 의해 국민건강영양조사로 명칭이 바뀌어 실시되고 있다.

국민영양조사가 건강조사와 통합시행됨으로써, 식생활패턴의 변화와 건강상태 변화의 관련성에 대한 연구가 더욱 활발해지고 있다. 국민건강영양조사는 1995년 제1기 조사가 실시된 이후 2001년 제2기, 2005년 제3기 조사가 실시되었고, 제4기는 2007–2009년(2007년 7–12월, 2008 · 2009년 1–12월)으로 통계의 시의성 보완을 위해 연중지속조사 체계로 개편되었다. 제5기는 2010–2012년(매년 1–12월), 제6기는 2013–2015년(매년 1–12월), 제7기는 2016–2018년, 제8기는 2019–2021년에 조사가 실시되었다.

국민건강영양조사를 통해 우리 국민의 건강과 영양과의 관련성에 대한 기초 통계자료를 확보할 수 있으며, 또한 국민영양개선 목표설정, 국민건강증진 관련정책의 수립, 건강관련 프로그램의 개발 및 평가, 각종 질병관리 프로그램 개발에 널리 활용되고 있다. 또한 OECD 회원국으로서, 국제비교가 가능한 국가적인 건강, 영양통계를 제공하고 있다.

(1) 조사목적

국민의 전반적인 건강상태와 영양상태를 파악하여, 건강에 영향을 미치는 식생활과 영양 요인 등을 분석하고, 주요 만성질환 및 주요 건강유해요인에 대한 전국 단위의 대표성 있고 신뢰도 높은 통계자료를 얻는다.

- 국민의 식생활양상
- 국민의 식품 및 영양소 섭취 상태

- 국민의 전반적인 건강상태 및 건강행위
- 국민의 주요 질병의 이환율
- 한국인의 체위수준 등 각종 건강지표
- 주요 질병과 식생활 및 기타 주요 위험요인 간의 관련성 파악을 위한 기초 자료 산출
- 영양취약집단의 분포
- 식품소비량 추계
- 식품안전성 확보 등

국민건강영양조사의 궁극적인 목적은 우리 국민의 건강증진과 영양개선을 위한 국가차원에서의 보건 및 영양정책을 계획하고 실천하는 데 필요한 정확하고 신뢰성 있는 통계자료를 산출하는 것이다.

(2) 조사대상

전 국민을 조사 모집단으로 하여, 순환표본설계방식을 유지하고 인구주택총조사 자료를 추출틀로 사용하여 조사지역과 대상자를 선정한다. 조사지역은 표본의 대표성을 위해 17개 시·도, 동·읍·면, 주택 유형을 고려하여 매년 192개 지역을 선정하고 조사지역당 25가구를 선정한다. 조사대상자는 선정된 가구의 만 1세 이상 가구원 전체이며 매년 4,800가구, 약 10,000명이다.

(3) 조사내용

건강설문조사 중 건강면접영역(교육 및 경제활동, 이환, 의료이용 등), 검진조사 문진항목, 영양조사는 응답자가 설문문항을 잘못 이해하거나 전문용어가 사용된 설문문항에 의한 응답의 어려움을 해소하기 위해 면접조사방법을 채택하였다. 건강설문조사 중 건강행태영역(비만 및 체중조절, 흡연, 음주, 정신건강 등)에 대해서는 응답편향이 발생하기 쉬우므로 조사원 또는 제3자의 개입으로 인한 영향을 최소화하여 비교적 솔직한 답변을 얻을 수 있도록 자기기입식 조사방법을 채택하였다.

① 건강설문조사

건강설문조사에는 가구조사, 교육 및 경제활동, 이환, 삶의 질, 의료이용 조사, 건강 행태 조사 등의 내용이 포함된다. 건강설문조사는 이동검진차량에서 실시된다. 건강 설문조사의 내용은 표 2-2와 같다.

표 2-2 국민건강영양조사 건강설문조사 내용

구분	조사내용	조사방법
가구조사	성, 연령, 결혼상태, 가구원수, 세대유형, 가구소득, 건강보험 가입, 민간보험 가입	가구원 중 성인 1인 면접조사
성인용 (만 19세 이상)	교육 및 경제활동, 이환, 의료이용, 손상(사고 및 중독), 정신건강, 활동제한 및 삶의 질, 예방접종 및 건강검진, 여성건강, 신체활동	면접조사
	비만 및 체중조절, 음주, 안전의식, 정신건강, 흡연, 구강건강	자기기입조사
청소년용 (만 12–18세)	교육 및 경제활동, 이환, 의료이용, 손상(사고 및 중독), 정신건강, 활동제한, 예방접종, 신체활동, 여성건강	면접조사
	비만 및 체중조절, 음주, 안전의식, 정신건강, 흡연, 구강건강	자기기입조사
소아용 (만 1–11세)	이환, 의료이용, 손상(사고 및 중독), 예방접종, 여성건강	면접조사 (보호자 대리 응답)
	비만 및 체중조절, 안전의식, 구강건강, 교육수준	자기기입조사 (보호자 대리 응답)

* 만 6세 이상
** 만 10세 이상

② 검진조사

대상자가 이동검진센터를 방문하면 접수, 동의서 작성, 검진가운 탈의, 신체계측 순으로 진행하고, 이후 대상자의 연령에 해당하는 검진항목을 확인하여 검진 및 문진을 시행한다.

- **신체계측(신장, 체중), 구강검사** : 만 1세 이상
- **허리둘레, 소변검사 일부** : 만 6세 이상
- **혈압 및 맥박 측정** : 만 10세 이상

- **악력검사, 혈액검사, 소변검사** : 만 10세 이상
- **폐기능검사** : 만 40세 이상
- **이비인후검사(난청, 중이염, 평형이상, 음성장애 측정), 안검사** : 만 40세 이상

③ 영양조사

영양조사는 검진 및 건강설문조사에 참여한 가구를 방문하여 가구원 전원을 대상으로 실시되며, 식생활조사, 식품안정성 조사, 식품섭취조사에 대한 면접조사로 실시된다. 식품섭취조사는 24시간 회상법에 의해 각 가구원의 식품섭취내용을 조사하며, 가정에서 조리한 음식에 대해서는 가정 내 조리자를 대상으로 식품재료와 재료량 등을 조사한다. 영양조사의 내용은 표 2-3과 같다. 최근에는 이동검진차량과 온라인 조사를 영양조사에 활용하는 방법에 대한 연구가 이루어지고 있다.

표 2-3 국민건강영양조사 영양부문 조사내용

조사영역	대상 연령	조사항목
식생활 조사	만 1세 이상	끼니별 식사 빈도, 끼니별 동반 식사 여부 · 대상, 외식 빈도, 채소/해조류/버섯류 섭취빈도, 과일 섭취빈도, 식이보충제 복용 경험, 식이보충제 복용 내용
	만 6–29세	음료 섭취빈도 및 1호 섭취량
	만 1–3세	출생체중, 수유 방법 · 기간, 이유식, 일반우유, 영아기 식이보충제 섭취 정보
식품안전성조사	식생활관리자	가구의 식품안정성 확보
식품섭취조사	만 1세 이상	조사 1일전 섭취 음식의 종류 및 섭취량
	조리자	조사 1일전 섭취 음식 중 직접 조리한 음식의 식품재료 및 재료량, 음식 총량

자료: 질병관리청. 국민건강영양조사 제8기 1차년도(2019) 원시자료 이용지침서. 2021

2. 지역사회영양 진단

1 지역사회영양 진단의 의의

지역사회주민의 영양상태는 지역사회를 둘러싼 환경의 영향을 받게 된다. 지역사회영양 진단이란 지역사회의 사회, 경제, 교육 등의 문화적인 환경을 나타내는 지표들과 보건통계자료 및 식품수급자료 등을 종합적으로 파악하여 지역사회의 영양 관련 문제와 영양위험집단을 총체적으로 파악하는 과정이다.

지역사회영양 진단을 위해서는 지역사회주변의 일반환경자료, 지역사회문화자료, 총인구조사자료, 출생률, 사망률 등의 인구동태자료, 보건소, 병원, 학교 등의 보건자료, 지역사회를 대상으로 조사한 연구자료 등의 영양과 건강에 관련된 지표가 필요하다. 또한 식품 섭취나 선택에 직접 영향을 미치는 식품수급 등의 식품환경, 식행동 등에 관한 자료도 필요로 한다. 지역사회영양 진단은 다음과 같은 의의를 갖는다.

- 지역주민의 영양상태에 영향을 미치는 제반요인과 문제들을 심각성과 중요도에 따라 파악할 수 있다.
- 영양 및 건강관리가 우선적으로 필요한 영양취약계층을 발견하여 영양개선 프로그램(nutrition intervention program) 실시에 활용할 수 있다.
- 지역사회영양 진단을 주기적으로 반복할 경우, 실시된 영양개선 프로그램의 효과를 파악할 수 있다.

지역사회영양 진단에서 기존의 통계자료들을 활용하는 경우 경비나 인력을 크게 들이지 않고 비교적 간단하게 할 수 있으며 빠른 시간 내에 결론을 도출할 수 있다. 그러나 자료가 전체집단의 자료인 경우가 많아 지역사회나 인구집단에 대한 영양문제는 비교적 쉽게 파악할 수 있으나 영양불량을 가진 개인을 찾아내기는 힘들다는 문제점도 있다.

2 지역사회영양 진단 과정

1) 목표 설정

지역사회영양 진단을 시작할 때는 다음과 같이 명확한 목표를 설정하여야 한다.

- 지역사회주민의 영양상태에 심각하게 영향을 미치고 있는 요인을 우선순위별로 파악한다.
- 지역사회주민 중 영양불량의 정도가 심하고 영향을 많이 받는 영양취약집단을 우선순위별로 파악한다.
- 각 영양취약집단에 있어 영양문제 혹은 영양 관련문제를 우선순위별로 파악한다.
- 영양 관련문제에 영향을 끼치는 행동방식, 문화적 요인, 환경문제, 사회구조상의 문제를 파악한다.
- 지역사회주민들의 지역사회영양 관련문제에 대한 인식도와 개선방향을 파악한다.
- 영양 관련문제를 해결하기 위해 활용할 수 있는 기존의 건강, 영양 관련시설이나 인력을 파악한다.
- 국가기관이나 지방자치단체장들과 접촉하여 파악된 영양문제를 해결하거나 예방하기 위한 프로그램을 설정한다.

2) 지역사회영양 진단 계획 및 일정표 설정

- 지역사회영양 진단팀을 구성한다. 이때 진단팀에는 일을 직접 수행할 인력과 함께 기존 지역자치단체의 장이나 직원 등을 팀에 포함하여 자문과 협조를 받을 수 있는 협력체계를 구축한다.
- 목표달성을 위해 어떠한 자료를 수집할 것인지 결정한다. 통계자료의 경우 몇 년부터 몇 년도까지의 자료를 조사할 것인지 기준시점을 명확히 한다.
- 지역사회영양 진단을 위한 제반경비의 조달에 관한 예산계획을 세운다.
- 각 세부계획에 따른 추진일정표를 작성한다.

3) 진단을 위한 자료수집

지역사회영양 진단에 사용할 자료는 도 단위나 국가 단위를 대상으로 한 자료와 지역사회를 대상으로 한 자료를 모두 수집한다. 이때 지역사회를 대상으로 한 통계자료를 중심으로 수집하는 것이 좋으나 지역사회통계자료는 미비한 부분이 많으므로 도나 국가 단위 자료와 비교하여 지역사회문제를 파악하기도 한다. 만약에 얻고자 하는 자료가 부족할 때는 지역사회를 대상으로 소규모의 조사를 실시할 수 있으며 영양에 관한 보다 자세한 정보를 얻고자 할 때는 영양스크리닝을 실시하기도 한다.

(1) 국가단위의 자료

① 총인구조사 자료

우리나라는 1925년 이래 5년 간격으로 총인구조사를 실시하고 있으며 대상자는 대한민국에 거주하는 본국인뿐 아니라 외국인도 포함된다. 대상자의 나이, 성별, 교육, 혼인상태 등을 알 수 있고 지역과 나이에 따른 인구 수, 남녀비율 등을 알 수 있다.

② 통계청의 자료

통계청에서는 인구, 경제, 주택, 교육, 통신, 보건, 문화, 과학, 환경, 복지 등의 사회지표 각 부문의 통계치를 연보형식으로 1979년 이후 매년 제시하고 있다.

예 인구 통계연보, 사망원인 통계연보, 인구이동 통계연보 등

통계청에서 운영하는 통계정보시스템(KOSIS)은 국내 주요 통계와 UN 및 IMF국제비교통계 등 다양한 정보를 제공하는 세계적인 통계 DB로서 다른 기관에서 작성한 통계자료도 상당량 주제별, 지역별, 통계작성기관별, 색인별로 검색할 수 있어서 자료수집에 많은 도움이 된다.

③ 보건사회통계연보

보건사회통계자료는 보건복지부가 1954년부터 매년 보건사회통계연보 형식으로 발간해 오고 있으며 출산율 및 사망률, 전염병 발생률, 의료기관 및 의료인력의 변화, 그 밖에도 사회복지 및 가정복지에 관한 지표가 월별, 지역별 및 사업별로 수록되어 있다. 그 외에도 총인구, 경제활동인구, 노인인구, 평균수명 등에 관한 통계자료도 포함하고 있다. 보건사회통계지표들은 특히 주민들의 영양상태와 밀접한 관련이 있으므로 다양하게 활용할 수 있다.

④ 경제활동 인구자료

경제활동 인구자료는 경제활동 인구연보를 통해 얻을 수 있으며 대한민국에 상주하는 만 14세 이상인 사람을 대상으로 취업 여부, 경제활동 여부, 지위, 실업률 등을 조사하여 발표된 자료이다.

⑤ 식품수급표

식품수급표는 한국농촌경제연구원에서 작성되는 것으로서 국민에게 공급되는 식품의 수급상황과 1인 1일당 식품공급량 및 영양공급량을 제시해 줌으로써 국가수준에서의 식품소비실태를 알 수 있게 해 준다.

식품수급표는 폐기량이 고려되지 않은 공급량만을 제시하므로 실제로 섭취량과는 구별된다. 국가 단위의 공급량이기는 하나 지역사회의 식품공급량이나 영양공급량을 판정하는 데 참고자료로 활용할 수 있다.

⑥ 국민건강영양조사 지표

국민건강영양조사에는 건강설문조사, 검진조사, 영양조사가 포함되어 있다.

(2) 지역 단위의 자료

① 지역의 일반환경에 관한 자료

- **지역의 형태** : 농촌 또는 도시, 교통수단 발달정도 등
- **평균기온, 풍속, 강우량** : 어떤 지역의 평균기온이 꾸준히 증가되고 풍속이 감소하면 지역 내 오염물질을 정체시켜 대기오염을 가져오며 이것은 주민의 건강에 영향을 미친다.
- **지형** : 다른 지역과 격리되어 있는가, 바다에서 가까운가, 녹지 혹은 평야가 많은가, 산지로 형성되어 있는가는 주민에게 공급되는 식품의 양과 형태에 영향을 미치게 된다. 또한 하천의 복개 여부, 하수화의 여부 등이 지역주민들의 보건에 영향을 미치게 된다. 지역의 물리적 환경에 관한 자료는 지역사회에서 발간하는 시의 통계연보, 시정 기본통계 등에서 찾을 수 있다.

② 지역의 사회적 · 문화적 환경에 관한 자료

- **경제시스템** : 주민들의 경제수준은 식품구매능력에 큰 영향을 끼치게 된다. 실업률이 높은 지역이라면 물품구입능력과 더불어 의료시설에 갈 수 있는 기회가 적어진다.
- **종교, 사회관습에 관한 자료** : 지역주민들의 종교는 주민들의 식품구매와 섭취에 영향을 끼치게 된다. 예를 들어, 안식교도인들은 커피나 동물성식품의 구매를 잘 하지 않는다. 사회관습, 지역주민의 식생활태도나 식행동에 영향을 미친다. 예를 들어, 주민들이 비만을 부의 상징으로 생각하는지 건강위험지표로 생각하는지에 따라 식품에 대한 태도에 영향을 미친다.
- **교육 관련자료** : 주민들의 교육수준은 식생활 전반에 크게 영향을 끼친다. 특히 대학에서 제공하는 영양학관련 교육과정, 시나 교육기관에서 제공하는 평생교육 프로그램의 영양 · 건강 관련교육, 병원이나 보건소 등에서 제공하는 각종 영양 · 건강 관련교육 등이 지역주민들의 식생활태도, 식행동 등에 영향을 미치게 된다.
- **사회에 관한 자료** : 지역사회에서 활동하는 영양 · 건강 관련사회단체 등을 조사한다.

③ 인구조사자료

- **지역별, 연령별 인구분포** : 연령별 분포에서 1~6세의 연령층, 19~29세의 연령층이 전국지표에 비해 두텁다면 가임 여성을 대상으로 한 모성영양사업과 영유아 영양사업이 활발히 전개될 필요가 있고 노인인구층이 많다면 노인영양사업에 중점을 두어야 한다. 또한 지역별 연령분포를 살펴보면 지역에 따라 특성화되어야 할 영양 프로그램을 알 수 있다.
- **학교별 학생 수** : 학교별 학생 수는 그 지역의 교육정도를 알 수 있게 해 주며 특히 초등학생, 중학생 인구가 급격히 늘어난다면 그러한 연령층을 대상으로 한 집중적인 영양진단이 필요하다.
- **소득별 인구구성** : 15세 이상 인구와 그중 경제활동 인구 수, 1, 2, 3차 산업종사자 수와 근로자 수 등을 파악하는 것은 지역사회주민의 수입과 관련이 있으므로 중요하다. 저소득층 인구의 구성비율은 흔히 영양불량과 관련되어 있으므로 저소득층 인구비율을 파악하는 것이 중요하다. 특히 편부모세대, 독거노인, 장애등록자, 노인부부세대, 소년소녀가장세대 등의 수를 파악하는 것은 의료취약인구를 파악하는 방법이 된다. 또한 이 세대는 경제적으로 자립할 수 없는 경우가 많으므로 식품공급 프로그램, 식품쿠폰 프로그램 등을 고려해야 한다.

④ 인구동태자료

일반적으로 인구동태자료는 출생, 사망, 혼인, 이혼 등의 자료를 포함한다.

- **출생률 · 사망률** : 출생률과 사망률은 일정한 기간(보통 1년) 안에 출생하거나 사망한 수를 전체 인구 수로 나누어서 계산한 것이다. 연간 출생률과 사망률 외에도 1일 출생률, 1일 사망률을 계산하기도 한다. 출생률에서 사망률을 감해 주면 인구자연증가율을 구할 수 있다. 사망률 외에도 대상지역의 사망원인통계를 성별, 연령별, 교육정도별로 구할 수 있으며, 국가단위별 사망원인통계와 비교하면 지역사회에서 사망원인을 줄이기 위해 우선순위를 두고 진행해야 할 보건 · 영양사업에 관한 힌트를 얻을 수 있다.

- 사망률은 질병에 따라 계산하기도 하며 질병에 의한 사망률은 질병과 관련된 식이섭취량, 영양상태를 간접적으로 추측할 수 있으므로 지역사회영양학자에게는 매우 유용한 자료가 된다. 조산아 출생률과 조산아 사망률은 그 지역의 유아, 임신부의 건강, 영양 혹은 그 지역의 보건의료체제와 밀접한 관련이 있다.

⑤ 보건통계자료

- **보건종사자 수** : 병원, 보건소, 학교에 종사하는 의사, 치과의사, 영양사, 약사, 간호사, 양호교사의 수를 파악한다.
- **의료기관이용률** : 지역보건의료기관의 이용률은 건강관리를 얼마나 잘 받고 있나를 나타내는 척도가 된다.
- **의료보험비율** : 지역주민이 가입하고 있는 지역의료보험, 직장의료보험, 공무원 의료보험, 지역 내 의료보호대상자의 비율을 파악한다.
- **건강 · 영양프로그램** : 시나 구청의 행정기관과 지역보건의료기관에서 실시하고 있는 건강 · 영양 프로그램을 의미한다.
- **지역 내 성 · 연령별 학생의 성장지표** : 학생들의 신장 · 체중 · 가슴둘레 등은 학생들의 영양상태를 나타내는 지표가 된다.
- **지역주민의 음주 · 흡연비율** : 행동양식 중에서도 음주와 흡연은 지역주민의 건강 · 영양상태에 큰 영향을 미친다.
- **지역주민의 질병 유병률** : 질병 유병률이란 지역주민들이 특정질병을 얼마나 가지고 있는가 하는 정도를 나타내며 특히 만성질병인 고혈압, 당뇨, 심장혈관질환, 암 등의 경우 식생활과 밀접한 관계가 있다. 질병 유병률은 일정기간 안에 질병을 보유하고 있는 비율을 나타내므로 기존의 질병 보유자와 새롭게 질병을 보유한 자를 전부 포함하게 되어 질병 발생률과는 구분된다. 질병 발생률은 질병이 새롭게 발생하는 정도를 나타낸다.

⑥ 식품환경에 관한 자료

- **지역의 식품수급 현황** : 대상지역의 식품수급 현황은 농촌경제연구원에서 발행하는

식품수급 현황을 통해서 알 수 있으며 1일 1인당 식품수급량과 동시에 영양공급량도 알 수 있으므로 주민들의 영양상태를 간접적으로 파악하는 데 도움이 된다. 특히 그 지역의 주된 식품(core food)을 파악함으로써 그 지역주민의 영양상태에 크게 영향을 미치는 식품의 종류를 알 수 있다.

- **식품유통기관** : 그 지역사회에서 식품이 구체적으로 어떤 유통기관을 통하여 주민들에게 배분되고 전달되는가 하는 것을 조사한다. 그 지역의 식품판매가게 수가 지역주민의 수에 비해 충분한가, 판매되는 식품의 종류, 공급가격은 어떠한가 등을 도매상, 백화점, 시장, 슈퍼마켓 중심으로 조사한다. 또한 인터넷쇼핑, 홈쇼핑에 의한 식품구매가 증가하는 추세이므로 이에 대한 자료도 수집한다. 이때 그 지역에서 팔리고 있는 건강관련식품 특히 저지방 우유, 신선한 채소, 과일, 강화식품, 건강보조식품 등을 파악한다.

⑦ 식품행동에 관한 자료

- **지역주민들의 식품에 대한 태도** : 지역주민들의 특정식품에 대한 금기나 선호도를 파악한다.
- **가공식품에 대한 태도** : 가공식품에 대한 태도는 가공식품과 자연식품의 구입량, 구입빈도 수에 영향을 미친다.
- **식품구매 방식** : 가정에서 식품구매를 결정하는 사람은 누구인가? 어디를 통해 식품구매를 하는가? 식품구매 시에 제일 고려하는 사항은 무엇인가? 등을 조사한다.

4) 수집된 자료의 분석 및 활용

수집된 자료를 분석하여 대상인 지역사회의 문제를 진단하고 그 문제를 우선순위로 정리하는 것이 바람직하다. 문제의 우선순위를 정할 때는 다음과 같은 영역을 기준으로 하여 결정한다.

- **크기** : 지역사회문제에 의해 영향을 받고 있는 사람들의 수는 얼마인가? 혹은 그 문제로 인해 일찍 사망하는 사람의 수는 얼마인가?

- **심각한 정도** : 만약에 문제를 방치해 둘 경우 가족이나 사회에 얼마나 심각하게 영향을 끼치는가? 문제의 심각성, 위급성, 경제적 손실이 얼마나 되는가?
- **개선효과** : 영양개선 프로그램을 실시했을 때 문제가 얼마나 예방 혹은 감소될 수 있는가?
- **정치적 지원의 가능성** : 그 문제를 해결하기 위해 정치적 지원을 받을 수 있는가? 또한 경제적인 면, 수용성, 자원, 법적인 면을 고려하여야 한다.

5) 프로그램의 분석 및 개선방향 제시

지역사회영양문제를 진단한 후에는 문제와 관련하여 현재 어떤 영양 프로그램이 실시되고 있는가를 살펴본다. 프로그램이 있으면서도 시행이 잘 되지 않을 경우 개선방향을 제시할 수 있어야 하고, 관련 프로그램이 없을 때는 프로그램을 제시해야 한다.

3 식생활 진단과 영양스크리닝

영양상태평가의 기본요소는 식이 및 식습관에 의한 평가, 신체계측 지표에 의한 평가, 임상에 의한 평가, 생화학적 지표에 의한 평가 등이다. 그러나 부족한 인력과 제한된 시간 등으로 시설 내에서 모든 개인의 영양상태를 평가하기가 쉽지 않다. 따라서 우선 간략한 방법으로 영양위험의 가능성이 있는 사람을 선별해 낸 후 영양중재를 실시하여 질병예방 및 치료에 도움을 주게 된다.

> **영양스크리닝**nutrition screening 영양문제와 관련된 특징들을 검사하여 영양불량을 가지고 있는 사람이나 영양적 위험에 있는 개인을 간략한 방법으로 선별해 내는 과정

영양스크리닝은 국민의 건강증진을 위한 건강관리체계에서 가장 먼저 고려해야 하는 비용-효과 측면에서 필수적인 요소가 되며, 지역주민으로 하여금 자신의 영양문제와 그 해결에 관한 관심을 유발시키고 실천을 증대시키는 자극제로 작용하게 된다. 이와 같이 영양스크리닝의 필요성은 높으나 스크리닝 도구(screening tool)가 표

준화되어 있지 않은 경우가 많아 영양스크리닝의 신뢰도 문제가 제기된다.

1) 영양스크리닝 방법

- 식이조사, 식습관 및 이에 영향을 주는 요인들, 신체계측, 생화학적 검사, 임상조사의 각 영역에서 몇 가지 지표를 복합적으로 조사한다.
- 1가지 영역에서의 검사치를 사용하여 영양스크리닝에 활용할 수도 있다(예: 이미 측정되어 있는 생화학적 검사자료 활용).
- 잠재적 위험인자들을 발견하는 데 유용한 영역인 식사섭취형태, 사회적 · 심리적 요인, 체격지수 및 생화학적 검사수치, 질환, 약물 복용 등의 영역을 포함하는 문항으로 된 표준화된 스크리닝 도구를 사용한다.

2) 스크리닝 도구

- 스크리닝에 필요한 항목을 채택할 때는 환자의 스크리닝 목적에 따라 위험한 환자나 대상자를 가장 잘 선별하면서도 대상자에게 심리적 부담을 주지 않고 허용된 인적 · 물적 자원 가운데서 가장 적합한 지표를 선택하게 된다. 주로 병원과 보건소에서 많이 사용하는 방법으로 식사조사에서는 식습관, 식사섭취량을 조사하

BOX 2-1 영양스크리닝 도구의 요건

- 영양스크리닝 지표가 쓰이는 시설이나 인력, 재정 측면에서 활용하기에 편리하고 적합해야 한다. 즉, 현재 인력, 시설에서 자료의 수집이 용이해야 한다.
- 스크리닝 지표는 위험에 처해 있는 개인들을 폭넓게 선별해 내는 예민도(sensitivity)가 높아야 한다. 예를 들어, 혈청 콜레스테롤이나 체중/신장 등의 단순한 지표들은 고지혈증 위험에 처해 있는 개인들을 폭넓게 선별할 수 있다.
- 스크리닝 지표는 영양서비스가 필요하지 않은 사람은 가려내고 영양서비스가 꼭 필요한 사람만 규명할 수 있도록 특이성(specificity)도 높아야 한다.
- 스크리닝 도구에서는 영양적 위험 여부나 위험수준의 판정방법은 객관적으로 제시되어야 조사자가 달라지더라도 일정한 결과가 나타나 신뢰도(reliability)가 높아지게 된다.

고 신체계측조사에서는 체중, 신장, 체지방 등을 측정하며 혈액검사에서는 헤모글로빈, 총콜레스테롤, 중성지방, 알부민수치 등을 측정하여 스크리닝하게 된다.

- 생화학적 검사수치는 병원이나 보건소의 경우 검사실에서 자료를 얻을 수 있으므로 대부분 영양담당자는 식습관, 식사섭취량, 신체계측치 일부를 조사하여 환자의 영양스크리닝에 사용하게 된다.
- 스크리닝 도구를 만들어서 쓰는 경우에는 통계적인 검증절차를 거쳐 지표를 선택하여야 한다. 이때 지표는 개개 위험인자의 상태를 가장 적절하게 평가할 수 있어야 하며 영양상태가 불량한 집단과 건강한 집단 사이에 차이가 많이 나는 항목이어야 한다.

표 2-4 스크리닝 지표에 의한 판정

구 분	식이조사 식습관 및 이와 관련되는 요인	신체계측치	생화학적 검사	의료정보
병원	식사섭취량(%) 금식, 유동식 일수>5일 경관유동식, TPN 여부	상대체중: (PIBW) >120% 110~120% 90~110% <90% 콜레스테롤: ≥240mg/dL 체중감소: 10%/6개월, 5%/1개월	혈청알부민<3.3g/dL 혹은 <3.5g/dL TLC<1500/mm^3 신장, 간, 췌장, 위장, 암	종양 방사선 치료 특수질환 심장, 신경질환
검진	식습관관련 설문조사 영양섭취량 조사(DRI%) 식품군별 섭취횟수(1일) 식품섭취 다양성(1개월) 각 영양소별 섭취기여식품	신장 체중 혈압	혈청 콜레스테롤 혈청 중성지방	
센터 보건소	식습관 식사의 규칙성 식사의 균형성 만성질환관련 식이인자 (식염, 단당류, 동물성지방, 알코올, 가공식품, 콜레스테롤 식품, 자극적 식품 등)	체중 신장 체지방 골밀도	헤모글로빈 헤마토크리트치 혈청콜레스테롤 HDL-콜레스테롤 혈청 중성지방 혈청 총단백질 알부민	

TLC : Total Lymphocyte count

자료: 이정원, 1998

(1) 영양소섭취량에 의한 평가

영양개선사업을 실시할 때 위험에 처해 있는 인구 수를 밝히는 것은 사업계획 마련에 매우 중요하다. 개인과 집단의 식사조사를 한 후, 영양섭취상태를 평가할 때에는 한국인 영양소 섭취기준을 활용한다.

영양소 섭취기준 중에서 평균필요량은 개인의 일상섭취량이 부적절할 확률을 조사하는데 사용되며, 집단의 부적절한 섭취 정도를 파악하는 데에도 사용될 수 있다. 집단의 경우 일상섭취량이 평균필요량 이하인 사람의 비율로 섭취량이 부족한 사람의 비율을 추정한다. 반면 상한섭취량은 과잉섭취 가능성 조사에 사용될 수 있다. 개인의 섭취량이 상한섭취량보다 높을수록 건강장애의 위험도는 높아지므로 집단에서 상한섭취량 이상 섭취자의 비율을 계산해 과잉섭취에 따른 건강장애위험을 가진 사람의 비율을 추정한다.

(2) 식습관 점수에 의한 평가

실제로 영양섭취량을 계산하는 데는 많은 시간이나 인력이 소요되므로 타당도와 신뢰도가 검증된 식습관 조사표를 활용하여 식습관 점수를 구해 스크리닝하는 방법이

표 2-5 개인과 집단의 영양섭취상태 평가를 위한 영양소 섭취기준의 활용

구분	개인	집단
평균필요량	일상섭취량이 평균필요량 이하이면 섭취량이 부족할 확률이 50% 이상이며, 평균필요량보다 낮아질수록 부족할 확률이 높아짐	집단 내에서 부적절한 섭취자의 비율을 추정하는 데 사용함. 일상적 섭취량이 평균필요량 이하인 사람의 비율에서 섭취량이 부족한 사람의 비율을 추정함
권장섭취량	일상섭취량이 권장섭취량 이상이면 부족하게 섭취할 확률은 낮음	집단의 영양섭취상태를 평가하는 데 사용하지 않음
충분섭취량	일상섭취량이 충분섭취량 이상이면 섭취량이 부족할 확률이 낮음	일상섭취량의 중앙값이 이 수준이면 섭취량이 부족한 사람의 비율이 낮은 것을 의미함
상한섭취량	과잉섭취 가능성 조사에 사용함. 일상섭취량이 상한섭취량보다 높으면 과잉섭취로 인한 건강장애증상이 일어날 수 있음. 섭취량이 상한섭취량보다 높을수록 건강장애의 위험도는 높아짐	영양과잉으로 인한 건강장애 위험도를 추정하는데 사용함. 집단 내에서 상한섭취량 이상을 섭취하는 사람의 비율로 과잉섭취에 따른 건강장애의 위험을 가진 사람의 비율을 추정함

다. 전체적인 식습관을 보거나 고지혈증 위험도, 철분결핍 빈혈에 관련된 식습관 점수를 볼 수도 있다.

(3) 신체계측치에 의한 평가

① 체질량지수(Body Mass Index : BMI)

BMI는 가장 널리 사용되는 판정지수로서 체지방과 상관관계가 높으며, 신장의 영향을 비교적 적게 받는다. BMI는 체질량을 잘 반영하므로, 간편하고 믿을 만한 비만판정지표로 알려져 있다.

BMI = 체중(kg)/{신장(m)}^{2}

BMI에 의한 비만판정기준 : 성인(kg/m^2)

저체중 : 18.5 미만

정상 : 18.5~22.9

과체중 : 23.0~24.9

1단계 비만 : 25.0~29.9

2단계 비만 : 30.0 이상

② 상대체중(Percent of Ideal Body Weight : PIBW)

실제체중을 표준체중과 비교한 백분율을 말한다. 성인의 표준체중은 Broca 변법을 이용해 산정하며, 학동기부터 청소년기까지의 표준체중은 대한소아청소년과학회의 신장별 체중표의 50th 백분위 값을 사용한다.

PIBW = [실제체중(kg)/표준체중(kg)]×100

PIBW에 의한 비만판정기준 : 성인(%)

저체중 : 90% 미만

정상 : 90~110

과체중 : 110~120

비만 : 120 이상

표준체중(Broca 변법)

신장이 150cm 미만인 경우 : 표준체중(kg)=[신장(cm)-100]

신장이 150~160cm인 경우 : 표준체중(kg)=[신장(cm)-150]÷2+50

신장이 160cm 이상인 경우 : 표준체중(kg)=[신장(cm)-100]×0.9

③ 백분위수(percentile)

백분위수로 스크리닝하는 방법은 생후 36개월까지의 유아에게 많이 쓰이는 방법으로서 한국소아의 발육곡선을 이용할 수 있다. 우리나라 소아의 표준발육지수는 3, 10, 25, 50, 75, 90, 97퍼센타일로 표시되어 있으며 판정 대상자의 측정치가 전체집단의 분포에서 어떤 퍼센타일에 속하는가를 비교하여 평가하게 된다.

위험에 처해 있는 개인을 선별해 내는 예민도에 따라 다음 세 가지 중 한 가지 방법을 택할 수 있다.

- 97퍼센타일 이상(비만) 3퍼센타일 미만(허약)으로 스크리닝하는 방법
- 95퍼센타일 이상(비만) 5퍼센타일 미만(허약)으로 스크리닝하는 방법
- 90퍼센타일 이상(비만) 10퍼센타일 미만(허약, 위험)으로 스크리닝하는 방법

④ 허리-엉덩이둘레(WHR)

허리-엉덩이둘레는 체지방 분포를 추정할 때 사용되며, 복부비만 판정에 활용한다.

WHR 값이 남자의 경우 0.95 이상, 여자는 0.85 이상일 때 복부비만으로 판정한다.

영양 생활습관 평가 도구

수검자 성명		본인은 해당 생활습관 평가를 원합니다. ☐
본인에게 해당하는 항목을 찾아 ✓표를 하십시오.		

1. 우유나 칼슘강화두유, 기타 유제품(요구르트 등)을 매일 1컵(200㎖) 이상 마신다.
   ☐ 항상 그런 편이다(5점) ☐ 보통이다(3점) ☐ 아닌 편이다(1점)
2. 육류, 생선, 달걀, 콩, 두부 등으로 된 음식을 매일 3회 이상 먹는다.
   ☐ 항상 그런 편이다(5점) ☐ 보통이다(3점) ☐ 아닌 편이다(1점)
3. 김치 이외의 채소를 식사할 때마다 먹는다.
   ☐ 항상 그런 편이다(5점) ☐ 보통이다(3점) ☐ 아닌 편이다(1점)
4. 과일(1개)를 매일 먹는다. (갈아먹는 형태 포함)
   ☐ 항상 그런 편이다(5점) ☐ 보통이다(3점) ☐ 아닌 편이다(1점)
5. 튀김이나 볶음 요리를 얼마나 자주 먹습니까?
   ☐ 주 4회 이상(1점) ☐ 주 2–3회(3점) ☐ 주 1회 이하(5점)
6. 콜레스테롤이 많은 식품(삼겹살, 달걀노른자, 오징어 등)을 얼마나 자주 먹습니까?
   ☐ 주 4회 이상(1점) ☐ 주 2–3회(3점) ☐ 주 1회 이하(5점)
7. 아이스크림, 케이크, 과자, 음료수(믹스커피, 콜라, 식혜 등) 중 1가지를 매일 먹는다.
   ☐ 항상 그런 편이다(1점) ☐ 보통이다(3점) ☐ 아닌 편이다(5점)
8. 젓갈, 장아찌, 자반 등을 매일 먹는다.
   ☐ 항상 그런 편이다(1점) ☐ 보통이다(3점) ☐ 아닌 편이다(5점)
9. 식사를 매일 정해진 시간에 한다.
   ☐ 항상 그런 편이다(5점) ☐ 보통이다(3점) ☐ 아닌 편이다(1점)
10. 곡류(밥, 빵류), 고기 · 생선 · 달걀 · 콩류, 채소류, 과일류, 우유류 등 총 5종류 식품 중에서 하루에 보통 몇 종류의 식품을 먹습니까?
    ☐ 5종류(5점) ☐ 4종류(3점) ☐ 3종류 이하(1점)
11. 외식(직장에서 제공되는 식사 제외)을 얼마나 자주 하십니까?
    ☐ 주 5회 이상(1점) ☐ 주 2–4회(3점) ☐ 주 1회 이하(5점)

합 계	

* 식습관 평가 기준: 나쁨(28점 미만), 보통(28~38점), 양호(39점 이상)
자료: 국민건강보험공단, 2022년 건강검진 실시 안내, 2022

그림 2-4 국민건강보험공단 건강검진의 영양 생활습관 평가 도구

(4) 생화학적 검사에 의한 평가

생화학적 검사에 의한 판정은 실제로 어떤 지표를 사용해야 할 것인지, 지표를 한 개만 사용할 것인지 두 개 이상 사용할 것인지는 앞서 스크리닝 도구의 선택기준에 따라야 한다.

예를 들어, 철분부족에 의한 빈혈이 있는 사람을 스크리닝할 때 헤모글로빈 혹은 혈청 페리틴을 쓸 수도 있고 헤모글로빈과 혈청 페리틴을 모두 써서 스크리닝할 수 있다. 헤모글로빈 혹은 혈청 페리틴 중 한 가지를 쓰면 지표의 예민성이 증가해서 철분결핍 빈혈이거나 철분부족 빈혈 위험이 있는 사람을 폭넓게 스크리닝하게 된다.

그러나 헤모글로빈과 혈청 페리틴을 모두 쓸 경우에는 예민성은 감소되는 반면 특이성은 증가하여 철분결핍 빈혈이 있는 사람만 스크리닝할 확률이 훨씬 높아진다.

고지혈증이 있는 성인을 선별할 때에도 혈청 콜레스테롤 220mg%을 스크리닝 기준으로 할 것인지 혹은 240mg% 이상을 할 것인지에 따라서 선별되는 사람의 수는 매우 다르게 되며, 혈청 콜레스테롤과 HDL-콜레스테롤을 동시에 써서 스크리닝하게 되면 특이성이 증가하게 된다.

표 2-6 생화학적 평가지표에 의한 스크리닝의 예

구 분	영양스크리닝 과정
지역사회 어린이에 대한 철분영양상태 스크리닝의 배경	1996년 경기도 P시의 공장지대 저소득층 어린이의 경우 부모들이 대부분 맞벌이로 일을 나간 후 방치되고 있으며, 낮은 소득과 부모의 배려부족으로 섭취하는 식품이 양적 혹은 질적으로 감소되어 있다. 주변에 납과 카드뮴 오염의 위험을 가진 공장이 많으므로 이러한 납, 카드뮴 섭취에 의해 철분 흡수율이 저하되어 어린이들의 철분결핍 가능성이 높다고 알려졌다. 이에 지역사회에 소재하는 대학에서는 이와 같은 철분결핍 어린이들을 선정하여 영양지원 프로그램을 마련하기로 하였다.
철분영양상태 스크리닝을 위한 생화학적 지표	• 철분 저장량이 고갈된 어린이 판정에는 총 철분결합능력(TIBC≥360㎍/dL), 혈청 페리틴(serum ferritin<20ng/mL)을 사용하였다. • 철분결핍 어린이 판정에는 헤모글로빈(여자<12g/dL : 남자<13g/dL), 헤마토크리트치(Hct<36%), FEP(≥70㎍/dL RBC), 트랜스페린포화도(<16%) 등이 사용되었다.
스크리닝 결과	혈청 페리틴을 판정기준으로 사용하였을 때 철분저장량이 고갈된 것으로 판정된 어린이는 총 261명 중 33명(14.9%)이었으며 총 철분결합능력을 사용했을 때는 28명(12.3%)이었다. 혈청철분을 판정기준지표로 사용할 경우 57명(24.3%)이 철분결핍으로 판정되었으며, 헤모글로빈만을 기준지표로 삼을 때는 철분결핍 어린이가 21명(8.4%)이었다.

자료: 손숙미 · 양정숙, 1997

(5) 표준화된 영양스크리닝 도구에 의한 평가

특정 연령층을 대상으로 표준화된 스크리닝 도구가 있을 때는 그것을 사용해서 스크리닝할 수도 있다. 예를 들어, 노인들을 대상으로 스크리닝할 때는 노인의 영양적인 위험을 판정하기 위해 개발된 영양위험지표를 이용할 수 있다. 이것은 16개의 문항으로 되어 있으며 노인의 영양상태에 영향을 주는 의치, 약물복용, 수술 여부, 저작의 용이성 등과 특별한 증상, 앓고 있는 질병 유무 등 질적인 것을 물어 보는 질문과 최근 30일간의 체중변화 등 양적인 질문도 함께 포함되어 있다. 이와 같은 도구를 써서 스크리닝할 경우 특별한 영양소섭취량, 신체계측치, 생화학적 검사 없이도 영양적인 위험에 처해 있는 노인을 선별할 수 있으며 일단 선별된 노인을 대상으로 심화된 영양판정을 하거나 영양중재를 하게 된다.

BOX 2-2 노인용 영양위험 간이조사표

• 의치를 끼고 있습니까?	□ 예 □ 아니오
• 지난 달에 의사가 처방한 약을 복용하였습니까?	□ 예 □ 아니오
• 복부에 수술을 받은 적이 있습니까?	□ 예 □ 아니오
• 지난 달에 의사의 처방을 받지 않은 일반약을 복용하였습니까?	□ 예 □ 아니오
• 변비나 설사와 같은 대장증상이 있습니까?	□ 예 □ 아니오
• 몸에 맞지 않아서 먹지 않는 음식이 있습니까?	□ 예 □ 아니오
• 어떤 음식을 먹거나 씹는 데 어려움이 있습니까?	□ 예 □ 아니오
• 지금 현재 식사를 어렵게 하는 병이나 증상이 있습니까?	□ 예 □ 아니오
• 현재 담배를 규칙적으로 피웁니까?	□ 예 □ 아니오
• 특별한 형태의 식이요법을 하고 계십니까?	□ 예 □ 아니오
• 의사로부터 빈혈이라는 말을 들은 적이 있습니까?	□ 예 □ 아니오
• 지난 달에 위나 복부에 통증이나 불편함이 3일 이상 계속된 적이 있습니까?	□ 예 □ 아니오
• 식욕이 떨어지는 질병을 앓고 계십니까?	□ 예 □ 아니오
• 지난 달에 최소한 3일 동안 무엇을 삼키는 데 어려움이 있었습니까?	□ 예 □ 아니오
• 지난 달에 최소한 3일간 구토를 한 적이 있습니까?	□ 예 □ 아니오
• 지난 30일간 체중이 5kg 이상 증가하거나 감소했습니까?	□ 예 □ 아니오

* 8개 이상 예로 답한 사람은 영양불량위험군으로 스크리닝하게 됨

자료: Wolinsky FD, et al, 1990

CHAPTER

3 지역사회영양사업의 개발과 평가

1 영양사업의 활동과정 | 2 영양 프로그램 개발

3 영양 프로그램의 집행 | 4 영양 프로그램의 평가와 피드백

1. 영양사업의 활동과정

영양사업의 대상인 지역사회, 즉 주민이나 계층의 영양상태는 지역사회의 여러 생태적 특성과 밀접하게 연관되어 있으며(그림 3-1), 특히 지역 단위의 자료로서 일반 환경, 사회·문화적 환경, 인구·보건 자료, 식품 환경·행동 자료 등에 따라 영향을 받는다. 결국 지역사회의 영양문제 해결은 이러한 지역 단위의 자료와 관련하여 올바른 식생활을 형성하는 능력을 지원하는 것이며 이것을 지역사회영양활동이라 한다.

지역사회의 사업이란 어떤 조직이 주축이 되어 지역사회가 당면하고 있는 문제와

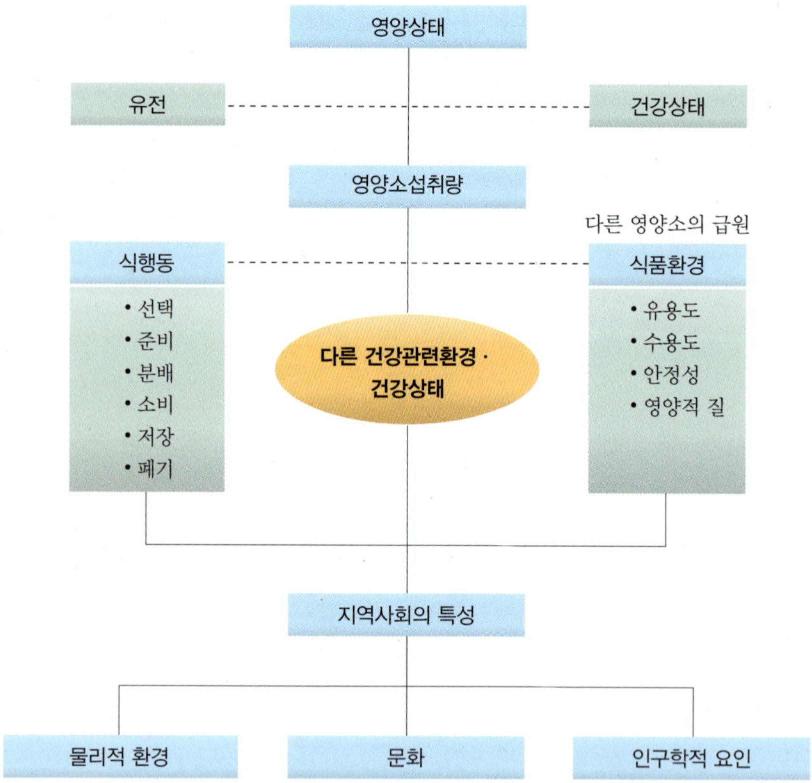

그림 3-1 영양상태에 영향을 미치는 지역사회의 특성

자료: Terry, 1993

충족되지 않은 욕구를 발견하여 효과적인 대응책을 수립하고 이를 실천에 옮기는 일련의 과정이라고 할 수 있다. 지역사회의 문제를 해결하기 위해서 거치게 되는 과정에 대해서는 지역사회의 문제해결과정에 관한 모델이 제시되고 있다.

간단히 말해서 지역사회영양사업의 활동과정은 계획–집행–평가의 과정이다. 이러한 큰 틀 안에서 영양사업의 활동과정은 영양개선중재 활동과정과 같이 ① 문제점 진단과 요구도 평가, ② 우선순위 결정, ③ 목적과 목표 설정, ④ 영양 프로그램 최적안 선택(개발), ⑤ 집행, ⑥ 평가와 피드백 등의 6단계로 볼 수 있다. 또한 미국영양사협회와 보건성은 영양 프로그램 개발 모델로 프로그램의 시작, 설계, 집행 및 평가의 4단계를 제시한 바 있다(그림 3-2). 이 영양사업의 활동과정을 영양프로그램 개발의

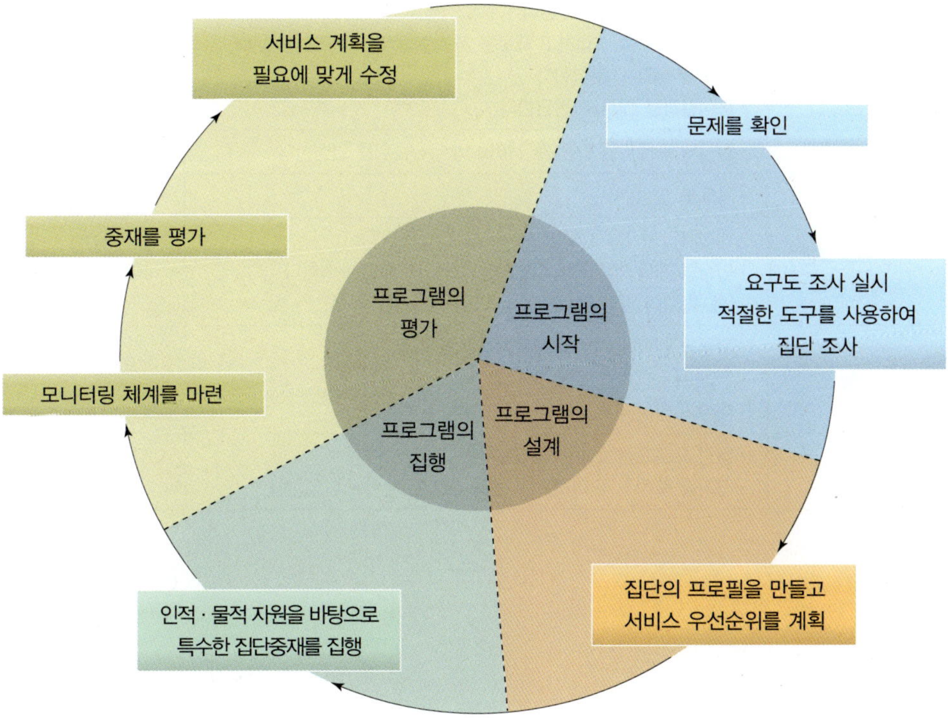

그림 3-2 영양개선중재 활동과 영양 프로그램 개발 모델

자료: Frankle & Owen, 1993

모델과 연계시켜 보면 기본적인 골격은 같음을 알 수 있다.

지역사회영양사업은 영양교육뿐만 아니라 식품비 지원사업, 푸드뱅크, 급식소 운영 등의 다양한 프로그램으로 전개되므로 보다 포괄적이고 다양한 활동들을 포함하게 된다. 영양사업에서 각 단계별로 어떤 영양활동을 하는지는 BOX 3-1에 제시하였다.

지역사회영양활동에서 각 단계마다 중시되는 실행원칙은 다르다. 계획기능과정에서는 의사결정이 중요하고, 집행기능과정에서는 명확하고 합리적인 업무집행이 요구되며, 평가기능과정에서는 평가기준이 중요하다고 할 수 있다.

표 3-1 영양개선중재 활동과정과 영양 프로그램 개발

영양개선중재 활동과정	활동내용	영양 프로그램의 개발
문제점 진단과 요구도 평가	• 문제를 명확하게 확인한다. • 과거의 자료를 수집하고 새로운 자료수집 및 표본조사를 한다. • 자료를 정리 · 분석한다. • 분석결과를 해석 · 판단한다.	프로그램의 시작
우선순위 결정	• 집단의 프로필을 만든 후 서비스의 우선순위를 결정한다.	프로그램의 설계
목적과 목표 설정	• 목표를 설정한다.	
영양 프로그램 최적안 선택	• 개선사업전략을 계획한다. • 이상의 계획과정 외에 집행과정과 평가과정도 계획한다. (즉, 최적의 영양 프로그램을 선택한다.)	
집행	• 자원과 인력에 기초하여 특정 전략을 실행한다. • 영양 프로그램을 실행한다. • 대상의 참여를 유지하고 프로그램을 유지한다.	프로그램의 집행
평가/피드백	• 영양 프로그램 효과를 판정한다. • 결과를 축적 · 관리하고(표준화) 새로운 계획에 반영한다.	프로그램의 평가

BOX 3-1 영양사업의 활동과정 예 - Live for Life 프로그램

미국 Duke 대학교에서 대학교직원을 대상으로 실시한 영양사업이다.

<table>
<tr><th>활동과정</th><th>활동내용</th></tr>
<tr><td>문제점 진단과
요구도 평가 ·
우선순위 결정</td><td>기초 연구로 근로자 1,868명의 기초 건강 프로필을 작성
• 11가지 위험인자를 정하여 건강검진을 통해 측정
즉, 혈중 콜레스테롤, 체중 등과 자가문진표(여러 가지 문항으로 구성)
프로필과 건강위험인자의 개선필요 기준에 의해 타깃집단 선정
11가지 위험인자 및 개선필요 기준(위험인자는 기초자료로부터 선정)
<table>
<tr><th>위험인자</th><th>개선필요의 기준(cut-off point)</th></tr>
<tr><td>체중</td><td>체중이 이상 체중의 +5% 이상 또는 −10% 이하</td></tr>
<tr><td>운동</td><td>유산소 운동 2번 이하/주</td></tr>
<tr><td>흡연</td><td>담배, 파이프, 시거, 무연연초를 포함한 연초 제품</td></tr>
<tr><td>혈압</td><td>수축 혈압 140mmhg 이상 또는 확장기 혈압 90mmhg 이상</td></tr>
<tr><td>자동차 안전</td><td>한 가지 이상의 위험한 운전 습관</td></tr>
<tr><td>혈중 콜레스테롤 함량</td><td>총콜레스테롤 수치 200mL/dL 이상</td></tr>
<tr><td>혈중 지질 섭취량</td><td>하루 총 열량의 30% 이상</td></tr>
<tr><td>식이섬유 섭취량</td><td>식이섬유 20g 이하 섭취/일</td></tr>
<tr><td>스트레스</td><td>한 가지 이상의 생활영역에서 지각하는 스트레스 수준이 과도</td></tr>
<tr><td>일반적 복지</td><td>과도한 수준의 불안, 초조, 우울증 또는 대담성(hardiness)</td></tr>
</table></td></tr>
<tr><td>목적과 목표
설정 ·
영양 프로그램
최적안 선택</td><td>목적
• 근로자의 건강개선
• 의료시설이용 감소, 의료비 지원 절감, 결근율 감소
• 대학 운영의 생산성 증가</td></tr>
<tr><td>집행</td><td>전략에 따라 영양 프로그램을 실행
• 기본적으로 무상, 운동센터 회원권에 보조금 지급
• 매년 검진 및 생활양식 개선 프로그램 실시
• 분기마다 'Live for Life' 뉴스레터 제공
• 특별행사, 콘테스트 등을 규칙적으로 시행
• 다양한 프로그램, 마케팅활동, 현장 상담소 제공으로 근로자의 참여도 증가</td></tr>
<tr><td>평가/피드백</td><td>영향평가
• 기초조사 시에 비해 사후조사에서 11가지 위험인자의 위험정도 감소의 목표 달성
• 'Live for Life' 프로그램에서 설정한 초기목적을 대부분 달성
결과 평가
• 장기적으로 근로자의 건강유지에 효과적임</td></tr>
</table>

2. 영양 프로그램 개발

프로그램 개발(programming)이란 목표를 향한 광범위한 정책을 실천하기 위한 조치들을 구체적으로 표현하는 것이며 영양 프로그램의 전 과정을 포함하게 된다. 이 과정은 자료수집과 분석, 진단을 통해 구체적으로 목적을 선정하고 그 목적을 실현하기 위한 사업내용 · 방법 · 장소 · 예산 · 인력 · 홍보 등의 내용을 결정하는 활동을 포함한다. 영양 프로그램 개발에서 구체적으로 계획해야 하는 내용은 BOX 3-2에 나타나 있다.

우선 활동과정 중에서 계획기능과정부터 살펴보도록 한다. 영양사업을 계획할 때는 다음의 내용들을 차례로 계획하게 된다.

1 문제점 진단 및 요구도 평가

지역사회영양사업의 첫 단계는 영양문제를 발견하고 요구도를 평가하는 것이다. 먼저 지역사회의 식생활관련자료를 수집하고 분석 · 진단한다. 과거에는 기록이나 통계자료에 의존하여 진단을 해 왔으나 점차적으로 참여를 통해 현실적인 문제를 진단하는 경향으로 바뀌고 있다. 기록이나 통계는 물론 설문조사를 이용하여 수집된 정보는 객관적이고 계량적인 양적 정보이고 개인 면담이나 관찰을 통하여 얻은 정보는 주관적이고 비계량적인 질적 정보이며 이 둘 다 유용한 자료라고 하겠다.

앞의 2장에서 지역사회영양사업에서의 문제발견과 효과판정을 위해 어떠한 진단 · 판정이 필요한지, 또 그 판정기준은 무엇인지 등에 대해서는 자세히 살펴보았다. 한 예로 캐나다 BC주의 심장협회는 영양행동과 기술, 영양서비스, 식품공급, 식품유용도의 4가지 측면에서의 20여 항목을 평가하여 지역주민의 식품영양상태를 진단하고 있다. 또한 BOX 3-3은 문제점 진단에 도움이 되는 건강관련이론들을 수준별로 정리해 놓았다.

서비스 내용이 영양사업 대상인 주민들에게 적절한지에 대한 여부도 중요하지만 동시에 서비스 받는 시기도 적절해야 한다. 주민마다 처한 지역, 환경이 다르고 생활이 다르므로 영양사업계획 시에는 그들의 생활을 파악하여 적절한 시기도 고려하도록 한다.

CHAPTER 3

BOX 3-2 영양 프로그램 계획의 구체적 내용

1. 계획과정의 계획

① 진단

- 문제는 무엇인가?
- 문제의 원인은 무엇인가?
- 표적집단과 영양 서비스의 주제는 무엇으로 정하나?

② 목표설정

- 국가수준에서의 영양개선 목표는 무엇인가? 영양사업의 구체적 목표는 무엇인가?
- 표적집단의 크기에서 목표가 가능한가? 목표는 양적으로 계측 가능한가?
- 얼마 동안에 걸쳐 목표가 성취될 수 있나?

③ 개선사업 고안, 선택 및 전략

- 장·단기적으로 어떤 타입의 개선사업이 가장 효과적으로 문제를 퇴치시킬 수 있나?
- 지역조건에 가장 적합하며 지역의 행정·사회·정치·경제적인 장애를 극복하기 위해서는 영양사업의 방법·전략을 어떻게 할까?
- 영양적인 효과에 비하여 상대적으로 개선비용은 얼마나 드나?
- 영양사업이 다른 개발활동과 어떻게 잘 조화를 이룰 수 있는가?

2. 집행과정의 계획

① 다양한 개선사업을 관리하는 데 어떤 기관, 그리고 개인이 어떤 책임을 질 것인가?
② 조직들은 어떻게 상호작용을 하나?
③ 예산은 어떻게 지원되나?
④ 사업의 집행시점은 언제인가?

3. 평가과정의 계획

① 평가의 목적은 무엇인가?
② 누가 평가를 하나?
③ 주민의 특별한 영양적 요구가 제대로 진단되는가?
④ 데이터를 수집, 분석, 이용하게 하는 데는 어떤 전략이 좋은가?
⑤ 의도한 자원이나 서비스의 전달은 잘 이루어졌는가?
⑥ 표적집단이 행동면에서, 물리적 면에서 나타내는 영향은 무엇인가?
⑦ 사업결과에 만족스럽지 못하였다면, 그 원인은 무엇인가?

자료: 모수미 등, 1999

BOX 3-3 지역사회의 식행동 변화에 대한 이론의 특징

구분	내용
개인수준	• 건강신념모델(health belief model) – 지식이 필수이다. 자신이 어떤 건강문제에 위험하고, 식행동을 변화시키면 위험이 줄어들고, 비용–이득을 재면 더 장점이 크다고 믿고 나서 합리적으로 결정한다. • 변화단계(stage of change) – ① 무의식 단계에서 ② 변해 볼까를 생각하다가(보통 6개월) ③ 준비단계를 거쳐(1개월) ④ 행동한다. 이 새로운 행동을 6개월 정도 ⑤ 지속하다가 새로운 행동습관으로 변화가 종결된다. ⑥ 그러나 과거로 다시 돌아가기도 한다.
개인간수준	• 사회인식이론(social cognitive theory) – 개인적 요인, 사회적 · 신체적 환경, 관찰가능한 행동 등이 역동적으로 작용한다고 보는 것으로서, 상호간(reciprocal determinism)의 개념이다. • 사회지원이론(social support theory) – 개인의 사회지원망(가족, 동년배, 친구, 동료 등) 속에서 남들과 상호교류하므로, 이들의 신념, 태도, 행동에 영향을 받는다.
지역사회수준	• 혁신확산(diffusion of innovation) – 행동변화는 선구집단부터 조기수용집단, 주민 전체로 점진적으로 확대된다. • 지역사회조직(community organization) – 지역사회수준의 건강증진을 주도하는 것이 보건계획의 중심이다. 건강한 생활방식을 지원하도록 구조나 정책을 만들고 사회적 · 물리적 환경에서 장애요소를 제거한다.

2 우선순위 결정

지역사회진단에서 다양한 영양문제가 발견되지만 사업은 제한된 재화와 인력, 조직을 갖고 수행하므로 결국 영양사업의 우선순위를 정하게 된다. 흔히 보건사업계획에서 우선순위를 정할 때에는 문제의 크기, 문제의 심각도, 사업의 기술적 해결가능성, 주민 관심도 등의 4가지 요소를 고려한다. 한편 미국 질병관리본부는 우선순위를 결정하는 기준으로 중요성과 변화가능성을 언급하고 있다. '중요성' 은 광범위하게 퍼진 영양문제인가, 전국 평균이나 비교지역보다 높은가, 건강수준이나 삶의 질에 심각한 영향을 미치는가 등을 평가기준으로 삼고 있으며(즉, 문제의 크기와 심각성과 유사한가), '변화가능성' 은 다른 사업에서 성공적으로 영양문제를 감소시킨 경험이 있는가, 영양문제를 감소시킬 수 있다고 제시한 문헌이 있는가 등을 평가기준으로 삼고 있다.

3 목적과 목표 설정

지역사회의 진단결과에 따라 영양사업을 수행하기 위한 장기적인 목적과 구체적인 목표를 정하게 된다. 목적은 사업이 궁극적으로 달성하고자 하는 것으로 건강한 지역사회에 대한 비전과 상통한다. 예를 들면, 지역주민의 빈혈률 감소나 건강수명 연장 등이 이에 해당된다.

목표와 관련해서는 사업의 목적을 달성하기 위해 필요한 변화에 대하여 구체적으로 기술하며 가능하면 계량 가능한 구체적 수치를 제시하도록 한다. 목표를 계량화할 수 있는 구체적 수치로 나타내면 그 사업의 결과를 평가하는 것이 한결 분명해진다. 예를 들어, 국민건강증진 종합계획에서는 건강수명을 지표로 잡고 2018년 기준 70.4세인 건강수명을 2030년까지 73.3세로 연장한다는 목표를 제시하고 있으며 또한 소득간, 지역간 형평성을 확보하기 위해 소득수준 상위 20%와 하위 20%의 건강수명 격차를 2030년까지 7.6세 이하로 낮추겠다는 목표를 제시하고 있다.

4 영양 프로그램 고안 및 최적안 선택

(1) 프로그램 선택

영양사업의 목적과 목표는 조직의 사명을 정하는 것과 같은 정책을 수립하는 것이라고 할 수 있는데 이 정책을 실천에 옮기려면 프로그램을 개발해야 한다. 영양문제의 선정은 여러 가지 영양문제 중에서 문제의 크기, 문제의 심각도, 사업의 기술적 해결 가능성, 주민 관심도 등의 4가지 요소를 고려해야 한다고 앞에서 언급하였다. 기본목적을 달성하기 위한 구체적인 목표를 설정하고 그 목표를 실현하기 위해서 가장 능률적인 전략과 전술을 선택하게 된다. 전략(strategies)은 수년간의 총체적 계획인데 반해, 전술(tactics)은 구체적 프로그램, 프로젝트, 발의(initiative)를 계획하는 것으로

BOX 3-4 지역사회사업에서 문제해결의 행동지침(전략 전술면)

1. 전략(strategies)

바람직하다고 생각하는 목표와 우선순위에 따라서 2~3개의 가능한 전략을 다음과 같은 요건에 비추어 고려한다.

① 성공을 위해 필요한 최소한의 과업

② 행동체계(action system) : 선택된 전략을 수행하는 데 필요한 기관내부, 고객 및 외부의 자원과 지원세력의 발견

③ 저항(반대)과 간섭(마찰, 방해)을 하는 세력

- 반대집단과 그들이 취할 수 있는 행동과 이것이 주는 어려움을 찾는다.
- 선택된 전략이 이러한 저항과 반대에 어떻게 대응할 것인지를 모색한다.

④ 전략을 활용할 수 있는 사업전문인의 능력 평가

- 최소한의 과업이 수행되고 유지될 수 있는가?
- 필요한 자원과 지원집단들이 동원될 수 있고, 그들의 결속력과 목표를 성취하고자 하는 행동이 지속될 수 있는가?

⑤ 선택된 전략 : 고려된 전략 중에서 하나를 선택하고, 선택된 근거(rationale)를 제시한다.

2. 전술(tactics)

① 초기 지원획득의 전술

- 개시(entry) : 어디서, 누구와 함께 일을 시작할 것인가?
- 수단(leverage) : 전략을 가장 잘 지속시켜 줄 수 있는 초기행동은 어떤 것인가?

② 행동체계의 참여와 조직화를 위한 전술

- 문제에 관한 적절한 자료를 수집하고 해설을 해 줌으로써 문제를 분명히 한다.
- 목표와 전략을 분명히 한다.
- 행동체계 내에 있는 변화전달, 기관, 기타 집단들의 기대역할을 분명히 한다.
- 계약 혹은 기본적 합의사항을 설정한다(사업전문인과 행동체계를 구성하는 사람들 간).

③ 실천전술

- 행동체계에 대한 훈련과 지원의 제공
- 조치일정의 설정
- 가용자원의 활용
- '조치-반응-조치'의 유형의 활용
- 필요하다면 반대에 대한 대응(대결, 협상, 적법성의 논쟁 등)

자료: 최일섭, 류진석, 1998

프로그램 계획이라고도 한다.

후자에 속하는 활동으로 집행과정을 계획해야 하며 집행기능에 관한 계획이 얼마나 잘 되었는지, 또 예산이 잘 뒷받침되는지에 따라 프로그램의 성패가 좌우된다. 또한 효과평가도 계획해야 하며 수시로 중간평가를 하고 피드백이 즉각적으로 이루어지도록 한다. 그리고 결과에 대한 효과성과 효율성도 중요하게 고려하도록 한다(BOX 3-5).

영양 프로그램을 고안할 때 고려할 점들을 전체적으로 다시 살펴보자. 우선 선정된 영양문제를 일으키는 요인은 여러 가지이고 복합적이지만 그중에서도 가장 중요한 요인들을 찾아 프로그램에 반영시켜야 하며, 이들 요인은 영양 프로그램을 통해 일부라도 변화될 수 있어야 한다. 또 고위험에 처한 지역주민이 어떤 서비스를 원하는지를 파악하여 반영한다면 결국 이 프로그램은 그들의 생활양식에 알맞고 적용하기 쉬운 것이 될 것이다. 예를 들어, 직접적인 식품공급을 원하는지, 영양정보를 원하는지를 판단하여 주민에게 필요하고도 적절한 서비스가 전달되도록 고안한다.

이미 영양 프로그램이 제공되고 있다면 선정된 영양문제가 여기서 해결될 수 있는지, 이미 제공되고 있는 서비스는 적절한지 등을 판단하여 새로 필요한 활동의 범위와 형태를 결정한다. 이렇게 하면 영양서비스의 중복을 피하고 동시에 지역의 다른 건강전문가들과 연계, 협조할 수 있는 계기를 마련할 수 있다.

BOX 3-5 영양 프로그램의 효과성 효율성을 위한 3요소

1. **업무의 내용** : 어떤 종류의 활동, 프로그램, 서비스를, 어떤 순서로 얼마 만큼의 양을, 어떤 전달체계(physical arrangements)를 통해서 제공할 것인가?
2. **자원** : 활동전개에 필요한 자본설비(capital facilities), 필요한 인력과 자격 및 재원 등의 자원은 현재 어디에 있으며, 누가 통제하고 있으며, 어떻게 동원할 수 있을 것인가?
3. **가능성**(feasibility) : 자원의 활용가능성은 어느 정도인가? 정책목표를 달성하기 위해 필요한 변화, 자원의 분배, 새로운 자원의 개발은 어떻게 할 것인가? 프로그램의 수행에 어느 정도의 수용 혹은 저항이 존재하는가? 필요한 변화를 시도하기 위해 어떠한 전략(갈등, 협상, 타협 등)을 사용할 것인가?

자료: 최일섭, 류진석, 1998

또한 사업의 수행을 위한 자원이용에 문제가 없어야 하고 예산을 보조하는 기관의 목적과도 부합되어야 한다. 따라서 지역사회에서 가능한 사업을 몇 가지 열거한 후 그 지역주민대표자와 전문가들과의 협의를 통하여 최적안을 선택하도록 한다.

(2) 의사결정

프로그램 개발의 계획과정은 모두 선택해야 하는 내용들로 이루어져 있다. 예를 들어, 영양활동을 폭넓게 일반적으로 하는 것이 좋을까 또는 한 가지 과제를 중심으로 깊숙하게 파고 들어가는 편이 좋을까, 모자영양활동은 모성을 우선으로 할까 또는 어린이를 우선으로 할까 등 간단한 것부터 시작하여 복잡하거나 추상적인 것에 이르기까지 수많은 사항을 선택해야 한다. 이러한 선택, 즉 의사결정은 의사결정자의 개인적 가치관과 전문가로서의 사회적 책임감에 따라 달라진다.

영양활동의 규모가 커지면서 많은 사람들이 의사결정을 할 수 있도록 분산하여 조직적으로 진행하는 것이 중요하게 되었다. 명령과 복종으로 해결되던 시대와는 달리 자발적으로 어떻게 협력하고 의사결정을 하느냐가 과제이다. 그러나 아직도 주로 관리자층에서 의사결정을 하는 경우가 많다. 영양전문인은 의사결정자들에게 계획된 사업의 실현가능성을 이해시켜야 하므로, 이를 위해 과거의 계획과 실정을 제시하고 지역의 특수성과 사회적 · 경제적 상황을 고려하여 새로운 사태에 대응할 수 있도록 유연한 계획을 세워야 한다.

계획을 할 때에 시간적인 것뿐만 아니라 미래의 새로운 것에 대한 사고방식과 지역경제 · 사회의 새로운 상황을 수용하여야 한다. 계획은 재정 면에서 제한을 받지만 일단 재정적인 제약을 넘어서 장래를 염두에 두고 구상하는 것이 좋다. 오늘날 세계, 우리나라 그리고 개인을 둘러싸고 있는 환경은 급변하고 있다. 결정에 임하여 가장 좋은 방법을 선택하는 일은 후일에 중대한 영향을 미친다. 따라서 정책 및 프로그램 설계는 앞서 말한 4단계의 과정 중에서 특히 그 역할이 크다고 하겠다.

5 영양 프로그램 마케팅 계획

(1) 마케팅

마케팅 기본 목적과 구체적인 목표를 실현하기 위해 방법, 활동, 시간, 인력, 예산 요구, 홍보 등의 내용을 포함하는 활동

영양사업을 잘 수행하려면 마케팅 전략이 필요하다. 마케팅 전략은 4Ps로 설명되는데, 즉 사업의 형태나 결과가 보건소의 목표나 지역주민의 요구 등과 부합되어야 하고(product), 필요예산이나 사업수행 시의 사회적 대가를 감당할 수 있어야 하며(price), 프로그램을 제공하는 장소가 쉽게 접근할 수 있어야 하고(place), 성공적인 수행을 위하여 많은 참여와 파급효과를 유도하도록 지역사회에 홍보하는 전략이 필요하다(promotion)고 보는 것이다.

(2) 후 원

또한 영양사업을 하기 위해서는 지원이 필요하다. 영양전문인은 추진하고자 하는 영양사업을 잠재적 후원자들에게 공감시켜야 하는데, 이때 인간관계적 역학이 매우 중요하다고 할 수 있다. 그리고 정책의 메시지는 효과적으로 전달되도록 한다(BOX 3-6).

후원은 몇 가지 방법으로 이루어진다(BOX 3-7). 프로그램을 운영관리할 직원이나 외부 상담자를 고용하거나, 프로그램 참가비를 일부 지원하거나, 고용주의 입장에서 영양사업의 대상인 직원들이 참가하도록 독려하거나, 프로그램 발전을 위한 물자를 제공해 주는 등으로 지원하게 된다. 특히 물자지원의 경우 그림 3-3에서와 같이 프로그램의 지속주기에 따라 변화되는 점을 인식하고 후원 계획을 세우는 것이 좋다.

BOX 3-6 효과적으로 메시지 전달하기

1. 정책 입안자 상대
   ① 무엇을 말할지를 알아라.
   ② 타깃 대상을 연구하라.
   ③ 설득력 있는 메시지를 작성하라.
   ④ 최고의 커뮤니케이션을 선택하라.
   ⑤ 메시지를 반복하라.
2. 정부관리 상대
   ① 손으로 쓴 편지가 효과가 크다.
   ② 전화를 했다면 뒤이어 편지를 쓰라.
   ③ 만날 때에는 관심사를 말할 수 있는 구체적 질문을 준비하고 가라.
   ④ 대면하여 만나는 것도 좋다.
   ⑤ 지역사업의 장소에 초대하여 효과를 보여 주라.
   ⑥ 청문회 같은 곳에서는 처음 5문장이 인상적이도록 이름, 기관, 이슈를 말하라.
3. 일반대중 상대
   ① 직접 우편물을 보내라.
   ② 뉴스레터를 보내라.
   ③ 대중매체를 통한 정책 캠페인을 하여 대중의 관심·분노를 이끌도록 하라.

자료: Chapman & Kehoe, 1995

BOX 3-7 후원을 얻기 위한 주요단계

- 프로그램의 의사결정자(책임자)를 정한다.
- 좋은 프로그램이 되도록 자문할 사람들을 정한다.
- 후원(잠재)자와 계속 연락을 취할 사람을 정한다(자문자 중에서 정함).
- 각 후원(잠재)자를 방문할 때마다 분명한 목적을 갖고 계속적인 전략을 계획한다.
- 전체적으로 프로그램, 서비스 내용, 요원들의 자격, 소요비용 등에 관한 요약계획을 개발한다.

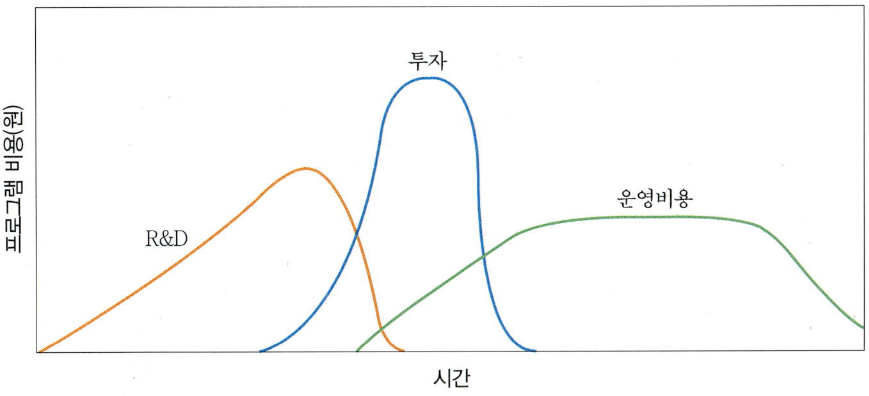

그림 3-3 프로그램 주기에 따른 비용

3. 영양 프로그램의 집행

프로그램의 집행implementation or action 목표를 달성하기 위해서 행하게 되는 일련의 활동. 다시 말해서 영양사업의 기본 목적과 구체적인 목표를 실현하기 위해 방법, 활동, 시간, 인력, 예산요구, 홍보 등의 내용을 포함하는 활동

활동의 내용과 형태는 크게 두 가지 범주, 즉 '체제유지적인 활동' 과 '과업중심적인 활동' 으로 나눌 수 있다. 체제유지적인 활동이란 대상 집단이 문제를 스스로 해결할 수 있도록 능력을 배양해 주는 활동이며 과정중심적인 활동이라고도 한다. 과업중심적인 활동이란 대상집단이 필요로 하는 서비스를 직접적으로 제공해 주는 활동을 말한다. BOX 3-8에서 두 가지 활동의 예를 설명하였다.

BOX 3-8 **지역사회 프로그램 예에서의 2가지 활동**

마을 부녀회를 통한 도시영세지역의 영양개선사업

1. **장기목표** : 도시영세지역의 가임연령층에서 영양개선에 대한 지식, 태도, 실천을 향상
2. **단기목표**
   ① 마을 부녀회를 대상집단의 올바른 식생활 실천을 돕기 위한 홍보·계몽 채널로 활용하기 위한 모델을 개발
   ② 영양개선사업을 부녀회의 지역개발사업으로 통합
   ③ 자원봉사자를 영양개선의 변화매개자로 활용할 수 있는 가능성을 평가
3. **목표 달성을 위해 계획 추진된 활동**
   ① 사업지역에 대한 실태조사(주민의 생활실태, 인구·사회학적 특징, 영양에 관한 지식·태도·실천 등)
   ② 마을부녀회장의 자질 평가조사(마을부녀회의 구성과 사업, 부녀회장의 영양개선에 관한 지식·태도·실천 등의 사항)
   ③ 마을부녀회장에 대한 교육
   ④ 부녀회의 월례회의 지원
   ⑤ 정부 보건소요원에 대한 훈련
   ⑥ 가정건강기록부의 활용
   ⑦ 영양개선에 관한 가두 캠페인의 전개
   ⑧ 우수마을부녀회에 대한 표창
   ⑨ 사업의 평가조사
   - 체제유지적 활동 : 조사, 훈련, 표본, 평가조사
   - 과업중심적 활동 : 가두 캠페인, 영양식품 제공 등

1 리더십

지역사회의 조직활동과 마찬가지로 영양개선활동도 그 효과는 전문인 스스로의 인성에 크게 영향을 받는다. 일반적으로 지도자의 자격으로 중요한 것은 평균 이상의 지능, 학식, 신뢰감, 활동성, 사회적 참여도 등이며 흔히 리더십이라고 한다. 리더십이 부족한 사람이 책임을 맡게 되면 협동작업이 문란해지고 능률이 저하되며 목표를 달성하기 어렵다.

일반적으로 프로그램의 집행과정에서는 사업을 추진하는 기관이 여러 관련 집단

과 협력적인 활동을 전개하는 것이 보통이다. 예를 들어, 재택노인을 위한 급식 서비스의 경우 동사무소, 구보건소, 지역복지관 등과 함께 운영위원회나 정기적인 평가회의를 함으로써 사업의 효율성을 높이게 된다. 영양전문가는 적절한 리더십을 발휘하여 관련 부처 간의 협력을 이끌어내고 프로그램을 집행하여야 한다.

프로그램이 집행되는 과정에서 새로운 문제가 발생될 수 있으며, 이 경우 원래의 계획에 수정을 가해야 할 필요가 생긴다. 이러한 문제는 사업 외부적인 요인(예: 홍수·가뭄 등 천재의 발생, 시 당국에 의한 사업지역에 재개발사업의 실시 등)에서 비롯될 수도 있고, 사업의 행동체계 내의 변화(예: 교육대상자의 불참, 관계기관의 비협조)에서 비롯될 수도 있다. 새로운 사업의 추진기간이 길면 길수록 변화가 발생할 가능성은 그만큼 증대된다. 그러나 전문 사회사업가라면 계획의 단계에서 변화를 예측할 수 있는 통찰력이 있어야 하고, 변화가 발생했을 때 즉각적으로 대처할 수 있는 능력과 기술이 있어야 한다.

2 실시 시기, 빈도 및 기간

영양사업은 적절한 시기에 실시하는 것이 매우 중요하다. 일 년 중에서 바쁜 절기, 즉 연말정산이나 세금 납부, 명절, 휴가 등은 피하는 것이 좋다. 예를 들어, 체중조절이나 금연 관련의 사업이라면 연초의 작심시기가 매우 좋은 때라 할 수 있다. 또 여름철은 옷을 가볍게 입는 시기임을 감안하여 초봄이나 새 학기에 다시 몸매를 가다듬을 때를 잡는 것도 효과적이다.

영양 프로그램은 적당한 기간 동안 실시해야 지속적 참여와 성공적 행동변화를 달성할 수 있다. 실시빈도는 여러 번의 연속적인 프로그램의 경우 보통 1주일에 1~2회로 열게 된다. 매달 테마를 정하여 프로그램을 운영하는 것도 할 수 있다. 사업체에서의 한 강좌는 흔히 30분~1시간이 적당하다.

실시기간은 프로그램에 따라 다르다. 체중조절 프로그램은 전형적으로 6~16주간 실시한다. 임신부나 출산부를 위한 프로그램은 3~6회의 시리즈로 실시한다. 보통 영양강좌는 1회씩 실시하는 경향이 있다.

4. 영양 프로그램의 평가와 피드백

1 평가의 의의

문제해결과정의 마지막 단계인 평가는 두 가지 목적을 갖는다.

평가의 첫째 목적은 프로그램의 실천과정에서 수집된 정보를 입수해서(모니터링), 실천에 반영하여(피드백), 실천의 궤도를 수정하는 것이다. 이러한 의미에서 평가는 문제해결과정의 마지막 단계라 하기보다는 문제 선정과 목표 수립, 프로그램의 개발, 프로그램의 실천이라는 전 과정에 영향을 주는 계속적인 활동이라고 보는 것이 타당하다.

원래 모니터링과 피드백은 커뮤니케이션 분야에서 널리 쓰이는 개념으로 대중매체를 통해 전달된 메시지에 대한 청중과 독자들의 반응을 수집해서 메시지의 내용을 수정함으로써 매체의 효과를 극대화시키려는 수단이다. 지역사회조직기관이 매스미디어에 비유된다면, 그 기관에 의해서 계획되고 실시되는 사업은 메시지에 비유될 수 있다. 메시지를 통해서 얻어진 반응과 성과는 대중매체가 원래 기대했던 바와는 상당한 차이가 있을 수 있다. 다시 말해 영양서비스기관이 설계했던 프로그램은 의도했던 효과를 가져오지 못할 수도 있다. 그러므로 문제해결의 전 과정에서 필요한 정보를 청취하여 적절한 수정과 보완을 하는 것은 매우 중요한 일이다.

평가의 둘째 목적은 문제해결의 전 과정이 이룩한 결과와 최종산물을 평가하는 것이다. 이러한 평가는 일반적으로 프로그램을 통해서 성취하고자 하는 목표가 어느 정도

BOX 3-9 효력성 효과성 효율성

- **효력성(efficacy)** : 이상적 조건에서 기대되는 결과의 수준을 말함
- **효과성(effectiveness)** : 현실적으로 나타난 결과달성의 수준을 말함
- **효율성(efficiency)** : 비율로 표시하며 cost–benefit(금전적인 면) 또는 cost–effectiveness(2가지 이상의 측면)이라고 함

달성되었는지, 즉 프로그램의 효력성, 효과성, 효율성을 측정하는 것이다(BOX 3-9).

2 평가의 3종류

프로그램 결과와 효과에 관해 수집된 자료는 문제해결을 위해 수립된 프로그램을 계속할 것인지, 중단할 것인지, 혹은 수정할 것인지를 결정하는 데 활용된다(BOX 3-10). 앞서 계획에서 언급한 평가들을 살펴보자.

(1) 과정평가

평가의 첫째 목적과 관련된 것으로서 프로그램의 실천과정에서 하는 평가이다. 흔히 사용하는 방법은 프로그램 진행과정을 관찰하여 기록을 남기고, 행동체계를 구성하는 사람들의 대표로 위원회를 조직하여, 정기 혹은 비정기적인 평가회의를 통해 프로그램의 추진상황을 면밀히 검토하는 방법이다. 그 외에 모니터를 선정해서 사업대상자들로부터 프로그램에 대한 반응을 수집하게 할 수도 있고, 간단한 중간평가조사를 실시하여 사업의 추진효과를 좀 더 객관적으로 평가할 수도 있다. 이러한 방법을 통해 주 1회 5번 진행하기로 계획된 강좌가 그대로 진행되었는지 등 프로그램이 계획된 대로 잘 진행되고 있는지를 평가하거나, 프로그램의 내용이 대상자에게 적절했는지 등 프로그램의 적절성과 대상자의 반응 등을 평가한다.

BOX 3-10 던햄(Dunham)의 평가 후 다음 단계

1. 취했던 조치가 원래의 문제를 해결한 것으로 받아들이는 경우
2. 문제를 재설정해야 하는 경우
3. 새로운 문제를 발견하는 경우
4. 변경을 하지 않거나 수정하여 조치를 계속하기로 결정하는 경우
5. 최소한 당분간은 그 문제를 해결하려는 노력을 포기해 버리는 경우

등이 있으며 특히 2.와 3.의 경우는 새로운 문제가 발생했기 때문에 지역사회 문제해결의 과정을 다시 시작해야 하는 경우에 해당된다.

(2) 영향평가(효과평가)

평가의 둘째 목적과 관련된 영향평가는 서비스 활동이 처음에 사업의 목표로 제시된 대로 집단의 영양관련지식, 태도, 행동, 식품환경 등의 분야에서 긍정적인 변화를 초래하였는가를 평가한다. 영향평가가 잘 되려면 프로그램 시작 전에 평가를 위한 계획이 잘 이루어져야 하며, 프로그램 집행 전에 자료를 수집하여 프로그램 종료 후와 비교하는 전·후 측정실험방법을 주로 사용한다. 또한, 프로그램 시행 후 목표 대비 달성을 평가하기도 한다.

(3) 결과평가

영향평가가 프로그램의 시행 후 영양관련 지식, 태도, 행동 및 식품 환경 등의 변화 등 비교적 단기간의, 궁극적인 건강 및 영양문제에 영향을 미치는 요인과 관련된 변화를 평가하는 것이라면, 결과평가는 프로그램 시행 후의 궁극적인 건강 및 영양문제의 변화를 평가하는 것으로 주로 장기적인 결과에 대한 평가이다. 따라서 결과 평가 역시 평가의 두 번째 목적과 관련된 평가이다.

그런데, 앞의 과정평가 결과가 완벽하고 영향평가 결과도 긍정적일지라도 그 크기가 투입된 자원에 비해 작으면 그 프로그램은 수정되거나 폐기되어야 할 수도 있다. 따라서 결과평가 시는 투입과 산출을 고려하여 프로그램 실행에 사용된 자원에 비해 얻은 결과가 어떤가를 평가하기도 한다.

CHAPTER

4 지역사회영양활동의 기술과 도구

1 지역사회영양활동의 기술면 | 2 영양사업의 마케팅 전략
3 지역사회영양활동의 성공 조건 | 4 영양활동의 활용 도구

1. 지역사회영양활동의 기술면

지역사회영양활동이 효과를 거두기 위해서는 지역사회에서 영양문제를 가진 집단을 찾아내고, 이들이 구체적으로 요구하는 사업이 무엇인지 정확하게 파악하는 작업이 선결되어야 한다. 다수의 지역주민들이 영양활동에 주체적으로 참여하여 영양문제를 해결하도록 유도하기 위해서는 지역사회영양활동의 수행과정에서 여러 가지 기술적인 측면이 필요하다. 예를 들면, 영양활동의 요원들은 지역주민의 실태나 요구를 정확하게 파악하기 위한 의사소통기술을 습득한다든가 또는 지역주민들을 단순히 사업의 대상자로만 간주하지 말고 지역사회영양활동이라는 서비스를 구매하는 소비자로 인식한다든가 하는 적극적인 자세가 요구된다. 또한 지역사회에서 대학 등의 교육 및 연구기관과 연계하여 영양사업의 전문성을 확보하는 것도 사업의 성공을 위해 매우 중요하다.

다음은 지역사회영양활동을 효과적으로 수행하기 위해 필요한 몇 가지 기술적인 측면을 제시한 것이다.

1 영양교육 기법의 활용

지역사회영양사업을 수행하는 데 있어서 영양교육은 중요한 부분을 차지한다. 영양교육은 지역주민의 건강을 증진시키기 위하여 식생활과 관련된 행동의 변화를 유도하기 위한 일련의 교육과정이다. 따라서 영양교육은 교육대상자에게 단순히 영양지식을 전달하는 것이 아니라 이들의 지식, 태도 및 행동을 바람직한 방향으로 변화시키도록 여러 가지 정보를 제공하고 필요한 기술을 습득하도록 도와주는 계획된 과정을 의미한다. 영양교육의 궁극적인 목표가 행동의 변화인 만큼 지역사회영양사업에 영양교육방법을 활용하고자 할 때는 바람직한 행동으로 최대한의 변화를 이끌어내는 데 초점을 맞추어야 한다.

영양전문가는 영양사업을 실시하기 전에 먼저 대상이 되는 지역사회의 인구, 경제, 사회적 특성을 파악하고 주민들의 가치관, 종교, 건강에 관한 각종 견해 등을 파악하는 것이 중요하다. 이들은 대체로 영양에 관한 전문지식이 부족하므로 영양교육 담당자의 능력과 권위를 존중하며, 영양교육의 기회를 통하여 식생활에 대한 바람직한 변화가 가능하리라 기대하고 있다. 이러한 변화에 대한 기대는 사업을 성공적으로 이끄는 요소가 될 수 있지만 너무 성급한 변화가 요구될 때는 오히려 사업을 수행하는 데 장애요인이 될 수 있다.

사업수행을 위해서는 주민들의 의사를 존중하고 그들과 원활한 의사소통을 할 수 있어야 한다. 또한 주민들의 식생활을 그들 문화의 한 부분으로 인식하고 이해하는 자세를 가지면서 영양사업 성공을 위한 적절한 전략을 수립하는 것이 중요하다.

2 영양상담 기법의 활용

지역사회주민을 위한 영양사업을 효율적으로 수행하기 위해 가장 실질적이고 구체적인 방법은 영양상담이다. 그러나 실제의 상담현장에서 영양사들은 여러 가지 한계에 부딪치게 되는데, 그 원인은 내담자로서의 주민들이 행동변화를 거부하거나 시한적인 행동 변화에 대해서 영양사들이 적절한 전략을 모색하지 못하는 데 있다. 이를 극복하기 위해서는 내담자의 외적인 모습만을 볼 것이 아니라 과거에서 현재에 이르기까지의 가족관계 및 환경인자에 대해 정확하게 파악할 수 있는 능력을 가져야 한다.

지역사회영양활동에서 영양상담을 가장 적극적으로 활용하는 방법은 보건소 내에 영양상담실을 운영하는 것이다. 보건소 내의 영양상담은 관내지역주민을 위한 사업이므로 그 대상 연령층은 매우 다양하다. 상담장소는 보건소 내의 상담실에서 주로 이루어지지만 필요에 따라 학교, 사회복지시설, 노인정, 일반가정 등으로 현장을 직접 방문하여 실시하는 경우도 많다. 보건소 영양상담에서는 병원과 달리 환자보다는 일반인이나 잠재적인 위험요소를 가진 이를 대상으로 하는 경우가 많아 질병 예방을 위한 영양상담이 많은 편이다. 지역사회영양사업에서 영양상담을 담당하는 사람의 능력은 사업의 성공 여부에 중요한 영향을 미치게 되므로 상담자는 그에 합당한 자질을 갖추어야 한다. 상담자는 효과적인 상담을 수행하기 위하여 내담자와 원활하게 의사소통을 할 수 있는 면접기술을 가져야 한다(그림 4-1).

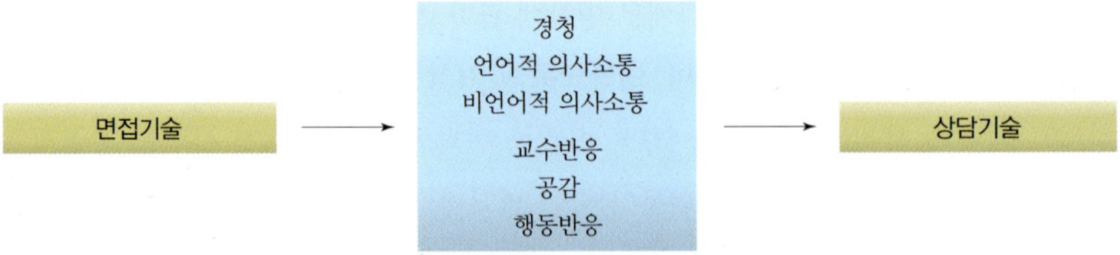

그림 4-1 상담의 기초가 되는 면접기술

3 커뮤니케이션 기법의 활용

지역사회영양사업을 효과적으로 수행하기 위해서는 주민들이 사업에 적극적으로 참여하도록 유도하여야 하며, 이때 효과적인 동기유발을 위해 커뮤니케이션 기술이 구체적으로 적용되어야 한다. 지역사회의 영양활동과 관련하여 영양사업 담당자와 주민 상호 간의 관계를 형성하고 발전시켜 소기의 성과를 거두기 위해서는 커뮤니케이션 기법을 개발하고 활용하여야 한다.

(1) 커뮤니케이션 과정

건강정보는 매우 복잡하고 애매하며 논란의 여지가 있는 경우가 있으므로 새로운 연구 결과가 나오면 기존의 정보가 변화되기도 한다. 따라서 건강에 대해 효과적으로 의사소통을 하는 것은 쉬운 일이 아니다. 영양과 건강에 관한 커뮤니케이션 프로그램은 대상집단의 요구와 인식을 이해하는 데 기초를 두어야 한다. 효과적인 커뮤니케이션은 지역주민들이 올바른 식품을 선택하도록 하고, 영양개선을 유도하는 지역사회영양전문가들의 역할을 통합하는 부분이다.

커뮤니케이션의 기본적인 과정은 그림 4-2에 나타나 있다. 이 과정은 건강에 관한 주변 관계를 전달하는 데 효과적이며, 각 단계는 성공적인 커뮤니케이션을 하는 데 중요하게 작용한다. 커뮤니케이션의 첫 번째 단계에서 송신자는 메시지나 생각을 수신자가 이해할 수 있는 일련의 형태로 변환해야 한다. 커뮤니케이션을 시도할 때 메시지는 말, 글, 행동, 그림 등 여러 가지 방법으로 전달된다. 메시지를 전달하기 위해서는 많은 커뮤니케이션 경로가 사용되며, 언어적 · 비언어적 경로가 모두 포함된다.

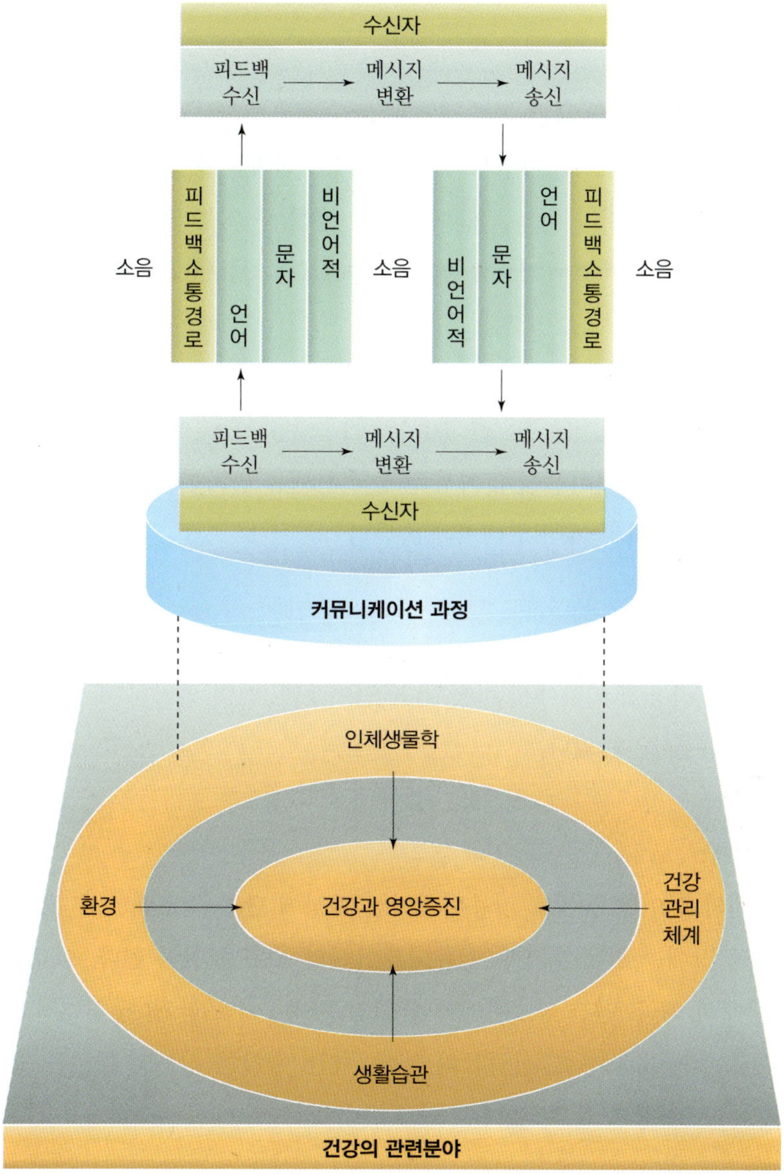

그림 4-2 건강의 관련분야와 커뮤니케이션 과정

수신자는 상징적인 메시지를 의미 있는 것으로 전환시켜야 하며, 그때 커뮤니케이션에 반응하여 행동하게 된다. 송신자가 보낸 메시지가 정확하게 전달되어 올바르게 행해졌는지를 송신자가 확인할 수 있도록 수신자는 일반적으로 피드백을 제공하게 된다.

(2) 커뮤니케이션의 장애요인

커뮤니케이션이 효과적으로 이루어지기 위하여 수신자는 송신자의 메시지를 정확하게 해석해야 한다. 그러나 어느 단계에서든지 생길 수 있는 커뮤니케이션의 단절로 인해 커뮤니케이션이 비효과적으로 진행될 수 있다. 커뮤니케이션의 장애요인은 기술적 · 언어적 · 심리적인 요인으로 분류된다.

① 기술적 장애

기술적 장애는 커뮤니케이션에 있어서 환경적 장애를 말하며, 메시지를 제공하는 시간, 과잉의 정보, 문화적 차이가 여기에 속한다.

② 언어적 장애

언어적 장애는 사용된 어휘에서 비롯된다. 언어장벽, 언어 의미의 왜곡된 이해, 특수언어의 사용 등을 들 수 있다.

③ 심리적 장애

기술적 장애와 언어적 장애도 커뮤니케이션 과정에 단절을 초래할 수 있지만, 무엇보다 심리적 장애는 잘못 이해된 커뮤니케이션의 주된 원인이 된다. 이러한 장애에는 여러 형태의 왜곡, 인간 상호관계에 관련된 문제들이 포함된다. 심리적 장애의 주된 요인으로는 왜곡된 정보, 신뢰감의 상실, 편견, 원하는 정보만 취하는 행위, 인지방식의 차이, 소음 등을 들 수 있다.

(3) 효과적인 커뮤니케이션 방법

효과적인 커뮤니케이션 방법을 사용하면 커뮤니케이션 과정에서의 단절을 피하고, 지역사회에서 성공적으로 영양중재활동을 할 수 있다. 커뮤니케이션 기술은 습득될 수 있으며, 감정이입, 경청, 읽는 기술, 관찰, 단어의 선택, 몸짓 등이 모두 효과적인 커뮤니케이션을 하는 데 영향을 미친다.

BOX 4-1 커뮤니케이션을 위한 지침

- 계획을 세운다.
- 구조화한다.
- 수신자의 관점에서 메시지를 개발한다.
- 메시지를 전달하는 최선의 방법을 선택한다.
- 피드백을 한다.
- 추후관리를 한다.
- 지나치게 추정하지 않는다.
- 좋은 청취자가 된다.
- 다른 사람들이 이해할 수 있는 용어를 사용한다.
- 비언어적 단서를 관찰한다.

(4) 건강정보의 커뮤니케이션 단계

건강정보의 커뮤니케이션 과정은 대상집단의 요구와 인식을 이해하는 데 바탕을 두어야 한다. 그림 4-3은 건강정보 커뮤니케이션의 단계를 대상집단의 평가, 프로그램의 중요시점에서의 요구와 인식, 개발, 실행과 평가를 통합하는 것으로 설명하고 있다.

① 단계 1: 계획과 전략 선택

프로그램의 계획단계는 전체 건강정보의 커뮤니케이션 과정에 대해 기초를 제공하는 역할을 한다. 이 시점에서 영양전문가의 의사결정은 프로그램을 개발하도록 유도한다.

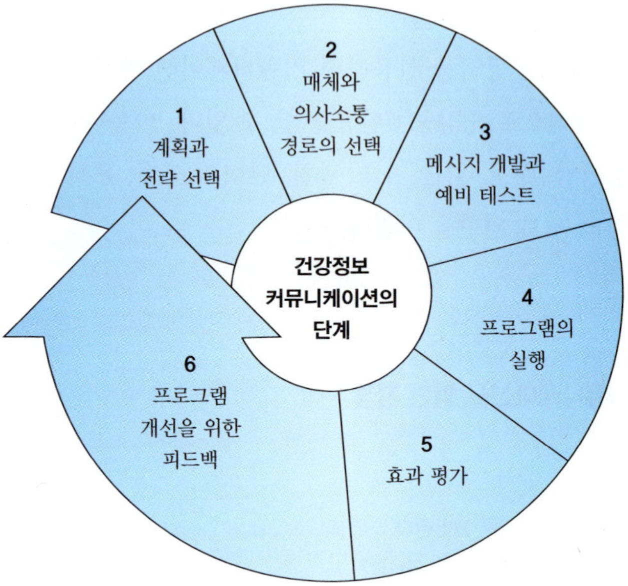

그림 4-3 건강정보 커뮤니케이션의 단계

커뮤니케이션 프로그램을 개발하기 위해서는 다음의 질문들에 대해 대답을 할 수 있어야 한다.

- 제안되고 있는 영양 · 건강 문제는 무엇인가?
- 그것은 누구에 의해 어떻게 영향을 받고 있는가?
- 주민들은 그 문제가 자신들에게 영향을 미칠 수 있다고 알고 있는가?
- 누가 그 문제에 관심을 갖고 있는가?
- 어떤 프로그램 혹은 활동이 그 문제를 전하고 있는가?
- 그 문제에 관해 일정한 역할을 하고 있는 지지자나 기관이 있는가?
- 우리는 무엇을 수행하기를 원하는가?
- 우리가 갖고 있는 활용 가능한 자원은 무엇인가?

② 단계 2: 매체와 의사소통경로의 선택

프로그램 계획을 완성한 후에는 커뮤니케이션 도구를 개발해야 한다. 프로그램에 가장 적합한 매체가 무엇인가에 대한 결정은 다음의 사항들에 의해 이루어진다.

- 메시지-메시지의 복잡성, 민감성, 형태와 목적 고려
- 대상자-대상자들이 원하는 매체의 형태
- 의사소통 경로-대상자들에게 메시지를 가장 쉽게 전달할 수 있는 형태의 경로
- 예산과 기타 유용 자원

CHAPTER 4

③ 단계 3: 메시지 개발과 예비 테스트

메시지 개발에서의 중요한 점은 일반 주민들이 건강 메시지를 어떻게 인식하는가를 결정하는 것이다. 이러한 인식은 직접적으로 메시지 개발에 도움을 준다.

지역사회 건강정보의 전달경로와 목적은 메시지 설계에 영향을 미치게 된다. 정보는 주민들에게 새로운 사실을 전달하고, 그들의 태도와 행동을 변화시키며, 의사결정에 참여하도록 격려할 수 있게 설계된다. 일반 주민들은 처음에 정보를 받아들이고, 그것을 이해하고 믿으며 동의하고, 그 정보에 따라 행동을 해야 한다.

매체의 예비 테스트는 커뮤니케이션 매체가 대상집단과 관련성이 있으며, 대상집단에게 이해될 수 있고 수용될 수 있는지를 확인하는 데 도움을 주는 평가형태이다. 매체 제작은 프로그램에서 가장 비용이 많이 드는 단계의 하나이기 때문에 최종매체를 바로 결정하여 광범위하게 조사하기 전에 초안에 해당하는 매체를 시험하는 것이 바람직하다. 예비 테스트는 대상집단에 대한 단서와 매체 제작 및 활용에 대한 방향을 제공하는 중요한 작업에 속한다.

④ 단계 4: 프로그램의 실행

프로그램을 실행하기 위한 사전준비가 끝나게 되면 여러 가지 활동들이 동시에 일어나게 된다. 이들 활동은 다음 사항들을 고려하여 행해져야 한다.

- 관련기관들이 그 프로그램에 대해 알고 있는가?
- 영양사업 담당자들이 사업에 관한 질문에 대답할 수 있도록 준비되어 있는가?
- 그 프로그램을 시작하고 어떠한 상황에도 대처할 수 있도록 충분히 준비되어 있는가?
- 매체들이 필요한 장소에 다 갖추어져 있는가?
- 지역사회의 건강 · 영양전문가들이 새로운 프로그램을 잘 알고, 요청을 받으면 대처할 수 있도록 준비되어 있는가?
- 진행과정을 추적하고 가능한 문제점을 확인할 수 있도록 필요한 곳에 장치가 되어 있는가?

⑤ 단계 5: 효과 평가

프로그램의 결과를 평가하는 것은 매우 중요한 일이다. 결과평가의 방법은 프로그램 시행 전과 후의 대상집단의 인식, 태도, 행동의 차이를 비교하는 것이다. 평가의 형태를 결정하는 데 고려할 사항들은 다음과 같다.

- 프로그램이 얼마나 오래 지속될 것인가?
- 프로그램이 반복되거나 연속될 것인가?
- 예측할 수 있는 장래에 목표 달성을 측정할 수 있는가?
- 프로그램의 요소 중 어느 것이 가장 중요한가?
- 프로그램이 신뢰받을 수 있도록 관리가 되었는가 또는 일반대중의 요구에 적합하였는가?
- 프로그램의 어떤 측면이 영양활동기관에서 중요하게 생각하는 면과 일치하였는가?
- 평가보고서는 앞으로 예산을 지원받을 수 있도록 충분히 표현될 것인가?

⑥ 단계 6: 프로그램 개선을 위한 피드백

프로그램이 지속되거나 유사한 프로그램이 계획된다면 프로그램 실행과정에서 경험한 것을 적용하도록 하는 데 시간을 가져야 한다.

- 목적과 목표를 재확인한다.
- 효과적인 활동과 전략을 확인한다.
- 추가적인 노력이 필요한 영역을 결정한다.
- 여러 활동에서 투입된 비용과 얻은 결과를 비교한다.
- 프로그램에 대한 지원을 재확인한다.
- 효과가 없었던 프로그램은 종료할 것을 결정한다.

2. 영양사업의 마케팅 전략

1 마케팅의 원리

마케팅은 대상자의 행동에 영향을 주기 위한 목적으로 목표집단과 혜택을 교환하는 관계를 개발하여 이를 확고하게 유지하는 과정을 말한다. 이러한 마케팅의 원리는 BOX 4-2에서와 같다.

BOX 4-2 마케팅의 원리

- 마케팅은 목표집단이 자발적으로 참여하도록 유도하며, 이를 위하여 사업기관은 그들이 참여했을 때 많은 혜택이 있음을 보여줄 수 있어야 한다.
- 지역사회를 소집단이나 대상집단으로 구별화하여 마케팅하는 전략이 필요하다.
- 효과적인 마케팅은 사업기관 중심이 아니라 소비자 중심이어야 한다.
- 마케팅은 마케팅 믹스(marketing mix)라는 도구들을 잘 활용해야 한다. 또한 4Ps, 즉 상품(product), 가격(price), 장소(place), 판촉(promotion)을 활용해야 한다.

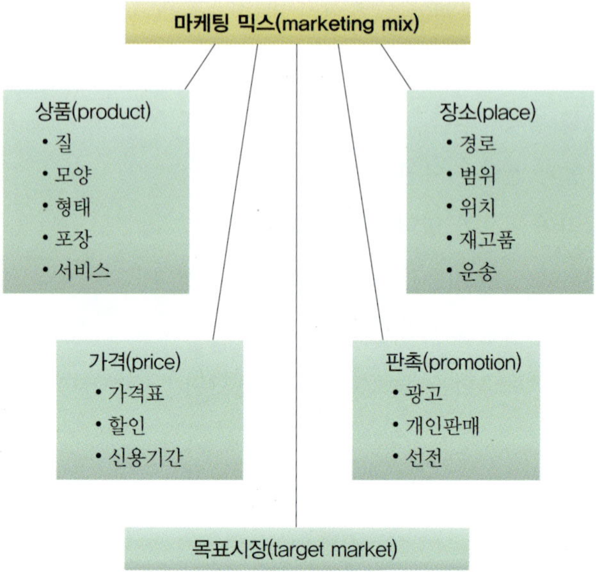

그림 4-4 마케팅 믹스의 4P

지역사회영양사업에서 상품이란 소비자에게 전달하고자 하는 영양활동서비스이다. 영양활동서비스도 마케팅 매트릭스(marketing matrix)라고 불려지는 틀에서 마케팅의 4요소인 product(상품), place(장소), price(가격), promotion(판촉)을 적극적으로 개발하는 시장전략이 필요하다. 그림 4-4는 상업적인 마케팅에서 이용되는 마케팅 믹스(marketing mix)를 보여 주고 있다.

영양서비스 시장을 확대하기 위한 전략에는 양질의 상품과 경쟁력 있는 가격, 적절한 장소, 그리고 적극적인 판촉이 뒷받침되어야 한다. 즉, 사업의 성공적인 수행을 위하여 주민들의 적극적인 참여와 파급효과를 유도할 수 있도록 지역사회에 홍보하는 전략이 필요하다. 영양사업에서의 서비스 형태나 결과는 사업기관의 목표나 목표집단의 요구와 부합된 것이어야 한다. 또한 사업수행에 필요한 예산이나 사회적 비용을 감당할 수 있어야 하며, 서비스를 제공하는 장소가 소비자들이 쉽게 접근할 수 있는 곳이어야 한다.

2 영양사업의 전략적 마케팅

어떠한 영양사업이라도 사업기관의 목표와 목표집단의 요구가 서로 부합되지 않으면 성공을 거두기가 어렵다. 따라서 프로그램의 목표, 내용, 결과 등의 계획에서부터 사업기관요원의 행동에 이르기까지 소비자 중심의 개념이 적용되어야 한다. 소비자 중심의 기관은 고객의 요구를 민감하게 감지하고 이를 만족시키기 위해 모든 노력을 다한다. 이와 같이 사업기관이 그 목표달성을 위해 운영관리 면에서 접근하는 것을 전략적 마케팅(strategic marketing)이라 한다.

영양활동의 담당자들은 지역사회영양활동의 대상자들을 지역사회영양서비스를 구매하는 소비자로 보는 시각이 필요하다. 영양서비스의 양적인 확대를 위해서는 이러한 적극적인 마케팅 전략이 필요하다. 표 4-1은 영양사업을 마케팅 전략의 차원에서 구성한 작업표의 예를 든 것이다. 그림 4-5는 영양 프로그램의 계획에 전략적 마케팅 기법을 적용하여 도식화한 것이다.

CHAPTER 4

표 4-1 마케팅 전략의 작업표

마케팅 과정	사 례
목표고객	14~18세의 10대 임신부
Marketing mix 변수	영양사에 의해 제공된 태아를 위한 식생활상담
상 품	목표 : • 비타민 A와 B_6, 엽산, 칼슘, 철분의 섭취량을 증가시키기 위한 식행동 수정 • 적정량의 체중 증가 • 구입하기 쉬운 식품급원의 확인
가 격	수업이나 방과 후 활동 불참 : 재정부담 없음
장 소	학교 내 건강 클리닉
판 촉	• 학교통신문 • 학교양호실에 소책자 비치 • 계획된 부모 클리닉
고려사항	• 지역사회가족계획 • 10대 소녀들에게 적합한 상담서비스를 우선적으로 준비 • 임신한 학생이 보낼 수 있는 장소를 학교에서 제공 • 학점을 위한 태아 프로그램으로 통합

자료: Owen, 1993

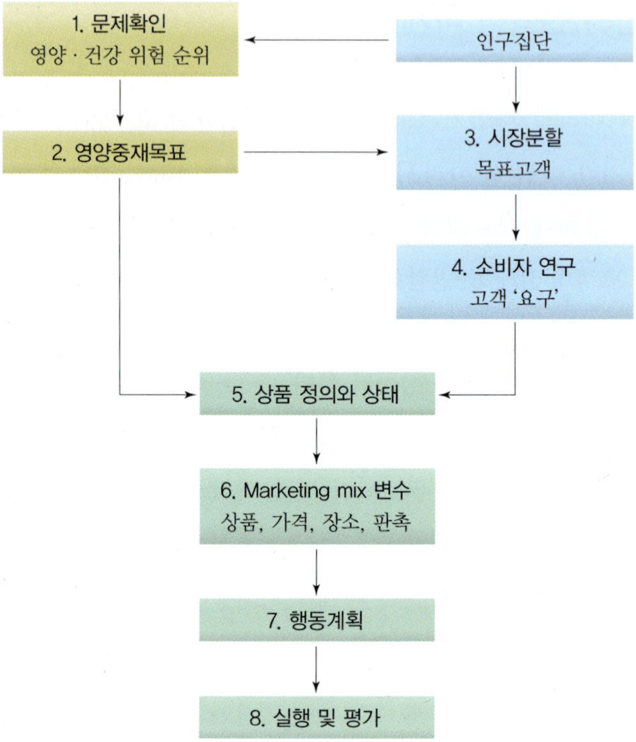

그림 4-5 영양 프로그램에 적용한 전략적 마케팅

3. 지역사회영양활동의 성공 조건

1 분권화

지역사회영양사업을 수행할 때 중앙집권방식으로 중앙기관에서 계획되어 일방적으로 하달되는 방식은 실패하기 쉽다. 이러한 방식에서는 실제로 주민과 접촉하는 영양활동 담당자가 사업전체의 윤곽을 잘 모르거나 계획이나 운영에 대한 재량권이 부족하기 때문이다. 지역사회영양사업이 성공하려면 지역책임자에게 책임, 권위, 재정, 인력지원 등의 권한을 주어 그의 책임하에 시행해야 한다.

2 자발적인 참여

우리나라에서 초기에 실시되었던 영양사업의 경우 국제기관이나 정부기관에서 구호용 식량을 나누어주거나 영양지식을 배포하는 방식이 대부분이었다. 이러한 사업으로 심각한 영양결핍을 단기간에 해결하는 데는 성공하였지만 장기적인 효과의 측면에서는 문제점이 많은 것으로 지적되었다. 국민영양개선이 의존적으로 이루어지는 경향을 극복하기 위해서는 목표 집단이 스스로 자립하도록 도와주는 접근방식이 필요하다.

성공적인 영양활동은 목표집단의 사고를 변화시키는 것이다. 즉, 영양지식과 태도의 변화를 통하여 수동적인 시각과 태도에서 벗어나 보다 적극적으로 사고하고 행동하도록 해야 한다. 영양전문가는 목표집단에게 영양 불균형의 위험성과 질병과의 관계를 설명하고, 필요한 식품영양지식과 방법의 정보를 제공하며, 태도의 변화를 갖도록 유도해야 한다. 이 모든 활동에서 목표대상이 자발적으로 참여했을 때, 동기유발이 이루어지고 스스로 개선할 수 있다는 확신도 강해지며 문제해결능력도 길러진다.

CHAPTER 4

3 주민 간의 협력

영양사업이 효과를 얻으려면 목표집단의 민주적인 참여가 필요하므로, 관심 있는 주민을 훈련시켜 이 주민대표가 주변사람들을 훈련시키도록 하는 전략이 필요하다. 이때 주민대표는 지역사회에서 경제적으로 다소 상위급에 속한 자원자가 좋다.

영양사업은 지역주민의 문화적 여건, 즉 생활양식이나 행동패턴에 맞도록 조정되어야 하기 때문에, 주민의 요구를 이해하고 충족시켜 주며 참여를 유도하는 데 있어서 외부전문가보다 주민들과 가까운 지역활동가가 더 좋은 성과를 이룰 수 있다. 그들은 목표집단과 서로 충분히 그룹토의를 하면서 사용자 중심의 정보, 요구에 맞는 정보를 나누게 된다.

일본의 예를 들면, 지역보건소에서 만성퇴행성질환 예방을 위한 식생활개선사업을 시행하면서 먼저 지역의 여론 주도층인 여유 있는 부녀자들을 자원봉사를 통하여 모집하였다. 일정한 기간 동안 여러 가지 식품·영양에 관하여 교육과 훈련을 받은 이들은 식생활개선 지도사라는 자격을 부여받고 각자의 거주지역에서 주변사람들을 교육시켜 사업을 성공으로 이끌었다.

4 사회자원의 이용

영양사업을 성공으로 이끌려면 주민들만의 능력에 의존해서는 해결할 수 없는 문제가 많다. 문제해결을 위해 사회자원을 활용하는 것이 좋으며 사회자원은 인적·물적 자원을 포함한다. 특히 자금 등의 자원은 반드시 필요하다. 예를 들면, 영양사업에 지역의 의사나 보건요원, 영양사를 활용하고 시·도·군의 예산을 사용할 수 있다. 그 밖에 사적인 자원도 조직망을 형성해서 이용할 수 있다(BOX 4-3).

실제로 영양전문가들은 여러 부분의 사회자원을 연계해서 이용하고 있다. 우선 병원에서는 영양서비스 활동의 중요성을 병원운영자 측에 확신시키기 위해 영양사와 간호사가 연계할 수 있다. 지역사회에서는 개별영양사가 영양에 관심 있는 주요기관이나 개인과 함께 일한다. 산업체는 앞으로 영양사가 파트너로서 활발히 연계하게 될 분야로 보인다. 정치 분야에서는 식품영양에 대한 관점, 목적이 일치하는 정치인을 알아내는 것이 관건이지만, 이들과의 연계를 통해 결국 영양사업을 지원하는 세력을 얻을 수 있다.

BOX 4-3 영양활동과 조직망(network)

- 근년 우리나라에서도 실행되고 있는 푸드뱅크와 같은 영양사업은 조직망으로 실행되는 경우이다.
- 조직망을 통해 사람들은 서로 얘기하고 의견이나 정보, 자원을 교환하게 된다.
- 조직망 자체나 최종 결과물이 중요한 것이 아니고 과정, 즉 조직망 내에서 유대관계를 만들어 나가는 커뮤니케이션이 중요하다.
- 조직망을 형성하게 되면 결과적으로 새로운 시장 생성, 소비자 요구의 만족, 직업이나 경력의 신장, 최신정보의 제공 등으로 이어지고 나아가 각자의 능력을 가속화해서 문제해결능력을 키울 수 있다. 또 공적·사적 분야에서 국가적·국제적으로 연계를 확대하게 된다.

5 학제·조직 간 관계의 조정

실제 식생활에는 다양한 요인들이 관여한다. 따라서 영양사업은 여러 정부부처나 지방자치단체에서 종합적인 사업으로 추진되어야 한다. 영양문제에 관한 계획과 해결에 있어서도 영양학자뿐 아니라 경제학자, 통계학자, 의사, 사회학자 등 여러 분야의 전문가가 협력하여 하나의 일관된 안을 도출해 내는 노력이 필요하다. 또한 영양사

BOX 4-4 UN의 지역사회개발에 관한 원칙

1955년 11월에 UN이 발간한 '지역사회개발을 통한 사회발전(Social Progress Through Community Development)'이라는 보고서는 현재까지 발표된 지역사회개발의 성격, 원칙과 내용을 다룬 가장 중요한 문헌으로 평가되고 있다. 이 보고서는 공중보건, 농업지도사업(agricultural extension), 협동조합, 가정학, 교육 사회사업 등 제분야의 이론, 기술, 실제경험을 토대로 지역사회개발의 원칙을 설정하였다. '성공적인 지역사회개발사업이 지녀야 할 기본적인 요소'의 10개 원칙은 다음과 같다.

1. 지역사회개발사업은 지역사회의 기본적인 욕구에 부합되어야 한다. 특히 최초의 프로젝트는 주민들의 욕구에 따라 착수되어야 한다.
2. 지역의 조건을 향상시키는 일은 각 분야의 독자적인 노력으로도 가능하나, 온전하고 균형된 지역사회개발을 이루기 위해서는 일치된 행동과 다목적적인 사업을 필요로 한다.
3. 개발의 초기단계에서는 사업을 통해서 물질적인 향상에 못지 않게 주민들의 태도 변화를 중요시하여야 한다.
4. 지역사회개발의 목적은 주민들이 지역사회의 일에 적극 참여하게 하고, 기존의 지방정부를 활성화시키고, 제 기능을 하지 못하는 지방행정의 헛점을 제고시키는 데 두어야 한다.
5. 지방의 지도력을 발굴하고 격려하고 훈련하는 것은 모든 사업에 있어서 중요시되어야 한다.
6. 부녀자와 청소년들을 프로젝트에 참여시킴으로써 개발된 프로그램을 활성화시킬 수 있고 광범위한 기반과 장기적인 발전을 이룩할 수 있다.
7. 지역사회의 자조적인 프로젝트들이 효과를 거두기 위해서는 정부로부터 적극적인 지원을 받아야 한다.
8. 국가 차원에서 지역사회개발을 실시하기 위해서는 일관성 있는 정책의 수립, 특별행정기구의 설립, 담당인력의 선발과 훈련, 지역사회와 국가의 자원 동원, 조사, 실험, 평가가 필요하다.
9. 지역적·국가적·국제적 차원에서의 지역사회개발사업은 자발적인 비정부기관의 자원을 최대한 활용하여야 한다.
10. 지역 차원에 있어서의 경제적·사회적 발전은 보다 넓은 국가적 차원에서의 개발과 평행해서 이루어져야 한다.

업도 여러 관련 부처가 함께 통합적으로 실행하는 것이 필수적이며 그래야만 인력이나 자원의 중복적인 낭비를 막을 수 있다.

UN에서는 지역개발사업의 성공 요소를 10가지로 제시한 바 있는데, 그 내용은 BOX 4-4와 같다.

4. 영양활동의 활용 도구

1 식생활지침

한 국가의 식생활지침은 그 나라 국민의 건강과 생활 수준에 따라 제정된다. 식생활지침은 주요 건강문제와 식생활의 관련성에 대한 연구를 기반으로 하여 국민들의 질병 위험을 감소시키고 건강을 증진시키기 위해 필요한 내용을 실제 식생활에서 활용하기 쉽게 구성되었으므로 지역사회영양활동에서 유용하게 이용될 수 있다. 정부에서는 1990년 당시 보건사회부에서 처음으로 '국민식생활지침'을 발표하였고, 2003년에 '한국인을 위한 식생활지침'을 발표하였으며, 2008년에 보건복지부에서 생애주기별로 한국인을 위한 식생활지침을 제정하여 발표하였다. 2009년에는 영유아, 임신·수유부, 청소년을 위한 식생활지침을 개정하였고, 또한 어린이를 위한 식생활지침을 제정하였다. 2016년에는 각 정부 부처가 공동으로 국민공통 식생활지침을 제정하여 발표하였고 2021년 한국인을 위한 식생활지침으로 개정하여 발표하였다.

2 식사모형

사람들은 영양소를 섭취할 때 영양소 형태가 아닌 식품의 형태로 섭취하게 되고, 각 식품은 한 가지 영양소만 가지고 있는 것이 아니라 여러 영양소가 함유되어 있다. 그러므로 일반인에게 영양적으로 만족할 만한 식사를 제공할 수 있는 식품의 양과 종

BOX 4-5 국민공통 식생활지침(2016)

BOX 4-6 한국인을 위한 식생활지침(2021)

자료: 보건복지부, 2021

류를 선택하기 위한 기본 구성의 개념을 제공하기 위해 식사구성안이 고안되었다.

식사구성안은 개인이나 집단에 필요한 에너지섭취량을 기준으로 하여 바람직한 영양소 섭취수준을 제안하는 것인데, 식사구성안에 제시된 식품의 분류와 각 식품군이 차지하는 중요성과 양을 일반인들이 쉽게 이해할 수 있도록 그림으로 표시한 것이 식사모형이다.

식사모형에는 종래에 사용하였던 식품구성탑의 개념에 비만을 예방하기 위한 이미지가 추가되었다. 신체활동과 운동의 중요성을 인식하고 이를 실천하도록 권장하기 위해 자전거 이미지가 사용된 것이다. 미국과 일본에서도 신체활동의 중요성을 강조하기 위해 팽이와 계단 오르기의 모습을 상징적으로 적용하여 식사모형을 구성하였다.

자전거바퀴 모양을 이용하여 각 식품군에 권장식사패턴의 섭취횟수와 분량에 비례하도록 면적을 배분하고, 또 하나의 바퀴에 물잔 이미지를 삽입함으로써 수분의 중요성을 상징하였다. 이는 적절한 영양과 건강을 유지하기 위하여 권장식사패턴을

그림 4-6 식품구성자전거

자료: 보건복지부, 한국영양학회, 2021

그림 4-7 미국의 MyPyramid(2005)

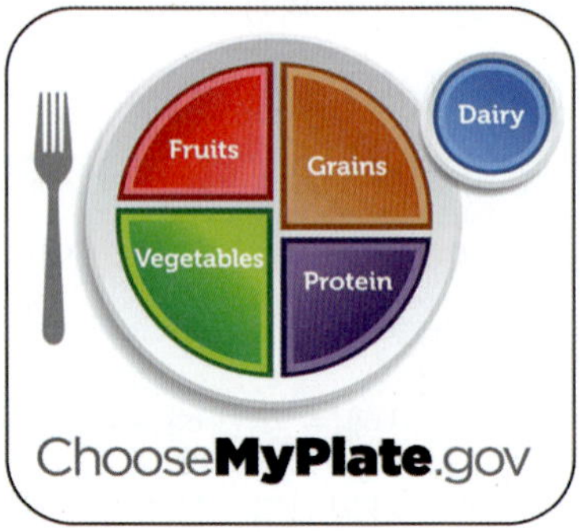

그림 4-8 미국의 MyPlate(2010)

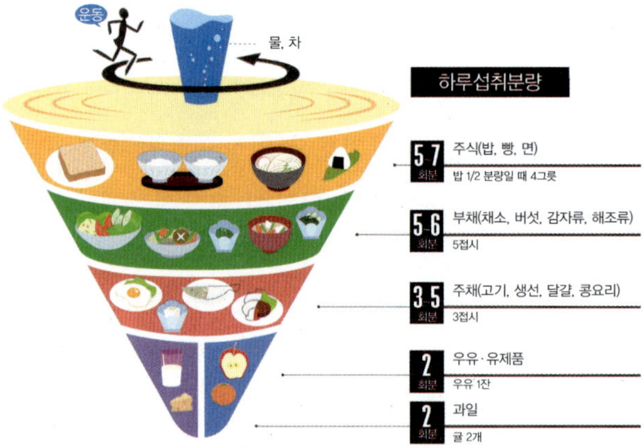

그림 4-9 일본의 식사구성안

그림 4-10 중국의 식품구성탑

기준으로 한 균형 잡힌 식사와 수분섭취의 중요성을 의미한다. 식사모형의 이름은 식품구성자전거(Food balance wheels)로 하였다. 식품구성자전거의 기본 개념은 다음과 같다.

- 적절한 영양 및 건강 유지를 위한 한국인 영양소 섭취기준 충족
- 다양한 식품섭취를 통한 균형 잡힌 식사
- 충분한 수분섭취
- 적절한 운동을 통한 비만예방

3 한국인 영양소 섭취기준

우리나라는 일반 건강인이 일상식사를 통해 장기간에 걸쳐 얻을 수 있는 영양소의 최적 수준을 영양권장량으로 제시해 왔다. 영양권장량은 몇 단계를 거쳐 설정되는데, 먼저 각 영양소의 생리적 필요량을 추정한 후 추정된 필요량에 각 영양소의 안전율을 적용한다. 여기에 각 연령별 표준인을 기준으로 하여 권장량을 산출하고 지역 인구의 식사섭취 실태를 참고하여 영양권장량을 설정하였다. 한국인의 영양권장량은 지난 1962년에 최초로 제정된 이래 제7차 개정(2000)까지 되었다.

최근 세계적인 추세에 따라 우리나라에서도 2005년에 영양권장량이 영양섭취기준(Dietary Reference Intakes : DRIs)의 개념으로 바뀌었다. 이는 영양결핍의 예방을 목표로 한 이전의 영양권장량과는 달리 영양섭취기준은 영양결핍의 예방뿐만 아니라 만성질환의 위험을 감소시키는 데 중점을 두었다. 2010년에는 2005년에 제정된 영양섭취기준을 수정보완하여 1차 개정안을 발표하였고 2015년에는 2차 개정이, 2020년에 3차 개정이 이루어졌다. 영양소마다 여러 가지 기준치를 설정하여 제시한 영양소 섭취기준은 안전하고 충분한 영양을 확보하는 기준치로 평균필요량(Estimated Average Requirement : EAR), 권장섭취량(Recommended Nutrient Intake : RNI), 충분섭취량(Adequate Intake : AI) 및 상한섭취량(Tolerable Upper Intake Level : UL)의 4가지를 제시하고 식사와 관련된 만성질환 위험감소를 고려한 기준치로 에너지적정비율과 만성질환위험감소섭취량를 제시하고 있다. 만성질환위험감소섭취량은 2020 한국인 영양소 섭취기준에서 신규로 설정되어 추가되었다.

4 식품교환표

식품교환표는 1950년 미국당뇨협회, 영양사협회, 공중보건담당부서의 합동위원회에서 당뇨식이의 영양가를 계산할 수 있는 실용적인 방법을 고안해 낸 것이 시초이다. 우리나라의 경우 식품교환표는 1976년 제안되어 당뇨식이뿐 아니라 지방조절식을 위해서 사용되며 2010년에 섭취열량수준별로 확대 · 개발되어 식단계획을 크게 단순화시켜 주었다.

식품교환의 원리는 우리가 일상생활에서 섭취하고 있는 식품들을 열량과 탄수화물, 단백질, 지방의 함량이 같도록 1교환단위를 정하고 이에 따라 몇 가지 식품군으로 나누어 놓은 것이다. 식품교환표는 식단작성에 활용되며, 식사의 열량소를 중심으로 단백질, 탄수화물, 지방의 양을 빠르게 계산하는 데 도움이 된다. 지역사회주민을 위한 영양상담에서 바람직한 식단관리를 유도하기 위해 식품교환표를 활용할 수 있다.

우리나라에서는 곡류군, 어육류군(저지방, 중지방, 고지방), 채소군, 지방군, 우유군(일반우유군, 저지방우유군), 과일군의 6가지 식품군으로 분류하고 있다.

5 영양표시제도

식품표시는 소비자들에게 영양가 있는 식품을 선택하도록 그 기준을 제시할 뿐 아니라 영양에 관한 정보도 제공한다. 소비자들이 건강에 관한 관심이 높아지면서 영양적인 식품을 선택하고자 하므로, 영양소 함량을 포함하는 식품표시를 의무화하고 있는 추세이다. 우리나라에서 영양표시는 식품위생법 영양표시관련규정에 의하여 1996년 1월부터 시행되고 있다. 2003년에는 '건강기능식품에 관한 법률'에 의거하여 건강기능식품의 영양표시기준을 일반가공식품의 기준과 별도로 규정하여 시행하고 있다.

영양표시제도는 다음의 3가지 측면에서 그 활용도를 살펴볼 수 있다. 소비자 측면에서 영양표시는 소비자가 건강한 식생활을 유지하도록 도와주는 역할을 한다. 영양표시는 소비자를 위한 교육도구로서, 이를 통해 영양에 대한 인식을 높이고 식품구입 시 올바른 선택을 할 수 있게 해 준다. 식품업자 측면에서는 제품개발 시 영양면의 품질을 향상시켜 영양상태를 좋게 하고 이는 결국 판매량을 높이는 계기가 될 수 있다. 그리고 세계무역 측면에서 식품수출입 자유화 추세에 따라 우리는 각종 수입가공식품과 농산물을 많이 사용하고 있다. 이런 경우 생산국 국민을 기준으로 한 영양정보는 소비국 국민에게 그대로 적용될 수 없다. 수입식품에 영양표시가 제대로 되어 있을 경우 구매자들은 다른 나라 식품을 쉽게 이해하고 이용할 수 있다.

그러나 이러한 식품표시에서는 식품의 특징적인 면만을 강조하기 때문에 과잉 혹

1회 제공량 1개(80g)
총 2회 제공량(160g)

이 제품의 총중량은 160g이고 1회 제공량인 80g을 기준으로 영양성분의 함량을 표시하였습니다.

1회 제공량당 함량

1회 제공량당인지 식품100g(mL)당인지에 따라 영양성분 함량이 크게 달라집니다.

열 량

체중에 관심이 많으세요?
열량을 확인하세요.
열량은 탄수화물(4kcal), 단백질(4kcal), 지방(9kcal)의 함량으로부터 결정됩니다.

칼슘, 철, 비타민

철 풍부, 칼슘 강화와 같은 강조표시를 한 경우에는 함량이 함께 표시되어야 합니다.

영 양 성 분

1회 제공량 1개(80g)
총 2회 제공량(160g)

1회 제공량당 함량		*% 영양소기준치
열량	285kcal	–
탄수화물	46g	14%
당류	23g	–
단백질	5g	8%
지방	9g	18%
포화지방	2.5g	17%
트랜스지방	2g	–
나트륨	150mg	8%
콜레스테롤	80mg	27%
칼슘	140mg	20%
철	2g	13%
비타민 C	2g	2%

*% 영양소기준치 : 1일 영양소기준치에 대한 비율

영양성분

영양성분표시에는 열량, 탄수화물, 당류, 단백질, 지방, 포화지방, 트랜스지방, 콜레스테롤, 나트륨을 의무적으로 표시하고 있습니다.

% 영양소기준치

하루에 섭취해야 할 영양성분인 영양소기준치를 100%라고 할 때 해당 식품의 섭취를 통해 얻는 영양성분의 비율입니다.

단백질

1회 제공량을 먹으면 단백질 5g을 섭취하게 되는데, 1일 단백질 기준치(60g)의 8%를 섭취하는 것입니다.

트랜스지방

가능한 적게 드세요!
WHO에서는 하루 섭취열량 2,000kcal를 기준으로 2.2g을 넘지 않도록 권고하고 있습니다.

그림 4-11 우리나라 영양표시의 예

은 부족하게 섭취했을 때 발생할 수 있는 문제를 함께 제시할 수 없다는 단점이 있다. 예를 들어 식이섬유의 장점을 강조한 식품의 경우, 과잉섭취했을 때 발생할 수 있는 무기질 흡수의 감소, 장내 소화불량 등에 대해서 식품표시만으로는 효과적으로 대처할 수 없다는 것이다. 소비자가 영양에 관한 올바른 기본지식이 없다면, 식생활 개선방향으로 식품표시를 보고 식품을 선택한다는 것은 어려운 일이다.

6 영양소 분석용 컴퓨터 프로그램

사회 전반적으로 컴퓨터 이용이 증대되고 있기 때문에 이를 활용하여 다양하고 효과적으로 지역사회영양활동을 전개할 수 있다. 컴퓨터는 주로 식생활 상태의 평가, 영양상태 스크리닝, 영양소섭취량 분석, 지역주민과 환자의 교육, 전문적인 문헌검색에 사용되고 있다.

우리나라에서 널리 사용되고 있는 영양소 분석용 컴퓨터 프로그램은 한국영양학회가 개발한 CAN(Computer Aided Nutritional Analysis Program)이다. 이는 식품분석 파일, 표준음식 파일, 권장량 파일 등의 데이터베이스로 구성되어 있다.

CAN 프로그램에서 식품분석 파일은 한국인 영양소 섭취기준의 영양가분석표를 기본으로 식품군을 분류하여 구성되었다. 실제 우리나라 음식의 경우 표준 레시피가 부족하고 또 대부분이 여러 가지 재료가 혼합되어 조리되며 다양한 양념이 사용되므로, 데이터베이스 구축에 어려움이 있다. 표준음식 데이터베이스는 1인 분량 자료, 레시피 자료, 영양소 잔존율 자료가 연결되어 있으며 각 음식 내의 재료조성을 조정할 수 있다. 최근에는 인터넷상에서 사용할 수 있는 웹 버전이 개발되어 이용되고 있다.

그 밖에 학교의 나이스 프로그램이나 케이터링회사 프로그램을 활용하여 집단의 영양소섭취량을 분석할 수 있다.

그림 4-12 CAN – Program 5.0(Web ver.)

CHAPTER **5**

한국인의 건강문제와 식생활

1. 건강실태와 생활환경

1 건강실태

과거에는 건강한 상태는 신체적 질병이 없는 것을 의미하는 단순한 차원에서 정의하였다. 그러나 오늘날에는 건강이란 신체적 · 정신적 · 사회적으로 완전하게 양호한 상태를 의미하므로 최적의 건강 상태를 유지하기 위해서는 적극적인 건강 행위가 필요하다.

인구집단의 건강 수준을 측정하기 위해 건강지표와 보건지표를 활용하고 있다. 건강지표는 개인, 가족, 사회 또는 인구 단위의 건강 수준이나 특성을 나타내는 수량적 내용으로서 축소된 한계적인 개념이다. 세계보건기구(WHO)는 한 나라의 건강 수준을 제시하고 다른 나라와 비교할 수 있는 건강지표로는 평균수명, 조사망률(사망률), 비례사망지수(Proportional Mortality Indicator : PMI) 등을 추천하고 있다. 반면에 보건지표는 인간의 건강뿐만 아니라 이와 관련 있는 보건정책, 의료제도, 사회환경, 인구구조, 국민의 보건에 대한 규범이나 가치관 등을 포함하는 포괄적인 개념으로 사용되고 있다.

대표적인 보건 통계자료는 보건복지부가 1954년부터 매년 발간해 온 보건사회통계연보이며, 건강상태와 영양상태는 밀접한 관련이 있으므로 지역사회 영양사업에서 다양하게 활용할 수 있다. 참고로 주요 보건지표의 산출식은 BOX 5-1과 같다.

BOX 5-1 주요 보건지표 산출식

- **조출생률**(crude birth rate)
  1년간 총출생자 수/당해년도의 총인구 × 1,000
- **일반출산율**(general fertility rate)
  1년간 총출생자 수/가임연령 여성인구 × 1,000
- **조사망률**(crude death rate)
  1년간 총사망자 수/당해년도의 총인구 × 1,000
- **영아사망률**(infant mortality rate)
  생후 1년 미만의 사망자 수/그 해의 출생자 수 × 1,000
  보정 영아사망률

$$\frac{\text{어떤 기간 내에 출생한 자 중 1년 미만에 사망한 자의 수}}{\text{같은 기간의 출생아 수}} \times 1{,}000$$

- **신생아사망률**(neonatal mortality rate)
  생후 28일 미만의 사망 수/그 해의 출생 수 × 1,000
- **모성사망률**(maternal mortality rate)

$$\frac{\text{연간의 임신, 분만, 산욕의 합병증에 의한 사망 수}}{\text{그 해의 출생 수 또는 출산 수}} \times 1{,}000$$

- **사산율**(fetal death rate, stillbirth rate)
  연간의 사산 수/연간의 출산 수 × 1,000
  ① 자연사산율 = 연간의 자연사산 수/연간의 출산 수 × 1,000
  ② 인공사산율 = 연간의 인공유산에 의한 사산 수/연간의 출산 수 × 1,000
- **비례사망지수**(Proportional Mortality Indicator, PMI)
  50세 이상의 사망자 수/1년간의 총사망자 수 × 100

우리나라 주요 보건지표의 연도별 변화양상은 표 5-1과 같다. 출생률은 매년 감소하고 있으나, 사망률도 함께 감소하는 추세여서 총인구는 증가하였다. 총인구는 1970년 3,143만 명에서 2020년 5,182만 명으로 증가하였으며, 합계출산율은 1973년 4.5명에서 2020년 0.8명으로 큰 폭으로 감소하는 추세이다.

표 5-1 우리나라 주요 보건지표의 연도별 변화 추이

보건지표	1970	1980	1990	1995	2000	2005	2010	2015	2020
총 인구수 (만명)	3,143	3,740	4,339	4,455	4,598	4,704	4,799	5,106	5,182
조출생률 (1,000명 당)	31.2	22.6	15.2	15.7	13.5	9.0	9.4	8.6	5.3
합계출산율 (명)	4.5	2.8	1.5	1.6	1.4	1.0	1.2	1.2	0.8
조사망률 (1,000명 당)	8.0	7.3	5.6	5.3	5.2	5.1	5.1	5.4	5.9
영아사망률 (출생아 1,000명 당)	–	–	–	–	–	4.2	3.2	2.7	2.5
평균수명 (세)	62.3	66.1	71.7	73.8	76.0	78.2	80.2	82.1	83.5

자료: 사망원인통계, 국가통계포털 KOSIS

평균수명(기대여명)과 평균수명에서 질병 없이 사는 기간을 의미하는 건강수명은 증가하는 추세이다. 우리 국민의 평균수명은 1970년 62.3세에서 2020년 83.5세로 20년 이상 증가하였으며, 건강수명 역시 2001년 67.4세에서 2020년 66.3세로 증가하였다. 앞으로 의료기술의 발달과 충분한 영양 섭취로 평균수명과 건강수명의 증가 추세는 계속될 것으로 전망된다(표 5-2).

65세 이상 노인인구 비율은 1980년에 3.8%였지만, 이후 지속적으로 증가해 2000년에는 7.2%로 고령화사회에 진입하였다. 2022년에 노인인구 비율은 19.5%로 고령사회를 지나 2030년에는 24.3%로 초고령사회에 진입할 것으로 추정되었다. 이와 같은 고령화 추세는 지속되어 2050년에는 38.2%까지 증가할 것으로 예측되었다. 선진국들이 100년에 걸쳐 초고령사회에 진입하는 것과 달리 우리나라 노인인구 증가 속도는 매우 빠르게 진행되어 이에 따른 여러 사회적 문제들이 나타날 것이라는 우려가 있다.

인구구조의 고령화는 전체 인구 중 부양받을 인구가 증가한다는 것을 의미하므로 사회적으로 부양 부담이 커지게 된다. 국가에서 저출산에 대비하는 여러 정책을 마

표 5-2 한국인의 평균 수명(0세 기대여명) 및 건강수명 추이

항목		2001	2005	2007	2010	2012	2013	2014	2015	2020
기대여명	계	76.53	78.63	79.56	80.24	80.87	81.36	81.80	82.06	83.5
	남자	72.82	75.14	76.13	76.84	77.57	78.12	78.58	78.98	80.5
	여자	80.04	81.89	82.73	83.63	84.17	84.60	85.02	86.17	86.5
건강수명		67.40	68.60	71.00	–	65.70	–	65.20	–	66.3

자료: 사망원인통계, 국가통계포털 KOSIS

련하는 이유는 지속적인 노동력 공급을 통해 노인인구 부양에 들어갈 국가적 부담을 줄이고자 하는 노력이다

CHAPTER 5

2 질병구조의 변화

미국의 주요 사망원인이 전염병에서 비전염성 질환으로 바뀌게 된 시기는 1940년경으로 추정되었으며, 일본에서는 1950년경에, 그리고 우리나라에서는 고도 경제성장으로 생활수준이 향상된 1970년경으로 확인되었다. 1960년대까지 우리 국민의 주요 사망원인은 개발도상국가에서의 원인과 유사하게 폐렴, 결핵, 장염이었으나, 1970년대 이후로는 심뇌혈관질환과 암(악성신생물) 등과 같은 만성질환으로 변화되었다.

(1) 사망원인의 변화

대표적인 감염성 질환인 결핵은 1980년에는 사망원인 4위 였으나 이후로는 점차 감소된 반면에 암과 심뇌혈관질환 등 만성질환에 의한 사망은 증가하여 우리 국민의 사망원인이 서구 선진국형으로 전환되는 것으로 나타났다. 최근 발표된 사망원인 순위를 살펴보면, 악성신생물(암), 심장질환, 뇌혈관질환 등이 주요 사망원인으로 보고되었다(표 5-3).

표 5-3 우리나라 주요 사망원인의 변화

순 위	1980년	1990년	2000년	2004년	2010년	2015년	2020년
1	고혈압성질환	암 (악성신생물)	암 (악성신생물)	암 (악성신생물)	암 (악성신생물)	암 (악성신생물)	암 (악성신생물)
2	뇌혈관질환	뇌혈관질환	뇌혈관질환	뇌혈관질환	뇌혈관질환	심장질환	심장질환
3	위암	심장질환	심장질환	심장질환	심장질환	뇌혈관질환	폐렴
4	결핵	운수사고	운수사고	자살	자살	폐렴	뇌혈관질환
5	중독	고혈압성질환	간질환	당뇨병	당뇨병	자살	자살
6	간질환	간질환	당뇨병	간질환	폐렴	당뇨병	당뇨병
7	하기도질환 (기관지염, 폐기종, 천식)	당뇨병	만성 하기도질환	만성 하기도질환	만성 하기도질환	만성 하기도질환	알츠하이머
8	폐렴	만성 하기도질환	자살	운수사고	간질환	간질환	간질환
9	운수사고	자살	고혈압성질환	고혈압성질환	운수사고	운수사고	고혈압성질환
10	자살	추락사고	추락사고	폐렴	고혈압성질환	고혈압성질환	패혈증

자료: 사망원인통계, 국가통계포털 KOSIS

(2) 연령별 사망원인의 변화

연령별 사망원인의 변화양상은 표 5-4에서와 같이 영아의 경우 주로 감염성질환과 선천성질환에 의한 사망이 높은 비율을 차지하였다. 그러나 1990년도에 이르러서는 감염성 질환에 의한 영향이 상대적으로 감소하는 추세이다. 10세 이후 연령대에서는 각종 암에 의한 사망이 수위를 차지하는 것으로 나타났으며, 특히 40대 이후부터는 젊은층에 비해 사고에 의한 사망은 감소한 반면에 암과 뇌혈관질환에 의한 사망이 크게 증가한 것으로 나타났다.

(3) 성별 사망원인의 변화

성별 사망원인을 살펴보면, 남녀 모두 암과 심장질환이 상위 원인으로 나타났다. 또한 다소 차이는 있으나 뇌혈관질환, 폐렴, 자살이 그 뒤를 이었다(표 5-5).

표 5-4 연령별 사망원인의 변화

연령(세)	순위	1985년	1990년	1995년	2000년	2004년	2010년	2015년	2020년
0	1	폐렴	선천 이상	선천 이상	주산기질환	출생전후기 질환	운수사고	출생전후 특정병태	출생 전후 특정병태
	2	선천 이상	불의사고	불의사고	선천성기형	선천성기형	악성신생물	선천성기형	선천성기형
	3	기타 질병	폐렴, 기관지염	폐렴, 기관지염	영아급사 증후군	영아급사 증후군	선천성기형	영아급사 증후군	영아급사 증후군
1~9	1	폐렴	불의사고	불의사고	운수사고	운수사고	운수사고	악성신생물	악성신생물
	2	불의사고	선천이상	선천이상	악성신생물	악성신생물	악성신생물	운수사고	운수사고
	3	심장율동부전	각종 암	각종 암	익사	익수사고	선천성기형	선천성기형	가해(타살)
10~19	1	심장율동부전	불의사고	운수사고	운수사고	운수사고	자살	자살	자살
	2	불의사고	심장질환	심장질환	악성신생물	자살	운수사고	운수사고	악성신생물
	3	자살	각종 암	익사	자살	악성신생물	악성신생물	악성신생물	운수사고
20~29	1	불의사고	불의사고	운수사고	운수사고	자살	자살	자살	자살
	2	자살	각종 암	자살	자살	운수사고	운수사고	운수사고	악성신생물
	3	심장율동부전	자살	심장질환	악성신생물	악성신생물	악성신생물	악성신생물	운수사고
30~39	1	불의사고	불의사고	운수사고	악성신생물	자살	자살	자살	자살
	2	만성간질환	각종 암	간질환	운수사고	악성신생물	악성신생물	악성신생물	악성신생물
	3	심장율동부전	만성간질환	심장질환	자살	운수사고	운수사고	운수사고	심장질환
40~49	1	위암	각종 암	간질환	악성신생물	악성신생물	악성신생물	악성신생물	악성신생물
	2	만성간질환	불의사고	뇌혈관질환	간질환	간질환	자살	자살	자살
	3	고혈압성질환	만성간질환	운수사고	운수사고	자살	간질환	간질환	간질환
50~59	1	고혈압성질환	각종 암	뇌혈관질환	악성신생물	악성신생물	악성신생물	악성신생물	악성신생물
	2	만성간질환	뇌혈관질환	간질환	뇌혈관질환	뇌혈관질환	자살	자살	자살
	3	위암	만성간질환	간암	간질환	간질환	간질환	심장질환	심장질환
60~69	1	뇌혈관질환	각종 암	뇌혈관질환	악성신생물	악성신생물	악성신생물	악성신생물	악성신생물
	2	고혈압성질환	뇌혈관질환	위암	뇌혈관질환	뇌혈관질환	뇌혈관질환	심장질환	심장질환
	3	위암	고혈압성질환	고혈압성질환	심장질환	심장질환	심장질환	뇌혈관질환	뇌혈관질환
70 이상	1	뇌혈관질환	뇌혈관질환	뇌혈관질환	악성신생물	악성신생물	악성신생물	악성신생물	악성신생물
	2	고혈압성질환	각종 암	심장질환	뇌혈관질환	뇌혈관질환	뇌혈관질환	심장질환	심장질환
	3	심장율동부전	심장질환	고혈압성질환	심장질환	심장질환	심장질환	뇌혈관질환	뇌혈관질환

자료: 사망원인통계, 국가통계포털 KOSIS

CHAPTER 5

표 5-5 성별 사망원인의 변화

순위	1983년		1990년		1998년		2004년		2009년		2015년		2020년	
	남	여	남	여	남	여	남	여	남	여	남	여	남	여
1	고혈압 질환	뇌혈관 질환	암	암	뇌혈관 질환	뇌혈관 질환	암	암	암	암	암	암	암	암
2	뇌혈관 질환	고혈압 질환	불의 사고	뇌혈관 질환	심장 질환	심장 질환	뇌혈관 질환	뇌혈관 질환	뇌혈관 질환	뇌혈관 질환	심장 질환	심장 질환	심장 질환	심장 질환
3	위암	심장율 동부전	뇌혈관 질환	심장 질환	간질환	당뇨병	심장 질환	심장 질환	심장 질환	심장 질환	뇌혈관 질환	뇌혈관 질환	폐렴	뇌혈관 질환
4	만성간 질환	위암	심장 질환	불의 사고	운수 사고	위암	자살	당뇨병	자살	자살	자살	폐렴	뇌혈관 질환	폐렴
5	심장율 동부전	호흡계 결핵	만성간 질환	고혈압 질환	위암	운수 사고	간질환	자살	간질환	당뇨병	폐렴	자살	자살	자살

자료: 사망원인통계, 국가통계포털 KOSIS

3 음주 및 흡연실태와 건강

(1) 음주실태

국민건강영양조사에 의하면 만 19세 이상 성인의 월간음주율(최근 1년 동안 한 달에 1회 이상 음주한 분율)은 2005년 54.6%에서 2010년 60.5%로 증가하였으며, 2015년에는 60.6%, 2019년에는 60.8%로 비슷한 수준을 유지하고 있다.

성별, 소득수준별, 거주지역에 따라 월간음주율을 비교한 결과, 30~39세 남자에서 80.8%, 19~29세 여자에서 64.5%로 월간음주율이 가장 높았다. 소득수준을 5개 구간으로 구분하여 음주율을 비교한 결과 소득수준 상 구간에서는 56.7%, 하 구간에서는 63.9%로 소득이 낮을수록 음주율이 높았으며, 거주지역에 따른 음주율은 도시지역 61%, 읍면지역 59%로 도시지역에서 다소 높게 나타났다(그림 5-1).

월간폭음률(만 19세 이상 성인에서 최근 1년 동안 월 1회 이상 한 번의 술자리에서 남자 7잔, 여자 5잔 이상 음주한 분율)의 변화추이는 그림 5-2와 같다. 2010년 39.9%에서 2015년 38.7%, 2020년 38.4%로 전체 평균은 비슷한 수준이지만, 성별로 구분

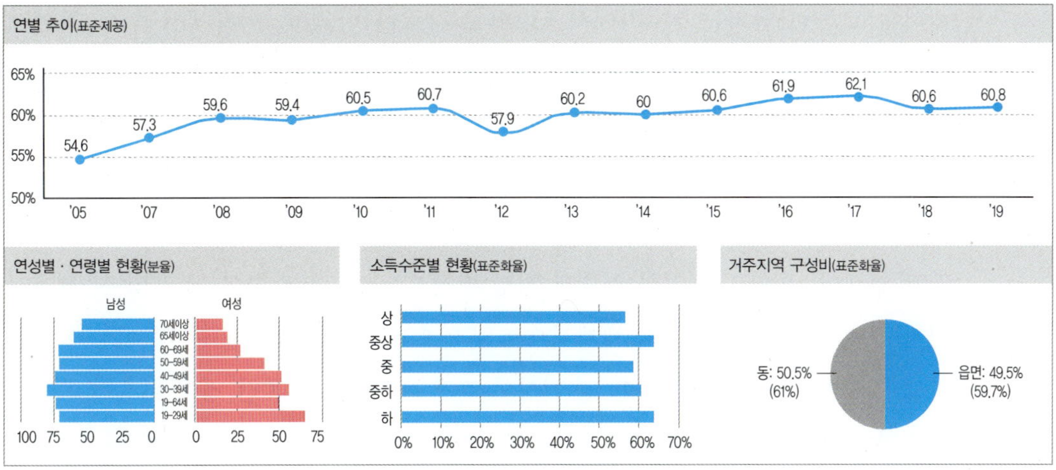

1) 2005년 추계인구로 연령표준화

2) 소득수준: 월가구균등화소득(월가구소득/√가구원수)을 성별·연령별(5세단위) 오분위로 분류

그림 5-1 성별, 연령별, 소득수준에 따른 월간음주율 추이

자료: 보건복지부, 국민건강영양조사

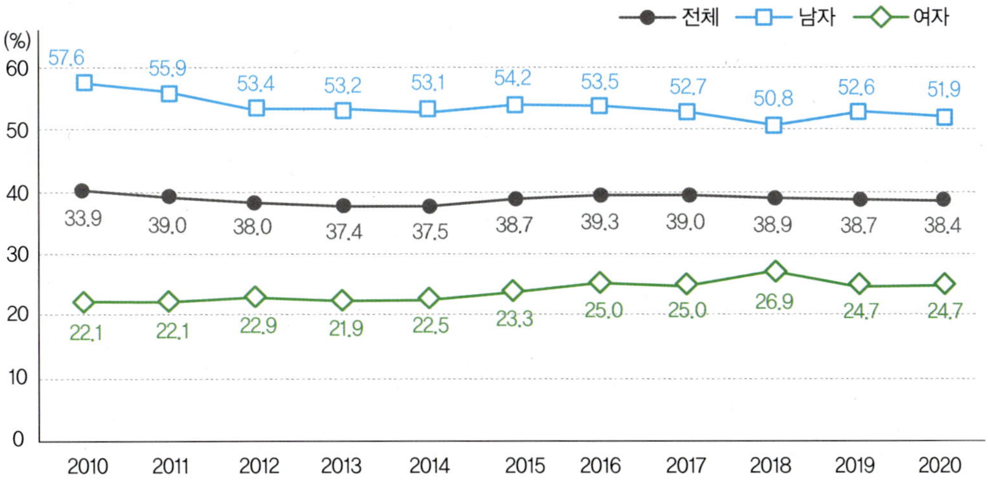

※ 월간폭음률: 최근 1년 동안 월 1회 이상 한 번의 술자리에서 남자 7잔, 여자 5잔 이상 음주한 분율, 만 19세 이상

※ 2005년 추계인구로 연령표준화

그림 5-2 한국 성인의 월간폭음률 추이

자료: 보건복지부, 국민건강영양조사

해서 비교하면 남자는 57.6%에서 51.9%로 감소한 반면에, 여자에서는 22.1%에서 24.7%로 증가하여 남녀 간 변화 양상에 차이가 있었다.

(2) 흡연실태

흡연은 폐암, 후두암, 구강암, 식도암, 췌장암 등 여러 종류의 암의 발병과 밀접한 관계가 있으며, 흡연으로 인한 질병과 사망 발생은 가장 큰 위협이 되고 있다. 세계보건기구(WHO)에 의하면, 전 세계적으로 흡연으로 인해 연간 800만 명 이상이 사망하고 있으며. 사망자 중 700만 명 이상이 직접 흡연으로, 120만 명이 비흡연자가 간접흡연에 노출되어 사망한 것으로 보고하였다. 모든 형태의 담배는 유해하며 안전한 노출 수준은 없다고 주장했다. 선진국에서는 1960년대 이후 흡연이 건강에 해롭다는 인식이 확산하면서 흡연인구는 감소하는 추세이다.

국민건강영양조사에 따르면, 우리 국민의 현재 흡연율(평생 담배 5갑 이상 피웠고 현재 담배를 피우는 분율)의 변화 추이를 보면, 2001년 30.2%, 2010년 27.5%, 2020년 20.6%로 지속적으로 감소하는 추세이다(그림 5-3).

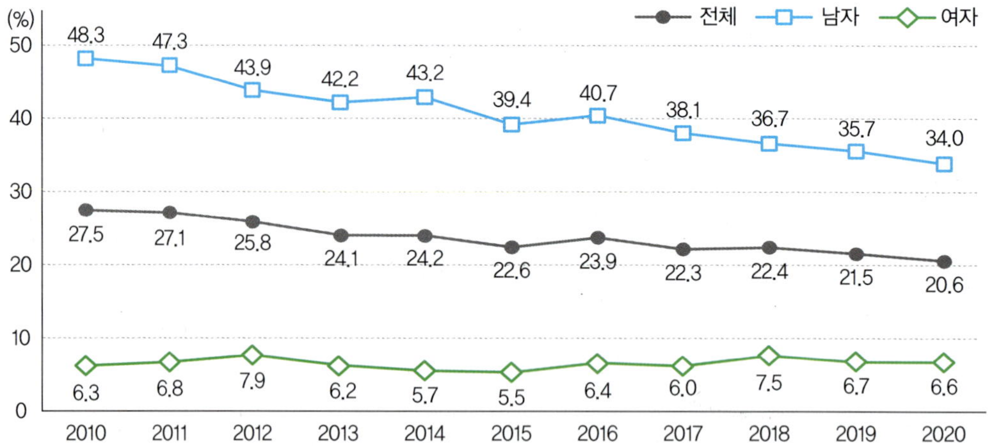

※ 현재 흡연율: 평생 담배 5갑(100개비) 이상 피웠고 현재 담배를 피우는 분율, 만 19세 이상

※ 2005년 추계인구로 연령표준화

그림 5-3 한국 성인의 현재 흡연율 추이

자료: 보건복지부, 국민건강영양조사

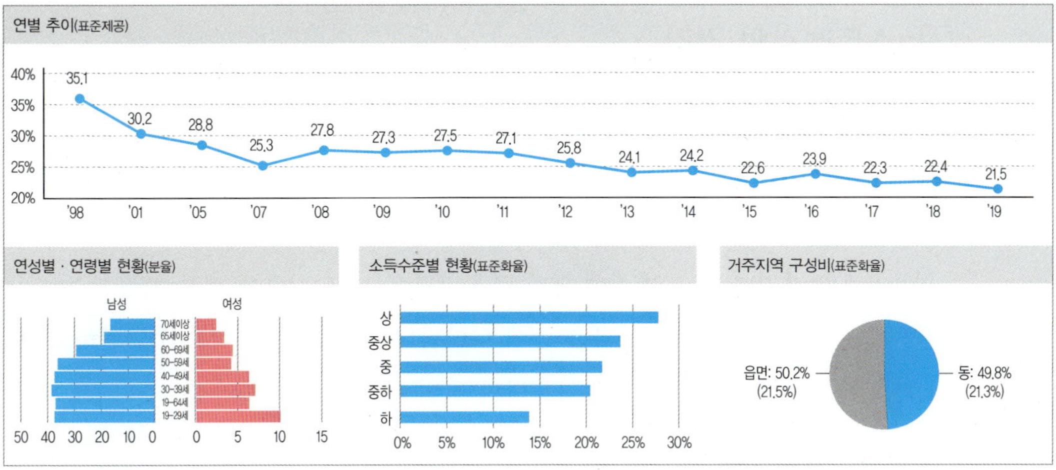

1) 1998년: 만20세 이상
2) 2019년부터 일반담배(궐련)로 문항이 변경되어 연도 비교 시 주의
3) 2005년 추계인구로 연령표준화
4) 소득수준: 월가구균등화소득(월가구소득/√가구원수)을 성별·연령별(5세 단위) 오분위로 분류
※ 변동계수(coefficient of variation): * 25–50%, ** 50% 이상

그림 5-4 성별, 연령별, 소득수준에 따른 현재 흡연율 변화 추이

자료: 보건복지부, 국민건강영양조사.

평균 흡연율은 남자에서 여자에 비해 높았으며, 흡연율이 가장 높은 구간은 남자의 경우 30-39세에서 39.2%였으며, 여자는 10-19세에서 10.2%로 나타났다. 평균 흡연율은 남자에서 높았으나, 여자에서는 어린 연령에서 흡연율이 높은 특성이었다. 여러 연구에 따르면 여성 흡연이 남성 흡연에 비해 호흡기질환, 동맥경화증, 심장질환 등에 걸릴 확률이 2배 가량 높은 것으로 나타났다. 특히 여성은 본인의 건강뿐만 아니라 가족과 자녀의 건강에 영향을 미치며, 임신부의 습관적인 흡연은 태아의 건강에 치명적인 결과를 가져올 수 있는 것으로 알려져 있다. 소득수준을 5개 구간으로 구분하여 흡연율을 비교한 결과, 소득수준 상 구간에서는 27.9%, 하 구간에서는 14.0%로 소득이 낮을수록 흡연율은 감소하였으며, 거주지역에 따른 흡연율은 도시지역 21.3%, 읍면지역 21.5%로 비슷하게 나타났다(그림 5-4).

CHAPTER 5

4 스트레스와 건강

(1) 스트레스와 질병

현대인들은 복잡한 사회구조 및 인간관계로 인해 스트레스가 가중되는 환경에서 생활하고 있다. 사람마다 스트레스에 대한 반응도 다른데, 유전적 요인이나 후천적 요인에 의해 달라진다. 스트레스에 대한 행동반응은 식욕 저하에 의한 체중감소나 음식의 과다 섭취에 의한 비만, 과음 등이 나타난다. 일반적으로 식욕이 감퇴하고, 목이 마르며, 열이 나고, 주의력과 집중력이 떨어지며, 기분이 불안정해진다. 또한 위산이 과다 분비되고, 근육이 쇠약해지며, 지방이 분해되어 결국 체중이 감소한다. 그러나 극단적인 스트레스 상태에서는 가까이 있는 음식을 닥치는 대로 먹어버리는 탐식증이나 기분 전환용으로 음식을 지속해서 먹는 등 이상 식행동이 나타날 수 있다. 이와 같이 스트레스 상태에서는 식생활 패턴이 불규칙해지거나 바람직하지 못한 양상이 나타나는 것으로 보고되었다.

45세 이상 남성에서는 고혈압과 당뇨병이 심장질환을 초래하는 주된 원인이지만, 30~45세에서는 스트레스와 과도한 흡연이 심장질환의 원인으로 더 크게 작용한다. 스트레스는 심장박동 수를 증가시키고 혈관을 경직시켜 심하면 심근경색을 유발하여 사망하게 하는 위험성을 가지고 있다. 스트레스는 교감신경계를 지속적으로 자극하여 혈압을 상승시켜서 고혈압을 유발하는데, 고혈압은 우리나라 사람들의 사망원인 중 많은 부분을 차지하는 뇌졸중의 원인이 되기도 한다.

각종 갈등으로 야기되는 불안과 스트레스가 위산과 펩신의 분비를 자극해서 궤양을 일으키는데, 소화성궤양은 우리나라 사람에게는 매우 흔한 질환이다. 설사와 변비가 교대로 나타나고, 아랫배가 자주 아픈 과민성대장증후군 역시 불안이나 우울 등과 같은 감정 상태와 밀접한 관계가 있다. 불안해지고 초조해질 때 대장의 운동이 너무 왕성해져서 설사를 일으키고, 좌절과 우울감을 느낄 때는 대장의 운동성이 떨어져 변비가 발생한다.

(2) 스트레스 실태

최근 발표된 국민건강영양조사에 따르면, 우리 국민의 스트레스 인지율(만 19세 이상 성인에서 평소 일상생활 중에 스트레스를 '대단히 많이' 또는 '많이' 느끼는 분율)은 2001년에 34.6%였으며, 2010년에 28.7%, 2019년에 30.8%로 조사 시기에 따라 변동이 있었다.

스트레스 인지율이 가장 높은 구간은 남자에서는 30-39세로 38.8%였으며, 여자에서는 10-19세로 42.3%였다. 소득수준을 5개 구간으로 구분하여 스트레스 인지율을 비교한 결과 소득수준이 가장 높은 상 구간에서는 35.1%, 하 구간에서는 28.1%로 소득이 높을수록 스트레스를 더 많이 받는 것으로 나타났다. 거주지역에 따른 스트레스 인지율은 도시지역은 30.8%, 읍면지역은 30.6%로 비슷하였다(그림 5-5).

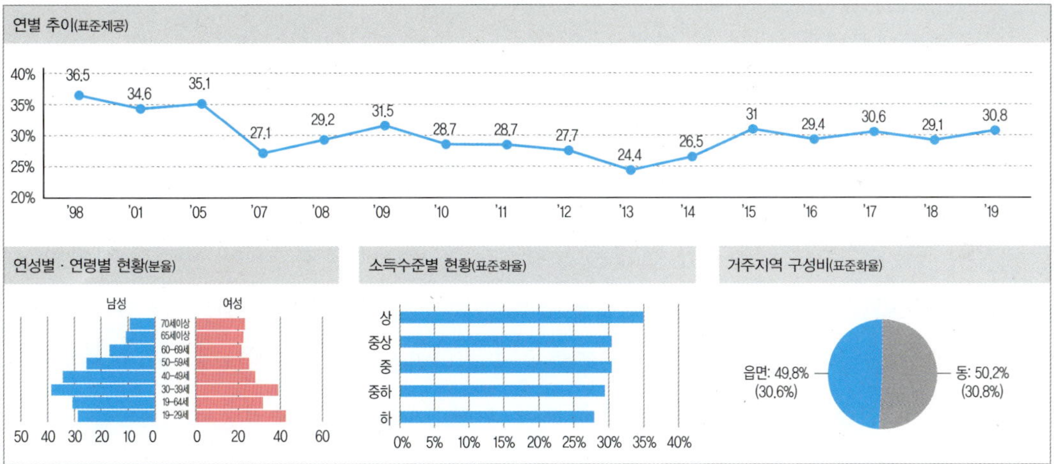

1) 1998년: 만20세 이상
2) 2005년 추계인구로 연령표준화
3) 소득수준: 월가구균등화소득(월가구소득/√가구원수)을 성별·연령별(5세 단위) 오분위로 분류

그림 5-5 성별, 연령별, 소득수준에 따른 스트레스 인지율 추이

자료: 보건복지부, 국민건강영양조사

2. 식품수급 실태

우리나라는 1960년대 이후 급속한 경제발전과 함께 국민소득이 크게 증가되었다. 그 결과로 국민의 일상생활 양상에도 현저한 변화가 초래되었으며, 사회환경뿐 아니라 식생활에도 많은 변화가 나타나게 되었다. 즉, 한국전쟁 이후 베이비 붐 현상은 1960년대 이후 인구증가율을 급성장시켰으며, 이로 인해 식량부족이 심각한 문제로 대두되었다. 이 시기의 식량정책은 곡식 위주의 미곡 생산에 역점을 두었고 정부에서는 1960년대 전반에 걸쳐 식량 자급자족을 실현하기 위하여 잡곡과의 혼식을 장려하고, 쌀의 품종 개량 및 새로운 품종의 도입을 강력하게 추진하였다.

경제성장과 함께 1975년 1인당 국민소득이 500달러를 넘어서면서 서서히 국민의 영양상태가 안정되고 도시와 농촌과의 격차도 점차 감소하는 경향을 보였다. 1980년대 후반부터는 수출이 증대되고 수입 규모가 크게 확대됨에 따라 외국과의 교역이 활발해지면서 식생활의 형태가 변화되고 식문화 형성에도 영향을 미쳤다. 1970년대 중반부터 지방과 육류 섭취량이 증가하여 국민의 식생활이 점차 서구화되기 시작하였다. 곡류와 서류 섭취량은 감소한 반면에 다른 식품류의 섭취량은 전반적으로 증가하고 다양화되는 추세를 보였다.

국가 수준의 식품공급 실태는 농림수산 통계나 식품수급표를 통해서 파악할 수 있으며, 국민건강영양조사의 식품 소비량 자료를 참고할 수 있다. 식품수급표는 국제연합 식량농업기구(FAO)의 주도로 우리나라에서도 1962년부터 매년 작성하고 있다. 산출 방법은 각종 식품의 품목별 총 생산량(생산량+수입량+이입량)을 계산한 수치에서 1년간의 식용공급량만을 추산하고, 다음에 국민 1인당 식품 및 영양소 공급량으로 산출한 것이다. 식품수급표의 자료는 공급량이므로 폐기량이 고려되지 않아 개략적인 수치에 불과하지만, 국민 전체의 식량 수급을 파악하는 데 유용하게 활용되고 있는 간접적인 평가방법이다. 또한 세계 160여개 나라가 FAO의 권장방식에 따라 동일하게 식품수급표를 작성하고 있으므로 국가 간 비교가 가능하다는 이점이 있다.

1 주요 식품군의 공급량

1990년대 이후 식품군별 공급량 변화는 표 5-6에 식품군별 식품공급량 추이는 그림 5-6과 같다.

(1) 곡류

곡류 공급량은 1995년에 474.4g에서 2005년에 412.4g으로 감소하였으며, 2019년에는 365.4g으로 지속적으로 감소하는 추세이다.

(2) 설탕류

설탕류의 공급량은 1995년 48.7g에서 계속해서 증가하는 추세이며, 2019년에는 66.9g으로 증가하였다.

(3) 두류

두류 공급량은 1995년에 30.3g에서 2019년에는 22.1g으로 다소 감소하는 추세이다.

(4) 채소류와 과실류

채소류와 과실류의 공급량은 1995년에는 439.9g과 107.1g이었으며, 연차별로 다소간의 증감이 있었으나, 2019년에는 각각 1인 1일당 397.1g과 109.4g으로 나타났다.

(5) 육류

육류의 공급량은 1995년에 89.5g이었으며, 2019년에는 186.6g으로 1990년에 비해 3배가량 증가하였으며, 빠르게 증가하는 추세이다.

(6) 달걀류

달걀류의 공급량은 1995년에 23.5g이었으며, 2019년에는 29.5g으로 변동폭은 크지 않으나 증가하는 추세이다.

(7) 우유류

한국인의 우유류 공급량은 1995년에 105.5g이었으며, 2019년에는 194.4g으로 빠르게 증가하는 추세이다.

(8) 어패류

우리나라 사람들의 동물성식품 공급량에서 중요한 위치를 차지하는 어패류는 1995년에 91.4g이었으며, 2019년에는 115.8g으로 증가하는 추세이다.

(9) 유지류

유지류의 공급량은 1995년에는 38.9g에서 2019년에는 75.5g으로 지속적으로 증가하는 추세이다.

표 5-6 식품군별 1인 1일당 공급량 (단위 : g)

식품군	1990년	1995년	2000년	2005년	2010년	2014년	2015년	2019년
곡류	480.7	474.4	457.1	412.4	380.6	373.7	364.7	365.0
서류	30.2	30.1	32.2	46.6	37.9	34.3	34.1	31.8
설탕류	42.0	48.7	48.9	58.1	62.3	66.4	61.3	66.9
두류	28.1	30.3	29.4	31.3	28.5	28.3	27.8	22.1
견과류	1.3	4.6	4.1	3.5	4.1	5.4	4.8	4.4
종실류	1.8	3.5	1.9	1.9	2.0	2.1	2.3	2.3
채소류	363.3	439.9	454.6	368.7	368.1	421.9	391.1	397.1
과실류	79.3	107.1	111.4	122.6	121.0	137.4	133.0	109.4
육류	64.6	89.5	102.8	100.3	119.3	142.0	146.6	186.6
달걀류	21.6	23.5	23.5	24.9	27.1	30.6	29.9	29.5
우유류	87.1	105.5	135.0	147.9	156.1	170.1	174.3	194.4
어패류	83.6	91.4	84.1	109.4	100.1	114.8	105.4	115.8
해조류	15.5	32.1	16.6	26.3	40.2	46.6	50.9	75.6
유지류	39.1	38.9	43.6	51.3	55.0	56.4	55.0	75.5

자료: 한국농촌경제연구원, 2019 식품수급표, 2020

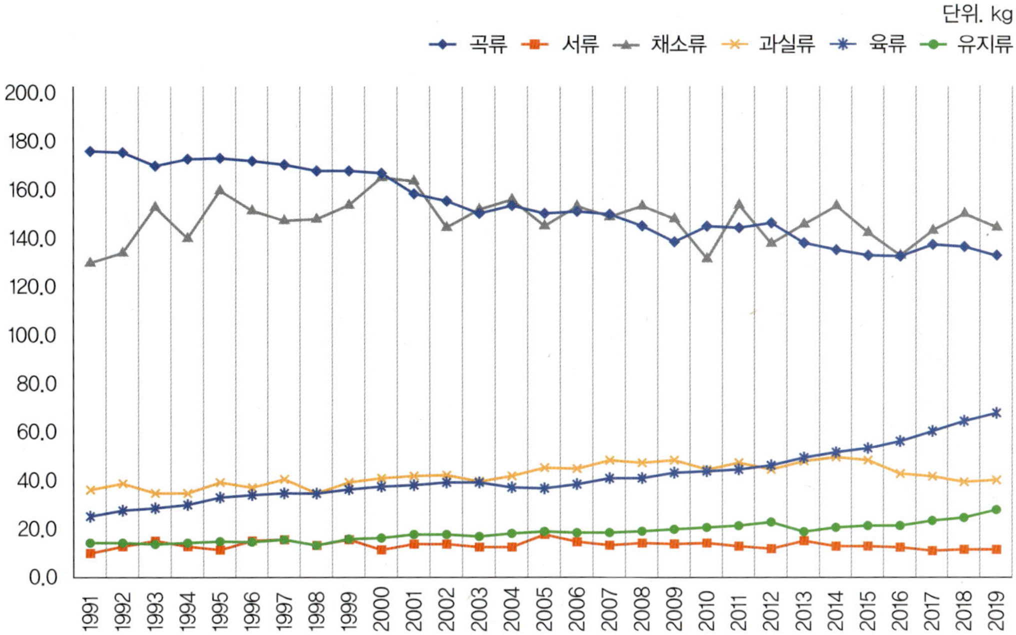

그림 5-6 식품류별 식품공급량 추이(1인 1년간)

자료: 한국농촌경제연구원, 2019 식품수급표, 2020

2 주요 식품의 자급률

우리나라는 1970년대 이후 산업의 발달과 함께 농촌인구가 도시로 대거 이동하게 되고 농업국가에서 산업국가로 변화되었다. 농촌인구 감소와 농지 면적이 줄면서 식량자급률은 감소되고 해외로부터 식량 의존도는 높아지고 있다. 지난 30여 년 동안 주요 식품군별 자급률 변화 추이는 표 5-7과 같다. 곡류자급률은 1995년 30.0%에서 2019년 21.2%로 크게 감소되었는데, 이는 축산물에 대한 수요가 증가함에 따라 사료용 곡물의 수입량이 증가했기 때문이다. 1990년대 농산물시장 개방 이후 농산물자급률, 특히 곡물자급률이 급속히 감소하고 있다.

1995년도부터 2019년까지의 주요 식품군별 자급률을 보면 1990년대는 곡류, 두류, 유지류를 제외하고 모든 식품군의 자급률이 80~100%에 이르렀으나, 이후에는 해조

CHAPTER 5

표 5-7 연도별 주요 식품군별 자급률 변화 추이

(단위 : %)

식품군	1995	2000	2005	2010	2015	2019
곡류	30.0	30.8	29.4	28.1	24.0	21.2
서류	98.7	98.9	98.3	98.4	93.6	94.4
두류	11.7	8.2	10.7	11.0	10.8	8.0
종실류	44.7	34.2	29.6	30.7	35.4	36.2
채소류	99.2	97.7	94.5	90.7	87.7	87.4
과실류	93.2	88.7	85.6	81.0	78.8	74.5
육류	89.2	83.9	81.6	78.6	76.3	76.3
계란류	99.9	100.0	99.3	99.7	99.7	99.5
우유류	93.3	81.2	72.8	66.3	56.6	48.7
어패류	100.4	87.7	60.0	68.1	57.9	48.9
해조류	122.2	132.6	131.0	119.8	121.5	121.3
유지류	4.8	3.2	2.8	1.8	1.7	2.4

자료: 한국농촌경제연구원, 2019 식품수급표, 2020

류를 제외하고 감소하는 경향이었다. 1995년을 기준으로 2019년 사이에 자급률 변화를 비교하면, 곡류는 30.0%에서 21.2%로 감소하였으며, 두류는 11.7%에서 8.0%로, 유지류는 1995년 4.8%에서 2019년에는 2.4%로 거의 수입에 의존하는 실정이다. 주식인 쌀 자급률은 모든 곡류 중에서 가장 높은 수준을 유지하고 있다. 쌀 자급률이 높은 이유는 품종 개량으로 생산성이 높은 품종의 벼가 개발되어 생산량이 늘었기 때문이다. 그러나 밀과 옥수수는 거의 전량을 수입에 의존하는 실정이다. 참고로 2019년에 발표된 식품군별 자급률, 국내생산량, 국내소비량은 표 5-8과 같다.

표 5-8 주요 식품군별 자급률(2019년)

식품군	국내생산량(천 톤)	국내소비량(천 톤)	자급률(%)
곡류	4,111.0	19,417.0	21.2
서류	840.3	890.3	94.4
두류	117.0	1,453.6	8.0
종실류	55.1	152.0	36.2
채소류	9,185.9	10,505.0	87.4
과실류	2,206.3	2,962.4	74.5
육류	2,952.6	3,859.7	76.3
계란류	658.5	661.7	99.5
우유류	2,089.1	4,291.5	48.7
어패류	1,998.9	4,089.3	48.9
해조류	1,821.2	1,501.1	121.3
유지류	35.1	1,438.5	2.4

– 국내소비량 = 식용 + 가공용 + 종자용 + 감모량
– 자급률 = 국내생산량 / 국내소비량 x 100(%)
자료: 한국농촌경제연구원, 2019 식품수급표, 2020

CHAPTER 5

3. 식품 및 영양소 섭취 실태

국민건강영양조사는 건강설문조사, 검진조사, 영양조사로 구성되었다. 영양조사 내용은 식생활조사, 식품섭취조사, 식품안정성조사로 구성되어 있다. 조사항목과 조사 대상자는 BOX 5-2와 같다.

BOX 5-2 **영양조사 구성 및 조사항목**

구분	조사항목	조사대상자
식생활조사	– 끼니별 식사빈도 – 외식빈도 – 끼니별 동반식사 여부 및 동반대상 – 채소과일 섭취빈도 – 식이보충제 복용 경험 여부 – 현재 복용중인 식이보충제	만 1세 이상
	– 영양교육 및 상담 수혜 여부 – 영양표시 인지 및 이용 여부, 영양표시 관심영양소, 영양표시 영향 여부	초등학생 이상
	– 모유 수유 여부, 수유 기간 – 조제분유 수유 여부, 수유 시간 – 이유보충식, 시판우유 섭취 시작 시기 – 영아기 영양제 복용 여부 및 복용 영양제 종류	만 1~3세
식품섭취조사	– 조사 2일 전 섭취 음식의 종류 및 섭취량(24시간 회상법)	만 1세 이상
	– 조사 2일 전 가구에서 섭취한 음식에 대한 조리 내용	조리자
식품안정성조사	– 가구별 식품안전성 확보 여부	식품구매자

자료: 질병관리청

1 식품섭취 실태

2010년부터 현재까지 만 1세 이상 국민의 1인 1일당 식품군별 섭취량 변화 추이는 표 5-9와 그림 5-6과 같다. 식품군별 1일 섭취량 변화를 비교하면, 전체 식품 섭취량은 2010년 1,506.7g에서 2020년 1,472.7g으로 다소 감소하였으며, 식품군별로 섭취량 변화를 비교하면, 곡류(313.4g → 269.7g), 채소류(294.1g → 247.7g), 과일류(192.5g → 120.8g), 우유류(122.7g → 105.8g)의 섭취량은 감소하였으나, 음료류(116.7g → 229.5g), 육류(107.1g → 140.3g), 난류(27.3g → 33.9g), 어패류(55.9g → 82.7g)의 섭취량은 증가하였다.

5-9 식품군별 1인 1일 평균 섭취량

구분	2010년	2011년	2012년	2013년	2014년	2015년	2016년	2017년	2018년	2019년	2020년
	평균 (평균오차)	평균 (평균오차)	평균 (평균오차)	평균 (평균오차)	평균 (평균오차)	평균 (평균오차)	평균 (평균오차)	평균 (평균오차)	평균 (평균오차)	평균 (평균오차)	평균 (평균오차)
체	(n=8,019)	(n=7,704)	(n=7,208)	(n=7,242)	(n=6,801)	(n=6,628)	(n=7,040)	(n=7,167)	(n=7,064)	(n=7,147)	(n=5,808)
류	313.4 (2.9)	308.3 (2.8)	299.1 (3.1)	298.5 (2.9)	293.4 (2.9)	299.9 (3.3)	293.3 (2.9)	288.7 (3.4)	288.4 (2.8)	272.4 (2.7)	269.7 (3.1)
자 · 전분류	33.5 (1.6)	35.0 (1.5)	31.6 (1.5)	38.1 (1.8)	39.2 (1.9)	37.1 (1.7)	34.9 (1.4)	32.7 (1.6)	28.0 (1.3)	32.6 (1.3)	30.7 (1.6)
류	9.7 (0.4)	10.6(0.4)	10.3 (0.4)	12.6 (0.5)	11.7 (0.4)	12.8 (0.4)	10.9 (0.3)	11.3 (0.5)	10.6 (0.4)	10.8 (0.4)	9.5 (0.3)
류	35.8 (1.1)	38.6 (1.3)	36.3 (2.1)	35.8 (1.4)	34.4 (1.4)	33.1 (1.2)	32.6 (1.2)	32.0 (1.2)	31.8 (1.2)	31.4 (1.3)	30.7 (1.4)
실류	4.2 (0.3)	4.8 (0.7)	4.5 (0.3)	5.9 (0.4)	7.3 (0.5)	6.9 (0.6)	5.9 (0.4)	6.2 (0.7)	5.1 (0.4)	4.9 (0.3)	4.9 (0.4)
소류	294.1 (3.9)	288.6 (3.9)	283.9 (4.9)	284.4 (3.9)	292.9 (4.0)	283.9 (4.0)	263.6 (3.7)	266.2 (3.4)	248.1 (2.8)	256.0 (3.4)	247.7 (3.6)
채소류(육수외[2])	–	–	–	282.2 (3.8)	289.7 (4.0)	281.6 (3.9)	260.1 (3.7)	262.7 (3.4)	243.4 (2.8)	252.6 (3.4)	244.6 (3.6)
채소류 육수	–	–	–	2.3 (0.5)	3.2 (0.7)	2.3 (0.5)	3.5 (0.4)	3.6 (0.3)	4.7 (0.6)	3.4 (0.3)	3.1 (0.3)
섯류	5.0 (0.3)	5.0 (0.4)	4.9 (0.4)	5.3 (0.3)	6.3 (0.4)	5.7 (0.3)	6.2 (0.3)	5.9 (0.3)	6.0 (0.4)	6.7 (0.3)	6.3 (0.5)
일류	192.5 (7.3)	173.8(6.0)	172.3 (5.5)	169.1 (4.9)	185.6 (4.9)	192.1 (5.7)	169.0 (4.9)	150.7 (4.6)	129.2 (3.7)	135.0 (5.1)	120.8 (5.3)
조류	4.5 (0.2)	3.7(0.2)	4.9 (0.5)	15.0 (1.2)	23.3 (1.6)	25.9 (1.9)	26.6 (1.7)	26.6 (1.8)	23.9 (1.3)	24.3 (1.7)	22.5 (1.5)
해조류(육수외)	–	–	–	4.2 (0.2)	3.3 (0.3)	3.9 (0.3)	3.4 (0.2)	3.1 (0.1)	3.4 (0.2)	3.5 (0.2)	2.7 (0.2)
해조류 육수	–	–	–	10.9 (1.2)	20.1 (1.5)	22.0 (1.9)	23.2 (1.7)	23.4 (1.8)	20.5 (1.3)	20.8 (1.7)	19.9 (1.5)
료수	116.7 (4.5)	119.1 (5.3)	133.3 (5.0)	168.6 (4.9)	177.6 (5.0)	192.8 (6.7)	211.8 (5.6)	208.5 (5.3)	208.4 (5.6)	223.7 (6.4)	229.5 (6.5)
류	139.0 (7.5)	119.7 (7.7)	107.6 (6.2)	129.3 (6.4)	125.1 (7.4)	123.0 (7.3)	112.6 (5.3)	119.9 (7.4)	109.5 (5.6)	99.7 (5.8)	93.5 (5.9)
념류	34.2 (0.6)	34.2 (0.7)	34.4 (0.8)	35.7 (0.8)	37.3 (0.9)	39.8 (1.2)	34.9 (0.6)	34.7 (0.7)	35.4 (0.7)	37.7 (0.6)	36.3 (0.8)
류	107.1 (2.6)	108.2 (3.2)	113.9 (3.7)	112.0 (2.9)	113.1 (2.7)	116.5 (2.8)	129.2 (3.4)	127.7 (3.9)	129.8 (2.9)	136.8 (2.9)	140.3 (3.6)
육류(육수외)	–	–	–	104.4 (2.8)	106.7 (2.4)	109.4 (2.8)	112.8 (2.8)	114.1 (3.4)	116.3 (2.6)	124.0 (2.8)	124.8 (3.0)
육류 육수	–	–	–	7.6 (1.0)	6.4 (0.9)	7.0 (0.9)	16.4 (1.7)	13.6 (1.3)	13.6 (1.4)	12.8 (1.2)	15.4 (1.5)
류	27.3 (0.8)	26.9 (0.8)	25.8 (0.8)	28.6 (0.7)	28.2 (0.9)	30.4 (0.9)	31.9 (0.8)	27.0 (0.9)	31.0 (1.1)	34.6 (0.8)	33.9 (1.0)
패류	55.9(1.8)	55.3 (1.8)	48.8 (1.7)	75.7 (2.6)	88.8 (3.0)	91.9 (3.5)	96.0 (2.6)	100.9 (3.5)	94.4 (2.7)	93.1 (2.3)	82.7 (2.8)
어패류(육수외)	–	–	–	47.0 (1.7)	48.4 (1.6)	50.7 (2.2)	46.4 (1.6)	48.2 (1.9)	43.6 (1.3)	44.6 (1.5)	40.8 (1.6)
어패류 육수	–	–	–	28.7 (1.9)	40.4 (2.3)	41.2 (2.6)	49.6 (2.1)	52.8 (2.6)	50.8 (2.1)	48.5 (1.8)	41.9 (2.1)
유류	122.7 (3.5)	116.4 (3.1)	116.4 (4.0)	120.6 (3.1)	109.4 (3.1)	111.4 (3.0)	110.3 (3.1)	114.9 (3.2)	118.3 (3.1)	111.6 (2.5)	105.8 (3.6)
지류	8.6 (0.2)	8.8 (0.2)	8.1 (0.2)	8.7 (0.2)	8.8 (0.2)	9.0 (0.2)	7.4 (0.2)	7.3 (0.2)	7.0 (0.2)	7.2 (0.2)	6.9 (0.2)
타	2.5 (0.4)	3.2 (0.5)	3.0 (0.5)	0.6 (0.1)	1.2 (0.7)	0.8 (0.3)	0.3 (0.1)	0.6 (0.1)	0.6 (0.2)	0.8 (0.2)	1.0 (0.2)
계	1,506.7(16.2)	1,460.2 (17.1)	1,439.2 (17.2)	1,544.6 (15.7)	1,583.5 (14.5)	1,612.9(17.0)	1,577.6 (16.3)	1,561.8 (19.5)	1,505.6 (14.6)	1,519.2 (15.2)	1,472.7 (15.3)

2005년 추계인구로 연령표준화

2013년부터 채소류 등에 육수 식품이 다수 포함됨에 따라 이전 결과와의 비교를 위해 해당 식품군의 육수 외, 육수 섭취량을 추가로 산출

변동계수(coefficient of variation): * 25–50%, ** 50% 이상

료: 2020 국민건강통계, 질병관리청, 2022

CHAPTER 5

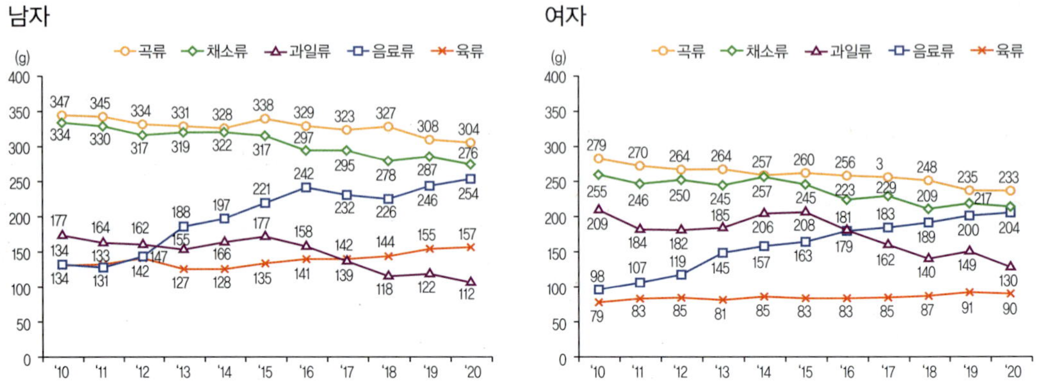

※ 식품군별 섭취량: 1인 1일당 식품군별 섭취량의 평균, 만 1세이상

※ 채소류, 육류 섭취량: 2013년 이후 자료는 육수 시기품이 포함됨에 따라 섭취량이 증가한 경향이 있기 때문에 이전 결과와의 비교를 위해 육수 외 섭취량으로 산출

※ 2005년 추계인구로 연령표준화

그림 5-7 식품군별 섭취량 추이(성별)

자료: 2020 국민건강통계, 질병관리청, 2022

1 영양소 섭취 실태

(1) 에너지 및 영양소 섭취량

2010년부터 현재까지 만 1세 이상 국민의 1인 1일당 에너지 섭취량 변화 추이는 그림 5-8과 같다. 전체 국민의 평균 에너지 섭취량은 2010년 2,067kcal에서 2015년 2,103kcal, 2020년 1,895kcal로 다소간의 증감이 있었으며, 동일 기간에 남자에서 에너지 평균 섭취량은 2,393kcal → 2,427kcal → 2,180kcal이었으며, 여자에서는 1,734kcal → 1,768kcal → 1,596kcal로 조사 시기에 따라 다소간의 증감이 있었다.

에너지 급원별 섭취분율 변화 추이는 그림 5-9와 같다. 탄수화물: 지방: 단백질 구성비는 2010년에는 65.7: 19.7: 14.7이었으며, 2015년에는 63.7: 21.8: 14.6으로, 2020년에는 60.1: 24.4: 15.6으로 변화되었다. 전체 에너지 섭취량에 대한 탄수화물의 기여도는 꾸준히 감소하는 반면에 지방으로부터 기여도는 증가하고 있다.

만 1세 이상 국민의 1인 1일당 영양소 섭취량 변화 추이는 표 5-10과 같다. 단백질 섭취량은 2010년에 74.7g에서 2020년에 71.5g으로 다소 감소하였으며, 동일 기간에

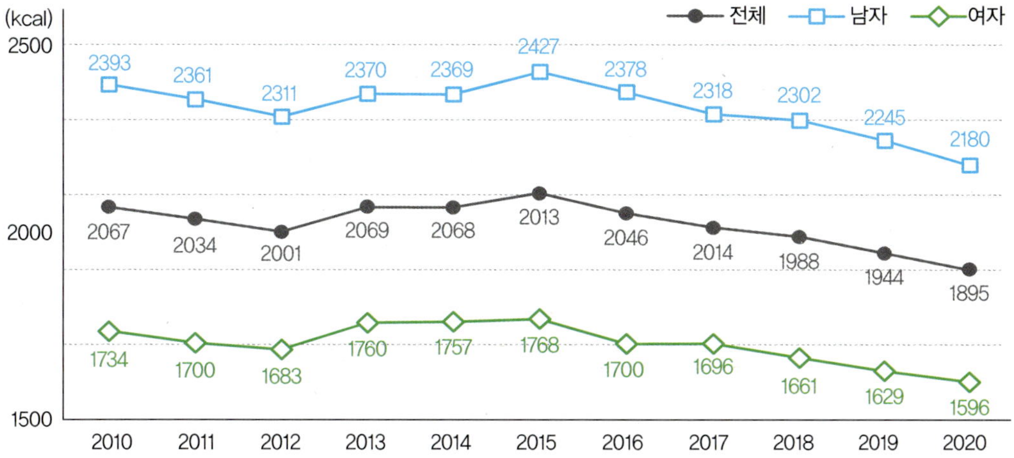

그림 5-8 에너지 섭취량 변화 추이(1인 1일당, 만 1세 이상)

자료: 보건복지부, 국민건강영양조사

탄수화물 섭취량(321.0g → 264.9g)은 감소한 반면에, 지방 섭취량(46.4g → 51.7g)은 증가한 것으로 나타났다. 주요 무기질과 비타민의 평균 섭취량 변화를 보면, 칼슘 섭

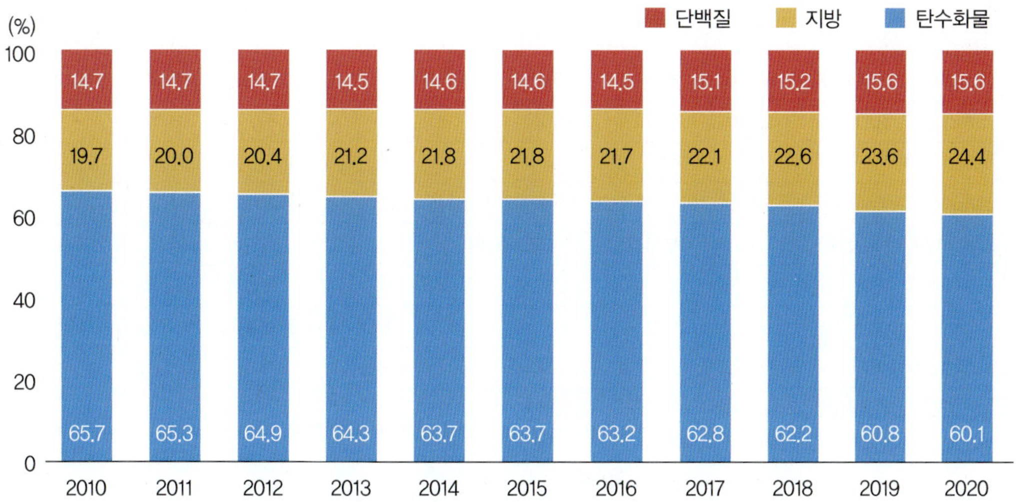

그림 5-9 에너지 급원별 섭취분율 변화 추이

자료: 보건복지부, 국민건강영양조사

표 5-10 영양소별 1일 섭취량

구분	2010년	2011년	2012년	2013년	2014년	2015년	2016년	2017년	2018년	2019년	2020년
	평균 (평균오차)	평균 (평균오차)	평균 (평균오차)	평균 (평균오차)	평균 (평균오차)	평균 (평균오차)	평균 (평균오차)	평균 (평균오차)	평균 (평균오차)	평균 (평균오차)	평균 (평균오차)
전체	(n=8,019)	(n=7,704)	(n=7,208)	(n=7,242)	(n=6,801)	(n=6,628)	(n=7,040)	(n=7,167)	(n=7,064)	(n=7,147)	(n=5,808)
에너지(kcal)	2,066.8 (17.0)	2,034.0 (16.9)	2,000.5 (19.1)	2,069.4 (16.8)	2,067.6 (14.8)	2,103.5 (17.6)	2,045.5 (18.0)	2,013.6 (21.7)	1,987.7 (17.7)	1,943.7 (16.6)	1,894.8 (17.5)
단백질(g)	74.7 (0.7)	74.0 (0.8)	72.9 (0.8)	71.9 (0.8)	72.4 (0.7)	74.1 (0.9)	74.1 (0.8)	73.0 (1.0)	72.4 (0.8)	72.9 (0.8)	71.5 (0.8)
지방(g)	46.4 (0.6)	46.2 (0.6)	46.7 (0.7)	48.7 (0.7)	49.7 (0.6)	51.2 (0.7)	49.4 (0.7)	49.4 (0.9)	49.5 (0.7)	51.2 (0.7)	51.7 (0.8)
포화지방산(g)	–	–	–	14.8 (0.2)	14.8 (0.2)	15.4 (0.2)	16.5 (0.3)	16.5 (0.3)	16.6 (0.3)	17.1 (0.3)	17.0 (0.3)
단일 불포화지방산(g)	–	–	–	15.5 (0.3)	15.9 (0.2)	16.4 (0.2)	15.7 (0.3)	15.6 (0.4)	16.4 (0.3)	16.8 (0.3)	17.5 (0.3)
다가 불포화지방산(g)	–	–	–	11.5 (0.2)	11.9 (0.2)	12.1 (0.2)	12.2 (0.2)	12.2 (0.2)	12.1 (0.2)	12.4 (0.2)	12.3 (0.2)
n-3 지방산(g)	–	–	–	1.6 (0.0)	1.6 (0.0)	1.7 (0.0)	1.8 (0.0)	1.8 (0.0)	1.8 (0.0)	1.8 (0.0)	1.7 (0.0)
n-6 지방산(g)	–	–	–	10.0 (0.2)	10.4 (0.2)	10.6 (0.2)	10.4 (0.1)	10.4 (0.2)	10.3 (0.1)	10.6 (0.1)	10.6 (0.2)
콜레스테롤(mg)	–	–	–	263.7 (4.5)	265.4 (4.3)	285.6 (5.4)	266.4 (4.3)	248.8 (5.0)	260.4 (4.3)	279.8 (3.6)	273.7 (4.5)
탄수화물(g)	321.0 (2.5)	316.7 (2.2)	309.5 (2.7)	308.6 (2.3)	306.6 (2.3)	310.7 (2.5)	299.6 (2.4)	293.0 (2.8)	287.9 (2.3)	274.6 (2.2)	264.9 (2.1)
식이섬유(g)	–	–	–	21.4 (0.2)	22.2 (0.2)	21.9 (0.2)	23.6 (0.3)	22.9 (0.3)	21.9 (0.2)	21.6 (0.2)	21.7 (0.2)
당(g)	–	–	–	–	–	–	67.9 (0.9)	64.8 (1.0)	60.2 (0.9)	62.4 (0.9)	58.4 (0.9)
칼슘(mg)	525.6 (5.6)	518.2 (6.1)	503.2 (8.0)	498.5 (6.9)	490.2 (5.1)	499.4 (5.9)	519.7 (6.2)	522.6 (6.3)	516.2 (6.3)	500.4 (4.5)	485.9 (6.2)
인(mg)	1,207.9(9.8)	1,186.3 (9.7)	1,159.4 (11.8)	1,085.5 (11.9)	1,087.9 (8.6)	1,096.9 (10.9)	1,083.7 (9.8)	1,073.1 (11.9)	1,050.8 (9.5)	1,042.1 (9.0)	1,023.5 (9.7)
나트륨(mg)	4,789.2 (53.5)	4,756.7 (60.5)	4,549.4 (65.5)	3,847.8 (44.2)	3,744.2 (40.8)	3,874.2 (55.5)	3,337.6 (41.9)	3,330.6 (39.3)	3,255.0 (37.4)	3,286.7 (34.2)	3,189.3 (39.6)
칼륨(mg)	2,979.8 (30.2)	2,920.7 (28.5)	2,893.2 (37.6)	2,874.7 (27.8)	2,932.4 (28.1)	2,936.8 (31.5)	2,757.6 (27.6)	2,715.4 (27.8)	2,572.5 (23.1)	2,619.8 (26.6)	2,596.5 (24.5)
철(mg)	14.5 (0.2)	14.4 (0.2)	14.3 (0.2)	16.9 (0.3)	16.9 (0.4)	16.7 (0.2)	11.8 (0.1)	11.7 (0.2)	11.4 (0.1)	11.2 (0.1)	10.6 (0.1)
비타민 A(μgRE)	795.5 (19.9)	812.9 (21.8)	856.8 (30.8)	707.0 (14.7)	762.4 (22.0)	717.0 (16.1)	–	–	–	–	–
비타민 A(μgRAE)[2]	–	–	–	–	–	–	391.3 (10.1)	377.5 (7.0)	374.6 (7.3)	372.1 (5.5)	381.7 (9.1)
티아민(μg)	1,401.3 (14.9)	1,368.0 (14.6)	1,367.6 (17.4)	2,007.6 (18.8)	2,012.2 (19.0)	2,017.0 (20.5)	1,371.0 (14.3)	1,335.0 (19.4)	1,333.3 (14.0)	1,328.0 (15.7)	1,244.7 (17.0)
리보플라빈(μg)	1,304.5 (12.9)	1,292.8 (14.2)	1,299.1 (17.4)	1,384.6 (14.4)	1,405.1 (15.0)	1,428.0 (16.9)	1,617.5 (18.7)	1,615.7 (21.3)	1,639.6 (20.7)	1,660.3 (16.4)	1,713.2 (19.6)
나이아신(mg)	17.1 (0.2)	17.1 (0.2)	16.9 (0.2)	15.8 (0.2)	16.5 (0.2)	16.6 (0.2)	13.6 (0.1)	13.6 (0.2)	13.2 (0.1)	12.9 (0.1)	12.5 (0.2)
엽산(μgDFE)	–	–	–	–	–	–	307.2 (3.1)	301.1 (3.5)	292.5 (2.8)	294.9 (2.9)	283.6 (2.8)
비타민 C(mg)	104.8 (2.1)	103.5 (1.9)	104.2 (2.4)	89.0 (2.3)	95.3 (2.5)	93.7 (2.8)	61.3 (1.4)	62.2 (1.5)	60.6 (1.4)	65.7 (1.4)	63.0 (1.9)
급원별 에너지 섭취 분율(%)[3] 단백질	14.7 (0.1)	14.7 (0.1)	14.7 (0.1)	14.5 (0.1)	14.6 (0.1)	14.5 (0.1)	15.1 (0.1)	15.1 (0.1)	15.2 (0.1)	15.6 (0.1)	15.6 (0.1)
지방	19.7 (0.2)	20.0 (0.2)	20.4 (0.2)	21.2 (0.2)	21.8 (0.2)	21.8 (0.2)	21.7 (0.1)	22.1 (0.2)	22.6 (0.2)	23.6 (0.2)	24.4 (0.2)
탄수화물	65.7 (0.2)	65.3 (0.2)	64.9 (0.2)	64.3 (0.2)	63.7 (0.2)	63.7 (0.2)	63.2 (0.2)	62.8 (0.2)	62.2 (0.2)	60.8 (0.2)	60.1 (0.2)

1) 2005년 추계인구로 연령표준화

2) 비타민 A는 2015년까지 레티놀 당량(Retinol Equivalents, RE)으로 산출했으나, 영양소 섭취기준이 레티놀 활성 당량(Retinol Activity Equivalents, RAE)으로 변경됨에 따라 2016년부터 레티놀 활성 당량으로 산출

3) 급원별 에너지섭취분율: {(단백질 섭취량)×4} 또는 {(지방 섭취량)×9}, {(탄수화물 섭취량)×4}의 분율

자료: 2020 국민건강통계, 질병관리청, 2022

취량은 525.6㎎에서 485.9㎎으로 감소하였으며, 나트륨(4,789.2㎎ → 3,189.3㎎), 철(14.5㎎ → 10.6㎎), 비타민 C(104.8㎎ → 63.0㎎)의 섭취량도 감소한 것으로 나타났다.

(2) 영양소 섭취기준 대비 섭취비율

영양소별 섭취기준에 대한 섭취비율(영양소별 섭취분율, 2020년 기준)은 그림 5-10과 같다. 에너지 필요추정량에 대한 평균 섭취 비율은 남자에서는 96%, 여자에서는 87%, 전체로는 91.5%였다. 단백질 권장섭취량에 대한 섭취 비율은 143.0%, 칼슘은 64.4%, 인은 141.4%, 철은 103.4%, 비타민 A는 59.1%, 티아민은 116.0%, 리보플라빈은 136.1%, 나이아신은 88.7%, 엽산은 77.0%, 비타민 C는 70.8%, 나트륨은 166.8%, 콜레스테롤은 93.6%, 식이섬유는 98.7%, 칼륨은 76.9%로 각각 나타났다. 나트륨 섭취비율은 167%로 높았으나 감소하는 추세였으며, 칼슘, 비타민 A, 비타민 C는 기준에 크게 부족된 것으로 확인되었다.

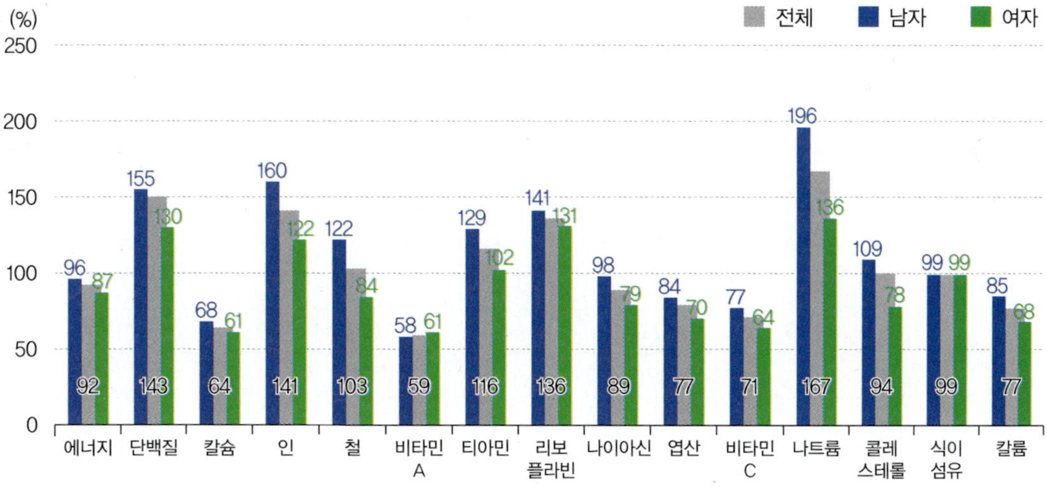

※ 영양소 섭취기준에 대한 섭취비율: 영양서 섭취기준에 대한 개인별 영양소 섭취량 백분율의 평균값, 만1세 이상(나트륨 9세 이상, 콜레스테롤 19세 이상)

※ 영양소 섭취기준: 2015 한국인 영양소 섭취기준(보건복지부); 에너지, 필요추정량;식이섬유, 칼륨, 충분섭취량; 콜레스테롤, 나트륨, 목표섭취량; 그 외 영양소, 권장섭취량

※ 2005년 추계인구로 연령표준화

그림 5-10 영양소 섭취기준에 대한 섭취 비율

자료: 보건복지부, 국민건강영양조사

(3) 영양부족 및 과잉섭취자 현황

국민건강영양조사(2020년)에 나타난 영양 섭취부족자 분율(에너지 섭취량이 필요추정량의 75% 미만이면서 칼슘, 철, 비타민 A, 리보플라빈의 섭취량이 모두 평균필요량 미만인 분율)의 변화 추이는 표 5-11과 같다. 우리 국민 만 1세 이상에서 영양 섭취부족자 분율은 2010년 10.0%에서 2015년 9.0%로 감소하였으나 2020년에는 14.2%로 증가하였다. 연령군에 따라 부족자 분율을 비교하면, 10-18세, 19-29세, 70세 이상 연령군에서 부족자 비율이 높게 나타났다. 2020년도 자료를 기준으로 비교하면, 10-18세 연령군에서 23.4%로 가장 높았으며, 70세 이상에서 19.9%, 19-29세에서 17.5% 순으로 그 뒤를 이었다. 소득수준을 5개 구간으로 구분하여 영양소 섭취부족자 분율을 비교한 결과에서는 소득수준이 하 구간에서 부족자 분율이 가장 높았으

표 5-11 영양소 섭취부족자 분율(만 1세 이상)

구분		2010년분율(표준오차)	2015년분율(표준오차)	2020년분율(표준오차)
만 1세 이상		10.0 (0.5)	9.0 (0.5)	14.2 (0.7)
연령	1-9	6.9 (1.0)	5.7 (1.0)	6.5 (1.2)
	10-18	13.8 (1.3)	14.5 (1.6)	23.4 (2.4)
	19-29	14.8 (1.5)	13.1 (1.6)	17.5 (1.9)
	30-39	7.4 (0.9)	8.9 (1.3)	14.8 (1.6)
	40-49	8.9 (1.1)	8.1 (1.1)	15.0 (1.4)
	50-59	5.9 (1.0)	4.1 (0.8)	9.3 (1.1)
	60-69	7.0 (1.0)	3.8 (0.7)	10.1 (1.3)
	70+	17.5 (1.7)	10.2 (1.2)	19.9 (1.6)
소득수준	하	14.1 (1.3)	14.7 (1.6)	18.9 (1.6)
	중하	11.7 (1.1)	10.0 (1.1)	12.6 (1.5)
	중	8.2 (1.0)	6.4 (0.9)	13.1 (1.4)
	중상	7.6 (0.9)	7.8 (1.0)	15.9 (1.8)
	상	7.6 (0.9)	5.6 (0.8)	13.4 (1.5)

- 영양 섭취부족자 분율: 에너지 섭취량이 필요추정량의 75% 미만이면서 칼슘, 철, 비타민 A, 리보플라빈의 섭취량이 모두 평균필요량 미만인 분율

자료: 2020 국민건강통계, 질병관리청, 2022

며, 중 구간 이상에서는 감소하는 경향이었다.

에너지/지방 과잉섭취자 분율(에너지 섭취량이 필요추정량의 125% 이상이면서 지방섭취량이 지방에너지적정비율의 상한선을 초과하는 비율)의 변화 추이는 표 5-12와 같다. 우리 국민 만 1세 이상에서 에너지/지방 과잉섭취자 분율은 2010년에 7.7%에서 2015년 10.3%로 증가하였으나 2020년에는 6.8%로 감소하였다. 과잉섭취자 분율은 20대와 30대에서 높은 반면에 70대 이상에서는 낮은 경향이었다. 2020년을 기준으로 연령별 과잉섭취자 분율은 30-39세에서 12.9%로 가장 높았으며, 70세 이상에서 2.0%로 가장 낮았다. 소득수준을 5개 구간으로 구분하여 과잉섭취자 분율을 비교한 결과, 소득수준이 하 구간에서 가장 낮았으며, 중 구간에서는 가장 높은 경향이었다.

CHAPTER 5

표 5-12 에너지/지방 과잉섭취자 분율(만 1세 이상)

구분		2010년분율(표준오차)	2015년분율(표준오차)	2020년분율(표준오차)
만 1세 이상		7.7 (0.4)	10.3 (0.5)	6.8 (0.5)
연령	1–9	3.2 (0.7)	5.0 (0.8)	5.8 (1.3)
	10–18	8.6 (1.3)	9.0 (1.3)	6.0 (1.2)
	19–29	11.3 (1.6)	16.8 (1.6)	5.9 (1.0)
	30–39	11.2 (1.2)	15.0 (1.7)	12.9 (1.6)
	40–49	7.8 (1.1)	10.0 (1.1)	5.7 (0.9)
	50–59	6.4 (1.0)	8.6 (1.0)	6.3 (1.1)
	60–69	3.3 (0.7)	3.9 (0.8)	3.7 (0.9)
	70+	0.8 (0.3)	1.4 (0.4)	2.0 (0.5)
소득수준	하	4.8 (0.7)	8.1 (0.9)	5.6 (0.9)
	중하	8.7 (1.1)	9.7 (1.0)	7.9 (1.2)
	중	9.0 (1.0)	11.7 (1.3)	8.2 (1.1)
	중상	8.3 (1.2)	10.9 (1.2)	6.2 (0.9)
	상	8.2 (0.9)	11.5 (1.2)	6.2 (0.9)

– 에너지/지방 과잉섭취자 분율: 에너지 섭취량이 필요추정량의 125% 이상이면서 지방 섭취량이 지방에너지적정비율의 상한선을 초과하는 비율

자료: 2020 국민건강통계, 질병관리청, 2022

연령별 에너지 부족(에너지 섭취량이 필요추정량의 75% 미만)/ 적정(필요추정량의 75-125% 이내)/ 과잉섭취자(필요추정량의 125% 이상) 분포는 그림 5-11과 같다. 최근 발표된 국민건강영양조사 자료를 심층 분석한 보고서에 따르면, 6세 이상 연령에서 에너지를 적정으로 섭취하는 분율은 47.5%였으며, 섭취부족분율은 35.4%, 과잉섭취분율은 16.7%로 나타나 현재 우리 국민에서는 에너지 섭취량 부족 문제와 과잉 문제가 공존하는 것을 알 수 있다. 에너지 부족섭취자 비율은 19~29세에서 42.3%로 가장 높았으며, 6~11세에서 20.3%로 가장 낮았다. 에너지 과잉섭취자 비율은 30~49세에서 18.5%로 가장 높은 반면에 65세 이상에서 12.0%로 가장 낮은 것으로 나타났다. 이상의 결과는 우리 국민의 에너지 섭취 수준은 성별과 생애주기별로 다른 특성을 지니고 있다는 것을 나타내며, 집단별로 특성화된 식생활 관리와 접근이 필요하다는 것을 의미한다.

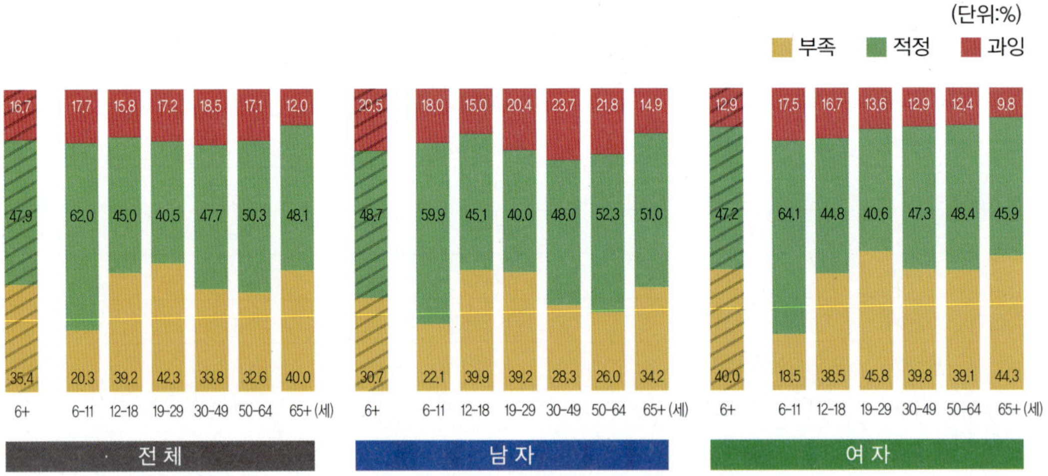

그림 5-11 에너지 부족, 적정, 과잉섭취자 분율

자료: 윤성하, 이지혜, 오경원, 에너지 섭취 및 적정 섭취 현황, 국민건강통계플러스, 2020

4. 식생활 실태

1 결식실태

아침식사 결식률(조사 1일 전 아침식사를 결식한 분율)의 변화 추이는 그림 5-12와 같다. 국민건강영양조사(2020년)에 나타난 우리 국민의 아침식사 결식률 변화 추이는 2010년에 21.9%에서 2015년 26.2%, 2020년에는 34.6%로 지속적으로 증가하는 추세이다. 2020년 결과를 보면, 남자에서는 35.8% 여자에서는 33.2%로 남자에서 아침식사 결식률이 더 높게 나타났다.

성별, 연령별, 소득수준별, 거주 지역별 아침식사 결식률을 비교한 결과는 그림 5-13과 같다. 아침 결식률이 높은 연령군은 19-29세로 남자는 51.0%, 여자는 57.4%로 가장 높았으며, 결식률이 낮은 연령군은 65세 이상으로 남자는 3.6%, 여자는 7.3%로 가장 낮았다. 이러한 결과는 경제활동에 활발하게 참여하는 연령군에서 결

CHAPTER 5

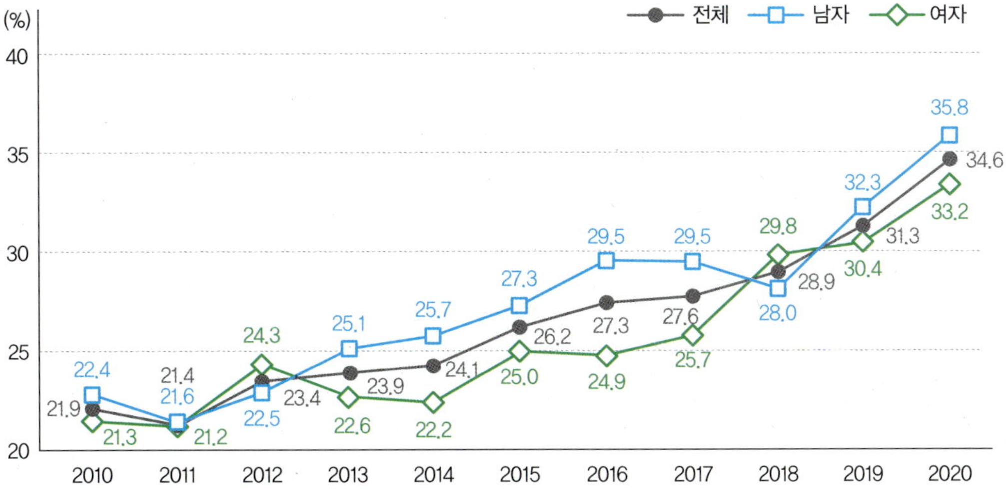

※ 아침식사 결식률: 조사 1일 전 아침식사를 결식한 분율, 만 1세 이상

※ 2005년 추계인구로 연령표준화

그림 5-12 아침식사 결식률 추이

자료: 보건복지부, 국민건강영양조사

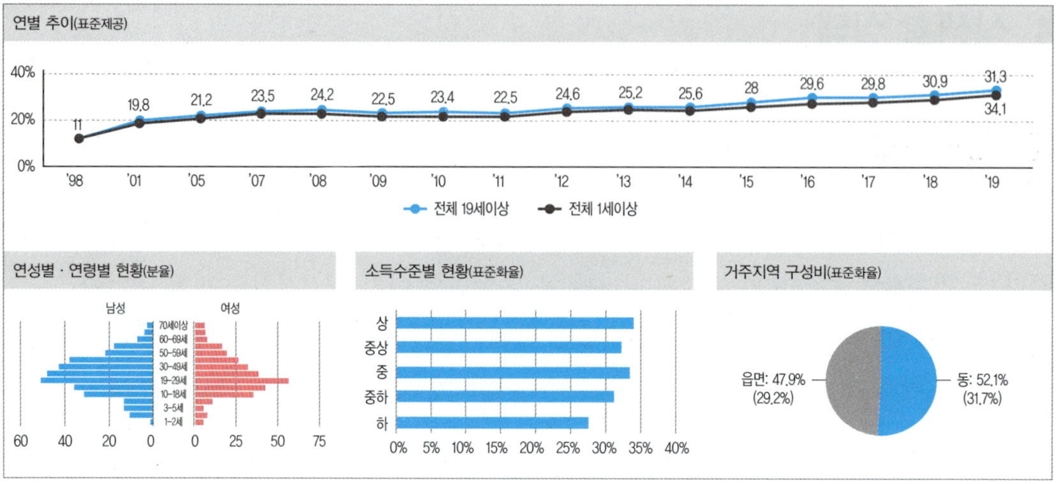

1) 2005년 추계인구로 연령표준화

2) 소득수준: 월가구균등화소득(월가구소득/√가구원수)을 성별·연령별(5세 단위) 오분위로 분류

※ 변동계수(coefficient of variation): * 25–50%, ** 50% 이상

그림 5-13 성별, 연령별, 소득수준에 따른 아침식사 결식률

자료: 보건복지부, 국민건강영양조사

식률이 높아서 근로자의 건강문제 원인으로 작용할 수 있다. 소득수준을 5개 구간으로 구분하여 아침식사 결식률을 비교한 결과, 소득수준이 높은 상 구간에서 33.9%, 하 구간에서는 26.5%로 소득수준이 낮아질수록 아침 결식률이 감소하는 경향이었다. 거주지역에 따라 비교한 결과, 동지역에서는 31.7%, 읍면지역에서 29.2%로 도시지역에서 결식률이 높게 나타났다(그림 5-13).

2 가족동반식사율

성별, 연령별, 소득수준별, 거주 지역별 저녁식사 시 가족동반식사율의 변화 추이는 그림 5-14와 같다. 가족동반식사율은 2005년에 76%에서 2010년에는 68%, 2015년에는 64.7%, 2020년에는 68.7%로 감소하는 추세이다. 성별에 따라 가족동반식사율을 비교한 결과, 남자에서는 19~29세에 41.9%, 30~49세는 63.9%, 50~64세는 67.6%,

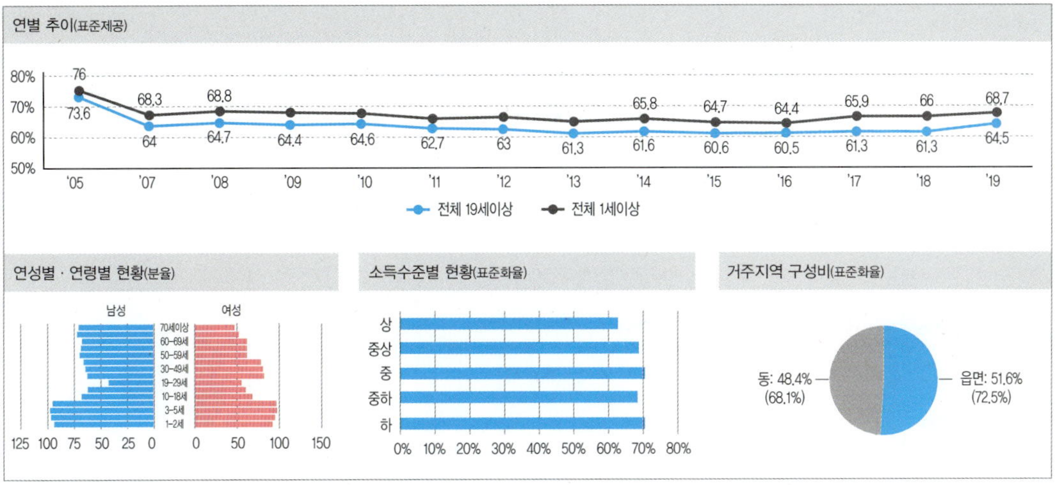

1) 2005년 추계인구로 연령표준화

2) 소득수준: 월가구균등화소득(월가구소득/√가구원수)을 성별·연령별(5세 단위) 오분위로 분류

그림 5-14 성별, 연령별, 소득수준에 따른 저녁식사 가족동반식사율

자료: 보건복지부, 국민건강영양조사

65세 이상은 70.7%로 연령이 증가할수록 가족동반식사율은 증가한 반면에, 여성에서는 30~49세에서 81.9%로 가장 높았으며 50~64세는 63.8%, 65세 이상은 53.1%로 감소하는 경향이었다. 소득수준을 5개 구간으로 구분하여 가족동반식사율을 비교한 결과, 소득수준 상 구간에서 63.2%로 가장 낮았으며, 하 구간에서 70.7%로 가장 높아서 소득수준이 높아질수록 가족동반식사율이 감소하는 경향이었다. 거주지역에 따라 비교한 결과 동지역에서는 68.1%, 읍면지역에서 72.5%로 읍면지역에서 높았다.

3 식이보충제

최근 1년 동안 2주 이상 지속적으로 식이보충제를 복용한 분율(식이보충제 복용경험률)의 변화 추이는 그림 5-15와 같다. 식이보충제 복용경험률은 2005년에 25.8%에서 2015년에 40.9%, 2020년에는 56.3%로 꾸준히 증가하고 있다. 성별에 따라 식

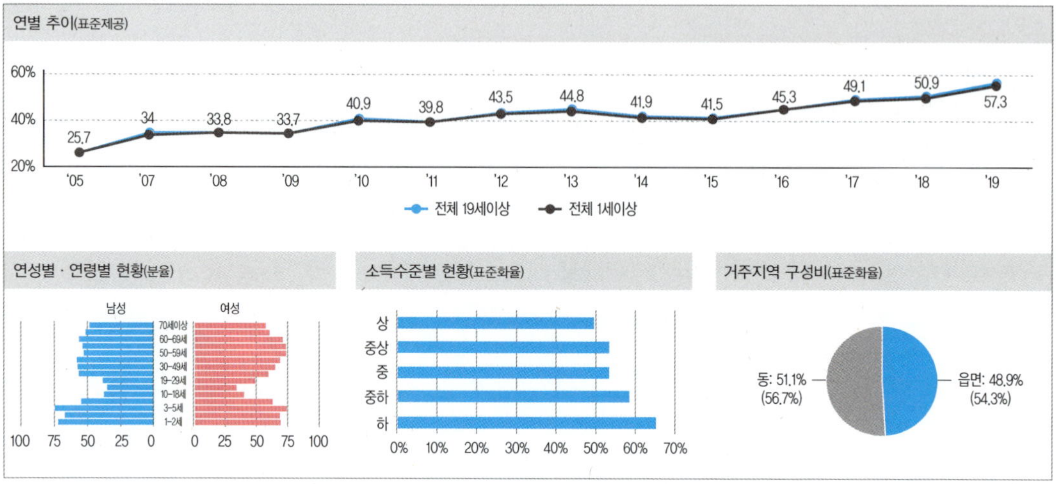

그림 5-15 성별 연령별 소득수준에 따른 식이보충제 복용경험률

자료: 보건복지부, 국민건강영양조사

이보충제 복용경험률을 비교한 결과, 남자보다는 여자에서 경험률이 높았다. 연령별로 비교한 결과, 남자에서는 19~29세에 38.6%, 30~49세는 57.1%, 50~64세는 54.8%, 65세 이상은 52.2%로 연령이 높아질수록 증가하였으며, 여성에서도 19~29세에 49.1%, 30~49세 64.7%, 50~64세 73.1%, 65세 이상에서는 60.6%로 남녀 모두 연령이 증가하면 복용률도 함께 증가하는 경향이었다. 소득수준을 5개 구간으로 구분하여 식이보충제 복용경험율을 비교한 결과, 소득수준 상 구간에서 49.7%로 가장 낮았으며, 하 구간에서 65.6%로 가장 높아서 소득수준이 낮아질수록 경험율은 증가하는 경향이었다. 거주지역에 따라 비교한 결과 동지역에서는 56.7%, 읍면지역에서 54.3%로 읍면지역에서 다소 낮게 나타났다.

4 영양표시 이용률

가공식품 선택 시 영양표시를 읽는 분율(영양표시 이용률)의 변화 추이는 그림 5-16과 같다. 영양표시 이용률은 2005년에 21.4%에서 2015년에 26.4%, 2020년에는

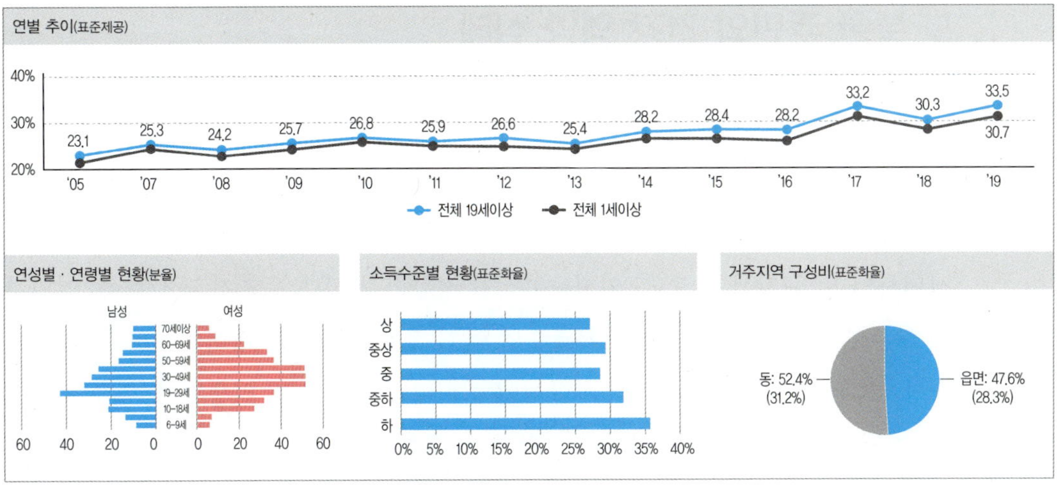

그림 5-16 성별 연령별 소득수준에 따른 가공식품 선택 시 영양표시 이용률

자료: 보건복지부, 국민건강영양조사

30.7%로 증가하고 있다. 연령에 따라 영양표시 이용률을 비교한 결과 남자에서는 19~29세에 42.6%, 30~49세는 28.2%, 50~64세는 14.6%, 65세 이상은 9.8%로 연령이 높아질수록 이용률은 감소하였으며, 여성에서도 19~29세에 37.3%, 30~49세 52.2%, 50~64세 34.1%, 65세 이상에서는 9.4%로 감소하는 경향이었다. 소득수준을 5개 구간으로 구분하여 영양표시 이용률을 비교한 결과, 소득수준 상 구간에서 27.4%로 가장 낮았으며, 하 구간에서 35.9%로 가장 높아서 소득수준이 낮을수록 이용률이 증가하는 경향이었다. 거주지역에 따라 비교한 결과 동지역에서는 31.2%, 읍면지역에서 28.3%로 읍면지역에서 낮았다.

5. 북한 주민의 건강 영양 실태

1 북한의 보건정책

북한의 보건정책은 예방의학을 기본방침으로 하고 있다. 구체적인 사업으로는 위생선전사업 및 교양사업 강화, 위생문화적인 생활환경 및 노동조건 조성보호, 인민경제 모든 부문에서의 공해방지, 가로수와 녹지 조성 및 대기 · 강하천 · 토지 등의 오염방지, 탁아소 · 유치원에서의 과학적인 어린이 건강관리 및 위생관리, 체육의 대중화, 전염병 예방을 위한 방역대책 수립 등을 포함하고 있다. 이러한 보건정책방향은 1980년 제정된 '인민보건법'을 통해 법제화되었는데, 이 법을 요약하면 무상치료제, 예방의학적 방침에 의한 건강보호, 의사담당구역제, 주체적 의학과학기술(동의학과 양의학의 통합발전)의 4가지 내용으로 정리할 수 있다. 이와 같이 제도상으로는 북한당국이 주민의 건강에 지대한 관심이 있는 것 같지만 실상은 전혀 그렇지 못한 형편이다.

북한에는 전국적으로 각 구역마다 진료소가 있고 진료소에는 담당선생(의사)이 있어서 아이를 출산할 때는 병원에 가도록 되어 있다. 그러나 일반주민들은 병원에 가기보다 주변의 연륜 있는 사람이나 조산원의 도움을 받아 출산하는 경우가 흔하며 그 이유는 병원에 가도 시설면이나 투약, 음식이 별로 기대할 것이 없기 때문이라고 한다. 담배를 습관적으로 피우는 사람은 많지만 여성 흡연이나 청소년의 흡연 문제는 미미하다.

2 영양관련 질병

UN의 세계식량계획(World Food Plan : WFP)이 1997년에 북한 일부 지역에서 7세 이하 어린이의 영양조사를 실시하였는데, 어린이 영양상태를 체중/신장이나 신장/연령으로 살펴본 결과 부모의 사망, 부모의 질병상태, 동거살이(셋방) 등의 환경에 처한 경우 극심한 영양불량이 더 많았다. 또한 1998년에도 UNICEF 및 EU와 공동으로 북한 전역(9개도 중 8개도)에서 6개월 이상 7세 미만 아동의 70%를 대상으로 영양조사를 실시하였다. 이는 북한 어린이 영양에 관한 대규모의 구체적인 자료라 할 수 있는데 체중미달, 급성영양불량이 약 16%에 달하였고 발육부진(만성영양불량)은 약 62%로 나타났으며 특히, 여아들의 영양불량은 남아보다 심각하였다. 또한 북한 아동 등 영양취약계층의 발육부진율이 2000년 45%에서 2012년 28%로 감소했지만(매년

표 5-13 북한의 영양결핍 추세

영양결핍	2000~2012	현재 비율(%)	범 주	지역별	연령별
쇠약		4%	정상		2세 미만 쇠약인구 비율 높음
성장지연		27.9%	위험		0~5개월 : 3.7% 6~11개월 : 8.4% 12~23개월 : 27% 24~34개월 : 37%
아동빈혈	해당사항 없음	28.7%	중간		6~11개월 : 45% 12~23개월 : 48%
산모빈혈		31.2%	중간		해당사항 없음
*저체중 출산		<10%	해당사항 없음		해당사항 없음
*산모 중간 위 팔 둘레(MUAC)		23.2%	해당사항 없음		해당사항 없음

WHO 영양결핍 범주
- 낮음(성장지연 · 쇠약 · 빈혈 정상)
- 중간(성장지연 · 쇠약 경고, 약간의 빈혈)
- 높음(성장지연 · 쇠약 심각, 빈혈 중간)
- 매우 높음(성장지연 · 쇠약 위급, 빈혈 심각)
- 저체중 출산이나 MUAC(Middle Upper Arm Circumference, 중간 위 팔 둘레) 관련 범주 미결정

* 저체중 출산 및 산모의 MUAC 지도
- 국가평균 이하
- 국가평균 이상

자료: 북한의 국가영양조사 자료, 2012

북한 어린이(5세 미만)의 저체중 및 발육부진 현황

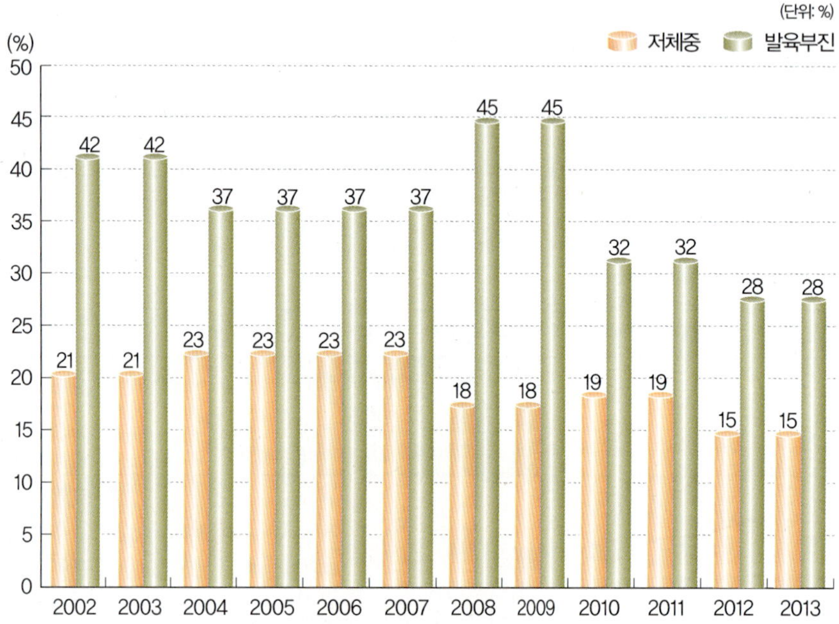

주: 저체중률은 세계보건기구(WHO) 어린이 성장기준에 따른 연령별 표준체중으로부터 표준편차가 −2 이하인 0~59개월 아동의 비율을 말하며, 발육부진율은 WHO 어린이 성장기준에 따른 연령별 표준신장으로부터 표준편차가 −2 이하인 0~59개월 아동의 비율을 말함.

그림 5-17 북한 어린이의 성장 실태

자료: unicef. The State of the World's Children. 각 연도; 통계청. 「국가통계포털」. http://kosis.kr

2% 이상 감소), 국제적 기준에 의하면 발육부진은 여전히 심각한 상태이다(표 5-13).

북한에는 질병상태 이전의 영양결핍성 준건강상태가 만연한 실정이며, 가장 많은 질병은 성인의 경우 결핵과 간염, 어린이의 경우 영양실조와 구루병, 노인의 경우 펠라그라와 고혈압이다. 다른 자료에 의하면 북한에는 소화기 계통의 질병이 가장 많아서 대략 전체 인구의 60% 이상이 만성위염이나 위하수, 위궤양 등 소화기 계통의 질환을 가지고 있으며 다음으로는 정신신경 계통의 질병이 많고, 기타 펠라그라, 발육부진, 기형적 발육현상 등의 질병이 많다고 한다.

영유아의 경우 식량부족으로 인해 직접적으로 영향을 받으므로 장기간 식량부족이 계속되면 영양상태가 나빠지고, 이는 저체중, 발육부진으로 나타나 건강수준이 현저히 저하될 수 있다. 지난 2002년부터 5세 미만 북한 어린이의 저체중률은 최대 23%에서 최소 15%, 발육부진율은 최대 45%에서 최소 28%로 나타났다(그림 5-17). 북한의 경우 1990년대 이후 지난 20여 년간 기아나 식량의 절대 부족을 경험한 영유아들이 성인이 된 이후 각종 질병 발병 등 건강상의 문제에 직면할 가능성이 높다.

3 식품섭취 실태

(1) 식량배급제

북한은 식량배급제를 시행하고 있는데, 배급량은 직장의 노동 강도나 연령에 따라 다르다. 식량배급제에 따라 '양권'과 '부식구매카드'를 발급받고 이를 국영인 식료품 상점에 제시하면 공정가격을 지불하면서 구입할 수 있지만 배급이 미흡한 실정이다.

2013년 한 해 동안 단경기를 제외한 월평균 배급량은 1인당 1일 평균 400g이 공급된 것으로 나타나고 있다. 6~7월에는 1인당 1일 평균 390g, 8월 첫 배급에서는

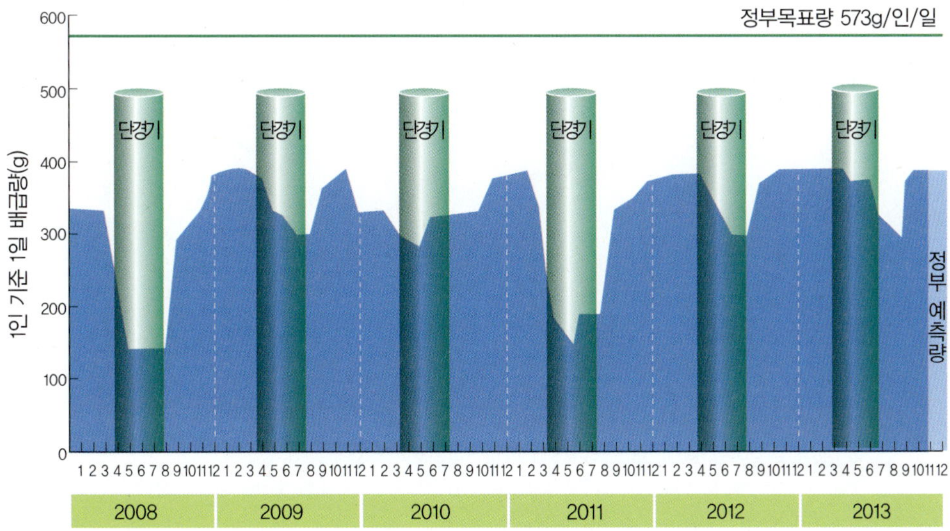

그림 5-18 월평균 일일 식량배급량(2008~2013년)

자료: WFP 모니터링 자료 및 2013 CFSAM

350g, 두 번째 배급에서는 320g, 9월에는 310g이 조달되었다(그림 5-18). 10월 목표 배급량은 1인당 1일 평균 390g이고 11월, 12월에 다시 400g으로 증가한 것으로 여겨진다.

(2) 식품공급실태

북한의 식량 사정은 1990년대 대기근 이후 최근까지 주로 국제적 지원을 통해 식량을 공급하고 주민들의 영양공급 문제에 대처해 왔다. 2010년 이후에는 국제적 식량 지원이 감소했지만 북한의 식량 작황이 개선되어 FAO 추정 최소소요량에 근접하는 곡물을 생산하고 있는 것으로 추정된다. 그러나 FAO의 추정 최소소요량은 생명 유지를 위한 최소량으로 WHO 추정 최소소요량의 78% 수준임을 감안할 때 양적 측면의 식량 수급은 절대량이 부족한 상태로 여겨진다(그림 5-19).

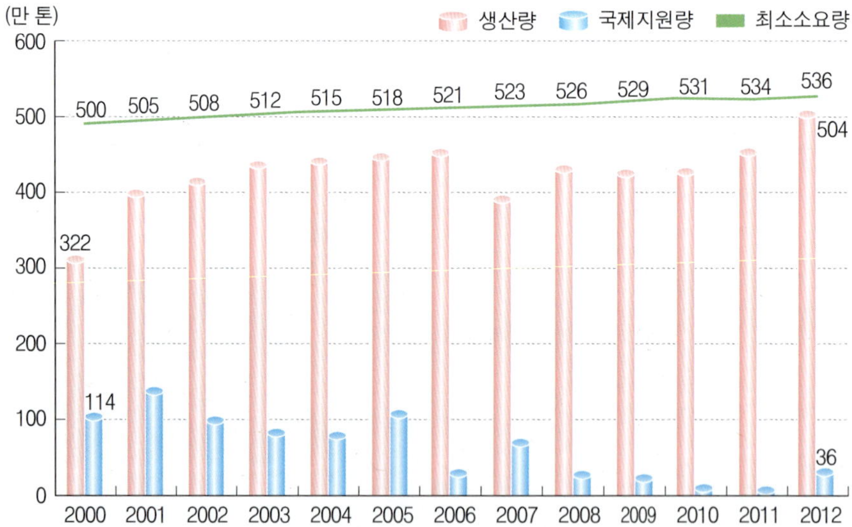

주: 생산량은 유엔식량농업기구(FAO)의 통계자료이며, 지원량은 WFP Interfais(www.wfp.org/fais) 자료를 이용하였으며, 최소소요량은 FAO의 1인 1일당 1,640kcal를 적용함. 2000~2010년 인구는 통계청이 발표한 2011년 북한 인구 비례로 재작성함.

그림 5-19 북한의 식량수급 현황

자료: 김영훈 · 임수경, 「북한의 농업식량 관련 통계」, 한국농촌경제연구원(2014.8.)을 재정리함.

남·북한의 에너지와 단백질 섭취량 비교(1인 1일당)

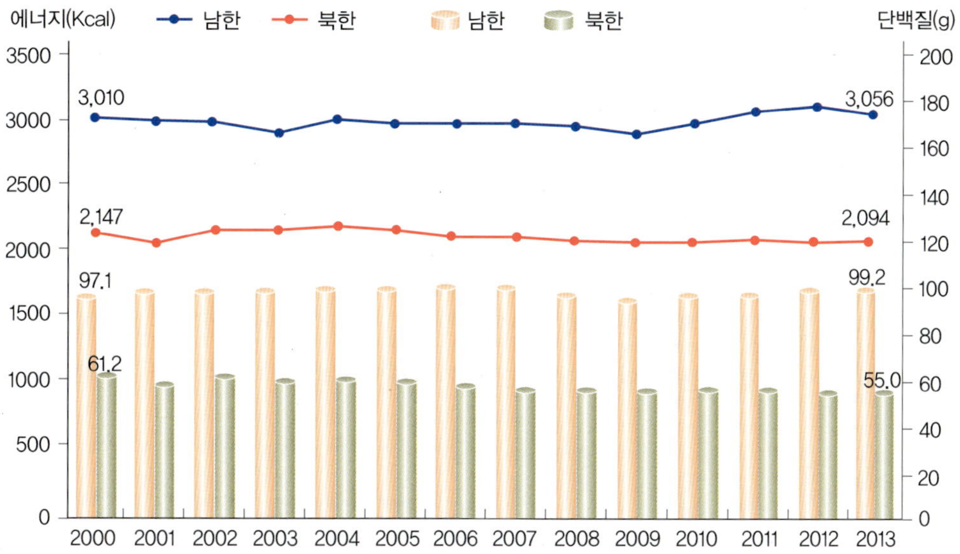

주: 남한은 한국농촌경제연구원의 「식품수급표」, 북한은 FAO(http://faostat3.fao.org)의 각 연도 자료임.

그림 5-20 남북한 영양섭취량 비교

자료: 통계청. 「국가통계포털」 (http://kosis.kr. 2016.2.1. 검색)을 참고하여 재작성함.

2000년 이후 북한의 식량 생산량은 소폭 증가하였으나 1인 1일당 에너지섭취량은 오히려 감소하였으며, 식사의 질을 평가할 수 있는 지표인 단백질의 섭취량도 감소하였다. 북한 주민은 곡류 위주로 식품을 섭취하고 있는 실정이므로 영양섭취의 질적 수준이 낮은 것으로 평가된다. 향후 국제사회의 대북제재가 지속되어 국제적 지원이 단절되고 북한이 내부 식량자원을 적절히 배분하지 않을 경우 대표적 영양취약계층인 북한 어린이들의 영양섭취와 발육상태는 더욱 악화되어 질병 등에 취약해질 것으로 예상된다. 그러므로 북한 영유아의 영양상태를 개선할 국제적 · 인도적 구호차원의 관심이 필요한 실정이다(그림 5-20).

(3) 아동 영양공급 및 영양실태

북한 아동들은 대부분 보육원, 탁아소, 유치원, 초등학교와 같은 아동기관을 매일 다니는 체계이다. 아동들이 어린 나이부터 시설에 위탁되고 1일 식량섭취량의 상당한 부분을 시설에서 공급해야 한다는 점을 감안하면, 어린 아동들의 영양상태를 파악하고 해석하는데 시설의 식량공급과 급식내용은 특히 중요하다.

① 모유 수유

2012년 국민영양조사에 따르면 0~6개월 유아의 68%가 모유에 의존하고 있었다. 2013년 조사단이 인터뷰한 산모들에 의하면 산모의 출산휴가(일반적으로 4개월)가 끝날 때까지 모유를 수유한다고 밝혔다. 유아가 탁아소에 들어가면, 산모가 모유 수유를 위해 탁아소를 방문할 수 있지만 모유 수유만을 지속하는 것은 어려워진다.

② 이유식 도입

6개월 이상의 유아는 이유식을 함께 섭취해야 한다. 2012년 국민영양조사에 따르면 6개월에서 23개월 사이 아동 중 권장 최소 식단의 영양을 섭취하는 아동은 26.5%에 불과했다. 평양시 아동이 59.4%로 가장 높고, 평양시 외에는 양강도 15.6%, 평안남도에서 25.8%로 나타나고 있다.

③ 탁아소 급식

급식의 양과 내용은 아동의 연령에 따라 결정된다. 만 1세 미만 아동에게는 만 3~5세 아동의 절반이 공급된다. 만 1세 미만 아동에게는 육류나 채소를 정기적으로 공급하지 않는 것으로 보인다. 만 1~2세 아동에 대한 공급량은 비교적 많고 내용도 다양하지만 만 3~5세 아동보다는 적다.

④ 유치원 급식

급식은 곡물 기준으로 하면 100g으로 제한되고 있으며, 1일 채소 공급량은 소토지 이용 여부에 따라 달라지므로 넓은 소토지를 보유한 유치원의 채소 공급 사정은 상대적으로 좋다. 이런 유치원의 경우에는 1일 채소 공급량이 곡물 공급량을 초과하기도 한다.

⑤ 학교급식

세계식량계획(WFP)이 지원하는 학교에서는 과자 혹은 곡물과 유제품 혼합으로 만든 팬케이크를 제공하고 있다. 세계식량계획(WFP)이 지원하는 부식은 영양이 풍부하여 제공하는 1일 식량공급에서 중요한 역할을 하고 있다. 북한 어린이 영양조사 자료를 활용하여 분석한 북한 어린이의 영양실태는 다음과 같다.

북한 어린이들의 영양상태 변화 추이(1998~2012년)를 살펴본 결과 만성영양장애, 급성영양장애, 저체중의 비율은 점차적으로 감소하였으나 2012년 조사 결과에서 만성영양장애 비율(27.9%)과 저체중 비율(15.2%)은 여전히 높은 비율을 보였다.

국가의 재난 및 긴급 상황의 심각성 정도를 파악하는데 유용한 지표인 5세 미만 어린이 사망률을 살펴보면 2000년에는 1,000명당 48.2명에서 2012년 53.4명으로 사망률이 오히려 증가한 것으로 나타나 북한의 영양결핍상태가 아직도 매우 심각한 수준인 것으로 조사되었다.

1998~2012년 북한 어린이 영양조사를 살펴보면 연구방법면에서 큰 차이점이 있어 연도별로 북한 어린이 영양실태 추이를 직접적으로 비교하기에는 한계가 있다. 그러나 여기에서 활용한 보고서가 북한 내에서 어린이를 대상으로 한 유일한 조사이고, 동일한 시점에서 북한 어린이들의 영양상태 지표(만성영양장애, 급성영양장애, 저체중) 간의 비교를 통해 영양문제의 유형과 심각한 정도를 파악하는 데는 유용한 정보를 제공하고 있다.

이 정보들에 의하면 북한 지역 중에서 양강도, 함경남도, 함경북도, 강원도, 자강도가 특히 영양취약 지역으로 나타났으며 북한 어린이들의 만성영양장애의 비율이 여전히 높은 것으로 조사되었다. 이러한 문제를 개선하기 위해서는 단백질, 칼슘, 아연 등 필수 영양소가 보강된 영양강화식품을 지원하는 것이 필요하고 장기적으로는 이러한 영양소가 다량 함유된 육류, 생선류, 달걀류, 콩류, 유제품류 등 다양한 식품의 섭취가 이루어지도록 지원하는 것이 중요하다고 볼 수 있다.

PART 2 지역사회영양사업의 실제와 영양정책

CHAPTER 6

임신·수유부와 영유아 영양사업

1. 임신·수유 현황과 건강문제

건강한 모체에서 태어난 아이는 영양부족인 모체에서 태어난 아이보다 신체적 · 정서적 발달이 양호하고, 질병에 대한 저항력도 우수하며 선천적 장애가 적게 나타난다. 임신기의 적절한 식생활 관리에 의해 영양상태를 최상으로 유지하는 것은 임신부 자신의 건강뿐만 아니라 태아발달에 중요하다.

수유기의 적정한 영양공급은 출생 후 아기의 정상적인 발육 및 건강, 더 나아가 성인기의 건강상태에도 영향을 미치게 되므로 매우 중요하다. 따라서 임신부와 수유부의 영양상태를 증진시키고 성공적으로 임신과 출산과 수유를 할 수 있게 하는 영양활동과 사업이 필요하다.

임신으로 인한 태반의 발달, 혈액량 증가, 유선조직, 지방조직과 같은 모체의 신체조직의 증가와 태아 성장 발달을 위하여 에너지, 단백질, 비타민, 무기질 등의 영양소 필요량을 크게 증가시킨다. 따라서 임신기에 알맞게 적정한 영양 공급을 함으로써 정상적인 임신과 출산을 할 수 있게 한다.

1 출산과 모성 현황

(1) 출산율과 영아사망률

1980년 합계출산율은 2.82명이었으나 지속해서 감소하여 2000년 1.47명으로 감소하였으며, 그 후 약간 증가하여 2015년에는 1.24명, 2021년에는 0.82명이었다. OECD 국가 중 프랑스는 2.08명, 미국은 1.87명, 독일과 일본은 1.4명에 비하여 우리나라가 가장 낮으며 인구의 대체수준 2.1명에도 미치지 못하고 있는 실정이다.

연령별 출산율을 보면, 20대의 출산율은 감소세이며, 30대와 40대는 2005년 이후 다소 증가세를 보이고 있다. 출산율이 낮아진 이유는 사회적 · 경제적 환경 및 가치관 변화에 따라 결혼연령이 상승하고 출산을 기피하는 현상 때문이다.

영아사망률(출생 후 1년 내 사망, 출생아 1,000명 중 사망자 수)은 2019년 2.7명으로 OECD 평균보다 낮은 편이다(그림 6-2).

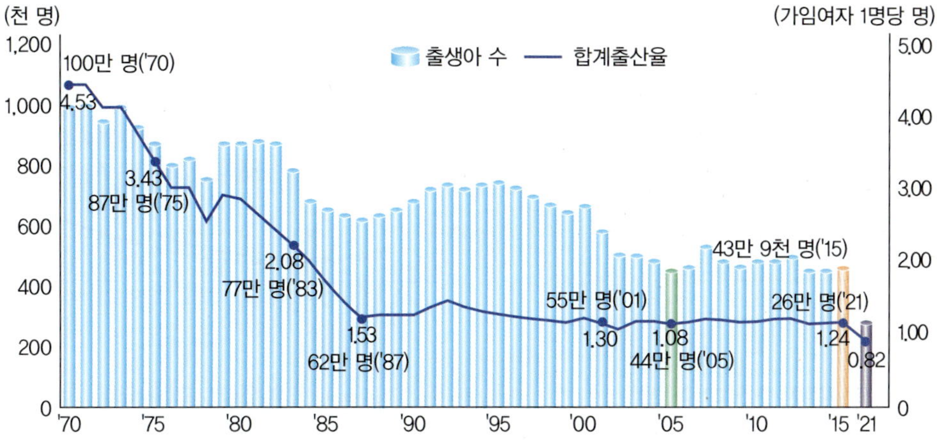

그림 6-1 출생아 수 및 합계출산율 추이

자료: 통계청, 출생통계, 2020

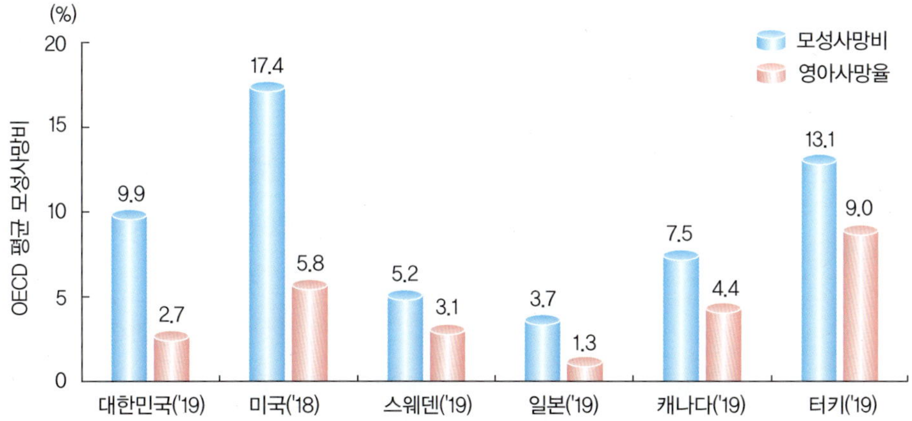

그림 6-2 OECD 평균 영아사망률 및 모성사망비

자료: OECD, 2020 Health Data: Statistics and Indicators for 30 Countries, 2020

* OECD 평균은 OECD 국가의 가장 최근 자료를 이용하여 계산

CHAPTER 6

(2) 모성사망비

우리나라의 모성사망비는 2010년에 출생아 10만 명당 15.7%에서 2020년 11.8%로 감소하는 추세이다. OECD 회원국의 모성사망비 평균은 10.9명인데 반해 한국은

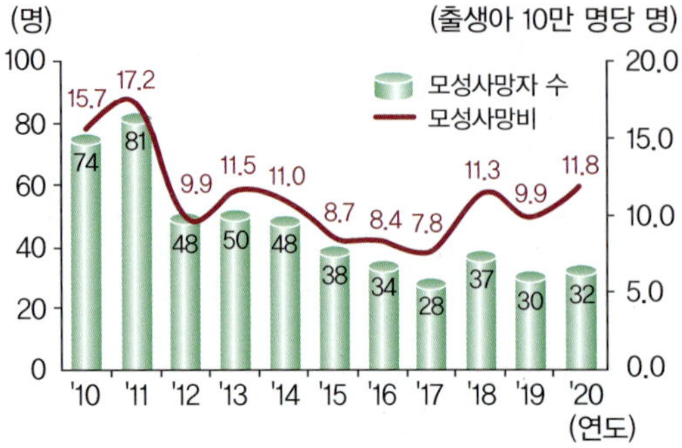

그림 6-3 모성사망자 수 및 모성사망비

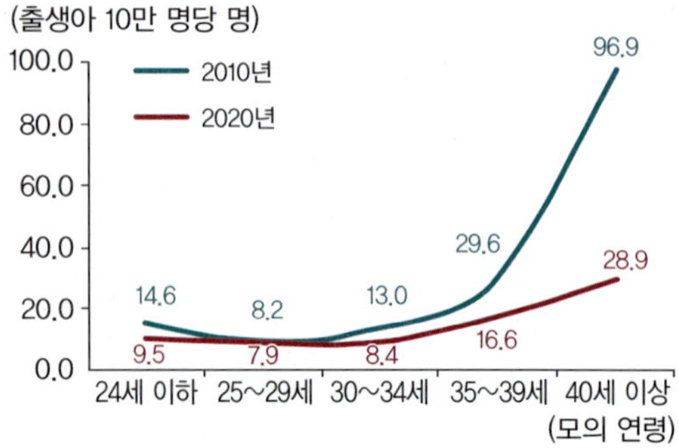

그림 6-4 모의 연령별 모성사망비

11.8명으로 다소 높은 수준이다(2020년 기준). 모성사망의 직접적 산과적 원인은 산후기에 관련된 합병증, 진통 및 분만의 합병증, 단백뇨 및 고혈압성 장애 순으로 나타났다. 연령별 모성사망비는 25~29세가 7.9명으로 가장 낮으며, 40세 이상이 28.9명으로 가장 높게 나타났다.

(3) 고령 산모 비율

우리나라 35세 고령 산모의 비율은 2005년 10.6%이며, 2015년에 23.8%으로 크게 상승하였으나, 2020년에는 25.6%으로 약간 높아진 수준이다(그림 6-5).

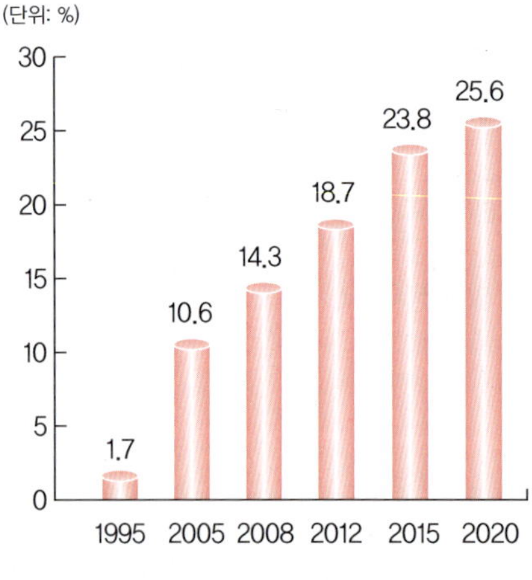

그림 6-5 35세 이상 고령 산모 증가 추이

자료: 통계청, 출생사망통계, 2021

고령 산모는 임신성 당뇨, 임신성 고혈압, 조기태반박리나 전치태반, 임신중독증 등의 합병증 가능성이 크며 조산율도 높다. 고령 임신의 경우 저체중아율이 높다. 또한 다운증후군의 발생위험도도 임신부의 연령이 높을수록 30세보다 2배, 40세 이상 8.5배, 45세 이상에서 30배로 증가한다. 기타 염색체 이상인 애드워드증후군 위험도는 35세 이상에서 크게 증가하는 것으로 나타났다.

(4) 10대 산모

최근 우리나라는 10대의 임신과 함께 10대 미혼모의 수가 증가하고 있어서 사회적인 문제로 대두되고 있다. 10대는 자신의 성장과 태아발달에 필요한 영양소가 부족한 경우 자궁 내 태아발육 지연, 조기 진통, 조기태반박리, 양수 내 감염 등의 문제를 유발하여 태아 또는 신생아 사망의 원인이 될 수 있다. 10대 모성 사망률도 정상 임신부보다 5배 이상 높게 나타났고 조산, 저체중아 출생, 미숙아 출산도 높게 나타난다.

(5) 다태아 임신

우리나라에 다태아 출산이 증가하고 있는데 시험관 수정에 의한 경우가 많다. 다태아 임신은 모체와 태아에게 많은 건강상의 위험을 수반하며 임산부에게는 자간전증, 임신성 당뇨, 빈혈, 전치태반, 조산 및 제왕절개 분만 등의 위험이 따른다. 신생아의 경우에는 호흡곤란증후군, 뇌성마비, 사망, 선천성 기형 등이 나타나고 있다.

2 모유수유 실태와 모유수유 증진활동

(1) 모유수유 실태

우리나라의 모유수유율은 1970년대 90% 정도에서 점차 감소하여 1985년 59.0%, 2000년에는 10.2%로 낮아졌다. 그 후 점차 증가하여 2016년에 모유수유율이 25.6%, 2020년 18.3%로 보고되었다. 세계 각국에서 한국의 모유수율이 가장 낮은 수준이었다(표 6-1).

표 6-1 국가별 모유수유율 비교

국가명	모유수율
한국	25.6
미국	51.8
독일	48.0
호주	60.0
영국	25.0
노르웨이	80

* 생후 8개월 미만

자료: 1) 미국 CDC 2016 Breastfeeding Report Card: national Immunization Survey(NIS) 2014–2015, 2013년 출생아 기준

2) 다른 해외 선진국 통계자료원: Save the Children: State of the World's Mothers 2012: Nutrition in the First 1,000days;p.43

자료: 보건사회연구원 보고서, 2016

(2) 모유수유 증진활동

모유수유율의 증가는 그동안 세계

보건기구와 유니세프, 세계모유수유 연맹 등이 기관과 단체에서 모유수유에 대한 교육, 홍보 및 캠페인을 활발히 실시한 결과였다.

우리나라에서도 보건복지부, 인구보건복지협회, 대한간호협회, 한국모유수유협회 등에서 모유수유 증진활동을 활발히 전개하고 있다. 보건소의 산후조리원 방문, 수유교육 활동도 실시하고 있다.

알아두기 모유수유 활동기관과 주요 국제기관의 규약

① 모유대체식품 판매에 관한 국제 규약

모유수유가 방해받지 않도록 인공영양식품의 판매를 조절, 모유대체식품 제조회사, 의료제도와 정부에 대한 요구사항을 제시함

② 아기에게 친근한 병원 만들기

모유수유 단체와 협동으로 '아기에게 친근한 병원'이 되도록 지역 병원과 산과병원을 교육하고 지원함. 국제수유전문가협회와 공동으로 의료인 훈련 및 의료시설을 인증함

③ 국제노동기구 모성보호협약

모성보호와 직장 모유수유를 지원하는 특별 권장사항: 국제노동기구 모성보호협약에 관하여 고용주, 노동조합임원, 보건인, 모성을 대상으로 교육함

④ 여성차별 제거협약

여성의 출산과 모유수유 권리를 보호하는 협약임. 모유수유 중이나 임신기간에 차별대우를 받는 여성을 보호하도록 정부에 로비함

⑤ 코텍스 알리멘타리우스 협약

WHO·FAO 공동으로 영유아 식품을 포함하여 식품에 대한 기준을 제시함. '모유 대체식품 판매에 대한 규제규약'이 영유아 분유와 보충식의 기준이 됨

⑥ 모성 간 후원

모성이 정보를 교환하고 서로의 지원을 위하여 함께 모이는 세계 단체임. 지역사회에서 임신부와 산모를 위하여 모성 간의 후원단체를 결성함

3 임신부의 질병

(1) 빈 혈

임신기의 빈혈은 주로 철분결핍성빈혈 형태로 나타난다. 가임기 여성의 경우, 철분 섭취량이 충분하지 않은 경우가 많으며, 특히 임신에 의한 철분요구량 증가에 의해 빈혈이 가속화된다.

임신기의 빈혈은 조산이나 사산, 저체중아 출산과 깊은 관련이 있으므로 원인을 파악하고 적극적으로 치료하여야 한다. 빈혈 예방 및 치료를 위해서는 좋은 영양상태를 유지하는 것이 필요하다. 단백질이 풍부하고 헴형 철분이 함유된 육류, 달걀, 조개류를 자주 섭취하도록 한다.

(2) 임신성 당뇨병

임신기간 동안에는 식후 인슐린 분비가 급격히 상승한다. 이에 따라 임신기에는 고혈당이 나타나기 쉽다. 임신성 당뇨병은 인슐린 길항 호르몬이 증가하는 임신 24주에서 28주 사이에 임신부의 2~4%에서 나타나므로 이 기간 동안 당뇨검사를 하는 것이 필요하다.

임신 초기에 고혈당이 나타나면 기형아 발생률이 증가하게 되며, 임신 말기에 혈당이 상승하는 경우 거대아 출산율이 증가하게 된다. 또한 태아의 저혈당, 호흡곤란증세 등이 나타나 임산부와 태아 사망률을 증가시키며, 출생한 아기의 당뇨병 발생위험도도 증가시킨다. 임신성 당뇨병의 위험 요인은 고령임산부(35세 이상), 비만, 당뇨병 가족력 및 임신성 당뇨병에 걸린 경험 등이다. 임신성 당뇨관리를 위해서는 적절한 영양섭취와 운동이 필요하다.

(3) 임신성 고혈압

임신부의 일부는 임신기간 중 고혈압 증상이 나타나며 일부에게는 부종, 고혈압, 단백뇨 증상이 함께 나타나는 임신중독증이 발생하기도 한다.

임신성 고혈압(Pregnancy induced hypertension)은 산모 사망의 주된 원인이며,

저체중아 출산과 조산 위험률이 높아진다. 임신성 고혈압은 평소 고혈압 증세가 있는 임산부, 35세 이상, 초산, 다태아 임신인 경우 위험도가 증가한다. 임신 초기에는 임신부의 체중 증가와 관련 없이 임신성 고혈압이 나타나기도 하지만, 임신 중·후반기에 임신부의 체중 증가가 급격히 나타나는 경우에 위험도가 증가한다.

2. 영유아 영양관리와 건강문제

1 영유아 영양관리와 양육환경의 변화

(1) 영유아 영양관리

영유아기에 형성되는 식습관이나 식생활 등은 건강과 체력에 영향을 미칠 뿐만 아니라 성격이나 정서적·지적발달, 사회생활, 대인관계, 가치관 형성에 영향을 미치게 된다. 영유아는 식품이나 식사 선택 등은 부모나 양육자에 의해서 크게 영향을 받는다. 부모, 특히 어머니나 양육자의 영양활동이 필요하다. 또한 저소득층 영유아들은 결식하는 경우도 많아 이들에 대한 지원도 필요하며 영유아의 양육환경이 크게 변화하고 있어서 이에 맞추어 영유아를 위한 영양활동이 전개되어야 한다.

최근에 발표된 우리나라 소아 발육 표준치에 의하면 영유아의 신체적 성장은 크게 향상되었다. 또한 영양소 공급상태도 호전되고 있으나, 단백질, 철분, 칼슘 및 아연 등의 일부 섭취량은 권장량에 미달되고 있다. 영유아의 빈혈 발생률도 높게 나타나고 있으며, 영양과잉으로 인한 비만도 늘고 있다. 식품선호도나 식습관들도 크게 변화되고 있다.

(2) 영유아 양육환경의 변화

영유아의 영양관리와 관련활동은 양육환경의 변화에 맞추어 이루어져야 한다.

① 가정의 육아기능 감소

영유아 영양교육의 주체가 가정에서 보육시설, 보건소, 대중매체, 인터넷 등 다양화되고 있다. 여성의 취업인구 증가와 핵가족화 현상으로 보육시설이 급증하게 되고, 가정에서 담당하던 육아기능을 영유아 보육시설이 담당함에 따라 보육시설을 통한 영양활동강화가 요구되고 있다.

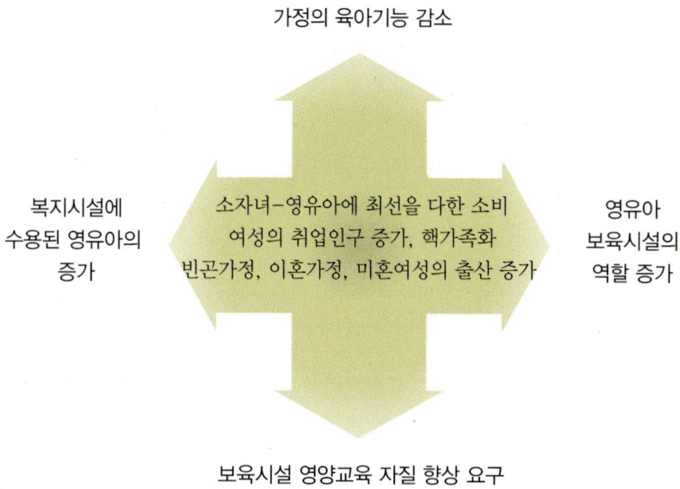

그림 6-6 영유아의 양육환경의 변화

② 어린이집 시설과 보육

- 빈곤가정이나 이혼가정, 미혼여성의 출산이 증가되면서 아동복지시설에 수용되는 영유아 수가 늘고 있다. 또한 보육시설에 가는 영유아 수가 증가하고 있다.
- 영유아시설의 급식과 영양교육 프로그램은 영양식 제공과 함께 좋은 식습관과 생활습관을 형성하는 장이 되어야 한다.
- 영양교육의 일환으로서 지역사회 영양사업의 일환으로 어린이집 보육교사의 역할이 중요하다.

③ 식생활 환경과 TV 광고 등의 영향 증가

영유아 TV나 광고 등의 식생활에 대한 영향력이 강화되고 있다. 영유아들은 TV를 보는 시간이 상대적으로 많으며, TV 프로그램과 광고 등에서 식생활에 대한 교육이 저절로 이루어진다. 컴퓨터를 통한 정보나 영양교육과 상담도 마찬가지이다. 따라서 영유아를 위한 다양한 영양활동으로 영유아의 건강과 정상적 성장발달을 도와야 한다.

2 영유아 건강문제

(1) 저체중아와 성장장애

신생아의 출생체중이 2.5kg 이하를 저체중아라고 하며, 1.5kg 이하인 경우 극소저체중아로 분류한다. 저체중아 출생 비율은 1995년도 2.6명에서 2001년 3.9명, 2012년에는 5.3명으로 점차 증가되고 있다. 저체중아는 임신 37주 이전에 출생한 조산아나 태반에서의 성장이 불량함에 의해 나타난다. 임신부의 영양불량은 태아에게 공급되는 영양소량이 감소됨에 따라 태아성장이 지연되며 임신부의 흡연이나 음주, 약물복용, 감염, 낮은 교육수준 등도 저체중아 출산과 관련이 있다.

저체중아는 성장 후 당뇨병 등 대사성 질환 위험률이 높은 것으로 알려져 있다. 성장 장애는 모유 · 인공유 섭취 감소, 이유시기가 너무 늦은 경우, 다운증후군이나 대사성 질환으로 수유나 음식섭취가 어려운 경우 영양결핍으로 인하여 발생한다.

(2) 빈 혈

우리나라 영유아의 30~50%가 혈중 철분량이 정상치 이하이며, 약 10% 내외는 철결핍성 빈혈인 것으로 보고되었다. 영아 후기의 철 결핍은 23%이고 빈혈 발생률은 10%를 넘고 있다. 이유가 늦어진 경우 모유수유아에게 더 발생하고 1~2세의 경우에는 철 결핍이 35%를 상회하며 3~5세인 경우도 예외는 아니다.

영유아기의 장기적인 철 부족은 치명적인 성장 · 발달 저해요인이 되며, 철 결핍성 빈혈의 영유아는 정상아에 비해 지능지수나 행동발달지수가 낮으며 이것은 이후에 철을 보충해 주더라도 지속될 수 있다.

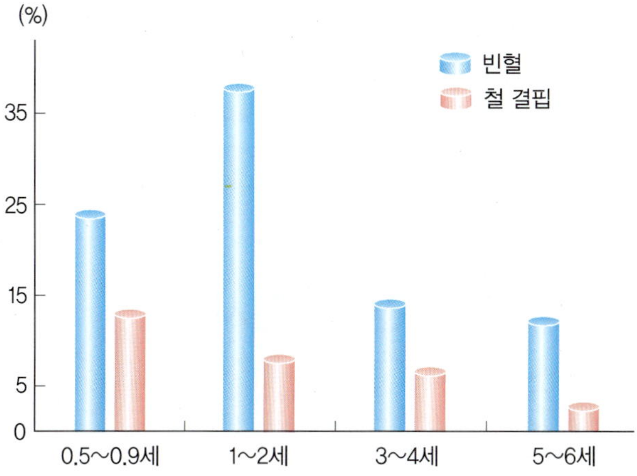

그림 6-7 영유아기의 철 결핍 및 빈혈 발생 빈도

자료: 김순기, 2000

(3) 아토피 피부염과 식품 알레르기

식품 알레르기는 아토피 피부염, 천식, 두드러기, 생명을 위협하는 아나필락시스 등과 같이 다양한 알레르기 증상을 유발할 수 있다. 식품 알레르기는 소아의 약 2~8%를 차지하는 아주 흔한 질환으로 전 세계적으로 증가 추세에 있다. 식품 알레르기는 영아에게서 나타나는 알레르기성 질환으로 대부분이 음식물 섭취에 의한 경우가 많으며 습진, 비염, 두드러기, 호흡곤란, 기침, 구토, 설사 등의 증상을 나타낸다.

아토피 피부염은 우리나라 영아의 20% 이상에서 발생하고, 알레르기성 질환에 의한 사회적 · 경제적 비용이 연간 2조 원을 상회하는 등 아토피 피부염의 피해가 증가하고 있다. 아토피 피부염은 소아에게 많이 나타나는 만성질환으로, 가려움이 매우 심하여 아이와 가족의 삶의 질을 저하시킨다. 우리나라 아토피 피부염 환자의 50% 이상이 식품과 연관이 있다.

(4) 치아우식증과 충치

치아우식증은 영유아의 치아가 부식하거나 충치가 발생하는 것으로 우리나라 영유아의 대다수에게 발생하며 충치는 영구치 발달을 저해할 수 있다. 젖병을 물고 자거

CHAPTER 6

나 치아관리 소홀로 나타나므로 젖을 먹은 후 반드시 물로 입을 헹구고 유아는 칫솔질을 하는 습관을 가지도록 하여야 한다.

3. 임신부·영유아 영양·건강증진사업

1 영양플러스 사업

영양플러스 사업은 임신부 · 영유아 영양사업으로 2004년도 '취약계층을 위한 국가영양지원제도 도입 연구' 를 토대로 사업안을 개발하고, 2005년부터 2007년까지 3년에 걸쳐 보건소를 중심으로 시범사업을 실시한 후 2008년도부터 전국적으로 확대 실시되고 있다.

우리나라는 전세계적으로 유례없는 급속한 출산율 감소와 함께 저체중아 출산율이 증가하는 추세이다. 특히 소득수준이 낮은 가구의 영유아의 영양섭취상태가 매우 불량한 상태이며, 가임기인 20~49세 여성의 빈혈 유병률이 약 14~18%로 매우 높은 편이다. 영양플러스 사업은 생리적 요인과 환경여건 등으로 인해 상대적으로 영양상태가 취약한 임산부 및 영유아에게 영양교육을 실시하고 특정식품을 일정 기간 동안 지원해 줌으로써, 영양섭취상태를 개선하고 이를 통한 건강증진을 위하여 실시하고 있다.

(1) 영양플러스 사업의 목표

- 빈혈, 저체중, 영양불량 등 취약계층 임산부 및 영유아의 영양문제를 해소한다.
- 스스로 식생활을 관리할 수 있는 능력을 배양하여 국민의 장기적인 건강을 확보한다.

즉, 영양교육을 통해 식생활관리 능력을 배양시키고자 하며, 습득한 식생활관리 지식의 실천을 위해서 보충식품을 제공하는 형태로 운영되고 있다.

(2) 대상자 선정 기준

① **대상 분류** : 만 6세(72개월) 미만의 영유아, 임산부, 출산부, 수유부

② **거주 기준** : 사업운영 보건소별 관할지역 내 거주

③ **소득 수준** : 가구 규모별 최저생계비 대비 200% 미만

④ **영양위험요인** : 빈혈, 저체중, 성장부진, 영양섭취상태 불량 등 한 가지 이상의 영양위험요인 보유자

표 6-2 영양플러스 사업의 대상자격 인정기간

구 분	대상자격 인정기간
영아	생후 만 12개월까지
유아	생후 만 5세 이하(72개월 미만), 6개월 간격으로 재심사
임산부	출산 후 6주까지
출산부	출산 후 6개월까지
모유수유부	출산 후 12개월까지, 단 혼합수유부의 경우 출산 후 7개월째부터 보충식품은 우유만 공급

(3) 영양평가 종류별 위험요인 평가

영양평가 종류별 위험요인은 표 6-3과 같다.

표 6-3 영양위험요인 평가

영양위험요인 평가
• 신체계측: 신장, 체중 • 혈액검사: 빈혈검사(혈중 헤모글로빈 농도) • 영양섭취상태조사: 24시간 회상법 • 그 밖에 위험요인 조사

CHAPTER 6

(4) 영양플러스 사업 내용

영양플러스 사업은 영양교육 및 상담서비스와 보충식품 공급, 영양평가로 이루어진다.

① 영양교육 및 상담 서비스

영양플러스 사업의 영양교육은 대상자 개개인의 영양문제를 해소하고, 장기적으로는 대상자가 스스로 식생활을 관리할 수 있는 능력을 향상시키도록 돕는 것을 목표로 한다. 영양교육은 개별상담, 집단교육, 가정방문교육으로 구성되며, 보건소별 지역특성 및 대상자 특성에 따라 세 가지 방법을 이용한다. 최소한 1개월에 1회 이상 대상자와 접촉하는 것을 원칙으로 하며, 부득이한 경우 최소 2개월에 1회 이상 대면교육을 실시한다.

② 보충식품 공급

보충식품 내용은 대상자 구분 및 특성에 따라 대상별로 처방된 6종의 패키지에 따라 쌀, 감자, 달걀, 우유, 검정콩, 김, 미역, 당근, 참치통조림, 귤/오렌지주스 등의 식품을 공급한다.

보충식품은 가정배달방식으로 전달하는 것을 원칙으로 한다. 지역특성에 따라 보건지소 등에서 대상자가 직접 식품을 수령하는 방식과 병행할 수 있다. 식품공급업체는 각 시 · 도 별로 일괄 선정하는 것을 권장하나, 지역상황에 따라 보건소별로 별도의 업체와 계약을 체결할 수 있다.

③ 영양평가

영양평가는 사업참여 전에 대상자를 선정할 때, 자격에 대한 재평가가 필요할 때, 사업종료할 때, 그리고 정기적인 중간평가로서 3개월에 1회 실시를 권장하고 있다. 영양평가는 대상자를 선정할 때와 동일한 방법으로 실시하고 있으며, 신체계측(신장, 체중), 생화학적 검사(헤모글로빈) 및 24시간 회상법을 이용한 영양섭취상태조사로 구성되어 있다. 평가결과에 따라 대상자별 맞춤형 영양교육을 실시한다.

(5) 영양플러스 사업의 효과

2005년부터 3년의 시범 사업과 2008~2009년 본사업 결과, 사업 참여 아동의 저체중 비율이 감소하였으며, 영양섭취상태 향상 및 영양지식과 건강행태가 개선되었다. 빈혈은 사업 참여에 따라 25~48% 빈혈 유병률이 감소하였다. 이 결과로 인하여 영양플러스 사업의 효과가 있음이 확인되었다.

2 영유아 건강증진사업

우리나라 국민의 건강증진을 위하여 보건복지부 주관으로 장단기 건강증진 목표를 설정하고 이를 위해 정책과 사업을 추진하고 있다. 그중 영유아 관련 건강증진사업을 보면 표 6-4와 같다. 영유아 건강증진사업은 어린이집과 유아교육기관, 보건소 등을 통하여 실시된다.

(1) 건강검진

정기적 건강진단을 통해 영유아의 정상적 성장과 발육 정도를 파악하고 질병이나 선천성 기형 등을 조기에 발견할 수 있다. 장기적 건강진단에는 몸무게, 키, 머리둘레 등 체력측정과 시력검사, 청력검사, 혈압검사, 전문의(소아과, 이비인후과, 안과, 치

CHAPTER 6

표 6-4 영유아기의 건강증진사업

구 분	건강증진사업 내용
질병관리	• 기초 예방접종 • 보건교육, 전염병 발생 감시체계 운영
암관리	소아백혈병 및 소아암 관리
구강보건	수돗물 불소화, 구강보건
모자보건	• 미숙아 및 선천성 이상아 등록관리 • 저소득 영 · 유아검진 • 성장 · 발달 상담
건강생활실천	운동, 영양균형

과 등)에 의한 진단 등을 실시하는 체질검사가 포함된다.

우리나라 영유아보육법에는 교육기관에서 1년에 1회의 정기적 건강진단을 실시하도록 규정하고 있으나 3세 이상 유아의 경우 1년에 2회, 0~2세 영아의 경우 1년에 4회 정도 실시하도록 한다.

(2) 예방접종

영유아 예방접종은 연령별로 시기에 따라 필수적으로 실시하도록 하고 있다.

알아두기 미국의 임산부·영유아 영양지원(WIC) 프로그램

미국의 WIC(Women, Infants, and Children) 프로그램은 1966년부터 어린이영양헌장에 의해 시행되고 있는 영양보충프로그램으로 연방정부기금으로 운영되고 있다. 영양 및 건강 위험도가 높은 임신 수유부, 영유아 및 취학 전 아동을 대상으로 시작되었으며, 미국의 연방법과 농무성 정책에 따라 인종, 종족, 국적, 성별, 나이, 장애 등에 의한 차별 없이 제공되고 있다. WIC 프로그램은 참가자의 영양상태를 개선시켜 건강문제점을 예방하는 데 큰 역할을 하고 있다. 현재 미국에서 태어난 어린이의 45%가 WIC 혜택을 받고 있다.

① 영양보충식품 제공

식품의 종류와 양이 지정된 식품교환용 쿠폰을 제공한다. 참가자들은 식료품점에서 이 쿠폰으로 식품과 교환할 수 있다. 식품교환용 쿠폰으로 교환 가능한 식품은 저소득층의 임산부나 수유부, 신생아에게 꼭 필요한 영양소가 풍부하게 들어 있다. 우유, 치즈, 영양강화된 시리얼, 비타민 C가 강화된 과일주스 등이 이에 속한다.

② 영양교육과 상담

참가자들은 영양사로부터 영양교육과 상담을 받는다. 각 영양소의 개인 필요량을 정하고, 개별적인 영양상담을 실시한다. 식생활의 중요성, 각 식품과 영양소의 역할에 대하여 교육받는다. 모유수유의 중요성, 이유식에 대한 교육도 진행한다.

③ 모유수유 권장

임산부는 모유수유에 대한 기본 지식을 교육받는다. 모유수유부는 개별적인 영양상담을 받으며, 좀 더 오랜기간 WIC 프로그램에 참가할 수 있도록 특혜를 부여 받는다. 모유수유부는 식품 이외에 육아용품을 제공받기도 한다.

④ 통합적인 건강관리

WIC 영양보충 프로그램은 건강관리서비스도 함께 받는다. 참가자는 산전관리, 가족계획, 예방접종, 알코올 중독문제 등 다양한 의료서비스를 통합적으로 받는다.

지원대상 만 12세 이하로 국가 필수 예방접종은 총22회 실시한다.

① **지원액** : 예방접종비의 약 30% 수준

② **접종명** : 결핵, 디프테리아, B형간염, 파상풍, 백일해, 홍역, 폴리오, 풍진, 유행성 이하선염, 수두, 일본 뇌염

4. 영유아 보육시설의 영양활동

1 영유아 보육시설 연혁과 현황

(1) 영유아 보육시설 연혁

영유아시설은 극빈 아동을 보호하는 시설로 시작하였으나 점차 아동에 대한 교육과 지역사회영양활동에 활용되고 있다. 우리나라 영유아시설의 변천을 보면 일제시대인 1921년 태화기독교사회관에서 저소득층 자녀 위주의 탁아사업이 시작되었다.

해방 이후인 1950년대에는 한국전쟁을 전후한 정치적 · 사회적 혼란기로서 탁아시설은 주로 빈민층 가정의 자녀를 단순히 보호해 주는 임시 구호적 성격을 강하게 띠고 있었다. 1962년 아동복리법이 공포되고, 다음 해 제정된 아동복리시설기준령에 아동복리 증진과 보장을 위한 내용이 명시되었다.

1982년 유아교육진흥법의 제정 공포로 어린이집은 새마을유아원으로 흡수되었으며, 새마을유아원은 빈곤가정의 보충적 서비스가 아닌 일반 중산층의 4~5세 아동을 대상으로 한 프로그램으로 운영되었다. 1980년 이후 정부는 적극적인 탁아정책을 추진하게 되었다. 1987년에는 직장탁아제를 도입하여 여성근로자가 많은 직장에 탁아소를 설치하였고 1991년 영유아보육법과 영유아보육법 시행규칙이 제정되어 영유아보육 업무체계가 일원화되었다.

(2) 보육시설 현황과 영양관리업무

보건복지부 통계에 의하면 영유아 보육시설은 해마다 증가하고 있다. 어린이집과 보육시설 현황을 보면 국공립, 민간, 직장, 가정 보육시설 등은 2018년 말 전국 33,499개 보육시설에서 1,406천만 명이고 2020년에는 약 1,244천만 명으로 증가하며 영유아가 보육서비스를 제공받고 있다(표 6-5).

2018년 보육시설 종사자를 보면 원장 38,875명, 보육교사 23,996명이며, 2020년에는 원장 35,199명이다. 영양사는 2018년에 927명이고 2020년에는 902명으로 보육아동의 수에 비해 부족한 실정이다(표 6-6).

영유아보육법(1991. 1. 14)의 규칙 제8조에 의하면, 영유아 보육시설에서의 영양사 배치 기준은 "영유아 100인 이상을 보육하는 시설의 경우 영양사 1인을 두는 것을 원칙으로 하되, 보육시설 단독으로 영양사를 두는 것이 곤란한 때에는 동일 시·군·구의 5개 이내 보육시설이 공동으로 영양사를 둘 수 있다." 고 규정되어 있다.

보육내용에서 정의하는 영양관리는 "급식은 필요한 영양을 섭취할 수 있도록 영양사가 작성한 식단에 의하여 공급하되, 영유아 100인 미만을 보육하는 시설의 경우에는 보육정보센터, 보건소 또는 영양관련 전문단체 등의 영양사의 지도를 받아 식단을 작성하여야 한다." 라고 되어 있다.

표 6-5 연도별 어린이집 보육아동 현황 (단위 : %)

어린이집 유형	2018년	2020년
합계	1,415,742	1,244,396
국공립	200,783	253,251
사회복지법인	92,787	78,322
법인단체등	41,298	34,066
민간	711,209	578,196
가정	302,674	230,444
협동	4,360	3,716
직장	62,631	66,401

자료: 보건복지부, 어린이집 및 이용자통계, 2021

표 6-6 어린이집 보육교직원 및 종사자 현황 (단위 : %)

직종별	2018년	2020년
합계	333,419	325,669
원장	38,975	35,199
보육교사	239,996	237,966
특수교사	2,017	1,908
영양사	927	902
간호사	1,170	1,055
사무원	1,099	–
조리원	30,634	30,182
기타	17,968	17,807

자료: 보건복지부, 어린이집 및 이용자통계, 2021

보건복지부의 중요한 사회복지서비스 중 아동복지의 일환으로 막대한 예산지원이 이루어지고 있다. 직장보육시설의 시설지원과 시설운영비를 보조하고 있고 영유아 복지 차원에서 영유아시설을 위한 많은 예산을 지원하고 있다.

2 보육시설의 급식과 식생활 지도

(1) 급 식

우리나라 보육시설에서는 급식과 간식 프로그램이 운영되고 있다. 유치원은 지역별 특성에 따라 보통 오전반, 오후반, 오전오후반, 종일반, 혼성반 등이 고루 분포하고 있으며, 식사를 주는 반은 주로 종일반이다. 나머지는 주로 1회의 간식을 주고 있다.

식단을 작성하는 사람은 주로 교사 또는 담당조리사이며, 이 외에 원장 또는 학부모가 작성하는 경우도 있다. 식품구입은 주로 담당조리사나 교사 또는 학부모가 맡고 있다. 식품의 조리 역시 주로 조리사나 학부모 또는 교사가 맡고 있는데, 상당수의 유아원에서 자모회의 자원봉사원이 조리를 맡는 경우도 있다.

CHAPTER 6

(2) 식생활지도

보육시설에서는 급식뿐만 아니라 식사예절, 바람직한 음식 기호 및 식사태도 등 식생활 전반에 대한 교육을 실시한다.

(3) 부모 대상의 영양교육

유아교육시설에서의 급식을 통해 지역사회 영양개선을 도모할 수 있다. 유아를 대상으로 하는 영양개선은 유아의 부모를 대상으로 한 교육과 병행하였을 때 더욱 큰 효과를 거둘 수가 있다. 부모 대상의 영양교육강좌를 개설하거나, 가정통신문이나 홈페이지 게시판을 통해 보육시설에서 제공하는 식단의 내용을 알려 집에서의 식사와 중복되지 않도록 하고, 자녀의 영양관리에 관한 정보 등을 제공할 수 있다.

3 보육시설 영양관리 관련부서

보육시설의 영양관리와 관련된 기관과 협조내용을 보면 표 6-7과 같다.

- 보건소 · 지자체 육아종합지원센터, 급식관리지원센터 등 관련 단체와 기관이 협조하여 수행하고 있다.
- 보건소 영양사에게는 관내 보육시설 영양사가 없을 경우, 보육시설에 순회를 한다.
- 지역별 육아종합지원센터에 영양사가 배치되어 영양관리에 관한 정보를 제공하며, 특히 영유아 50인 미만의 영세한 보육시설의 영양관리를 위한 급식, 영양교육, 위생 등의 자료를 제공한다.
- 급식관리지원센터나 관련 학술단체 등은 보육시설 영유아 영양관리에 관한 정보나 식단 및 영양교육 자료를 개발하여 제공한다.

표 6-7 보육시설의 영유아 영양관리를 위한 관련기관의 역할

관련기관	협조내용	비 고
보건소	• 지역 내 보육시설 관리 주체의 역할 • 전문가의 협조로 지역에서 적용 가능한 표준화된 식단 및 조리법 제공 • 급식 위생관리지침 제공 및 감독 • 단위급식소 영양사, 교사, 원아를 위한 영양교육자료 개발 및 제공 • 단위급식소 영양사 관리 및 감독 • 보육원아 영양상태 판정 및 보건소 의뢰체계 확립	정규직 영양사 채용
시 · 군 · 구청	• 현실적인 영양관리 기준 마련 • 영양개선을 위한 행정적 지원 • 영양정책 수립 • 인적, 물적 지원 확대 • 인턴 영양사 및 공공근로제도 확대	순회영양사, 공동관리영양사 채용
육아종합지원센터	• 식생활 관련 정보제공기능 강화 • 재교육 및 승급교육과정에 영양교육 내용 강화	영양사 및 영양전공 연구인력 채용
어린이급식 관리지원센터	• 어린이집 · 유치원 순회방문 • 식단개발지원 · 위생관리지원 • 급식담당자교육 • 급식운영수준평가	영양사, 연구인력 채용
대한영양사협회	• 급식과 위생에 관한 자료 제공, 영양교육매체 제작 보급 • 급식유형에 따른 표준화된 식단 개발 • 정보서비스 강화 • 대국민 캠페인 등 개최로 여론 형성	
주부클럽, 어머니회, 소비자 단체 등	• 보육시설 영양관리 감시기능 • 소비자보호 차원에서 인건비 보조 등에 관한 입법, 옹호, 연대 역할	
보육시설협의체	• 자율적 감시기능 강화 • 영양관리 개선을 위한 건의, 회원권리 옹호 • 자체 교육 강화 • 소식지 등 이용홍보 및 영양관리 인식개선에 협조 • 근거리 지역시설 간 협조 유도	
식품업계	질 좋고 위생적인 영 · 유아용 식품 개발	

자료: 박혜련, 2001

CHAPTER 6

(1) 육아종합지원센터

영유아보육법 제7조 및 동법시행령 제12조에 의하면 중앙과 각 시 · 도 지방자치단체에 보육시설의 운영을 돕고 필요한 정보를 제공하도록 하기 위하여 육아종합지원센터를 설치하도록 규정하고 있다.

육아종합지원센터 종사자에 관한 기준을 보면 중앙육아종합지원센터에는 상근직원 5인 이상, 지방육아종합지원센터에는 상근직원 4인 이상을 두도록 규정하고 있다. 이들 상근직원은 센터장 1인, 보육지도원 2인, 간호사 또는 영양사 1인으로 규정하고 있으나 육아종합지원센터에도 아동의 영양관리를 위한 전문인력인 영양사 배치가 미흡한 실정이다.

시 · 도 육아종합지원센터가 지원하는 영양관리는 식단제공과 영양교육자료의 제공을 포함하고 있다. 그러나 실제로 육아종합지원센터를 통하여 제공받는 정보에는 경영관리, 교육 프로그램, 학습자료, 아동보육상담, 각종 소식 및 통계정보 등이 주를 이루고 있으며, 영양교육을 수행하기에는 부족한 실정이다.

(2) 어린이 급식관리지원센터

어린이 급식관리지원센터는 식품의약품안전처 주관으로 어린이집과 유치원의 급식을 안전하게 관리하고 영양급식을 하기 위하여 2011년에 처음 경기도 하남시에서 개소되었다. 그 후 전국으로 확대되어 2015년 70여 개로 늘어났다.

급식관리센터는 센터장 밑에 위원회를 두고 영양팀, 위생팀, 기획운영팀으로 구성되며 각 팀의 역할은 그림 6-9와 같다.

센터소속 영양사 등 전문가가 어린이집이나 유치원 등을 직접 순회 방문하여 식품위생관리를 지도함으로써 식중독 발생을 예방하고, 영유아기의 성장단계별 체계적 영양관리를 위한 맞춤형 식단 제공, 영양교육, 식사 및 식자재 관리 지도 등을 실시한다.

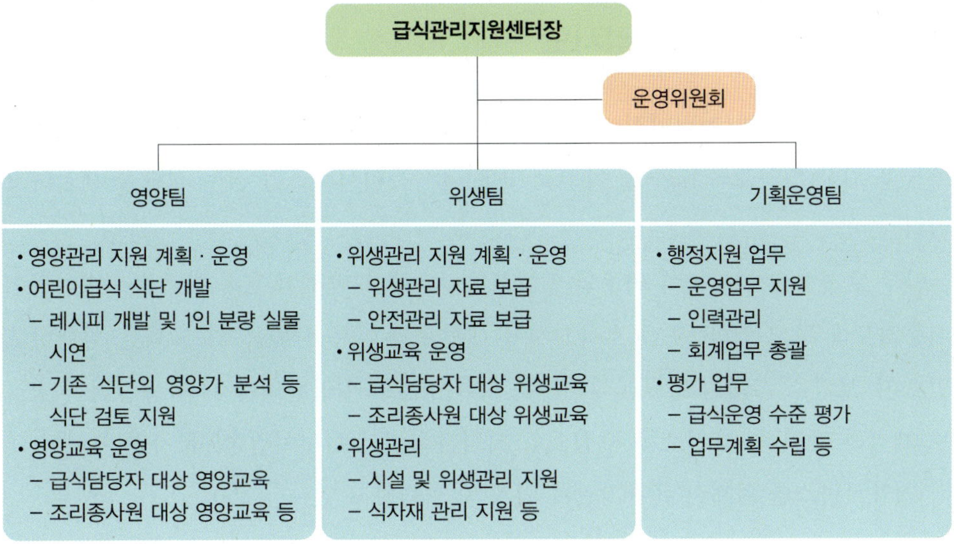

그림 6-9 어린이 급식관리지원센터 조직

5. 보건소의 임신부 · 영유아 관련사업

국민영양관리법 시행에 의한 보건소의 임산부 · 영유아 촉진 사업은 표 6-8과 같다. 보건소는 영양플러스사업, 모유수유 증진사업, 임신부 · 신생아 지원, 다문화 가정에 대한 영양관리, 어린이 급식관리지원센터의 내실화, 보육교사와 보육시설의 영양교육 강화 등의 사업을 수행하고 있다.

표 6-8 보건소의 임신부 · 영유아 관련 영양사업

영양플러스사업 운영 내실화
모유수유 증진사업
임산부 · 신생아 지원
다문화 가정에 대한 영양관리
어린이 급식관리지원센터 확대 및 내실화
보육교사 영양 · 식생활 교육이수 및 보육시설 영양교육 강화

1 어린이집의 영양관리지도

보건소에서 유치원, 어린이집 대상으로 제공하는 영양서비스 내용을 보면 대부분 원아들을 위한 영양교육이 주를 이루고 있고 급식관리서비스의 경우 식단을 제공하고 있다.

일부 보건소에서는 놀이 위주의 영양교육자료를 개발하여 보육시설에서 대여하여 이용하도록 하고 있다. 또한 보육교사를 대상으로 아동식생활 지도교육을 병행하고 있으며, 보건소 홈페이지에 급식관리를 위한 정보와 영양관리를 위한 종합적인 정보도 제공하고 있다. 보건소를 중심으로 지역사회에서 어린이집 및 유치원 어린이 대상 영양서비스를 위해서 유관기관과 연계 및 협력하고 있다.

2 임신부·수유부 영양교육

임신부를 대상으로 임신 시의 영양관리와 생활관리, 모유수유부 교실을 운영하며 영유아를 위한 이유식강좌, 보육시설 방문교사 교육을 하고 있다.

3 임신과 출산 및 보육지원제도

(1) 임신 · 출산지원

① **출산장려금 지급** : 출산장려를 지원하는 사업으로 각 시 · 도 지자체별로 출산축하금, 장려금, 양육지원금 등을 명목으로 일시금, 분할금을 지급한다. 지역에 따라 첫째부터 다둥이까지 확대되고 있다. 현재 둘째 혹은 셋째아이 이상 출산 시 20만 원부터 최대 천만 원까지 지급한다.

② 저소득층의 임신부 산전관리비 지원과 난임부부 정부지원사업 등이 실시되고 있다.

③ 저소득층 산모도우미 제도와 육아휴직제도 등을 실시하고 있다.

(2) 육아휴직과 보육비 지원

고용노동부와 여성가족부의 지원으로 이루어지는 육아휴직제도와 보육비지원 제도가 실시되고 있다.

① 육아휴직제도는 출산 1년 미만부터 만 5세까지 유아를 둔 경우 부부육아휴직으로 바뀌어 남성도 육아휴직을 할 수 있도록 하였다.

② 보육비지원은 영유아 5세까지 전 계층에게 보육지원하고 0~2세 미만, 3~4세, 5세까지 보육비지원 · 유치원은 저소득층에게 특별지원을 하고 있다.

표 6-9 보건소 제공 보육시설 영양서비스

세부 사업명		내 용
영양교육	보건소 방문 영양교육	• 장소: 보건소 지하 1층 보건교육실 • 참석자: 유치원, 유아원 아동 3,000여 명 • 교육 내용 – 우리가 먹는 식품 이름 알기 ○× 게임 – 영양소 결핍증 슬라이드 보기
영양교육 자료개발 및 보급	어린이집 방문 영양교육	• 참석자: 24개소 어린이집 등 유아 1,264명 총 94회 방문 • 내 용 – 편식예방: 음식을 왜 골고루 먹어야 할까요? 싫어하는 음식을 먹으면 건강해집니다. – '오군이' 식품알기: '오군이' 식품을 모두 먹습니다.
	영양가방	내용: 교사가 손쉽게 활용할 수 있는 각종 영양교육 자료(12종)를 제작하여 매뉴얼과 함께 보급
홈페이지 구축	급식관리	• 유아를 위한 조리법 • 급식관리의 실제 • 급식관리 프로그램 제공
	자료실	음식사진, 그림자료, 유아 식사지침 리플릿

자료: 민영희, 안양시 동안구 보건소

6. 외국의 임신부 · 영유아 영양사업

1 WIC 프로그램

미국 농림부에서 영양적 위험이 있는 저소득층의 임신부 · 수유부와 6세 이하 영유아를 대상으로 실시하는 프로그램이다. 매달 식품 또는 쿠폰으로 우유, 치즈, 달걀, 과일, 주스, 시리얼, 조제분유, 유아용 시리얼 등을 제공하며 영양교육과 상담을 실시한다.

2 헤드스타트 프로그램

미국 농림부에서 실시하는 저소득층 가정의 가족과 3~5세 유아, 장애가 있는 아동에게 실시하며 교육 · 의료, 치과 · 사회서비스와 식사, 간식을 제공한다.

3 헬시스타트 프로그램

영국에서 실시하는 저소득층 임신 · 수유부 및 6세 이하 영유아에게 바우처를 배급한다. 매주 우유, 과일, 야채, 분유 등을 제공한다.

표 6-10 외국의 영양사업 사례

국가	프로그램	대상자	사업내용
미국	special supplemental Nutrition Program for WIC	영양적 위험에 처해 있는 저속득층 임신수유 여성 및 6세 이하 어린이	매달 식품 또는 쿠폰으로 우유, 치즈, 달걀, 과일주스, 시리얼, 땅콩버터, 조제분유, 유아용 시리얼 제공
	Head start Program	저소득층 가정의 가족과 3~5세 어린이, 장애가 있는 어린이	교육 · 의료 · 치과 · 영양 · 사회 서비스, 영양가 있는 식사와 간식 제공
	Supplemental Nutrition Assistance Program, SNAP	미국 시민, 저속득층, 보호시설에 수용된 사람	푸드스탬프 프로그램이 2008년 10월부터 '보충영양보조 프로그램'으로 바뀌었다. 푸드스탬프 대신 전자카드에 보조금이 전달되어 대부분의 식품점에서 식품을 구매할 때 현금처럼 사용할 수 있으며, 2010년 매달 4,000만 명이 보조금 혜택을 받았다.

CHAPTER 6

CHAPTER 7

아동·청소년 영양사업

1. 아동·청소년 영양관리와 건강문제

1 아동·청소년의 영양관리와 영양관리 대책

(1) 아동 · 청소년의 영양관리

아동 · 청소년의 올바른 식생활은 정상적 성장과 만성질환을 예방하고 건강한 성인이 되는 밑거름이 된다. 아동 및 청소년 영양관리는 각자의 정상적 성장과 건강을 유지하는 것은 물론, 건강한 사회를 만드는 데 기여한다. 또한 의료수가를 절감하고 삶의 질을 향상시키는 데 중요한 역할을 한다.

아동과 청소년 영양관리의 목적은 급식과 영양지원, 영양교육을 통해서 균형 있는 영양소 섭취를 할 수 있게 하고, 음식과 질병과의 관계에 관한 지식을 습득하여 이를 식생활에 적용시켜 질병위험을 감소시키는 데 있다. 그리고 우리나라 식량자원의 생산 · 분배 · 소비에 있어서 합리적인 태도를 갖도록 하여 올바른 식습관과 음식문화를 정립하도록 돕는다.

(2) 식생활환경의 변화와 영양관리 대책

경제수준 향상과 외식의 증가, 가공식품 산업의 발달로 인스턴트식품이나 가공식품의 이용이 증대되고 있다. 매스컴, 특히 텔레비전을 통한 무분별한 식품광고는 편식과 비만을 부를 수 있는 과자류, 인스턴트식품 광고 일색으로, 구매를 충동하고 올바른 영양지식과 균형식사를 위협하고 있다. 따라서 어린 시절부터 올바른 식생활이나 영양관리, 식행동을 할 수 있도록 영양교육과 식생활환경을 정비하는 것이 중요하다.

표 7-1 각 부처별 아동 · 청소년 영양관리 대책

부처	대책 및 내용	관련 법규
교육부	학교급식종합대책 (2007~2011)	학교급식법
범부처 합동	1차 학생건강증진기본계획(2019~2023)	학교급식법, 학교보건법 등
식품의약품안전처	어린이먹거리안전종합대책 (2007)	어린이식생활안전관리특별법

아동과 청소년 영양관리를 위하여 정책지원과 건강한 식생활환경을 위한 장치를 마련하여 건강한 식생활을 할 수 있도록 하여야 한다.

이를 위한 법을 제정하고 정부관련 부처와 기관에서 종합대책을 내놓았다. 그 내용을 보면 표 7-1과 같다. 법무처 합동으로 발표한 제1차 학생건강증진기본계획의 구체적 내용은 BOX 7-1과 같다.

BOX 7-1 **1차 학생건강증진기본계획**

구분	내용	
비전	모든 학생을 보다 건강하게	
기본 방향	• 성장단계의 아동 · 청소년에 초점을 맞춘 범부처 지원체계 구축 • 전반적 예방교육(학교), 건강 취약 학생 지원(전문기관)으로 역할 분담 및 지원 강화	
추진 전략	• 학교 현장에 기반을 둔 지원으로 정책 실효성 제고 • 학생건강에 대한 통합적 지원으로 교육 현장의 부담 경감	
중점 과제	1. 건강증진 교육 내실화	1. 학생 연령대별 특성을 고려한 맞춤형 교육 지원 2. 다양하고 실효성 높은 건강 교육자료 개발 · 보급 3. 교사 전문성 제고 및 관련 교과 협력 강화 4. 가정과 연계 교육을 위한 학부모 홍보 강화
	2. 건강서비스 확대	1. 학생건강 진단체계 강화 2. 다양한 예방 프로그램 운영 및 환경 조성 3. 건강 취약 학생에 대한 지원 강화 4. 미래 건강 문제 대비 연구 추진
	3. 건강한 교육 환경 조성	1. 학교 내 환경위생 관리 · 강화 2. 안전한 학교급식 제공 3. 교육 환경 저해요인 사전진단 및 개선 4. 학교 주변 위험요인 제거 및 관리 강화
	4. 지원체계 강화	1. 학생건강 실태조사 체계 개편 2. 학생건강 정책 연계 강화 3. 학생건강 지원조직 및 인력배치 확대 4. 「학생건강증진 기본계획」 이행 계획

자료: 관계부처 합동. 제1차 학생건강증진기본계획안 요약(2019~2023), 2019

CHAPTER 7

2 식생활과 영양실태

(1) 식품 및 영양섭취 실태

2020년 국민건강영양조사에 따르면 1일 곡류 섭취량은 어린이 265.1g, 청소년 304.2g으로 과거에 비해 곡류의 섭취량은 감소하는 추세이다. 반면 1일 육류의 섭취량은 어린이 108.6g, 청소년 143.4g으로 1998년의 어린이 65.7g, 청소년 69.7g에 비해 크게 증가하는 추세이다. 음료의 경우도 증가하고 있어 2020년 어린이는 116.8g, 청소년은 210.7g을 섭취한 것으로 보고되어 1998년의 3~4배로 증가한 것으로 보고되고 있다.

영양섭취 실태를 보면 어린이와 청소년기 평균 에너지와 단백질은 권장량을 초과하고 있다. 칼슘 섭취량은 낮아서 어린이는 권장섭취량의 61.6%, 청소년은 52.8%로

표 7-2 아동 · 청소년의 영양소별 영양소 섭취기준 미만과 과잉 섭취자 비율(%)

영양소	섭취기준 미만 섭취		섭취기준 이상 섭취	
	6~11세	12~18세	6~11세	12~18세
에너지	25.4	43.6	17.8%	9.7%
단백질	8.2	21.8		
칼슘	74.8	82.6		
철	39.7	70.4		
비타민 A	63.0	81.2		
비타민 C	61.8	81.4		
나트륨			61.1	72.2
영양섭취 부족	11.8	25.6		
과잉섭취			5.9	6.0

섭취기준 미만: 에너지 섭취량이 필요추정량의 75% 미만, 그 외 영양소는 평균필요량 미만
섭취기준 이상: 에너지 섭취량이 필요추정량의 125% 이상, 나트륨은 목표 섭취량 이상
영양섭취 부족: 에너지 섭취량이 필요추정량의 75% 미만이면서 칼슘, 철, 비타민 A, 리보플라빈의 섭취량이 모두 평균필요량 미만인 분율
과잉섭취: 에너지 섭취량이 필요추정량의 125% 이상이면서 지방 섭취량이 지방에너지적정비율의 상한선을 초과한 분율

자료: 질병관리청, 2020 제8기 2차년도, 국민건강통계, 2022

현저히 부족한 수준이었고 비타민 A와 비타민 C, 그리고 청소년의 경우 철분도 부족한 것으로 보고되었다. 청소년기 여자는 남자에 비해 칼슘과 철의 섭취비율이 더 낮았다.

평균 영양소 섭취량이 평균필요량 미만인 아동과 청소년 비율은 칼슘의 경우 74.8%와 82.6%이었으며, 철은 어린이 39.7%, 청소년 70.4%이었다. 비타민 A는 어린이, 청소년 각각 63.0%와 81.2%이었고, 비타민 C는 61.8%와 81.4%로 나타나 매우 심각한 것으로 보고되고 있다. 반면, 에너지 섭취량이 필요추정량의 125% 이상인 과잉섭취 비율은 아동이 청소년보다 높게 나타났다(표 7-2).

(2) 식생활 실태

아동과 청소년의 식생활 실태를 보면 아침 결식 등 불규칙한 식사와 외식 증가 등으로 식생활 위험요소가 많은 것으로 보고되고 있다. 2020년 국민영양조사에서 아침 결식은 과거에 비해 증가한 것으로 보고되고 있다.

또한 질병관리청에서 실시하고 있는 청소년 건강행태조사에 의하면 주 3회 이상

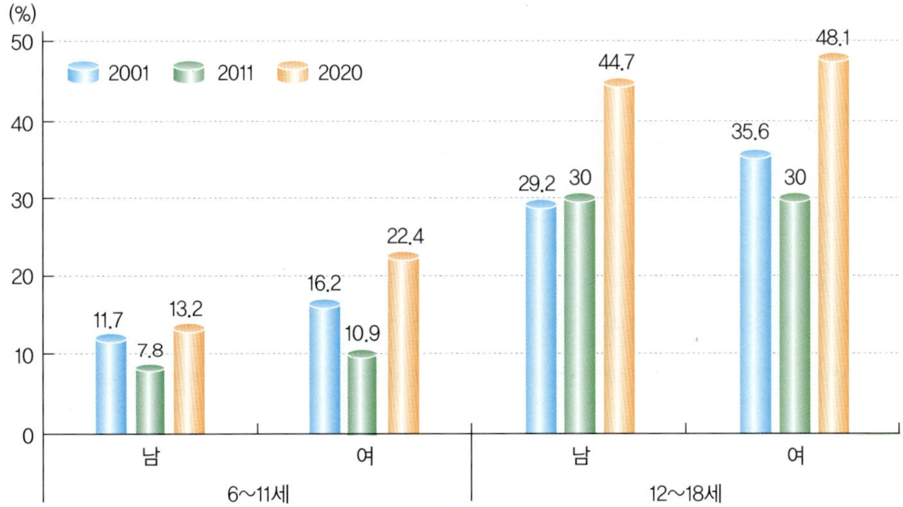

그림 7-1 어린이와 청소년의 아침식사 결식률

자료: 질병관리청. 2020 제8기 2차년도, 국민건강통계, 2022

단맛음료를 섭취하는 비율과 주 3회 이상 탄산음료를 섭취하는 비율이 증가하고 1일 1회 과일을 섭취하는 비율은 줄어들고 있는 것으로 보고되어 식생활교육의 필요성을 보여주고 있다.

3 건강문제

(1) 빈 혈

청소년기 여자를 대상으로 한 연구들에서 20% 이상이 빈혈을 나타내고 있는 것으로 보고되었다. 특히 여성은 월경에 의한 혈액 손실이 있으므로 철 필요량은 많으나 식사를 통한 철 섭취부족, 체중조절을 위한 식사량의 감소로 빈혈이 발생하는 경우가 많다. 특히 청소년기 여자는 가임기의 상태에 있으므로 빈혈은 건강상 대단히 중요한 문제가 된다.

(2) 비 만

2019~2020년 국민건강통계에 의하면 소아청소년(만 6~18세) 비만 유병률은 전체 14.8%, 남자 16.6%, 여자 12.9%로 남자가 여자보다 높았으며, 2010~2012년의 비만 유병률 10.2%에 비해 증가하는 경향을 보이고 있다. 만 6~11세의 경우 남자 13.6%, 여자 12..7%로 성별에 따른 차이가 크지 않았으나, 만 12~18세의 경우 남자 18.9%, 여자 13.0%로 남자가 여자보다 높게 나타났다.

특히 우리나라 청소년들은 운동을 거의 하지 못하고 입시공부에만 신경을 쓰다보니 심한 입시 스트레스로 비만이 늘고 있다. 아동 · 청소년 비만은 고혈압, 당뇨, 고지혈증의 발생 위험을 높이며, 성인비만으로 이어질 가능성이 높다.

실제 비만 아동과 청소년에서 고지혈증과 고혈압, 당뇨 등의 발병률이 높게 나타나고 있다.

(3) 섭식장애

거식증이나 폭식증보다 훨씬 흔한 섭식장애이다. 다이어트에 실패한 경험이 많은 비만인에게서 자주 발견된다. 어떤 문제가 생기면 문제를 극복하지 못하고 음식으로 해결하려 한다. 기분이 우울하거나 무력감에서 벗어나려고 음식을 마구 먹게 되는데, 일시적으로 불안감이나 공허감을 덜어낼 수는 있지만 심한 포만감으로 배가 거북해지고 이어 죄책감과 우울증에 빠진다. 배가 고프지 않아도 충동적으로 폭식하는 바람에 과체중 또는 비만으로, 결국 각종 비만 합병증이 발생하기 쉽다.

마구먹기 장애와 폭식증의 차이는 마구먹기 장애는 폭식 후 인위적으로 장을 비우는 행동을 하지 않는다는 점이다. 음식에 대한 통제는 욕구불만을 더 증가시킬 수 있으므로 생리적으로 배고플 때만 먹도록 지도한다.

2. 학교급식사업

학교급식은 학교급식법에 의거하여 교육부가 중심부처로서 보건복지부, 식품의약품안전처, 질병관리본부, 농림축산식품부 등과 부처 간 실질적인 협조체제를 구축하도록 하였다. 학교급식은 중요한 영양정책사업으로 성장기 학생들에게 균형 잡힌 양질의 식사를 제공하고 급식을 통하여 올바른 식습관지도, 편식의 교정, 공동체의식, 전통의 식문화 및 세계 식문화의 체험, 식품의 생산과 소비에 대한 올바른 이해에 기여할 수 있는 장이 된다. 학교급식은 학생의 심신의 건전한 발달을 도모하고 나아가 국민식생활개선에 기여함을 목적으로 한다.

CHAPTER 7

1 학교급식사업의 연혁과 학교급식 종합대책

(1) 학교급식의 연혁

우리나라 학교급식은 아동의 영양과 건강향상을 위하여 정부정책으로 채택되어 실시하고 있는 중요한 지역사회급식사업이다. 우리나라의 학교급식은 6.25 동란 후 1953년에 국제아동기금(UNICEF)과 미국원조물자방송협회(CARE)와 미국국제개발

표 7-3 학교급식의 연혁

구분	연도	특징
구호 급식기	1953~1972	• 외원에 의한 구호급식(탈지분유)
자활 급식기	1973~1977	• 외원양곡 종료, 자활급식 실험학교 및 일반급식(빵급식) 실시(1973) • 빵급식에 의한 식중독 발생, 제빵급식 전면 폐지(1977)
제도 확립기	1978~1983	• 전면 학교급식 조리체제 전환 및 일용직 영양사 배치(1978) • 학교급식법 제정 · 공포(1981) • 정규 보건직 영양사 최초 임용(1982)
관리체제 전환기	1984~1993	• 관리부서 문교부에서 체육부로 이관, 다시 문교부로 환원
양적 팽창기	1994~2002	• 학교급식법시행령의 개정을 통해 학교급식이 발전한 시기 • 교육부 학교보건체육과에서 학교급식 추진 (위탁급식 허용, 초등학교 전면급식, 중 · 고등학교로 급식확대 실시) • 2000년 HACCP 시스템 적용 시작
질적 팽창기	2003~현재	• 2003년 학교급식이 양 중심의 '확대정책'에서 질 중심의 '운영의 내실화 정책'으로 전환 • 학교급식개선대책 수립, 학생수요자중심의 교육복지정책으로 정착, 학교급식지원센터 설치 • 2007년 학교급식을 위한 시설과 설비를 갖춘 학교는 초 · 중등교육법 규정에 따라 영양교사 배치

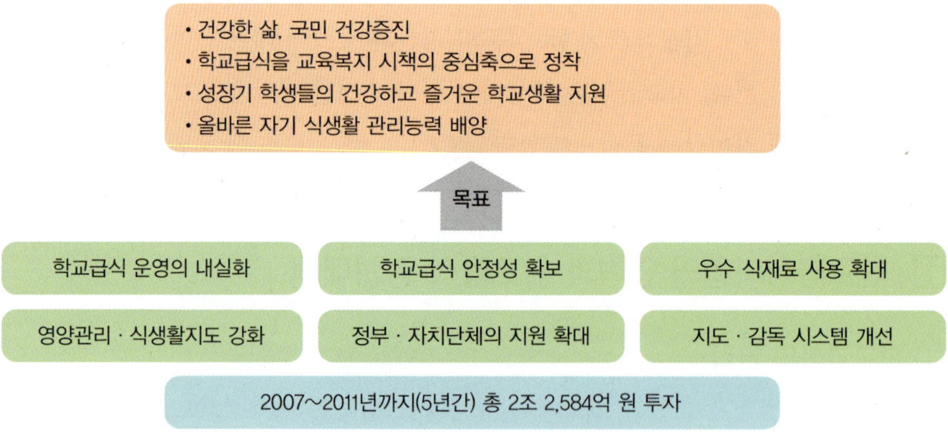

그림 7-2 학교급식 개선 종합대책 추진전략

자료: 교육과학기술부, 2008

처(USAID)의 원조를 받아 무상급식으로 실시되었다. 그후 학교급식의 연혁을 보면 표 7-3과 같다.

1977년에 학교급식규칙을 제정하고 1982년에 학교급식법과 동법시행령을, 1983년에 동법시행규칙을 제정하였다. 그래서 학교는 급식을 시행하였고 영양사를 초등학교에 배치하게 되었다. 초등학교는 1998년 이후 학교급식을 전면 실시하고 있으며 중학교의 경우 2003년에, 고등학교의 경우 1999년에 전면 실시되었다.

2006년 학교급식법을 전면 개정하였고, 영양교사를 배치하여 식생활지도와 영양상담을 실시하도록 규정하였다. 학교급식법의 개정으로 지자체별로 학교급식지원센터를 설치할 수 있게 되었고, 품질이 우수하고 안전한 식재료를 학교급식에 사용하도록 규정하고 있다. 이에 따라 최근 학교급식에 친환경급식이나 지자체에서 생산한 농산물을 이용하도록 그 기능을 활성화하고 있다.

(2) 학교급식 종합대책

학교급식 개선 종합대책(2007~2011년)을 수립하여 추진하였다(그림 7-2). 이 대책에서 주요 개선방안은 급식의 질 향상과 과학적 관리, 공급자중심에서 수요자중심의 급식, 적극적 식생활교육, 급식시설에 지원을 확대하여 학부모 부담을 경감시키도록 하였다. 또한 급식행정은 관리중심에서 지원중심으로 전환하였다.

구체적인 학교급식 개선 목표는 표 7-4와 같다.

표 7-4 학교급식 개선 목표

학교급식 개선 목표	
학교급식 만족도 개선	학생 고도비만율 감소
직영급식 실시율 완료	학부모 급식비 부담률 경감
식중독 발생건수율 감소	학교급식비 지원율 증가
학교급식시설 현대화율 확대	영양상담 실시율 확대
조리실 냉방기 설치율 완료	우수 농산물 급식 지원 확대
식당 미보유 학교비율 감소	

2 학교급식과 영양교육 상담

(1) 학교급식 영양사 및 영양교사의 업무

학교급식과 급식지도의 책임자는 영양교사와 영양사이다. 학교 영양사는 1982년 정규 식품위생직 영양사로서 최초로 임용되었으며, 2007년 영양교사법을 제정하여 영양교사가 탄생된 후 초·중등교육법에 따라 학교급식 전문 인력으로 영양교사를 두도록 하고 영양(교)사의 역할을 규정하였다.

학교급식에서 영양교사의 업무는 급식관리, 위생안전관리, 영양교육과 국가정책 시행자 등으로 대별된다. 이러한 일반적 단체급식시설에서의 영양사 업무와 함께 지역사회 영양서비스 차원의 급식지도와 영양교육, 상담활동, 결식아동 급식 등의 프로그램을 개발하고 직접 실시하는 것이다. 또한 합리적인 식품소비를 하여 국가의 식량정책 수행에도 도움을 주며, 음식물쓰레기를 줄이는 데 있어서도 중심적인 역할을 담당하여 국가의 환경정책에도 기여한다.

(2) 영양교육과 상담활동

최근 아동의 영양문제로 결식·편식·비만·어린이 성인병 등을 개선하여 학생의 체력향상에 기여하고, 나아가 평생건강의 기틀을 마련한다. 최근 주부의 사회참여, 사회환경 변화로 가정에서 소홀해지기 쉬운 식생활 예절교육과 전통 식문화를 급식과 병행하여 교육함으로써 학교급식 목적달성에 기여한다.

우리나라의 학교급식관련 영양활동은 급식시간의 활용, 특별활동 및 교직원 영양교육 활동, 보건소 연계, 영양교육과 지도 등으로 이루어지고 있다.

① 학교기반 영양교육 프로그램

학교 재량시간을 통한 직접적인 영양교육, 영양상담과 특별 프로그램 운영 등 학교 특성에 맞는 영양교육을 시행한다. 특별활동 시간을 이용하여 식생활문화반, 조리식습반, 영양정보 및 식품자원 활동반 등이 운영되고 있다.

특별활동의 경우 학생중심의 열린 테마 교육운영으로 교사주도의 지식 전달 탈피 · 공동체 의식 함양을 위한 조별활동을 강화하여, 우리 문화에 대한 자긍심을 갖도록 우리 음식의 우수성을 강조하고 학생의 실습 참여를 확대하고 있어서, 좋은 효과를 거두고 있다.

식생활 문화반은 한국전통 식생활 문화의 이해와 습득 및 올바른 전통식생활 문화 정착, 건강한 인간 육성, 올바른 식습관 함양, 올바른 식생활 가치관과 전통음식의 이용 증대, 조리 등에 대한 개성과 소질 개발 등을 목적으로 시행되고 있다.

최근에는 돌봄이 필요한 가정을 대상으로 하는 초등돌봄교실 및 방과후 연계형 돌봄교실을 이용하여 보건복지부에서 아동비만예방을 위한 건강한 돌봄놀이터 사업 프로그램을 개발하고 과일간식 지원 시범사업이 실시되는 등 다양한 프로그램이 개발되고 있다.

② 학부모 · 지역사회 연계 프로그램 운동

학부모 및 지역사회(보건소 · 유아원)를 연계하여 영양지도를 실시한다. 초등학생의 비만이 심각하게 증가되고 있어서 이들을 위한 영양상담실 운영의 필요성이 증대되고 있다. 영양상담 또는 지역사회보건소, 학교와 연계하여 비만교육캠프 등이 이루어지고 있으며 교육효과가 높은 것으로 평가되고 있다.

교직원을 위한 영양교육을 실시하며 학교 · 가정 · 지역과 연계하고 있는 영양활동을 제시해 보면 그림 7-3과 같다.

CHAPTER 7

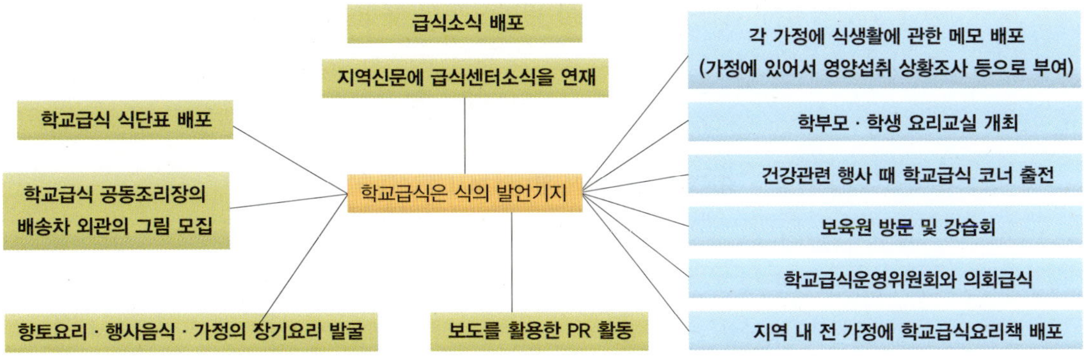

그림 7-3 학교 · 가정 · 지역과 연계한 영양활동

3. 보건소의 초·중등학교 영양활동

1 비만캠프

보건소와 학교와 연계하여 실시된 사업으로는 어린이영양캠프, 비만캠프, 소아비만 교육사업 등이 있으며 그 효과도 매우 좋은 것으로 나타나고 있다.

우리나라 아동 및 청소년의 비만율이 크게 증가하고 있다. 소아 및 청소년비만은 성인병 질환 유발가능성을 높이고 소아당뇨, 신체발육 불균형 등을 초래하며 개인의 건강, 사회전반의 심리적 건강에 부담을 주고 있다. 아동청소년기의 비만예방관리는 이 연령에서 매우 중요한 영양사업이 되고 있다. 식습관교정 기회를 제공하여 편식 교정과 비만의 발생을 감소시켜 건강을 향상시킬 수 있는 사업이다.

2 영양교육 프로그램

보건소 연계 초 · 중등학교의 건강생활 실천 사업을 보면 표 7-5와 같다. 보건소에서 실시되는 학령기 아동과 청소년들을 위한 영양교육 프로그램은 주로 편식 교정, 비만 예방, 올바른 식생활 등을 주제로 하여 영양교실을 운영하거나 학교와 연계하고 직접 방문하여 영양교육을 하는 형태로 이루어지고 있다.

충남 아산시에서 개발한 '비만아동 유병률 데이터베이스'는 교육청 협조하에 초등학생 신체검사 결과를 공유하여 비만아동의 유병률을 효과적으로 파악 · 관리할 수 있게 되어 있다.

표 7-5 보건소의 초 · 중등학교 건강생활실천사업 예시

영양사업	횟 수	내 용	교육자료
초등학교 영양교육	연중 1회	비만편식 예방교육	PPT
초등학교 적정체중교실	연중 4회	비만관리교육 및 상담	식사일기
중 · 고등학교 영양교육	연중 1회	청소년 영양관리	

3 아침먹기사업

도시형 보건소에서 실시되는 건강증진사업의 일환으로 학교에서 교사와 함께 운영하는 프로그램이다. 아동들이 제때에 골고루 알맞게 먹자라는 올바른 식생활 실천을 도모하고자 실시하는 사업이다.

4. 결식아동 지원 및 복지사업

1 결식아동 지원사업

(1) 어린이 아침 결식 예방사업

학동기와 청소년기의 경우 다른 연령층에 비하여 아침 결식 등의 불규칙한 식사, 편식, 부적당한 간식섭취로 영양문제가 크게 증가하고 있다. 아동과 청소년의 아침 결식이 아주 높아서 집중력 감소, 영양의 불균형, 빈혈, 저체중, 비만 비율의 증가가 결과로 나타나는 것으로 보고되고 있다. 아침 결식 예방을 위한 식생활교육과 지원사업이 필요하다. 미국의 경우 아침식사, 우유 등 간식 제공사업이 이루어지고 있다.

(2) 결식아동급식 지원사업

아동급식 지원사업은 저소득 가정의 아동들이 건강하게 자랄 수 있도록 급식지원 등을 통해 결식을 예방하고 영양개선에 도움을 주고자 하는 것으로 경제위기 이후 실직 및 빈곤가정 아동의 수가 증가하면서 점심 결식이 늘어나자 기존의 중식지원사업을 확대 실시하게 되었으며 2000년에 석식 지원사업을 시작하였다. 결식우려가 있는 수급자, 차상위, 한부모 등의 아동, 결식이 발견되거나 우려되는 아동, 아동복지 프로그램 이용아동 등이 대상이며, 교육청에서는 학기 중 중식(학교급식) 및 토 · 공휴일 중식을 지원하고 지방자치단체에서 평일 조식 및 석식, 토 · 공휴일 조식 및 석식, 및 방학 중 조, 중, 석식을 지원하고 있다. 2016년에는 1식당 3,500원, 2018년에는 4,000원, 2020년에는 5,000원을 아동급식비 권고단가로 지원하였고, 2022년에는 1식 7,000원 이상 지원하는 것을 권장하고 있으며 연령별로 차등 단가를 적용할 수 있다.

아동급식은 지역아동센터나 복지관, 민간기관 등의 단체급식, 지정음식점, 도시락 배달 등의 형태로 지원되며 기타 편의점 급식, 부식지원, 급식 현물이 곤란한 지역의 경우 식품권 등 기타 방법 지원하는 것도 가능하도록 하고 있다.

2 아동·청소년 복지사업

(1) 지역아동센터

아동복지법 제16조에 의거하여 2004년부터 전국의 공부방이 지역아동센터로 변경되어 정부의 운영비 지원으로 운영되고 있다. 지역사회 빈곤 · 결손아동에 대해 보호, 학습지원, 급식, 상담, 지역사회와의 연계 등 종합적인 아동복지 서비스를 제공하고 있다. 보건복지부는 2006년부터 902개소에서 점차 확대해 가고 있다.

지역아동센터 사업의 대상은 미취학, 초등학생, 중학생, 고등학생 등 18세 미만 아동과 청소년이다. 운영 프로그램은 지역사회 내 방임아동 보호, 생활지도, 위생지도, 급식제공 등의 보호 프로그램, 교육 프로그램, 문화 프로그램, 상담 및 부모교육 등의 복지 프로그램, 지역자원연계 프로그램, 주말 · 공휴일 · 일요일 프로그램, 야간보호 프로그램 등이 있다.

(2) 드림스타트사업

보건복지부 주관으로 2007년부터 시작된 드림스타트사업은 저소득층 아동을 대상으로 한 건강, 보육, 복지 등 맞춤형 국가주도의 지원 프로그램이다. 이는 더 나은 교육환경을 제공하기 위한 프로그램이다. 드림스타트사업은 아동발달 악영향 유발 및 부적절한 양육환경과 기회 불평등이 야기됨에 따라서 공평한 기회보장과 아동 · 가족에 초점을 둔 통합 지원체계로서 시작한 사업이다.

드림스타트사업의 분야는 건강 · 보육과 복지 서비스로 나누고 그 세부내용은 표 7-6과 같다.

표 7-6 드림스타트사업의 내용

분 야	내 용
건강 서비스	• 취약계층 임산부의 건강한 출산 및 양육 지원 • 취약계층 아동의 신체적 · 정서적 건강 발달 증진 • 건강한 생활을 위한 사전 예방적 부모교육 및 가족역량 강화 • 지역 내 유관기관과 연계하여 효율적 협조체계 구축
보육 서비스	• 예방 · 맞춤 · 통합형 아동발달 서비스를 지향하며 수요자 중심의 지역보육 안전망 구축 • 아동양육 관련 실제적인 정보 및 훈련을 통한 부모의 역량 강화 • 자아존중감 및 긍정적 성격 형성을 위한 가정기능 회복, 강화
복지 서비스	• 취약계층 아동과 가족의 생활 안정, 삶의 질 개선, 빈곤 대물림 차단을 위한 종합적이고 능동적인 맞춤형 복지 서비스 제공 • 가족지원 서비스를 통한 가족유대 강화 및 건강한 가정생활 • 사전 예방적 교육을 통한 삶의 질 향상(아동학대 및 권리 교육 등)

5. 어린이 식생활안전사업

1 학교 내 건강매점 운영사업

최근 어린이먹거리에 대한 불안감이 증대되고 고열량 · 저영양 식품의 과잉섭취로 인해 아동기의 대사성증후군이나 비만 등 생활습관성 질환이 점차 증가되는 것을 예방하기 위한 방안으로 학교 내 매점을 건강위협 요소들로 보고 건강매점 운영이 실시되고 있다. 올바른 식품선택의 개선을 위해 실시되는 건강매점 운영은 어린이 식생활안전관리특별법에 의해 청소년과 학동기 아동들에게 건강한 먹거리를 제공하기 위한 사업의 하나이다. 이는 교내에서 매점이 고열량 · 저영양 식품을 판매하는 것을 제한하고 건강친화적인 식품, 자연식품 등을 판매하는 건강매

그림 7-4 건강매점 로고 '쉬는 시간'

점이 운영되도록 지원하는 사업이다. 건강매점에서는 빵과 과자, 빙과류, 탄산음료 대신 비타민과 무기질이 풍부한 귤, 방울토마토 등 생과일과 냉동홍시, 파인애플 등을 판매한다. 건강매점 로고는 그림 7-4와 같으며 건강매점 지원기준은 BOX 7-2와 같다.

BOX 7-2 건강매점 지원기준

- 영양정보관을 겸한 매점으로 시설개선지원 : 영양게시판, 건강식품전시대, 영양정보벽면, 분리수거통 등 설치
- '09.3.22 시행된 「어린이 식생활안전관리 특별법」에 의거 품질인증을 받은 어린이 기호식품 판매
- 자연식품인 과일과 과일제품이 공급되도록 농협과 연계해 줌
- 건강매점 운영위원회(교사, 학부모, 학생, 매점운영자 등) 구성
- 건강매점 운영매뉴얼(운영자지침, 건강식품기준, 운영평가방법 등) 제공
- 지속적인 모니터링으로 운영결과평가 후 확대

2 어린이 식품안전 보호구역 지정사업

어린이 식생활안전관리 특별법이 2009년도에 시행됨에 따라 학교주변 반경 200m 이내 지역을 어린이식품안전보호구역(Green Food Zone)으로 지정하였다. 어린이식품안전보호구역 지정사업은 학교 주변에 있는 문구점, 구멍가게, 분식점 등에서 위생상태가 불량한 제품, 건강저해식품, 정서저해식품의 유통을 막고 안전하고 위생적인 어린이식품 판매환경을 만들기 위한 조치이다. 이 구역 내 어린이 기호식품 판매업소는 식품의 위생적 취급 여부, 고열량·저영양 식품판매 여부, 유통기한 경과제품이나 부정·불량식품판매 여부 등에 대해 식품의약품안전처의 철저한 지도·점검을 받도록 하였다. 그리고 식품의약품안전처는 어린이 기호식품 조리·판매업소의 관리와 고열량·저영양 식품의 판매금지 등에 대한 지도·감독을 맡게 되었다.

6. 외국의 아동 영양지원 프로그램

미국의 아동을 위한 영양지원 프로그램은 표 7-7에서 보는 바와 같이 연방정부의 예산지원하에 주정부와 지방정부 단위에서 각 정부와 민간단체, 학교 등의 협조를 통해 수행되고 있다.

표 7-7 정부와 지방자치의 식품지원 프로그램 역할

구 분	어린이영양	식품보조	식품지급
주(state) 단위	교육 사회적 서비스 식품지원부서 지역관 배치	보건 인디언 부족 사회적 서비스	농업 교육 사회적 서비스 인디언 원주민 부락
지방(local) 단위	공립학교 사립학교 어린이 보육센터 주간보호시설 어린이 보호시설	보건소 지역사회 그룹 지방보건기관 복지분야	자선기구 학교 어린이 보육센터 식품은행

1 학교급식 프로그램

(1) 점심급식 프로그램

미국에서 1930년대와 1940년대에 실시된 초기의 학교 점심급식 프로그램(School Lunch Program)의 주된 목표는 어린이의 영양결핍증을 퇴치하는 문제였다. 학교 점심급식 프로그램을 관장하는 연방의회는 1946년에 전국적으로 학교 점심급식 프로그램을 법으로 채택하였으며, 미국 농무성은 영양기준에 따라 점심식사를 제공하는 학교에 대해서 현금이나 필수적인 일상식품을 제공해 주고 있다. 이 프로그램의 목적은 급식을 통해서 영양요구량을 제공하며, 경제 또는 신체적 조건 등과 관계없이 모든 어린이들에게 평등하게 제공하는 것이다. 또한 프로그램의 운영과 급식조직을 위해서 자금을 지원하도록 하고 있다.

1970년대 이후 연방정부의 빈곤수입기준에 따라 저소득층의 학생들에게는 무료 또는 할인가격의 점심식사를 제공하고 있다.

(2) 아침급식 프로그램

학교 아침급식 프로그램(School Breakfast Program)은 빈곤지역과 학교로부터 먼 거리에 거주하는 학생들의 식사를 지원하기 위해 1966년에 시범적으로 시작되었다가 1975년에 어린이영양법(Child Nutrition Act)을 개정하여 영구적인 프로그램으로 변화되었다. 이 프로그램에 의해 어린이들은 가정의 소득수준에 따라 전액지불, 할인가격지불, 무료 순으로 아침급식을 제공받게 되었다. 이 프로그램은 모든 공립학교와 비영리 사립학교, 어린이 보육시설에서 참여할 수 있도록 하였다.

이 프로그램은 국가적인 차원에서 시행되며, 농무성의 식품영양부서(Food and Nutrition Service : FNS) 내 어린이 영양부서에 의해 운영된다.

(3) 여름방학 급식 프로그램

여름방학 급식 프로그램(Summer Food Service Program)은 1969년에 시작하였고 학교, 지방이나 시의회에 의해서 운영되며 여름 몇 달 동안 학생들에게 식사를 급식하기 위해 기금이 제공된다. 이 프로그램은 무료 또는 할인가격으로 학교 점심급식을 받는 저소득층 학생들에게 실시되고 있다. 아침, 점심, 저녁식사 또는 간식이 무료로 제공된다.

(4) 특수 우유급식 프로그램

학교 점심 혹은 아침급식 프로그램이나 기타 어린이와 성인관리를 위한 급식 프로그램 등에 속하지 않는 학교는 특수 우유급식 프로그램을 실시한다. 이 프로그램은 무료 혹은 아주 낮은 가격에 우유를 제공하며, 어린이들이나 학생들의 우유 섭취량 증가에 기여하고 있다.

2 아동과 성인 급식 프로그램

미국 농무성은 탁아 프로그램에 속해 있는 아동들에게 식사와 간식을 제공하기 위하여 기술적인 보조와 기금을 지원하고 있다. 아동과 성인 급식 프로그램(Child and Adult Care Food Program : CACFP)의 혜택을 받을 수 있는 대상은 아동을 위한 개인 또는 국가의 프로그램과 취학 아동을 위한 방과 후 보호시설, 저소득층 어린이를 위한 Head Start 프로그램, 주간 어린이집 등이다.

3 청소년 영양교육 프로그램

미국에서는 세 개의 연방 정부 프로그램에서 다음과 같은 청소년을 위한 영양교육을 다룬다. 미국 농무성의 어린이 영양 프로그램 산하에 있는 영양교육과 훈련 프로그램(Nutrition Education and Training Program : NET)에서 실시하며, 저소득층의 청소년들이나 학령기 어린이를 위한 영양교육 프로그램인 청소년 확대 식품 영양교육 프로그램(Expanded Food and Nutrition Education Program for Youth : EFNEP Youth)을 지원한다.

CHAPTER 8 성인 영양사업

1 성인 영양관리와 건강문제 | 2 보건소영양사업 | 3 산업체의 영양활동

1. 성인 영양관리와 건강문제

1 성인기 영양관리의 중요성

성인기는 청년기, 중년기, 장년기로 구분되는데 활발하게 사회활동을 하는 시기이지만 노화가 진행되고 각종 만성질환이 발병하는 시기이다. 따라서 이 시기의 영양관리는 노화를 지연시키고 만성질환의 발생을 예방하는 데 중점을 둔다.

개인의 건강상태는 평소의 생활습관에 의해 좌우되므로 성인기에는 바람직한 식습관을 유지하고 최적의 영양상태를 보유하여 건강한 노년기를 맞이할 수 있도록 한다. 성인기는 성장발달이 거의 완료되었으며, 노년기만큼 노화가 빠르게 진행되는 시기는 아니므로 생리적인 변화가 비교적 적은 시기이다. 따라서 성인기의 영양요구량은 신체 균형을 유지하는 데 필요한 양과 같다. 영양소의 이용, 대사 및 필요량은 생애주기에 따른 생리적 변화에 의해 영향을 받으며, 성인기는 19~29세, 30~49세, 50~64세로 나누어 영양소 섭취기준을 설정하고 있다. 또한 생활습관질환의 1차 예방을 위하여 열량영양소의 섭취비율을 고려하며, 포화지방산, ω-6 지방산, ω-3 지방산의 섭취비율과 심혈관계 질환의 위험요소인 트랜스지방산의 섭취비율, 콜레스테롤의 섭취를 주의해야 한다.

2 식생활 현황

(1) 식품 및 영양 섭취 실태

2020년 국민건강영양조사 결과를 보면 19세 이상의 1인당 1일 주요 식품군별 섭취량은 곡류 271.0g, 감자 · 전분류 32.3g, 두류 34.9g, 채소류 279.5g, 과일류 124.9g, 음료류 254.3g, 육류 145.7g, 난류 33.7g, 어패류 91.3g, 우유류 85.7g, 유지류 7.0g으로 조사되었다. 19세 이상의 영양소별 1일 섭취량은 에너지 1,953.4g, 단백질 74.3g, 지방 52.6g, 탄수화물 269.7g이었다. 성인의 영양섭취부족자 분율은 19~29세에서 17.5%, 30~49세 14.9%, 50~64세 9.1%로 나타나 중장년에 비해 청년층에서 높

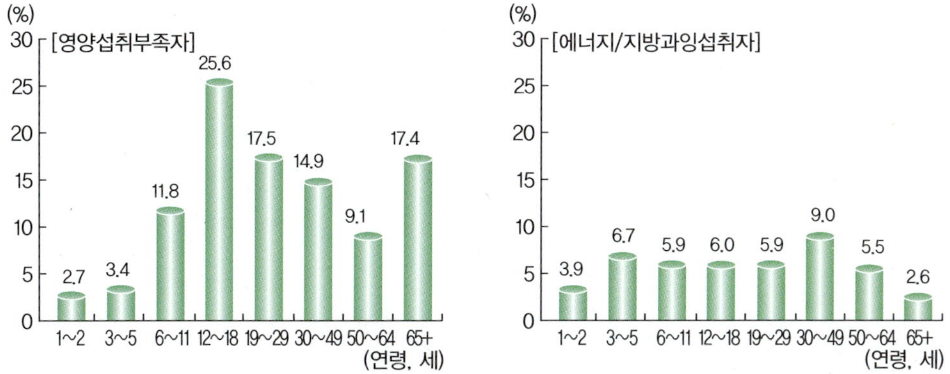

※ 영양섭취부족자 분율 : 에너지 섭취량이 필요추정량의 75% 미만이면서 칼슘, 철, 비타민 A, 리보플라빈의 섭취량이 평균필요량 미만인 분율, 만 1세 이상

※ 에너지/지방과잉섭취자 분율 : 에너지 섭취량이 필요추정량의 125% 이상이면서 지방 섭취량이 지방에너지적정비율의 상한선을 초과한 분율

※ 에너지 필요추정량, 영양소별 평균필요량, 지방에너지적정비율 : 2010 한국인 영양섭취기준 개정판(한국영양학회, 2010)

※ 본 결과는 1일 간의 섭취량 조사로부터 산출한 값이므로 문제 규모가 과대 산출될 가능성이 높다는 점을 참고하여 활용

그림 8-1 영양섭취부족자 및 에너지/지방과잉섭취자 분율

자료: 국민건강영양조사, 2020

게 나타났다. 에너지/지방과잉섭취자 분율에서는 19~29세가 5.9%, 30~49세 9.0%, 50~64세 5.5%로 나타났다.

(2) 식생활 행태

2020년 국민건강영양조사 결과를 기준으로 식생활 행태를 살펴보면 끼니(아침, 점심, 저녁)별 결식률은 식품섭취조사의 '조사 1일 전 끼니별 결식 여부'를 이용하여 산출하였는데, 성인의 아침식사 결식률은 남녀 모두 20대가 가장 높았고(남자 58.4%, 여자 50.8%), 그 다음으로 남자는 30~49세(43.2%), 여자는 30~49세(34.8%)가 높았다. 하루 1회 이상 외식을 하는 분율은 2010년 이후 2018년까지 지속적으로 증가하는 경향을 보이다가 최근에는 그 비율이 유지되고 있는 경향을 보였는데, 2020년에는 그 비율이 매우 낮게 나타났으며 이는 COVID-19 펜데믹으로 인한 집합과 이동의 제한으로 인한 것으로 보인다. 2020년 국민건강영양조사 결과에서는 남자 36.1%, 여자 19.3%로 나타났다. 연령별로는 성인남자의 경우 30~49세 47.5%, 여자

CHAPTER
8

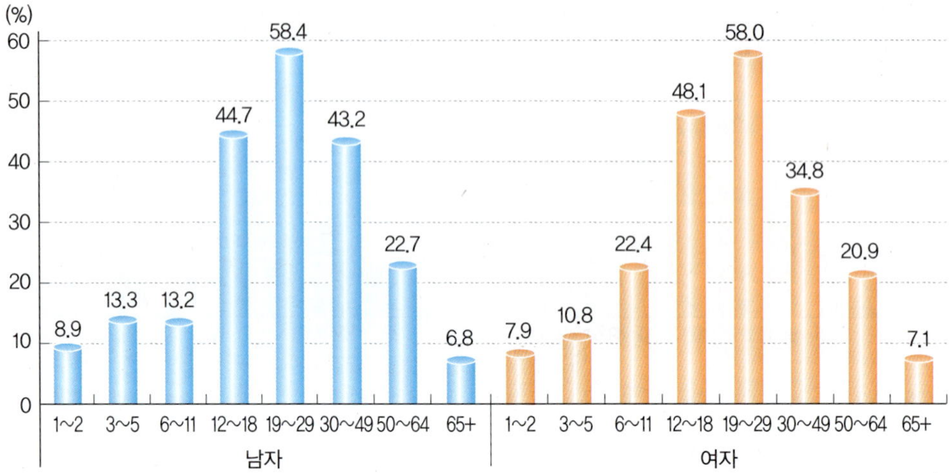

※ 아침식사 결식률 : 조사 1일 전 아침식사를 결식한 분율, 만 1세 이상

그림 8-2 연령별 아침식사 결식률

자료: 국민건강영양조사, 2020

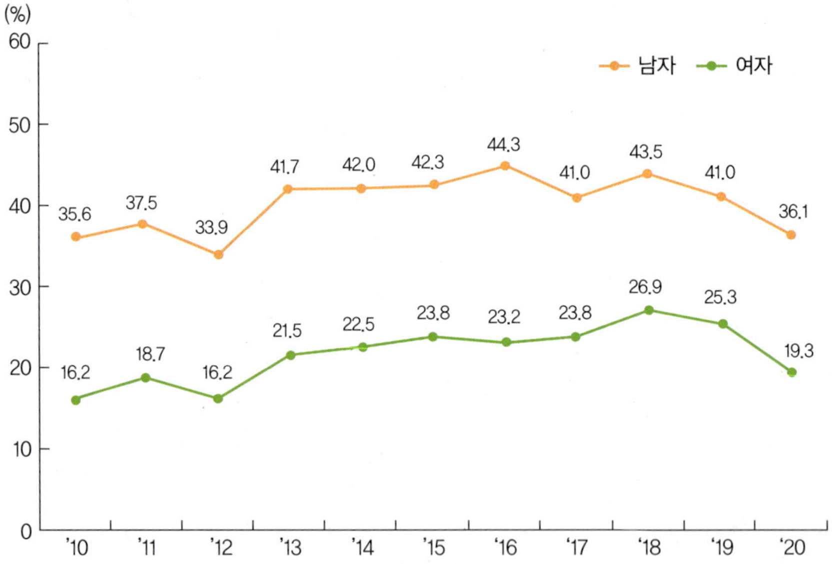

※ 하루 1회 이상 외식률 : 외식빈도가 하루 1회 이상인 분율, 만 1세 이상

※ 2005년 추계인구로 연령표준화

그림 8-3 하루 1회 이상 외식률 추이

자료: 국민건강영양조사, 2020

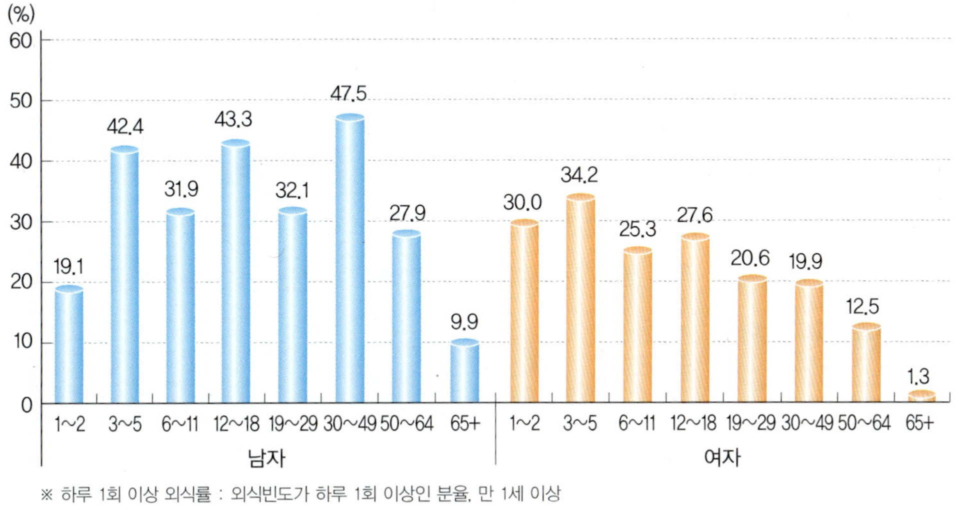

그림 8-4 연령별 하루 1회 이상 외식률

자료: 국민건강영양조사, 2020

는 19~29세가 20.6%로 높았다. 하루 1회 이상 외식률은 읍면지역에 비해 동지역이, 소득수준이 높을수록 높은 경향을 보였다.

2022년 1년간 식이보충제 복용경험률(만 1세 이상, 표준화)을 조사한 결과 남자 58.4%, 여자 67.2%로 나타났다. 성인의 식이보충제 복용경험률은 남자의 경우 30~49세 65.5%로, 여자는 50~64세 77.9%로 가장 높았다. 식이보충제 복용경험률은 여자 12~18세를 제외한 모든 성별, 연령대에서 40% 이상 수준이었고, 소득수준이 높을수록 높았다.

3 건강문제

(1) 비 만

비만은 고혈압, 당뇨병, 뇌혈관질환, 심장질환과 같은 합병증을 동반하기 쉽고 이 외에도 관절염, 통풍과 같은 질환이 비만과 연관이 있다. 그 밖에 비만인에서 대장암이나 유방암과 같은 암 발생 빈도도 높은 것으로 알려져 있다.

우리나라 성인의 비만 유병률(만 19세 이상, 표준화)은 1998년 26.0%에서 2007년 31.7%로 증가한 후 계속 유사한 증가세를 유지하고 있다. 남자는 2005년부터 2011년까지는 약 35% 수준이었으나 2012년부터 점차 증가하여 2020년 48.0%이었다. 여자는 1998년부터 2020년까지 약 23~28% 수준을 유지하고 있다. 비만 유병률(만 19세 이상)은 남자 48.0%, 여자 27.7%로 남자가 여자보다 20.3% 높았다. 20~60대는 남자의 비만 유병률이 여자보다 높았으나, 70대 이상에서는 여자의 유병률이 더 높은 것으로 나타났다.

(2) 고혈압

고혈압은 초기에 적절한 치료와 관리를 하면 합병증을 줄일 수 있고, 또 사망률도 낮출 수 있으므로, 일찍 발견하여 적극적인 관리와 치료를 하는 것이 중요하다. 우리나라 만 30세 이상의 고혈압 유병률은 2007년 24.6%이었으나 지속적으로 상승하는 추세를 보여 2020년에는 28.3%로 조사되었다. 2020년 국민건강영양조사 결과에서는 남자에서는 30~39세 17.7%, 40~49세 31.5%, 50~59세 45.4%이었으며, 여자는 30~39세 4.4%, 40~49세 9.6%, 50~59세 26.4%로서 남자가 여자보다 발생률이 높았고 연령이 많아짐에 따라 증가하는 경향이었다.

(3) 이상지질혈증

이상지질혈증은 혈중 고농도로 존재하는 지질의 종류에 따라 고콜레스테롤혈증과 고중성지방혈증으로 구분한다. 만 30세 이상의 고콜레스테롤혈증 유병률은 2007년 10.7%를 나타낸 이래 점차적으로 증가하여 2020년에는 23.9%의 유병률을 보였다. 30~40대에서는 남자의 유병률이 여자보다 높았으나, 50대 이상에서는 여자가 남자보다 더 높았다. 고중성지방혈증 유병률은 2007년에서 2020년까지 16~17% 사이로 유사한 비율이었다.

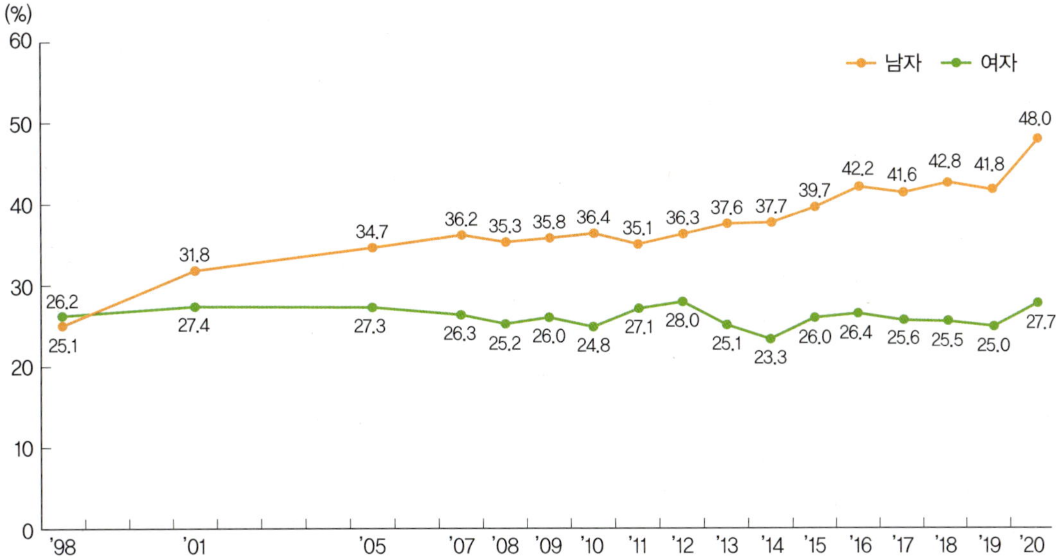

※ 비만 유병률 : 체질량지수 25kg/m² 이상인 분율, 만 19세 이상

※ 2005년 추계인구로 연령표준화

그림 8-5 비만 유병률 추이(체질량지수 기준)

자료: 국민건강영양조사, 2020

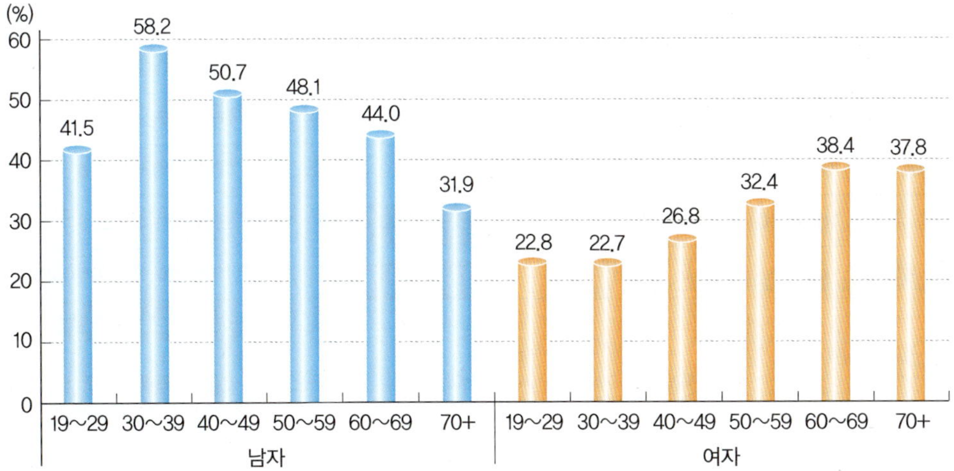

※ 비만 유병률 : 체질량지수 25kg/m² 이상인 분율, 만 19세 이상

그림 8-6 연령별 비만 유병률

자료: 국민건강영양조사, 2020

CHAPTER 8

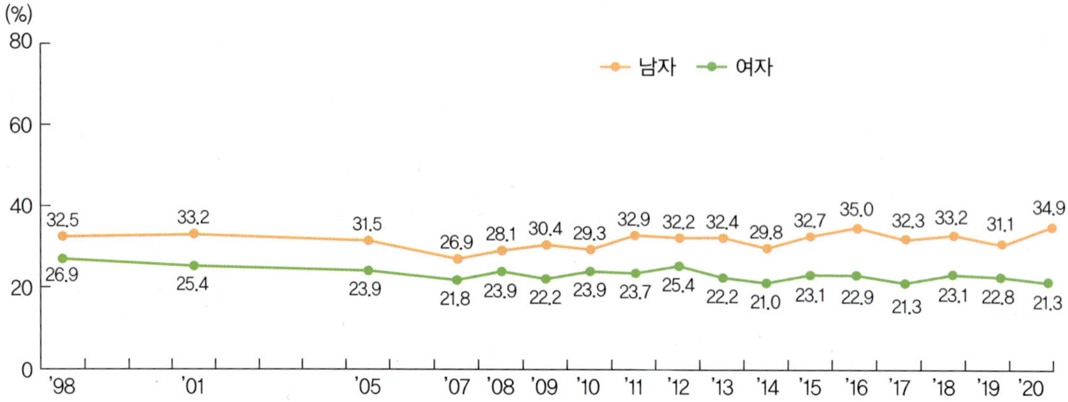

※ 고혈압 유병률 : 수축기혈압이 140mmHg 이상이거나 이완기혈압이 90mmHg 이상 또는 고혈압 약물을 복용한 분율, 만 30세 이상

※ 2011년 남자 팔높이 83cm, 여자 팔높이 81cm 기준으로 AHA(1967)에 근거하여 2008년 7월~2010년 측정치 보정 산출

※ 2005년 추계인구로 연령표준화

그림 8-7 고혈압 유병률 추이

자료: 국민건강영양조사, 2020

표 8-1 만성질환 유병률: 검진

단위 : (%)

		2007	2008	2009	2010	2011	2012	2013	2014	2015	2016	2017	2018	2019	2020
만 30세 이상	고혈압 유병률	24.6	26.3	26.4	26.9	28.5	29.0	27.3	25.5	27.9	29.1	26.9	28.3	27.2	28.3
	당뇨병 유병률	9.6	9.7	9.6	9.7	9.8	9.0	11.0	10.2	9.5	11.3	10.4	10.4	10.4	11.8
	고콜레스테롤혈증 유병률	10.7	10.9	11.5	13.5	13.8	14.5	14.9	14.6	17.9	19.9	21.5	21.4	22.3	23.9
	고중성지방혈증 유병률	16.9	17.3	16.5	16.6	16.2	16.8	17.1	17.9	16.8	17.2	16.4	17.1	14.5	16.7

※ 고혈압 유병률 : 수축기혈압이 140mmHg 이상이거나 이완기혈압이 90mmHg 이상 또는 고혈압약물을 복용한 분율, 만 30세 이상(2011년 남자 팔높이 83cm, 여자 팔높이 81cm 기준으로 AHA(1967)에 근거하여 2008년 7월~2010년 측정치 보정 산출)

※ 당뇨병 유병률 : 공복혈당이 126mg/dL 이상이거나 의사진단을 받았거나 혈당강하제복용 또는 인슐린 주사를 투여 받고 있는 분율, 만 30세 이상

※ 고콜레스테롤혈증 유병률 : 총콜레스테롤이 240mg/dL 이상이거나 콜레스테롤강하제를 복용한 분율, 만 30세 이상 (1988, 2001년 약복용 여부 미조사로 2005년부터 결과 제시)

※ 고중성지방혈증 유병률 : 중성지방이 200mg/dL 이상인 분율, 만 30세 이상

※ 2005년 추계인구로 연령표준화

자료: 2020 국민건강통계: 보건복지부, 질병관리청(국가승인통계 제117002, 국민건강영양조사)

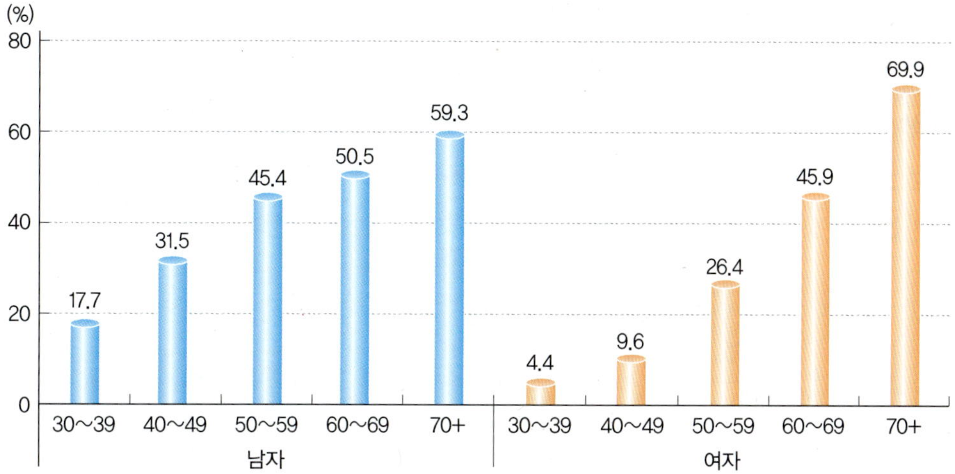

※ 고혈압 유병률 : 수축기혈압이 140mmHg 이상이거나 이완기혈압이 90mmHg 이상 또는 고혈압 약물을 복용한 분율, 만 30세 이상

그림 8-8 연령별 고혈압 유병률

자료: 국민건강영양조사, 2020

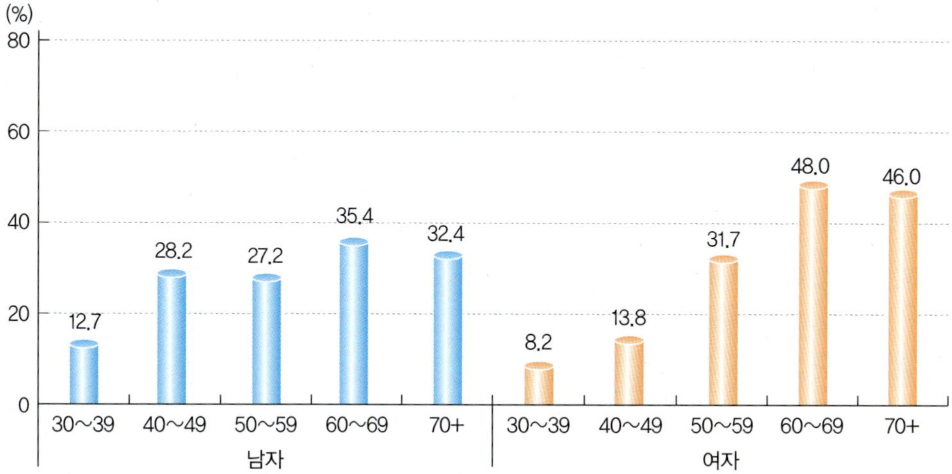

※ 고콜레스테롤혈증 유병률 : 총콜레스테롤이 240mg/dL 이상이거나 콜레스테롤강하제를 복용한 분율, 만 30세 이상

그림 8-9 연령별 고콜레스테롤혈증 유병률

자료: 국민건강영양조사, 2020

(4) 당뇨병

국민건강영양조사 결과에 의하면 당뇨병 유병률은 만 30세 이상에서 2007년 9.6%를 보인 이래 그 비율이 유지되거나 약간 증가하여 2020년에는 11.8%를 보이고 있다. 2020년 조사에서 남자는 30~39세 5.1%, 40~49세 11.5%, 50~59세 20.2%이었으며, 여자는 30~39세 2.0%, 40~49세 3.2%, 50~59세 12.2%로 나타났다.

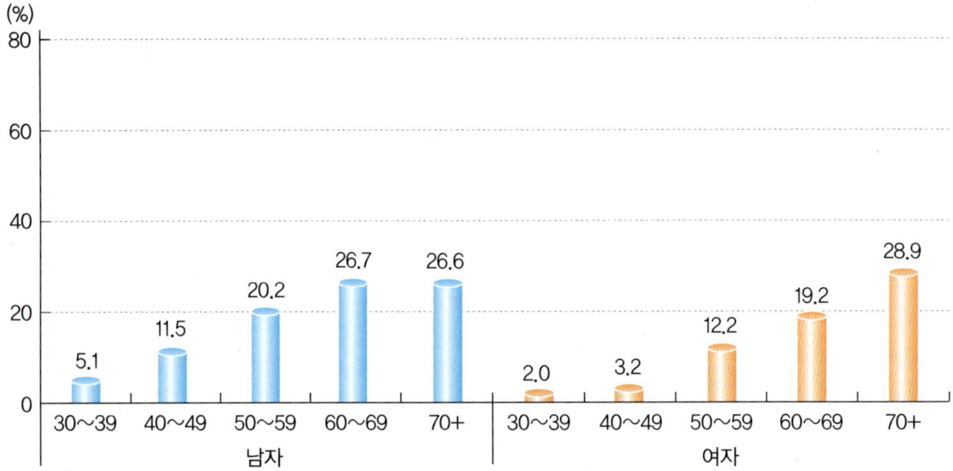

※ 당뇨병 유병률 : 공복혈당이 126mg/dL 이상이거나 의사진단을 받았거나 혈당강하제복용 또는 인슐린 주사를 투여받고 있는 분율, 만 30세 이상

그림 8-10 연령별 당뇨병 유병률

자료: 국민건강영양조사, 2020

2. 보건소영양사업

성인기는 비만 유병률이 증가하는 시기이며, 고혈압, 대사증후군, 골다공증, 암 등 각종 질환이 발생하는 시기이다. 또한 보건소의 여러 가지 보건사업 중 주민을 위해 가장 필요한 사업을 조사한 결과 고혈압, 당뇨, 고지혈증, 심뇌혈관 등의 만성질환관리 사업으로 나타났다. 또한 보건사업의 중요도 조사결과에서는 과거에는 전염성질환, 정신질환 및 구강관리를 중요하게 여겼는데, 최근 조기검진이나 건강행태개선사업이 중요하다고 나타났다. 이에 전국의 각 지역보건소에서는 성인대상의 각종 영양사업을 활발하게 진행 중에 있다.

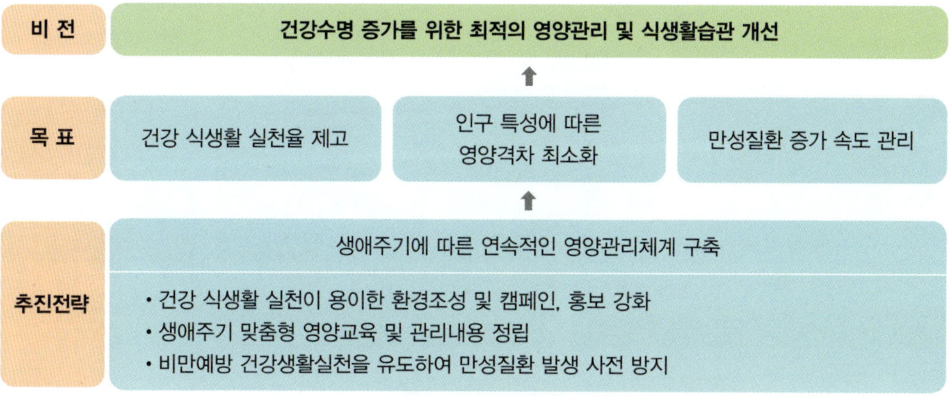

그림 8-11 보건소에서의 국민영양관리 시행계획(2015~2018)

자료: 대전광역시 유성구 보건소, 2014

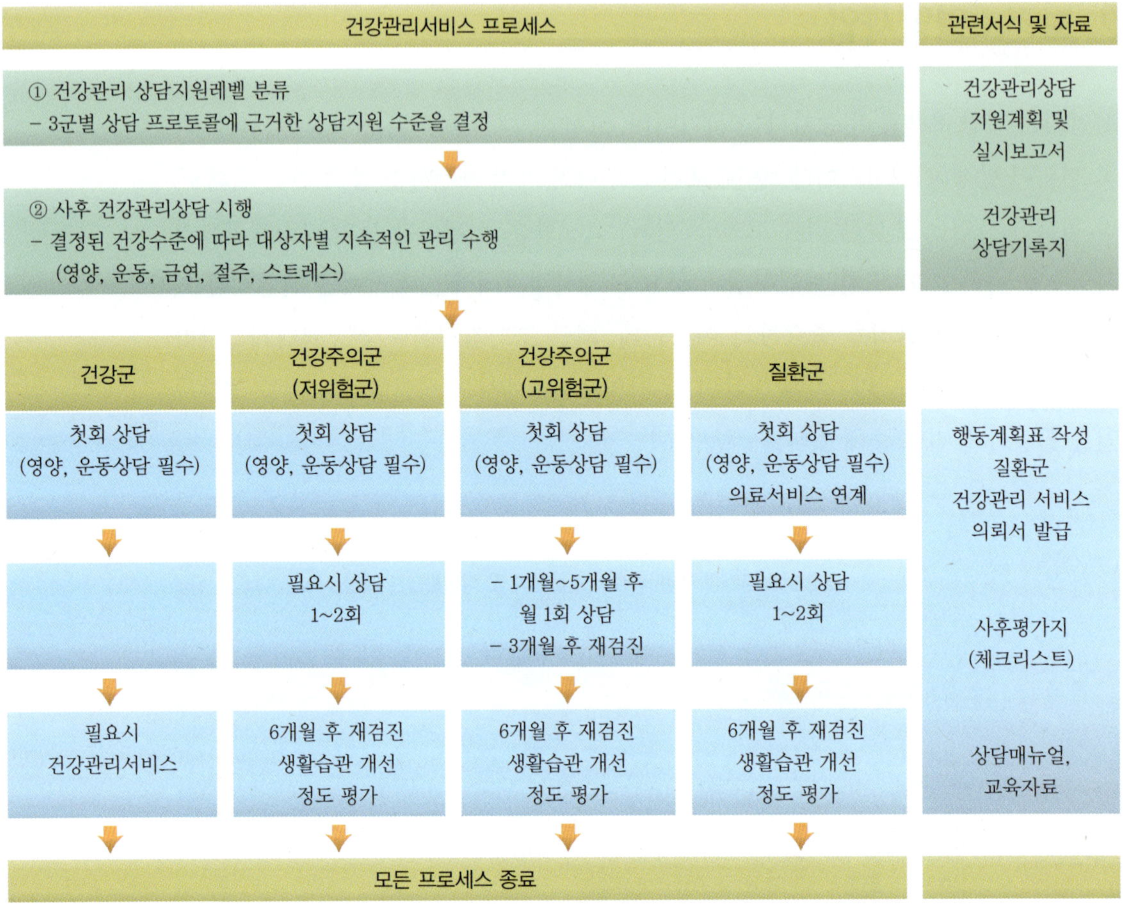

그림 8-12 보건소 영양개선 사업 흐름도

자료: 조종희, 편혜숙, 2010

1 U-Health 시스템을 이용한 대사증후군 관리(서울시 강동구 보건소)

직장인의 건강생활실천 유도를 위해 대사증후군 관리사업과 연계하여 운동, 이동 금연클리닉, 식습관 개선을 위한 영양 상담을 통합적으로 운영하는 것을 시도하고 있다. 추후 관리를 위해 보건소 내 건강다모아센터, 대사증후군 관리팀 및 이동 금연클리닉, 토요 열린보건소 프로그램 연계를 강화하여 사업 간 시너지 효과를 내고 있다.

- **U-Health 시스템을 이용한 건강생활실천 통합관리** : 직장 터 특성에 맞는 교육지원으로 접근성을 보완하고, 동기 강화를 위하여 사전 교육 및 홍보
- U-Health 시스템을 이용한 개인별 대상자 관리로 가정에서의 건강생활실천을 격려하고 보건소 인력절감 효과 기대
- **U-Health 시스템 운영 방법**

U-Health 기기(혈압기, 체성분분석계)를 다중이용시설에 설치하고, 개인별 신체활동계를 대여하여 일상생활 속에서의 신체활동을 관리할 수 있도록 한다. 체성분 및 혈압 측정결과는 웹으로 자동전송하도록 하며, 영양, 운동 등에 대한 건강정보 및 건강상담도 웹을 통해 실시한다. 상담 결과에 대하여 정기적으로 건강상태

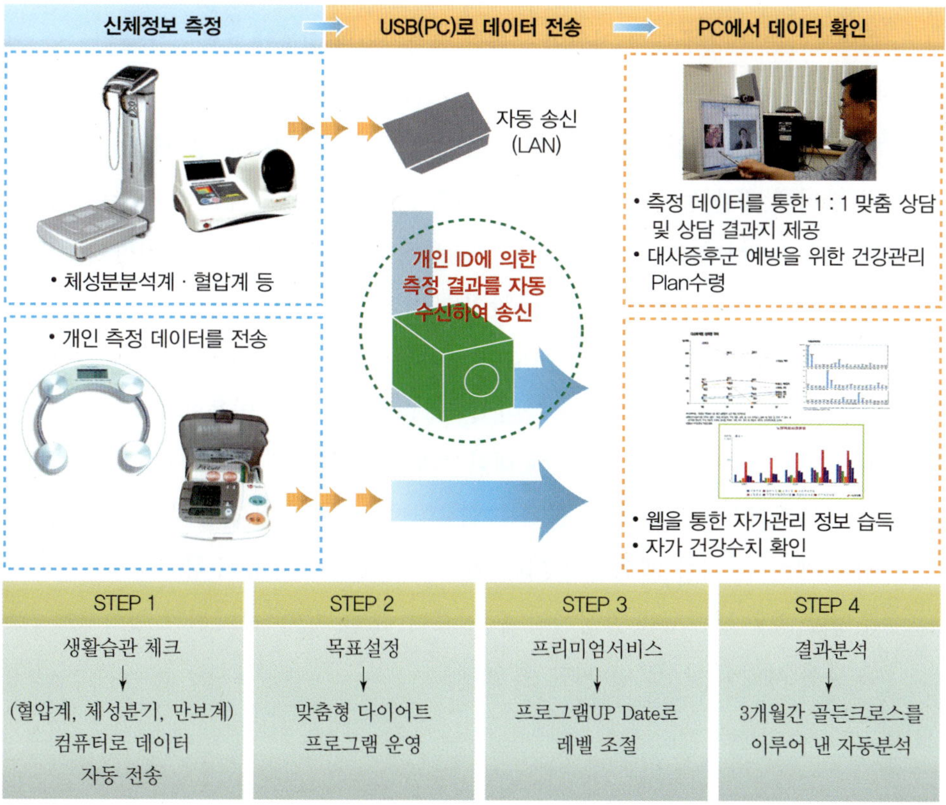

그림 8-13 U-Health 시스템을 통한 통합 건강영양관리

자료: 조종희, 편혜숙, 2010

를 점검하고, 영양, 운동과 관련된 상담을 실시한다. 참가자의 건강상태에 대한 모니터링은 U-Health 기기나 전화, 이메일, 문자메시지 등을 활용하여 실시한다.

- U-Health 시스템의 장점

바쁜 직장인들의 생활습관 개선을 위하여 찾아가는 건강상담실을 운영하는 것이다. 건강검진 결과를 활용하며, 영양, 운동상담을 필수로 한 개인별 맞춤 ONE-STOP 서비스를 제공한다. 또한 직장별 특성에 맞는 스트레칭 프로그램을 보급하며, 금연 및 올바른 절주 교육을 실시한다.

국민건강보험공단 검진자료 활용이 용이하여 상담군을 다수 발견할 수 있으며, 출장 방문에 의한 건강관리 특성상 투입인력에 비해 효과성이 높다. 개인별 대상자 관리로 인력절감 효과가 있으며, 전문적 자료와 통계관리가 용이하다. 특히 대기업보다는 건강에 대한 지원이 부족한 중소기업의 경우에 호응도가 높다.

- U-Health 시스템의 단점

회사 차원의 건강검진 결과를 받아 상담이 이루어진 경우 대상자들의 대사증후군 관리에 대한 동기부여가 대부분 되지 않은 상태이기 때문에 추구관리의 어려움이 존재한다. 또한 직장 터 특성상 출장이 잦고 바쁜 업무로 인하여 측정하는 것을 잊거나 전송기간이 초과하여 데이터가 지워지기도 한다. 따라서 사업장 내에 건강한 직장 만들기 사업이 정착되지 못하면 일시적인 프로그램 운영으로 사업이 종료될 수 있다. 특히 U-Health 시스템을 이용한 ONE-STOP 건강관리 지원은 첨단기기 사용에 대한 거부감 등으로 실적 저하가 우려되며, 고가의 측정기기를 직장 내에 설치하기는 어려워 대상자의 접근성이 떨어지는 것도 문제이다. 이를 개선하기 위해 버스를 이용하여 이동식 통합서비스센터를 운영할 경우 접근성을 향상시킬 수 있으며, 또한 지역 내 자원과 협력체계구축을 통한 사업의 활성화를 꾀할 수 있다.

2 보건소조직의 통합서비스체계 강화

보건소 내 흩어져 있던 만성질환예방관리 관련보건사업을 통합하고 지역사회를 연계한 네트워크를 구성함으로써 건강생활실천 통합서비스사업의 효율성을 높힐 수 있다.

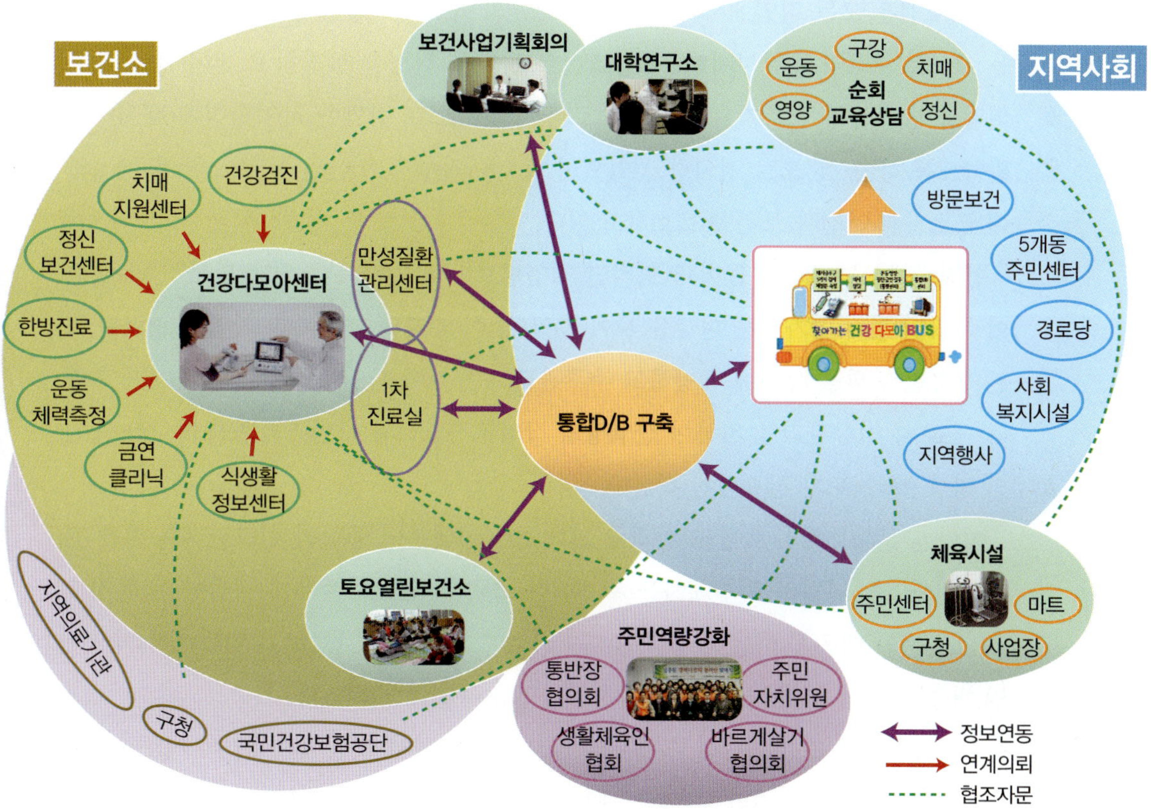

그림 8-14 보건소와 지역사회를 연계한 성인 지역사회 영양 프로그램 사례

자료: 조종희, 편혜숙, 2010

3. 산업체의 영양활동

1 근로자 건강증진운동

(1) 근로자 건강증진운동의 배경

직장인들은 직장건강 프로그램을 통해 영양서비스를 받을 수 있는데, 이는 산업체의 고용주가 고용인들의 건강을 도모하고자 제공하는 것이다. 국제노동기구(ILO)는 '산업보건은 모든 직업에서 일하는 근로자들의 육체적 · 정신적 그리고 사회적 건강을 고도로 유지 · 증진시키며, 작업조건으로 인한 질병을 예방하고, 건강에 유해한 취업을 방지하며 근로자를 생리적으로나 심리적으로 적합한 작업환경에 배치하여 일하도록 하는 것' 으로 정의하고 있으며, 우리나라에서도 산업안전보건법을 제정하여 근로자의 안전과 보건을 보호하고 있다.

선진국에서는 근로자들이 전형적인 직업병보다 작업과 관련된 질환과 일반 질환이 복합된 것이 증가되는 현상을 보이고 있다. 이에 따라 근로자의 작업과 관련된 질환과 일반 질환을 동시에 예방하고 추후관리하는 것이 산업보건 분야의 과제가 되었다. 근로자 건강관리를 위하여 산업장의 작업환경관리와 작업관리뿐만 아니라 개인의 일상생활지도가 필요해진 것이다.

이러한 건강문제의 예방과 관리를 위해 1980년대부터 종합적 건강관리를 위한 건강증진사업을 다양하게 전개하는 추세이다. 산업장 근로자들에게 직업병 예방 정도로 소극적인 대응을 하는 건강관리로는 근로자의 건강을 보호하기 힘들어서 적극적인 대응이라 할 수 있는 근로자건강증진사업을 추진하게 되었다.

우리나라에서도 1980년대 후반부터 일부 대기업에서 건강증진사업이 시도되었으나, 1995년 9월부터 국민건강증진사업의 시행에 따라 근로자를 위한 건강증진사업을 체계적으로 수행하게 되었다. 근로자에게서 일반질환의 증가현상은 근로자의 고령화, 여성근로자의 증가, 직장에서 과다한 스트레스, 운동부족 등에 기인해서 만성퇴행성질환의 유병률이 높아졌기 때문으로 볼 수 있다.

(2) 근로자 건강증진운동의 활동

산업체에서 펼쳐지는 영양활동의 대표적인 예가 '근로자건강증진운동' 이라 할 수 있다. 우리나라의 경우 한국산업안전공단이 주관하여 산업체 내 '근로자건강증진운동' 을 펼치고 있다.

국민건강증진법에서 '국민건강증진사업은 보건교육, 질병예방, 영양개선 및 건강생활 등을 통하여 국민의 건강을 증진시키는 사업' 으로 정의하고 '영양개선은 개인 또는 집단이 균형된 식생활을 통하여 건강을 개선시키는 것' 으로 정의하고 있다. 이러한 내용은 근로자를 위한 건강증진사업에도 그대로 적용된다. 특히 지역사회나 학교보다는 산업장에서 노·사의 협조하에 중·장기적으로 활동을 계획하고 사업을 추진할 수 있는 장점이 있으며 나아가서 더욱 효과적인 성과를 기대할 수 있다.

건강증진사업은 현재 대기업(300인 이상)을 중심으로 시범 추진되고 있다. 산업장 내 추진체계는 보건관리자 또는 산업보건의가 중심이 되고 사업장안전보건위원회 또는 노·사 대표를 조직에 활용하고 있다.

① 건강증진사업의 전문인

건강증진사업을 추진하기 위해서는 산업체 내에 전문인력을 확보해야 하고 또 그들이 맡은 직무를 명확히 수행해야 사업이 지속될 수 있다. 현재 건강증진사업의 전문인력으로는 산업체의 보건관리를 맡고 있는 보건관리자를 위시하여 산업보건의, 영양사, 체육지도자, 심리상담원 등이 있으나, 실제로는 보건관리자를 주축으로 제한적인 전문인력만이 참여하게 된다. 사내에서 인력을 확보하기가 어려운 경우에는 지역사회의 관련기관과 연계해도 좋을 것이다. 일본의 경우 산업건강지도자가 THP(Total Health Promotion) 운동을 담당하고 있으며 산업건강지도자는 노동자의 일상적인 식행동과 작업내용을 파악하고 적극적으로 영양지도를 한다.

② 건강증진사업의 내용

과거에는 근로자 건강관리라고 하면 건강진단을 중심으로 건강장애나 질병의 유무에 대한 확인과 질병 유소견자에 대한 추후관리를 하는 정도였다. 그러나 건강증진

CHAPTER 8

사업에서는 건강진단결과에서 이상이 없는 것으로 판정된 경우에는 각자의 건강상태에 따라 지도와 상담을 실시하도록 강화되었다. 즉, 보다 좋은 건강으로 질 높은 근로생활을 영위하도록 하기 위해 건강관리대상의 범위를 넓힌 것이다.

근로자 건강측정의 내용은 기존의 건강진단항목(의학적 검사와 진단)에 추가하여 근로자의 생활상황(직업력, 작업내용, 출퇴근방법, 취미, 운동습관, 식습관 등), 과거의 병력, 가족의 병력, 자각증상 등을 포함한다. 또 기초체력측정을 위한 운동기능검사를 병행 실시한다. 개인의 건강상태를 종합적으로 판정한 결과를 토대로 해서 산업체근로자집단 또는 개인의 주된 건강문제를 파악한다. 그리고 사업주는 도출된 건강위험요인에 해당되는 근로자들이 건강관리사업에 참여하도록 지원한다. 건강관리사업에는 물론 영양서비스도 포함된다.

2 산업체의 영양활동의 목적

산업체에서의 건강관련사업을 사업주가 제공하는 목적은 근로자에 의한 생산성을 증가시키고, 근로자를 위한 건강관리비를 감소시키며, 근로자의 교체 수를 줄이고자 하는 3가지 이점을 도모하기 위함이다. 나아가서 주변의 지역사회를 위한 영양서비스로서 노인정이나 어린이집에 식사를 제공하거나 영양교육 · 상담을 실시함으로써 산업체와 지역사회 간의 대민관계(public relation)를 향상시킬 수 있다. 이같은 잠재적인 이점이 달성된다면 제공한 영양사업이 효과를 거두었다고 하겠다. 산업장에서의 영양활동은 비교적 실시하기가 용이하고 그 효과도 적어도 단기간은 유익하다.

우리나라에서는 근로자를 위한 영양서비스활동은 산업체영양사의 직무로 기술되어 있다. 이를 위해서는 산업체가 영양활동의 중요성을 이해하고 지원하는 분위기가 필요하며, 영양사 스스로도 일정한 자질과 기술을 습득해 적극적으로 영양서비스활동을 전개해 나가야 한다.

일본에서는 근로자의 건강유지 · 증진 프로그램에 보건관리자와 영양전문인, 운동지도자를 두루 활용하며, 이들의 상호협력으로 프로그램의 효과를 높이고 있다. 우리도 산업체의 보건관리자와 영양사가 보다 긴밀하게 협조하여 근로자 복지증진에 힘쓰도록 해야 한다.

산업체에서의 영양사업은 보다 양질의 서비스를 추구하는 것도 필요하지만 현실적으로 어떤 내용으로 어떻게 서비스하는 것이 효율적인지에 더욱 초점을 맞춘다. 우선 영양사업의 계획단계에서 산업체 나름대로의 특성을 반영해야 한다. 고려해야 할 특성으로는 영양활동 실시의 시각, 즉 근무시간 중에 또는 근무시간 외에 실시 여부를 들 수 있고, 산업체의 내적 · 외적 환경을 고려하며, 근로자들의 복지 · 복리증진에 대한 기업주의 인식과 재정적인 지원 등을 고려한다. 그리고 개인의 건강위험 판정을 통해 생물학적 및 행동적 위험을 알아내고, 무엇을 변화시켜야 하는지를 정한 다음, 어떻게 하는 것이 이용가능한 방법인지 개선방법을 찾게 되는데, 이 단계에서도 다음 사항을 고려하는 것이 필요하다. 영양사업 대상의 특성으로는 ① 근로자의 연령, 성별, 결혼 여부와 ② 근로자의 근무형태, ③ 영양활동에 참여할 수 있는 근로자의 시간적 여유 여부를 고려하도록 한다. 그리고 어느 정도까지 개선할지, 또 이를 위해 필요한 기간을 정하게 되는데, 흔히 영양교육의 경우 8주 이상, 카페테리아에서 실시되는(cafeteria-based) 프로그램인 경우 12주 이상 실시한다.

BOX 8-1 영양사의 직무

1. 국민영양관리법

① 건강증진 및 환자를 위한 영양, 식생활 교육 및 상담
② 식품영양정보의 제공
③ 식단작성, 검식 및 배식관리
④ 급식시설의 위생적 관리
⑤ 집단급식소의 운영일지 작성
⑥ 종업원에 대한 영양지도 및 위생교육

2. 대한영양사협회 급식관리지도서(사업체 영양사)

① 노동별 영양권장량 설정
② 산업질병의 예방대책 연구 및 영양교육 실시
③ 근로자 건강증진을 위한 영양상담 실시
④ 식중독 예방관리

영양활동의 효과는 대조군을 설정하는 대신 흔히 영양서비스의 전과 후를 비교하는 방법을 사용하고, 평가대상으로 무작위집단보다 지원자집단을 대상으로 판정하게 된다. 개인이 행동변화를 보인 이후 추후관리를 하면서 변화된 행동이 유지되도록 하는 것이 바람직하지만, 현실적으로 산업현장에서는 쉽지 않은 일이다.

3 산업체영양활동의 종류

영양활동은 영양교육과 식행동환경 변화의 2가지 방법으로 접근할 수 있다. 영양교육은 영양교육전문인이 직접적으로 집단 또는 개인의 영양개선을 지도하는 방법이다. 예를 들면, 개인별로 영양상담을 하거나 전 직원을 대상으로 전체 영양교육, 소규모 그룹을 대상으로 체중조절 클리닉과 같은 워크숍이나 세미나를 하는 방법이 흔히 활용된다. 식행동 환경변화는 카페테리아에서 실시되는 프로그램으로서 사내식당에서 기본적으로 건강식을 제공하거나 별도로 특별음식을 제공하고, 체중감소 시에 특별보너스를 주는 방법이다. 즉, 행동변화를 유도하는 환경을 제공하는 것이다.

산업체에서의 건강증진사업은 근로자의 건강지도를 포함한다. 건강지도의 일부분인 영양지도는 개인의 건강생활에 영향을 주는 근로자의 식습관이나 식행동을 조사

BOX 8-2 행동변화를 위한 환경제공의 예

1. 사내 카페테리아에서 건강식을 제공하고 음식에 점수제(point-of-choice)를 적용시켜 표시한다.
2. 사내 카페테리아의 한 켠에 저열량, 저지방, 저염음식을 제공하여 근로자가 특별음식을 선택할 기회를 준다.
3. 사내 카페테리아의 어떤 음식을 반복적으로 진열하거나 새로운 제품을 등장시키거나 가격조정을 통해 선택될 기회를 조정한다.
4. 운동, 댄스를 곁들인 '가족의 밤'과 같은 즐거운 행사를 통해 메시지를 전달한다.
5. 어떤 음식을 상(賞)으로 사용하면 이 음식은 대체로 좋고 훌륭한 음식으로 인식된다.
6. 지역사회에 널리 알려진 '짜게 먹지 말자'라는 메시지를 사내교육의 주제로 삼게 되면, 메시지 공유로 인해 지역사회의 지원을 받는 셈이다.

하고 이에 따라 식습관을 교정하거나 건강을 유지·증진하기 위해 바른 식생활을 지도하는 것이다. 특히 식사요법의 경우 질병에 따라 개인별로 영양지도를 실시하게 된다.

산업체영양사업 중에서 건강식 메뉴 제공, 사내 영양상담과 치료식 제공, 사내 영양교육과 홍보 등을 차례로 살펴보도록 한다.

BOX 8-3 간접적 영양활동의 예 - The LEAN(Low-fat Eating America Now)

미국 캘리포니아 주 오렌지카운터에 소재한 한 회사에서의 Head Start 센터에서 실시한 영양 캠페인이다(Head Start는 보건성에 의한 탁아 프로그램). 3~4세의 미취학 아동과 부모를 타깃으로 하여 40개의 OCHS센터에 등록된 사람들에게 실시하였다.

1. 목적 및 목표

저지방식사와 규칙적 운동을 통해 삶의 질을 향상하고 아동과 부모의 식사로 인한 만성질환 발병을 감소

2. 방 법

① HS교실을 열고 OCHS의 영양전문인이 개발한 영양강좌, 식품행동을 실행
② 영양강좌-저지방 식품선택과 신체활동을 강조, 푸드모델, 그림카드, 프란넬보드, 식품피라미드, 포스터 등 저지방 식품의 예를 보여줌
③ 식품행동-빨대에 버터를 채우고 고지방식사를 하면 막히는 모습을 보여 주고 저지방 토틸라칩(멕시칸 음식) 만들기를 함. 또 장애물넘기 운동 전후에 맥박을 재면서 신체활동을 강조
④ 영양 전문가는 부모를 위한 워크숍 진행, 저지방식사의 파티를 하면서 영양표시 읽기, 저지방 토틸라 맛 보기, 건강레시피를 실시
⑤ Get Fit Breakfast 프로그램을 통해 신선한 과일, 베이글(빵), 저지방우유로 된 저지방아침식사를 무료로 제공, 신체활동의 중요성을 강조하면서, 스트레칭과 아침걷기 운동을 하도록 유도함

3. 결 과

① 영양강좌와 식품활동이 34곳의 OCHS에서 실시되어 700명의 아동이 참여
② 영양강좌 후 2/3가 204개의 저지방 식품, 고지방 식품을 구분할 수 있게 되었고 모든 아동이 신체활동의 중요성을 인식함
③ 앞으로도 OCHS 영양교육이 정규커리큘럼에 포함되게 됨
④ 워크숍에는 총 207명의 부모와 가족이 참여
⑤ 워크숍 후 90%가 새로운 지식을 얻었고 저지방식을 더 자주 조리하고 식품표시를 더 읽게 되었고, 운동을 증가시켰다고 함. 일부는 걷기 모임도 만듦

자료: ADA, 2000

CHAPTER 8

(1) 건강식 메뉴 제공

대체로 건강한 성인인 산업체 근로자들에게 건강식을 제공하려면 자연식품 이용, 인공색소나 조미료의 제한, 소금 제한 등을 기본으로 한다. 근로자의 요구와 한국인의 식사지침을 참고하여 건강식 식단을 작성한다.

또한 영양교육을 통해 건강식 메뉴의 효과를 이용고객들에게 홍보함으로써 메뉴 도입 효과를 극대화시킬 수 있다.

(2) 사내영양교육 · 상담과 치료식 제공

근로자를 대상으로 행해지는 사내영양교육은 영양사가 전문인으로서의 진가를 발휘할 수 있는 부분이라고 할 수 있다. 게시판이나 사보, 사내방송 등의 각종 매체는 보편적이면서도 쉽게 접근할 수 있으므로 이같은 매체를 활용해서 영양에 관한 지식을

BOX 8-4 간접적 영양활동의 예 - The Kane Street Community Garden

미국 위스콘신 주의 La Cross County에서 1997~1998년에 실시된 프로그램으로서 지역 회사가 참여하였다.

1. 목 적

 저소득층에게 신선한 채소·과일 소비를 증가시키기 위함

2. 방 법

 ① 저소득 주거지 인근의 빈 공터를 도시계획국으로부터 임대
 ② 지역 '자원봉사자의 날' 프로그램의 일부에 텃밭 씨뿌리기를 기획
 ③ AmeriCorps라는 지역회사가 자원봉사자들의 모집에 협조(끝까지 텃밭을 가꾸고 수확하는 것을 도와줌)
 ④ 생산물을 수확하여 저소득 가정에게 수확기 내내 주 2회 무료로 나누어 주고 남는 것은 지역의 급식시설이나 무료급식소에 제공
 ⑤ 협동 실천조(Cooperative Extension Family)는 텃밭에서 조리방법, 레시피 등을 나누어 주고 잘 먹지 않던 채소·과일도 가져가도록 유도함
 ⑥ 지역방송에서 텃밭을 홍보하고 도시 내의 WIC, 구세군, 지역식품사용 시설, 노인급식소 등에서도 홍보함

자료: ADA, 2000

교육하고 홍보한다.

사내에서의 개별적인 영양교육 · 상담은 특수한 영양문제에 대해 개인이나 소집단을 대상으로 실시하게 된다. 영양전문인이 개별적인 해결방안을 제시하여 질병의 치료나 예방에 도움을 주며, 이런 점이 집단을 대상으로 하는 영양교육과의 차이라 하겠다. 영양상담은 많은 사람들에게 영양지식을 전달할 수는 없지만 개인적인 문제를 해결하도록 직접 지도하기 때문에 교육효과가 확실하다는 이점이 있다.

(3) 기 타

산업체는 근로자의 가족을 위해 영양사업을 시행하며, 물론 그 대상을 확대실시할 수 있다. 또한 지역의 여러 영양사업에 협조함으로써 간접적으로도 영양활동도 하게 된다.

4 산업체영양활동의 주제와 내용

영양이나 건강에 대한 직장인들의 주요 관심사를 잘 파악하고 대중의 수준에 맞게 실생활에 도움이 되는 내용을 택하면 효과가 크다. 주제는 근로자들의 영양판정결과와 영양지식 인지도나 관심 있는 내용에 관한 설문조사 결과를 토대로 결정한다. 근로자들이 가장 원하는 영양상담의 주제는 식사요법, 검진 후의 식생활지도, 식품 · 영양 정보, 근로자의 식생활 진단 · 처방, 체중조절관리 등이다. 영양강좌의 주제로

CHAPTER 8

BOX 8-5 근로자의 개인영양상담의 주제

- 질병에 따른 식사요법
- 건강검진에 따른 식생활지도
- 건강식품 및 영양정보
- 근로자 자신의 식생활 문제점 진단 및 식사처방
- 체중조절관리

BOX 8-6 산업체에서 필요한 영양강좌의 주제

- 환경과 음식물쓰레기
- 바람직한 식생활
- 건강식품 정보
- 체중조절 교실
- 식사예절 교실
- 한국의 식생활문화
- 요리강좌
- 노인영양
- 위장질환 식사요법
- 고혈압 식사요법
- 당뇨 식사요법
- 간질환 식사요법
- 빈혈의 식사요법
- 변비 식사요법
- 신장질환 식사요법

는 환경과 음식물쓰레기가 가장 요구도가 높으며 바람직한 식생활, 질병의 식사요법, 건강식품의 정보 등으로 이어진다.

5 산업체영양활동 사례

(1) 우리나라의 활동 사례

대한영양사협회는 '근로자를 위한 영양캠페인' 을 실시해 왔는데 이 캠페인에 참여한 산업체급식소의 실천사례를 구체적으로 살펴보면 BOX 8-7과 같다.

(2) 외국의 활동 사례

일본의 근로자 건강유지증진 활동인 'THP와 건강만들기' 에서 영양서비스활동은 주요한 자리를 차지하고 있다. 건강검진을 통해 영양지도가 필요한 근로자를 선정한 다음, 그들에게 산업영양 지도자가 식행동 개선을 지도하게 된다. 예를 들면, 일본 NKK 회사에서는 1982년부터 '수고야가(튼튼한) 운동' 을 전개하였다. 그 일환으로 '리프레쉬 교실' 을 열어서 각종 성인병의 유소견자를 대상으로 2~3개월간 실시하였다. 또 '건강교실' 을 실시하여 연령별로 근무시간 시작 전에 운동지도를 하는 프로그램을 운영하였다.

BOX 8-7 사업장 영양서비스활동의 사례

1. **행사명** : '97 근로자를 위한 영양 캠페인
2. **행사기간** : 1997년 10월 13일~18일(6일간)
3. **주제** : 오늘의 바른 식사 건강한 내일
4. **실시내용**

① 피급식자에게 하루 섭취열량에 따른 식품의 구성
② 식품군별 식품의 종류 및 1교환 단위량을 인식시킴
- 하루 섭취량에 따른 식사구성 및 1교환 식품모형 전시

③ 급식된 메뉴에 대하여 식품군별 교환수 적용함
④ 각각의 상차림마다 열량가가 계산된 식단표 부착함
⑤ 표준체중의 계산과 비만도 판정방법 게시함
⑥ 영양교육자료 배부함
: 근로자에게 올바른 식생활 실천방법을 알려 줄 수 있는 자료
- 식사지침 • 식품교환표
- 음식, 간식의 열량가

5. **실시방법**

1) 사전준비

① 게시판에 홍보용 포스터를 부착, 영양사는 가슴에 홍보 스티커 부착
② 근로자에게 배부할 홍보물 복사 정리
③ 영양교육자료 게시 : 캠페인 자료를 A3로 확대 복사
- 중요부분을 형광색으로 표시
- 식품군별로 같은 색깔로 구분

④ 행사장소 지정 : 구내식당 출구 부근으로 결정하여 급식의 혼선을 방지
⑤ 급식 메뉴 전시(남, 여 구분) : 조리원 1명을 지정(사전교육이 필요)하여 메뉴 전시 책임을 부여
⑥ 식탁에 식탁보를 깔고 식품 모델을 군별로 전시(특히, 채소군 1, 2 구분과 어육류군의 저·중·고 지방 구분)
⑦ 영양상담 접수파일 준비

모든 자료 준비

↓

1차 체중 조사

↓ 〈영양사 대기〉

표준체중표와 실제체중 비교

↓

기초식품군과 각종 성인병별 1일 섭취권장량을 자료화, 식품모형을 통하여 식품군별 비교설명

↓

성인병예방 음식전시

↓ 〈10~15명 그룹 형성〉

아침식사 권장 피로회복식품 권장(사과+당근 주스) 세 끼의 바른 식사배정 청량음료, 외식의 문제 등

↓

만성질환 상담접수

↓

체중조절·고혈압·콜레스테롤 리플렛을 내담자에게 지급

2) 효과분석

(1) 근로자측

① 근로자 개개인의 식생활 의식고조
② 식습관 교정노력
- 급식된 메뉴를 골고루 섭취하는 효과
- 메뉴의 제한 탈피(고질적인 회사 특성으로 인한 편식)

③ 본인뿐 아니라 가족(자녀) 비만에 관심 증대(자녀 비만 교육 신청도 있었음)
④ 영양사와 근로자 간의 유화적인 인간관계 성립
⑤ 영양사를 전문인으로 인식

(2) 회사측

① 근로자를 위한 복지 배려 차원으로 인식
② 영양사를 전문인으로 인정(임원까지 참여하는 효과)
③ 식당 행사나 잔반량 절감운동의 참여의식 고조
④ 구내식당에 대한 불만저하

미국의 근로자를 위한 영양사업사례로서, 미국 펜실베니아 주의 스티레 카운티에 있는 로버트파커병원의 근로자 복지위원회는 점심식사를 하면서 배우는(lunch and learn) 프로그램을 전개하였는데 주제는 적절한 운동기술, 식사행동 및 수정, 파워 걷기 · 운동 · 식사, 댄싱 건강의 이점 등이었다. 참여하지 못한 근로자들에게는 테이프로 만들어 나누기도 하였다. 그밖에도 유타주에서는 대중교통버스에 5-A-Day 메시지(미국 Dole 식품회사)를 광고하여 채소와 과일 섭취를 촉진하기도 하였다.

CHAPTER 9 노인 영양사업

1 노인현황과 건강문제 | 2 노인복지와 급식사업 | 3 재가노인 급식사업
4 노인 건강 · 영양사업 | 5 미국의 노인영양지원 프로그램

1. 노인현황과 건강문제

1 노인인구 증가와 환경변화

(1) 노인인구 증가

우리나라는 그동안 지속적인 생활수준 향상과 보건 · 의료 기술의 발달로 국민들의 평균 수명의 연장과 함께 노인인구가 크게 늘어나고 있다. 우리나라 사람의 기대수명(평균수명)은 1971년에는 평균 62.3세이었고 급속히 증가하여 2010년에 80.8세였으며, 2015년에는 82.5세였고 남녀노인의 평균수명 차이는 7세이었다. 45년간 평균수명이 20년 증가하였으며 2050년에는 더 증가될 전망이다(그림 9-1).

평균수명이 길어지면서 2000년 노인인구가 3395천 명이던 것이 2010년에는 5656천 명으로 증가되었고 2020년에는 8084천 명으로 기하급수적으로 증가하였다.

평균수명의 증가는 65세 이상 노인인구 비율이 1970년 3.1%에서 2000년 7.2%, 2010년 11.0%이고 2015년에는 12.8%, 2020년에는 14%에 이를 것으로 추산하였으나 더 빠르게 진행되어 2018년에 14%이상 고령사회로 진입하였고 2025년에 20%이

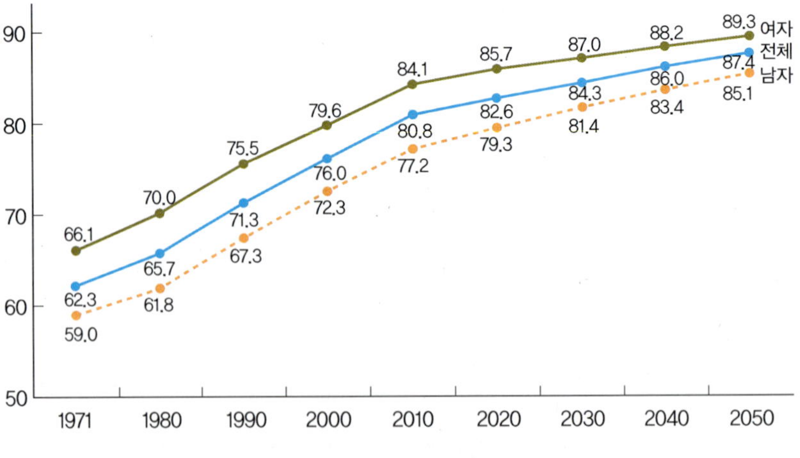

그림 9-1 우리나라 평균수명의 추이

자료: 통계청, 2011: 2020~2050은 2011 추정치

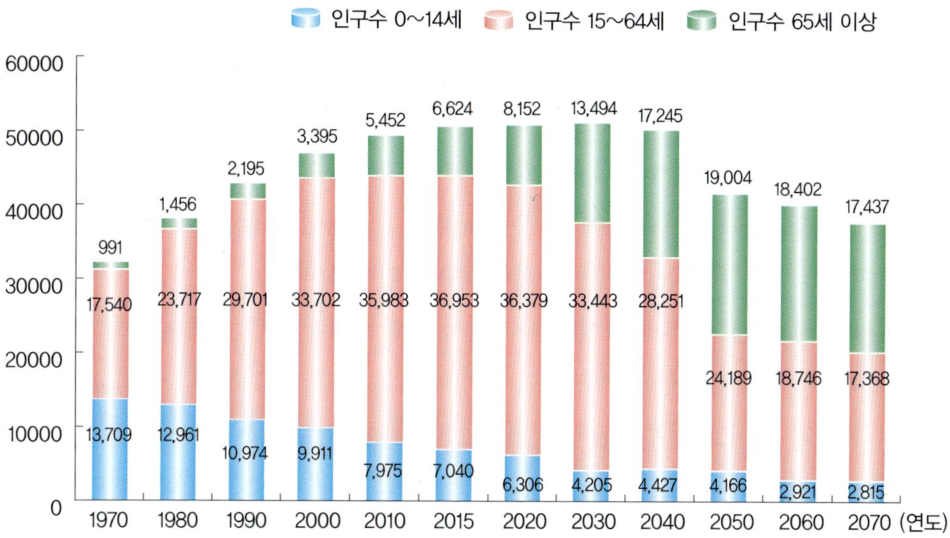

그림 9-2 인구구조의 변화

자료: 통계청, 장래인구추계(2010~2070)

상 초고령사회로 진입할 것으로 전망한다. 지역에 따라서는 이미 초고령사회로 접어든 지역도 많다. 이러한 노인인구 증가와 함께 노인들의 사회참여와 노인을 위한 각종 여가 및 주거 시설에 대한 요구도 크게 늘고 있다.

(2) 노인의 환경변화

우리나라는 높은 경제성장을 이룩하였음에도 불구하고, 늘어나는 노인의 대다수가 경제적으로 어려운 생활을 하는비율이 높다. 노인의 사회참여나 경제활동 여건이 미흡하고 각종 여가 및 주거시설도 부족한 실정이다. 기존의 시설도 생활보호대상노인 등 저소득층 위주로 운영되고 있는 실정이다. 따라서 노인 전체를 대상으로 하는 복지와 영양활동이 필요한 시점이다.

노인인구가 기하급수적으로 증가하여 600만을 훨씬 넘고 있는 실정이다. 노인 중 상당수가 당뇨, 관절통, 고혈압 등 만성퇴행성 질환을 앓고 있어서 장기간 치료와 요양을 요한다. 전체 노인의 약 1/3 정도가 제3자의 도움 없이는 일상생활 유지가 곤란한 상태에 있다.

인구고령화에 따라 치매 · 중풍 노인이 증가하고 있으나, 이들을 효율적으로 치료 · 요양할 시설이 절대적으로 부족한 실정이며, 병원에서 장기간 입원할 경우 의료비 과다로 부양가정의 경제적 타격이 심각하다.

가정은 핵가족화가 가속화됨에 따라 전통적인 부양의식이 감소되고 도시지역이나 농어촌지역 노인부부 또는 노인 단독세대 독거노인이 심각하게 증가하고 있다.

여성의 사회진출과 부양의식이 낮아지면서 노인문제에 대한 가족 내 해결이 어려워지고 있다. 노인에 대한 가족부양은 한계에 이르렀고 가족부양의 어려움에 대한 대안과 보충적 의미로 정부차원의 시설보호와 지역사회보호차원의 노인복지서비스가 확대되고 있으나 아직도 턱없이 부족한 실정이다. 따라서 노인의 건강한 삶의 유지와 질병예방 · 질병관리와 영양개선으로 건강증진 활동과 사업이 중요하게 대두되고 있다.

2 노인의 건강·영양문제

(1) 노인의 영양 및 식생활 상태

우리나라 노인의 2020년 국민건강영양조사 결과를 보면(표 9-1), 평균 영양섭취 비율이 낮은 영양소가 많으며, 나트륨, 인을 제외하고 평균필요량 미만으로 섭취하는 노인 비율이 20~80%로 나타났다. 특히 칼슘, 비타민 A, 엽산, 비타민 C 등은 노인의 50~80%로 나타났고, 남자노인보다 여자노인의 비율이 더 높았다. 노인의 영양상태는 여자노인이 남자노인 보다, 빈곤층이 소득수준이 높은 층에 비해, 독거노인이 비독거노인보다 더 불량한 것으로 나타났다.

노인의 영양보충제 섭취비율은 높으며, 약물을 과다복용하고 있어 건강과 영양에 장애요인으로 작용하고 있다.

(2) 노인의 질환

2020년 노인생활실태조사에서 65세 이상 노인의 만성퇴행성질환 유병자율을 보면

표 9-1 노인의 영양소별 영양섭취 기준 미만을 섭취한 대상자 비율

영양소	평균필요량(EAR) 미만을[1] 섭취한 대상자 비율 (단위: %)	
	남자	여 자
에너지	34.2	44.3
단백질	28.0	47.5
지방	47.9	53.7
칼슘	66.8	81.3
인	13.1	35.5
철	21.0	19.4
칼륨	81.1	81.6
나트륨	–	–
비타민 A	81.1	81.6
티아민	32.9	52.7
리보플라빈	53.9	58.3
니아신	62.0	78.1
엽산	51.3	68.4
비타민 C	76.3	74.9

1) 에너지: 필요추정량(EER)의 75%미만, 그 밖의 영양소: 평균필요량(EAR) 미만
자료: 2019 국민건강영양조사, 2020

노인의 유병율은 90%로 나타났고, 질병별로 보면 고혈압이 56.8%로 가장 높고, 다음이 당뇨병24.2%, 고지혈증13.5% 순이었다.

노인의 질병은 노화에 따른 생리적 변화, 두 가지 이상 질병의 공존, 알코올 중독, 복합적인 약물복용 등의 영향을 받아 질병의 증상이나 진행이 전형적인 패턴에서 벗어나고 복잡해지기 쉽다. 따라서 노인의 질병은 이러한 점에 유의해서 치료, 관리해야 한다.

① 고혈압, 심장질환과 뇌질환

우리나라 65세 이상 노인의 2020년 고혈압 발생률은 56.8%, 협심증 · 심근경색, 뇌졸중 순이다. 특히 뇌경색 등의 뇌혈관질환은 후유증으로 지체장애 및 언어장애, 즉 뇌

CHAPTER 9

졸중(중풍)이 나타나 활동에 큰 제한을 주게 되므로 노인 환자 본인은 물론 가족 · 사회에까지 심각한 문제를 일으키는 질병이다. 고혈압 및 심장질환과 뇌질환은 그 예방과 치료가 식생활과 관련이 깊다.

② 당뇨병

우리나라 65세 이상 노인의 당뇨병 유병률은 2020년 24.2%로 계속 증가하고 있다. 이 질환은 동맥경화증, 피부괴사, 관절염, 백내장 등의 합병증을 유발하며 심하면 실명과 신장병 등으로 사망에 이르게 된다.

③ 골다공증과 관절염

우리나라 노인의 골다공증 유병률은 34.0%로서 노인 여자는 51.4%나 된다. 골다공증은 대부분 노인 여자에게 통증을 주고 활동에 제약을 주는 뼈 질환으로, 소위 뼈가 쑤시는 통증이 발생한다. 자세가 구부러지고 키가 작아지고 골절이 쉽게 일어난다.

관절염은 노인에게 매우 흔한 질병으로서 활동 제한의 주요 원인이다. 골관절염은 비만하면 악화된다. 우리나라 노인의 관절염 유병률은 특히 골관절염(퇴행성관절염)이 대부분으로 류머티즘성 관절염은 2014년 전체 3.3%, 노인 남자 1.1%, 여자 4.8%였다.

④ 치 매

우리나라의 치매이환율은 한국보건사회연구원의 조사 결과 2020년 65세 이상 노인인구 813만 명 중 10.3%인 84만 명이며, 2012년에는 9.0%로 50만 명이었던 수치가 급속하게 증가하고 있다. 연령별로 보면 75세 이후 11.8%에서 80세 이상 20.9%로 급격히 증가하며, 치매 환자는 2030년에 114만 명, 2050년에는 213만 명으로 추산된다. 치매 환자 중 76%는 알츠하이머성이며 혈관성치매는 0.88%이다. 따라서 치매예방과 치료, 치매 환자의 관리 등이 중요한 과제가 되고 있다.

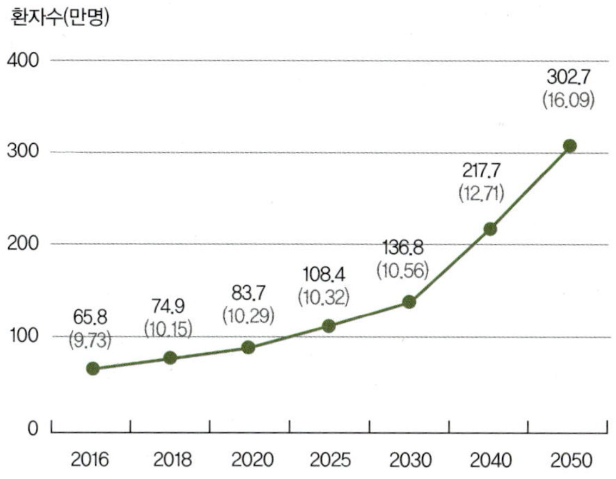

그림 9-3 65세 이상 치매 환자 수 및 치매 유병률 전망

자료: 대한치매학회

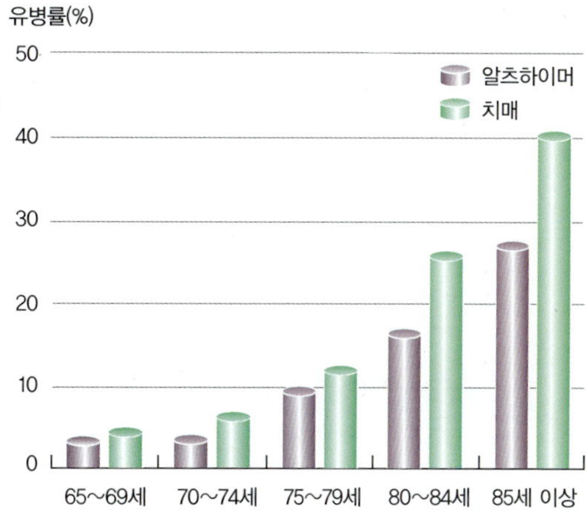

그림 9-4 연령별 치매 유병률

자료: 대한치매학회

(3) 건강문제

① 저체중과 비만

우리나라 노인의 체중 상태는 비만뿐만 아니라 저체중 비율도 낮지 않다. 2020년도 저체중은 남자노인 4.6%로서 여자노인 2.8%보다 높고, 비만은 노인 여자에서 37.7%로 남자 27.2%보다 높다. 저체중과 체중과다는 모두 여러 건강상의 문제를 일으키므로 지속적인 관리가 필요하다.

② 빈 혈

우리나라 70세 이상 노인의 2020년 빈혈 유병률은 13.8%로 높으며, 노인 남자와 여자 사이의 차이가 없다. 빈혈의 원인은 주로 철결핍인 경우가 많다.

CHAPTER 9

2. 노인복지와 급식사업

1 노인복지사업의 연혁과 현황

노인복지에 대한 정의는 노인복지법 제1조의 내용에서, "노인의 질환을 사전예방 또는 조기 발견하고, 질환상태에 따른 적절한 치료, 요양으로 심신의 건강을 유지하고, 노후의 생활안정을 위하여 필요한 조치를 강구하는 것이다." 라고 명시하고 있다.

우리나라 노인복지사업은 1950년대 이전 무료양로원이 운영되면서 시작되었으며 정부의 지원으로 입소한 노인들에게 음식을 제공한 것이 노인급식사업의 시작이다. 1981년에 노인복지법이 제정되었고, 1987년에 재가노인복지사업이 실시되기 시작하였다. 노인급식 프로그램과 관련된 우리나라의 전반적인 노인복지사업 연혁은 표 9-2와 같다.

1997년 8월에 개정된 노인복지법 제4장 제31~38조에 의하면, 노인복지시설을 노인주거, 노인의료, 노인여가 및 재가노인 복지시설과 노인보호전문기관으로 분류하였고, 그 시설 종류는 표 9-3과 같다. 90년대 후반부터 노인복지시설이 급격히 증가하고 다양화되고 있다.

가정봉사원파견시설은 꾸준히 확대되고 있어서 독거노인이나 기타 재가노인들에게 많은 도움이 되고 있다.

치매전문요양시설이 1998년 치매노인을 위한 특별관리대책의 일환으로 추진·설립된 치매노인들을 위한 중요한 시설로 이용되고 있다. 유료노인복지사업이 허용됨에 따라 민간기업에 의한 복합거주단지인 실버홈이나 실버타운 등이 증가되고 있다.

2 복지시설 노인급식

노인급식은 과거에는 무료·실비·유료 양로시설과 요양시설에서 이루어져 왔으나 1977년 노인복지법 전문개정으로 명칭이 달라져서 노인 주거복지시설과 노인의료복지시설, 재가노인복지시설 중 단기보호시설에서 실시되고 있다.

표 9-2 노인복지사업의 연혁

시 기	주요 사건
1950년대 이전	무료양로원 운영
1981. 3	노인복지법 제정
1988. 5. 18	유료양로시설 설치 및 관리규정 제정
1988. 9.	실비노인영양시설 및 관리운영규정 제정
1989. 3.	경로당 등록관리 규정 제정 및 운영비 지원
1989. 12. 30.	노인복지법 개정(노령수당, 대책위원회 설치 등의 근거 마련, '가정봉사사업', '재가노인' 등 용어사용)
1990. 6. 4.	실비노인복지시설 및 유료노인복지시설 운영규정 제정
1991. 7.	주간보호 및 단기보호사업 실시
1995. 9.	치매전문 요양시설 최초 개원(서울 노원구 중계동)
1997. 5. 9.	노인의 날 제정
1997. 8. 22.	노인복지법 전문 개정(법률 제5359호)

자료: 보건복지부 노인복지과 제공, 1998

표 9-3 노인복지시설의 종류에 따른 시설

종 류	시 설
노인주거복지시설	양로시설 공동생활가정 노인복지주택
노인의료복지시설	노인요양시설 요양공동생활가정 노인전문병원
노인여가복지시설	복지관 및 경로당 노인교실 노인휴양소
재가노인복지시설	방문요양서비스 주 · 야간보호서비스 단기보호서비스 방문목욕서비스
노인보호전문기관	노인보호전문기관

BOX 9-1 **노인요양시설서비스(하남노인요양시설)**

우리나라의 노인요양시설이 점차 증가하고 있으며 요양시설 서비스의 내용을 보면 맞춤형 의료, 재활, 주거생활서비스와 치료 및 활성프로그램을 실시하고 있으며 구체적인 내용은 다음과 같다.

전문요양시스템

맞춤형 의료서비스

1. 시설 내 촉탁의사 매일 회진
2. 평생 건강관리전문 프로그램 운용
3. 활력증후 일일 정기 및 수시체크
4. 투약관리
5. 각종튜브관리(경관식이, 기관절개, 소변줄 등)
6. 임종간호

재활서비스

1. 재활의학과 전문의 처방으로 진행되는 최신식 전문재활치료
2. 대학병원규모시설(450여 평 규모)

보바스치료, 보행훈련, 관절구축치료, 기능적 전기자극치료, 온열치료, 적외선치료, 전기치료, 파라핀치료, 견인치료, 공기압치료, 이온치료, 수중치료

주거생활서비스

1. 목욕(개별욕실, 공동욕실, 기계욕실)
2. 섭취요양(각종 치료식 제공)
3. 섬세한 청소 & 세탁서비스
4. 배변청결관리 등 위생관리
5. 위급호출시스템(목걸이형, 객실형, 너스콜 등)

신체/정신적 치료 및 활성프로그램

1. 다양한 치료 프로그램 및 운동치료
2. 종교 및 상담 활동을 통한 심리적 안정
3. 산책(단체 야외산책 및 시설 내 녹지공간)
4. 문화공연행사(휠체어석 극장설비)
5. 각종 기념일 특별행사

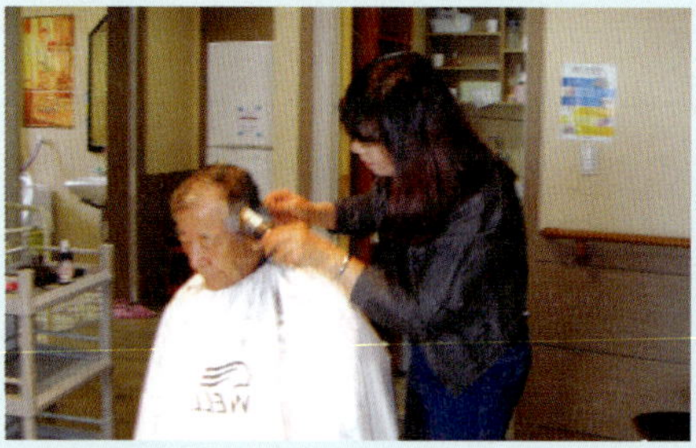

노인복지시설의 종사자 배치기준에 관한 지침에 있어서 1998년까지는 시설의 유형별로 제시되었으나, 1999년부터는 무료양로, 노인요양, 전문요양시설의 경우는 시설종사자 예산지원기준을 제시할 뿐 설비시설은 특별한 지침이 없다. 유료시설의 경우는 노인복지법시행규칙이 정하는 기준에 적합한 인력을 갖추도록 하였다(표 9-4).

표 9-4 노인복지시설종사자 배치기준

시설 종류	시설 종사자 예산 지원 및 배치 기준
무료양로, 노인영양 및 전문요양시설	• 시설의 장, 총무, 취사부: 시설당 1인 • 간호사: 양로시설당 1인, 요양 50인당 1인 • 생활 보조원: 양로 35인당 1인, 요양 10인당 1인, 치매요양 5인당 1인 • 의사, 물리사, 세탁부: 요양시설당 1인 • 생활 지도원: 정원 100인 이상 시설당 1인
단기보호시설	• 시설의 장(2급 이상 자격 소지자) • 사회복지사 • 생활보조원: 5인당 1인 • 물리치료사: 이용 정원 30인 이상의 경우 • 간호사(간호 조무사) • 취사부 • 세탁부: 이용자 50인 이상 시설에 한하여, 세탁물 전량 위탁처리하는 경우에는 제외

복지시설 배치기준에 영양사와 사무원에 관한 기준은 없다. 이는 재정확보가 어려운 노인복지시설에서는 급식업무를 담당하는 전문인력인 영양사를 확보하지 못하여 식단영양관리, 구매관리, 작업관리, 사무관리, 위생관리 등 급식업무 전반에 걸친 관리가 비전문가에 의해 운영되고 있는 실정을 보여 준다.

3 재가노인 복지사업

재가노인은 시설에 입소된 노인을 제외한 지역사회의 모든 노인을 의미한다. 재가노인 복지의 개념은 자신의 집에서 필요한 전문적 혹은 준전문적 서비스를 받을 수 있도록 보건의료서비스와 가정봉사서비스를 제공하는 것으로서 사회복지관, 노인복지관, 보건소 등에서 이러한 일들을 주로 담당하고 있다. 노인의 신체적 · 정신적 기능을 유지 · 발전시켜 지역사회 내에서 독립적으로 생활할 수 있도록 원조하는 것이 재가노인 복지의 목표이다. 우리나라의 재가노인 복지사업에는 가정봉사원파견서비스, 주간보호서비스, 단기보호서비스 등 다양한 사업내용이 있다(표 9-5).

표 9-5 재가노인 복지사업의 서비스 내용

구 분	종 류	사업 내용
재가노인 복지서비스	가정봉사원 파견서비스	• 가사지원 서비스: 취사, 시장보기, 청소 및 주변 정돈, 생활필수품 구매 • 개인활동 서비스: 신체청결, 외출 시 부축동행 • 우애 서비스: 전화 및 방문, 말벗 • 자립생활 상담 및 교육 • 결연사업, 가정배달급식서비스(식사, 도시락, 밑반찬 포함)
	주간보호서비스	• 심신의 기능회복을 위한 서비스: 생활지도, 일상동작 훈련 • 급식 및 목욕서비스 • 여가생활서비스: 취미, 오락, 운동 • 장애노인 가족에 대한 교육 실시
	단기보호서비스	• 급식 • 물리치료 • 기타 일상생활에 필요한 편의

3. 재가노인 급식사업

재가노인 복지사업의 일환으로 전개되는 재가노인 급식사업의 사업내용은 재가노인급식 및 가정배달사업과 가정봉사원파견서비스, 주간보호서비스, 단기보호서비스 등 다양하다. 재가노인을 위한 급식 프로그램은 노인들의 기본적 욕구인 식사를 제공할 뿐만 아니라 수혜대상노인을 확인하고, 그들의 고독감을 완화하며 서비스에 대한 정보교환을 가능하게 하는 등 인간적 교류의 효과를 가져올 수 있다.

1 경로식당 운영

정부에서는 용돈 부족이나 교통 불편으로 점심을 거르는 노인들에게 무료로 점심을 제공하기 위하여 1991년 3월부터 영세민 밀집지역 등에 경로식당을 설치 · 운영하거나 사회복지기관과 종합복지관 등의 기존시설에서도 급식을 하는 등 회합급식 프로그램이 확산되기 시작하였다.

1995년 사랑의 쌀 나누기 운동본부와 삼성생명공익재단의 지원으로 노인들에게 도시락을 지급하기 시작하여 대상지역을 점진적으로 늘리고 있다. 또한 음식조리업체에 주문·제작하여 배달받는 방식에서 탈피하여 복지관 내에서 직접 조리하는 형태로 바꾸어 시행되고 있다.

보건복지부 노인복지과의 노인복지사업지침에 의하면, 경로식당 급식은 가정형편이나 기타 부득이한 사정으로 점심을 거르는 노인들을 대상으로 노인들이 많이 모이는 공원 및 영세인 밀집 지역에서 무료로 점심을 제공하는 것으로 이로써 노인복지 증진 및 더불어 사는 사회분위기를 조성하기 위한 프로그램이다.

2 재가노인의 회합급식

회합급식은 거동이 가능하고 건강하여 지역시설로 접근할 수 있는 노인들을 일정 장소에 모이게 하여 점심을 제공하는 경로식당 급식과 부득이한 사유로 가족의 보호를 받을 수 없어 낮 동안 시설에 입소한 노인들에게 점심을 제공하는 주간보호시설 급식을 일컫는다.

회합급식 프로그램의 운영주체는 사회복지법인, 종합사회복지관, 노인복지관, 상담시설, 기타 사회복지단체 등이며, 주간보호시설과 가정봉사원 파견사업기관 등이 주체가 되기도 한다. 보건복지가족부의 노인복지사업지침(1998)에 따르면 경로식의 운영비는 국고 50%, 지방비 50%로, 주간보호시설의 운영비는 국고 40%, 지방비 60%로 재정을 충당하고 있었다.

회합급식을 시범운영하는 성남지역의 6개 경로식당의 급식소를 대상으로 조사한 결과, 경로식당의 운영주체는 지방자치기관, 종교단체, 사회단체와 기업체였으며, 한 곳에서만 전문가인 영양사가 급식관리를 수행하고 있었다. 급식을 하는 대상인 노인들의 만족도는 급식소의 시설환경, 배식량, 위생, 급식제공자의 서비스 태도 등에서 매우 높았다.

3 가정배달 급식서비스

우리나라의 가정배달 급식 프로그램은 거동이 불편하여 조리가 불가능한 노인에게 조리된 음식을 배달해 주는 식사 서비스이다. 정부차원의 국고보조 없이 시·군·구의 지원이나 후원금을 재원으로 하고 있다. 서울시의 경우 소요경비 전액을 서울시비(기금)로 전액을 충당하여 저소득층 노인들에게 밑반찬을 1주일에 2회씩 가정에 배달하여 양질의 반찬을 지원하고 재가노인에 대한 실질적인 노인복지증진을 도모하고 있다.

가정배달 급식 프로그램은 치아부실, 신체기관의 기능감퇴, 소화·흡수력 저하, 기호변화 등의 신체변화가 있는 노인들 중에서 거동이 불편하여 스스로 음식을 조리할 수 없는 생활보호대상 노인들을 대상으로 하고 있다. 노인급식사업 중에서 급식관리가 가장 중요하다. 수혜노인들은 급식에 대해 보통수준 이상으로 만족하고 있었고, 제공 받은 음식을 거의 남기지 않았다. 욕구인 배고픔을 해결한 것만으로도 상당히 만족도가 높은 사업이다.

4. 노인 건강·영양사업

1 노인 건강증진사업

노인인구의 증가에 따른 만성퇴행의 질환과 질병의료비가 급등하고 있어 질병예방과 노인 건강증진을 위한 사업이 보건소를 중심으로 2006년 이후 실시되고 있다. 노인 건강증진사업의목적과 내용은 그림 9-5와 같다. 노인의 건강증진, 건강검진을 통해 신체 및 인식 건강을 향상시키는 것이다. 질병 예방을 위한 노인운동, 만성질환관리, 실명예방, 전립선 질병 예방, 무릎관절수술, 치매예방과 가족부담경감 지원 등 사업을 진행하고 있으며, 균형 잡힌 식생활, 생활습관병의 예방 및 관리 등에 관하여

구분	내용
목 적	노인에게 적합한 건강증진, 건강검진 등 예방 사업을 통해 노년기 신체 및 인지 건강 · 기능 상태를 유지 및 향상함
추진방향	• 예방중심의 노인건강관리 지원사업 지속 추진 – 노인 운동 지원, 만성질환 관리, 실명 예방 및 개안 수술, 전립선질환예방, 무릎관절 수술 등 • 치매의 예방–조기발견–치료관리–돌봄 체계의 내실화 추진 및 가족의 간병 부담 완화를 위한 지원체계 마련 • 노인의 안정 및 권리(학대 방지)보호 강화
세부 추진방향	
만성질환 관리	• 지자체의 1차 의료지원센터를 설치하고 지역의 1차 의료기관(의원)과 1차 의료지원센터 연계하여 지역사회의 만성질환 관리 • 고혈압 · 당뇨병의 지속적인 관리 강화와 의료기관 기능 재정립을 위한 '의원급 만정질환 관리제도' 추진
실명예방 및 개안 수술	• 노인성 백내장, 망막증, 녹내장 등 시력회복이 가능한 개안 수술 지원 • 검진을 희망하는 자치단체 선정 안과 무료 정밀검진 실시 지원
전립선질환 예방 및 치료	• 전립선에 대한 인식증진을 위한 전립선 건강강좌 실시 • 도서벽지 등 취약지역 노인(연 2~3회), 저소득층 노인 대상(월 2~3회) 전립선 치료 • 전립선질환예방 관리 홍보, 전립선 질환 검진 자료 분석 및 데이터베이스 구축
무릎관절 수술 지원	• 만 65세 이상 생활이 어려운 어르신 중 건강보험급여 인공관절치환술 인정기준에 준하는 질환자에 대한 무릎인공고나절 수술비 지원 • 무릎관절질환관리 교육 및 홍보
치매관리 체계 구축	• 치매예방: 금연, 금주, 건강식단, 꾸준한 운동, 정기적 건강검진을 실천하도록 하는 수칙 및 치매예방실천지수개발 · 보급 • 조기발견: 보건소 치매상담센터를 통해 선별, 진단, 감별 검사 실시, 만 75세 이상 독거노인이나 인지저하자 등에 대한 관리 및 치매정밀검진 급여 전환 등 • 치료 · 관리: 증상 악화 지연을 위한 치매 진료 · 약제비 본인 부담금 지원, 치매전문병동운영, 24시간 단기 방문요양 제공 및 장기요양치매유니트 설치 확대 등 • 돌봄: 경증치매환자 대상 인지활동형 프로그램 실시, 요양시설과 주야간보호시설에 치매유니트 설치를 통해 돌봄 서비스 제공 • 가족지원: 치매환자 가족에게 돌봄정보 및 스트레스 상담 제공을 위한 치매상담콜센터 운영, 치매가족 여행바우처 지원, 치매가족 온라인 심리검사 지원, 치매환자 소득공제홍보 등 • 인식개선: 치매파트너즈, 치매안심마을지정 등을 통해 치매에 대한 부정적 인식 개선 및 치매 증상, 돌봄 방법 정보 제공

그림 9–5 노인건강증진사업의 내용 추가

CHAPTER 9

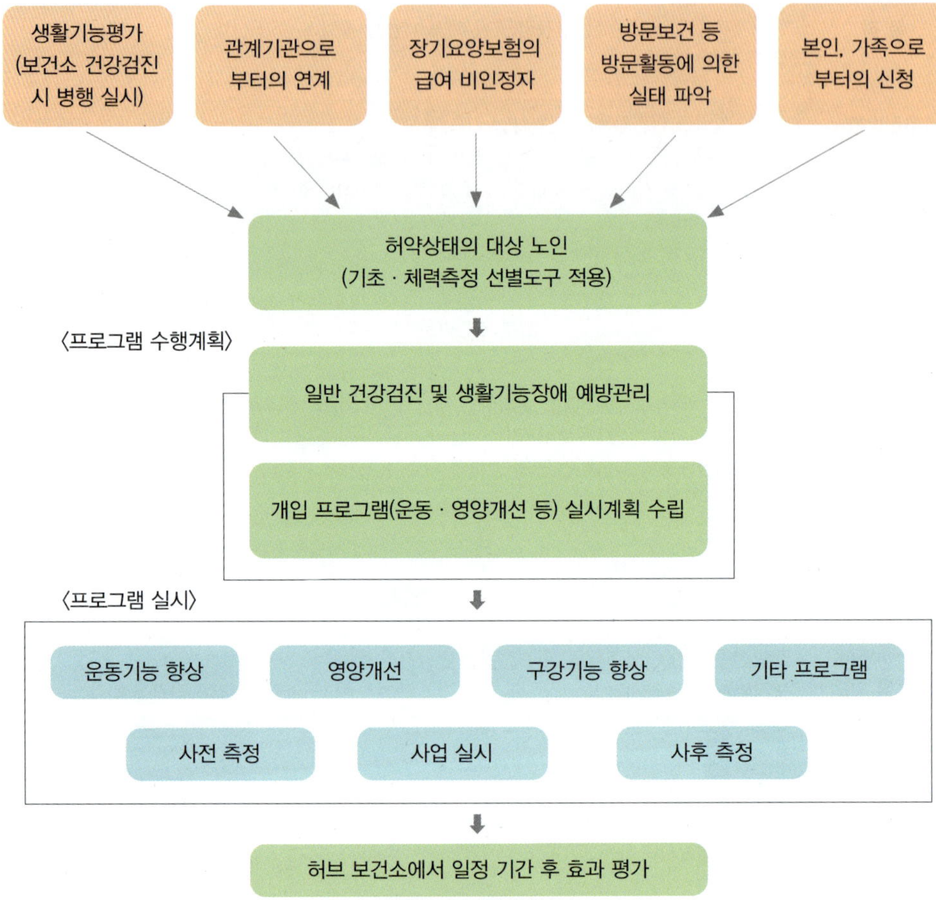

그림 9-6 노인의 건강증진사업 수행방식

상담하고 교육하고 있다. 노인의 건강증진 수행방식은 그림 9-6과 같으며, 세부 내용은 그림 9-7과 같다. 운동이나 가벼운 댄스 프로그램과 병행하여 삶의 질을 향상하는 서비스를 제공하고 있다. 보건소 영양사가 노인정노인회관을 방문하여 노인운동, 노인보조주관센터 식생활 등을 지도한다.

운영 프로그램	사업 내용
노인건강대학 프로그램	• 목적: 건강교육, 건강운동, 영양개선을 통한 자가건강관리 역량을 향상시키고, 장기요양 상태의 예방을 지향 • 내용: 건강관리정보, 장기요양관리정보, 건강운동 실시 등 • 대상: 주요 만성질환이 없고, 운동기능을 보유한 노인 • 장소: 경로당
노인운동지도자양성 프로그램	• 목적: 노인운동 프로그램을 지원하는 자원봉사자로 양성 • 내용: 운동고령자 지원방법, 프로그램 진행요원 지원 등 • 대상: 건강한 노인을 포함한 40세 이상 중년 • 장소: 보건소
가정방문 프로그램	• 운동 프로그램 • 영양관리 프로그램: 영양교육 • 장소: 대상자의 가정
경로당방문 프로그램	• 운동 프로그램 • 영양관리 프로그램: 영양교육 • 장소: 경로당, 노인회관
노인복지시설방문 프로그램	• 운동 프로그램 • 영양관리 프로그램: 영양교육 등 • 장소: 양로원, 노인주간보호센터

주: 1) 허약한 고령자는 보건소별 30~50명의 범위를 확보하고, 이들을 대상으로 한 운동기능향상 프로그램 및 영양개선 프로그램을 개발, 적용함

2) 노인복지시설은 양로원 또는 주간보호센터로 하고 노인(종합)복지관은 제외함

3) 경로당에서는 사업대상자(건강 및 허약)별로 프로그램을 수행하도록 함

그림 9-7 노인건강증진사업의 세부 내용

2 맞춤형 방문건강관리사업연계 활동

맞춤형 방문건강관리사업은 보건소의 전문인력이 지역주민의 가정 또는 시설에 방문하거나 보건소 내 및 지역사회제반시설 등을 이용하여, 일차 가족 및 가구원 중에 건강문제를 가진 가구를 선발하여 건강증진, 질병예방관리, 만성질환자관리를 하며 적합한 보건의료서비스를 직접 제공하거나 의뢰, 연계함으로써 가족과 지역주민의

건강수준을 향상시켜 주는 포괄적인 사업이다. 맞춤형 방문건강관리사업의 모형도는 그림 9-8과 같다.

영양사는 방문보건사업대상자 중 영양적 고위험자에 대해 식사요법에 대한 식사요법 지도 및 영양상담을 하고 있다.

- 의사, 간호사, 물리치료사, 영양사, 치과위생사 등의 보건전문인력이 지역주민의 가정 또는 시설을 방문하여 가구원 혹은 가족의 건강문제를 스크리닝하여 발견하고, 문제해결에 적합한 건강증진, 질병예방, 질병관리 등의 서비스를 제공한다.
- 서비스 방법으로는 건강문제스크리닝, 스크리닝 결과에 따른 상담과 1차 간호 및 건강관리, 건강교육 및 상담, 정보제공과 지원 등의 직접서비스와 의뢰 · 연계 등의 간접서비스 그리고 지역단위서비스 제공체계가 운영되고 있다.

비 전	건강수명 연장 / 취약계층의 건강형평성 확보			
목 적	자가건강관리능력 향상		삶의 질 향상	
목 표	취약계층 등록관리율 향상 소득 수준 상위 20%와 하위 20% 간 건강 수준 차이 완화 노인의 장기요양 이행률 감소 심뇌혈관계 질환 유병률 감소			
사업전략	생애주기별 건강관리	맞춤형 서비스 need – based	지역담당제	보건소 내 부서 간 및 지역사회 연계
사업내용	취약가족 건강관리 (조손, 한부모, 결혼 이민자 등)	취약계층 여성과 어린이, 노인 건강관리	취약계층 만성질환자와 보호자 건강관리	취약계층 주민의 건강생활습관 및 건강의 집단관리
	기초생활수급자 및 차상위계층 우선 노인, 장애인, 결혼이민자 등 우선			
사업체계	대상자를 방문하여 건강관리를 하는 전담 전문인력 확보 보건복지부 – 시 · 도 – 보건소 내 방문건강관리 전담팀			

그림 9-8 맞춤형 방문건강관리사업 모형도

자료: 건강증진사업지원단, 맞춤형 방문건강관리사업, http://chc.hp.go.kr

BOX 9-2 **방문영양식사지도**

- **방문영양식사지도사업의 대상자 및 실시자**

– 방문영양식사지도사업의 대상자는 대부분 고령, 독거, 뇌혈관질병 후유증, 치매, 연하기능장애, 저작장애, 난치병 등으로 영양상태가 불량한 노인

– 방문영양식사지도사업의 경우 보건소 혹은 지역사회병원 영양사가 영양지도 방침과 계획을 세우게 되며 이를 토대로 식생활 상담원(비상 재택영양사)이 연 1~3회 정도 방문하여 영양식사 지도를 하게 됨

- **방문영양식사지도사업의 내용**

방문노인에 대한 영양식사 판정

현재의 영양, 식사 상태를 파악하기 위해 환경정보, 생활상황, 신체계측, 신체관찰, 영양소섭취상황, 식품섭취상황, 약 복용 여부, 진단검사 시의 데이터 등을 조사하여 현재 방문대상자의 영양상태 진단과 더불어 원인을 파악해야 함

방문영양식사지도사업의 평가

- 방문사업에 참여하고 있는 다른 직종과의 교류를 위해 지도내용을 자세히 기록해야 함
- 교류방문 시에 영양 판정 때 기록했던 설문지를 보면서 그 동안의 진전사항을 체크하여 종합적인 평가서를 작성하도록 함

방문영양식사지도에서 영양사 역할

- 적정영양, 식품섭취량의 제시, 바람직한 식행동과 식습관 제시
- 섭취, 연하 곤란자들에게 할 수 있는 영양공급방법 설명
- 만성질환에 대한 식사요법
- 조리실습지도: 본인, 간병인 혹은 가사 도우미에게 지도
- 식사환경을 개선하도록 주방이나 식당 설계를 도와줌
- 특수영양식품, 경구영양제, 식재료를 택배로 받을 수 있는 곳의 소개 및 활용법
- 지방자치나 국가로부터 받을 수 있는 보조, 복지내용 소개
- 외부와의 교류를 적극적으로 유도

자료: 남대하병원 영양과

3 노인 식품비 지원과 생활보조 프로그램

우리나라에서도 사회의 저소득층 소외계층에 대하여 식품을 구매할 수 있게 식품비를 제공, 영양개선을 위한 중요한 사회복지와 영양정책이다. 보건복지부 주관으로 생활보호대상자를 선정하여 생계비지급, 경로연금지급과 식품비지원과 생활보조 프

로그램을 실시하고 있다.

(1) 생활보호대상자의 최저생계비 지원

- 국민기초생활보장선을 제시하기 위해 생활보호대상자에 대한 가구 규모별 최저생계비를 책정하였다.
- 최저생계비부족분을 지원해 주는 보충급여제를 실시하여 공공근로사업의 일환으로 사회복지사 등을 투입하였다.

(2) 저소득층 생계비 지원

- 저소득 실직자를 한시적 생활보호대상자로 선정하여 보호하고, 자활보호대상 가구에 대해서도 생계비를 지원하고 있다.
- 장애인 생계보조수당 지급대상자를 1차 2급 중복 생활보호장애인에서 1차 2급 생활보호장애인 전체를 확대하였다.

(3) 저소득 노인 경로연금 지급

저소득 노인에 대한 직접적인 소득지원으로 노후생활의 안정을 도모하기 위해 경로연금을 지급한다. 본인이 납부의무를 부담하지 않고 지급받는 점에서, 일정기간 보험료를 불입하고 지급받게 되는 국민연금법상의 노령연금과 다르다.

알아두기 주요기관 및 국가별 상대빈곤선

주요기관 및 국가	상대빈곤선 기준
OECD	중위소득의 40%, 50%, 60%
World Bank	개발도상국은 평균소득의 1/3, 선진국은 평균소득의 1/2
영 국	평균소득의 50%
프랑스	중위소득의 50%
일 본	평균소비지출의 68%

4 노인장기요양보험제도

(1) 노인장기요양보험제도의 대상

노인장기요양보험은 인구의 고령화, 치매, 중풍 등의 노인성 질환자가 증가함에 따라 노인수발문제를 사회적 차원에서 해결하여 노인의 삶의 질을 향상시키고 가족의 복지증진에 기여하기 위한 제도이다. 노인장기요양보험의 사업대상자는 표 9-6과 같으며 장기요양인 정서에 기재된 장기요양 등급, 유효기간, 급여종류 내에서 장기요양급여서비스를 이용할 수 있다. 급여종류는 재가급여, 시설급여와 특별현금급여가 있다. 급여이용 시 월 한도액에서 이용해야 하며 한도액을 초과한 부분에 대해서는 전액 본인이 부담해야 한다.

서비스 종류와 세부 활동 내용은 표 9-7과 같다.

표 9-6 노인장기요양보험제도의 적용대상자 범위

구 분	적용대상자 범위
보험적용대상자	전 국민(장기요양보험가입자 + 의료급여적용 대상자)
보험료부담대상자	장기요양보험가입자(건강보험료 납부대상자)
장기요양인정을 신청할 수 있는 대상자	65세 이상 노인 또는 노인성질환을 가진 65세 미만의 국민
장기요양급여를 이용할 수 있는 대상자	장기요양인정 신청인 중 6개월 이상 혼자서는 일상생활이 어려운 자로서 장기요양 등급판정위원회에서 장기요양 인정을 받은 65세 이상 노인 또는 노인성질환을 가진 65세 미만자

CHAPTER 9

표 9-7 노인요양급여 서비스의 종류와 내용

급여 종류	서비스 종류	세부 활동
재가급여	방문요양	• 신체활동: 세면도움, 구강관리, 머리 감기기, 몸단장, 옷 갈아입히기, 목욕도움, 식사도움, 체위변경, 이동도움, 화장실 이용 • 일상생활: 취사, 청소 및 정돈, 세탁 • 개인활동: 외출 동행, 일상업무 대행 • 정서지원: 말벗, 격려, 상담, 위로, 의사소통도움
	방문목욕	
	방문간호	처치, 처방, 주사, 투약, 영양관리, 배뇨관리, 호흡관리, 상처관리, 욕창관리
	주야간보호	
	단기보호, 기타	
시설급여	노인의료복지시설	
특별현금급여	가족요양비, 특례요양비, 요양병원 간병비	

(2) 노인장기요양보험제도의 급여서비스

치매, 중풍, 파킨슨병 등 노인성 질병으로 거동이 불편한 노인에게 가정이나 요양시설에서 세수, 목욕, 배변처리, 식사, 세탁, 주변 환경정리, 간호처치 등 요양서비스를 제공한다.

5. 미국의 노인영양지원 프로그램

미국 연방정부에서는 대부분 농림성과 후생성을 통해서 다양한 식품지원 프로그램을 수행하고 있다. 미국 연방정부의 노인을 위한 식품지원 프로그램의 종류와 수혜내용은 표 9-8과 같으며, 프로그램에 따라 차이가 있다. 예를 들면, 식비에 해당하는 현금지급, 식품구입을 위한 쿠폰지급, 필수식품제공 등 다양한 지원을 하고 있으며 수혜자에게 영양교육과 정보를 제공하고 있는 경우가 많다.

표 9-8 미국 노인식품지원 프로그램과 활동 내용

프로그램명	예산지원기관	프로그램 내용	활동 내용
푸드스탬프	농무성	수입보조금	식품구매를 위한 쿠폰이나 전자화폐
노인주간보호 프로그램	농무성	• 식사 프로그램 • 데이케어	노인들을 위한 주간보호 프로그램
노인농부시장 영양 프로그램	농무성	수입 보조금	저속득층 노인에게 농부시장에서 식품과 교환가능한 쿠폰 제공
노인영양 프로그램	• 보건성 • 보건성 노인국	• 노인급식 • 가정배달식사 • 치료식이	식사, 운송, 장보기 보조, 영양교육, 정보, 타 기관 위탁 등
메디케어 프로그램	• 보건성 • 보건성 메디케어센터 • 사회보안청	제3자 지불 시스템	• 병원, 양로원, 요양원, 재활원, 간호시설, 가정 간호서비스 및 호스피스 프로그램에서의 의료 서비스 지원 • 가정식사, 경관급식, 체중감소 등은 부분적으로 수행됨
배달식사 프로그램	사설기관들	직접식사배달	주중 노인급식소를 보충해 주는 가정식 배달

1 미국 농무성 프로그램

(1) 푸드스탬프 프로그램

푸드스탬프(food stamps)는 미국 농무성에서 진행하는 저소득층 지원 프로그램으로서 저소득층 노인들을 지원하고 있다. 현재 푸드스탬프 수혜자 중 10%가 60세 이상의 노인이며 도움이 필요한 노인의 30%를 이 프로그램에서 지원하고 있다.

푸드스탬프의 수혜자격은 저소득층 수입지침과 비교해서 가구수입으로 결정하며 일정금액의 푸드스탬프를 그 가족의 수, 나이, 성별, 지난 달 재정상태에 따라 지급한다. 푸드스탬프의 목적은 저소득층 가족에게 필요한 양만큼의 영양가 있는 식품을 살 수 있도록 도와주는 데 있다.

(2) 주간보호 프로그램

농무성지원 프로그램은 자녀들이나 보호자가 낮에 일하러 나가는 동안 노인들을 돌

CHAPTER 9

보아 주는 프로그램이며 식사프로그램과 데이케어서비스를 한다.

(3) 영양서비스 인센티브 프로그램

농무성에서 지원하는 영양서비스 인센티브 프로그램(Nutrition Service Incentive Program : NSIP)은 각종 프로그램에 필요한 식품을 살 수 있도록 식품과 현금을 지원하는 프로그램이다. 보건성의 가정 급식배달 프로그램 및 각 지역의 경로당이나 노인센터에 필요한 식품과 현금을 지원한다. 또한 노인데이케어센터에도 식사와 간식을 지원해 준다.

2 보건성 프로그램

(1) 영양보충 프로그램

영양보충 프로그램(commodity supplemental food program)은 매달 60세 이상의 노인들에게 식품 패키지를 공급한다. 미국 노인법(Older Americans Act : OAA)은 1965년에 제정된 법으로 노인에게 독립성을 마련해 주고 삶의 질을 확보하게 해 주는 데 필요한 사항들을 다루기 위해 제정된 법이다. 1972년 연방정부예산으로 60세 이상의 노인가정에게 식사를 제공하도록 법이 개정되었고, 1978년에 보건성에서 예산을 지원하는 사회보장서비스와 통합하여 노인 사회지원프로그램이 되었다.

(2) 노인영양 프로그램

노인영양 프로그램(The Elderly Nutrition Program : ENP)은 노인의 영양 상태를 개선시켜서 건강하게 살 수 있도록 지원하는 프로그램이다. 저렴한 비용의 영양가 있는 식사를 제공하고 사회적 교제, 대화의 기회를 제공하며 영양교육과 장보기를 보조해 주고 상담 후 다른 사회나 재활 서비스로 위탁하는 역할을 하며 운송서비스를 제공하도록 한다.

① 집단급식 프로그램

집단급식 프로그램(congregate meals program)에서는 집단급식소에서 매일 한 차례씩 일주일에 5일간 노인들에게 식사를 제공하고 있다. 집단급식장소는 노인정, 지역사회복지관, 교회, 병원, 양로원, 보건소 등이다.

② 급식배달 프로그램

급식배달 프로그램(home-delivered meal program, meal on wheels)은 집단급식소에 오기 어려운 노인들을 위해서 하루에 한 번, 일주일에 5~7회 식사를 집으로 배달하는 프로그램이다. 미국 노인을 위한 영양권장량의 1/3을 만족시키도록 구성되며, 프로그램 수혜자격이 있는 노인과 함께 살고 있는 무능력한 가족에게도 제공되고 있다.

집단급식 프로그램과 가정급식배달 프로그램 수혜자의 식사 다양성이 증가하고 영양 상태가 좋아졌으며 특히 칼로리, 칼슘, 아연의 섭취가 증가하였다. 프로그램은 대상을 모두 수용하지 못하고 있어서 예산증가가 필요하게 되었다.

(3) 메디케어

메디케어는 1966년에 시작된 연방정부 건강보험 프로그램으로 65세 이상의 노인을 대상으로 하고 있다. 메디케어는 의무적인 보험과 노인과 정부가 반반씩 부담하는 선택적인 보충보험의 두 가지로 구성된다. 이 보험의 비용이 너무 비싸서 1983년 연방정부는 전향적인 비용지불 제도를 고안하였다. 즉, 467개의 질병의 종류를 분류하여 이들의 치료에 대해 먼저 정부가 경비를 책정해 놓고 후에 병원이 그 경비를 취하는 방법이다.

CHAPTER **10**

한국의 영양정책

1 보건 · 영양정책의 의의와 필요성 | 2 한국의 영양정책

1. 보건·영양정책의 의의와 필요성

1 영양정책의 의의

모든 국민은 건강하고 최소한의 생활을 할 수 있는 권리를 헌법에서 보장하고 있다. 따라서 국가는 사회복지 · 사회보장 · 건강향상을 위한 정책을 시행하여야 한다. 이를 위해 적절한 식생활을 영위할 수 있도록 식생활 지원과 함께 보건 및 영양정책이 이루어져야 한다.

국민영양은 우리가 일상적으로 섭취하는 영양소의 균형을 통하여 건강한 신체를 유지하고 생활의 질을 향상시키기 위한 기본적인 요소이며, 국가적으로 경제 · 사회 발전의 원동력이 되고 있다. 특히 인적자원을 질적으로 향상시키는 주요 요소라는 점에서 중요한 의미를 갖는다. 이를 위하여 우리나라에서는 국민영양관리법, 식품위생법, 국민건강증진법, 지역보건법과 그 외 관련 법에 의하여 영양서비스와 영양사업이 실시되고 있다.

정책은 경쟁적인 목표들 중에서 우선순위를 정하고 예산의 분배, 인사, 프로그램 수행을 위한 표준과 미래의 방향을 종합적으로 비교 분석한 후 선정된다. 따라서 정책을 만드는 과정은 지역사회의 영양 프로그램과 서비스에 의해 영향을 받는다. 또한 정책은 정부나 지방자치단체의 활동을 유도하기도 한다.

그러므로 정부는 여러 가지 국가경제, 사회문제 등을 고려하면서 건강증진을 위한 영양정책을 수립하고 이에 따라 식품공급 · 분배 및 소비를 조절하거나 규제하는 식품 및 영양정책을 세워 나가고 있다.

과거 우리나라는 인구에 비해 식품 생산량이 부족하였으며 그 중에서도 주식인 쌀의 공급량이 절대적으로 부족한 실정이었다. 이에 따라 정부의 가장 중요한 정책은 식품정책이었으며, 그 중에서도 쌀 증산이었다. 국민건강증진을 위해서는 여러 식품 영양 관련 정책이 필요함에도 불구하고 오직 식량 증산에만 주력하고 있었다. 그러다보니 영양정책은 정부의 주요 정책이 되지 못하였다. 그러나 이제 우리 국민이 소비할 분량 이상으로 충분한 쌀 생산이 이루어지고 있으며, 인구의 노령화와 생활습

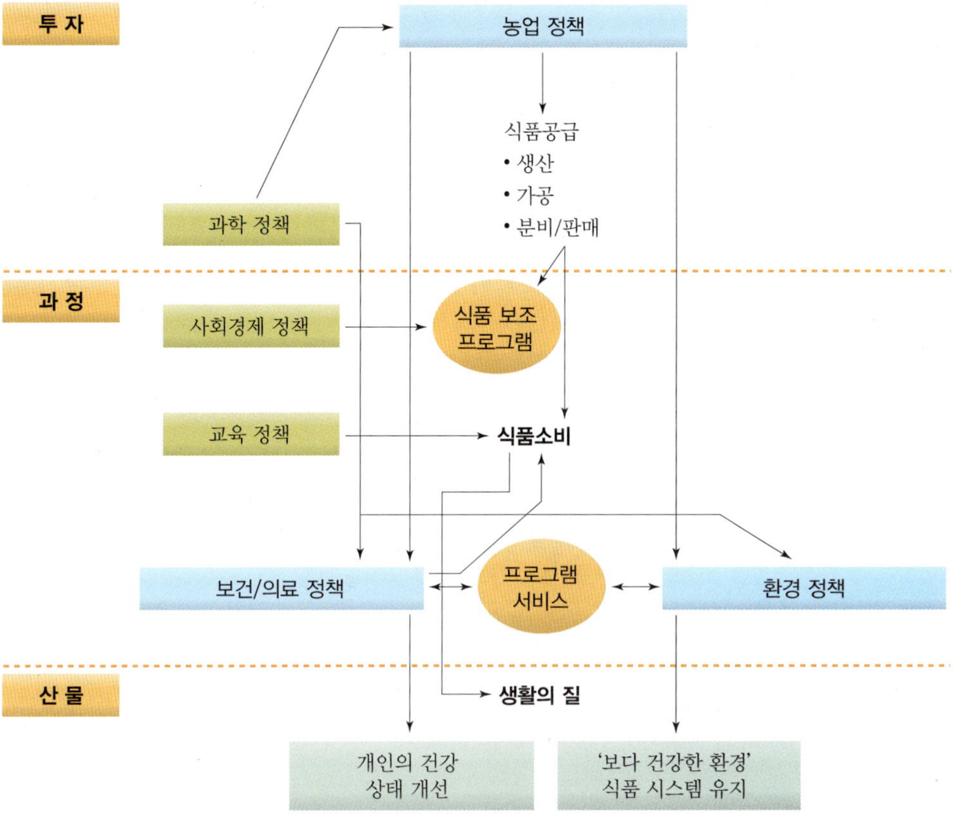

그림 10-1 영양정책 개요

자료: Sims, 1993

관형 질환 유병인구의 급증 등 사회환경의 변화에 따라 다양한 식품 및 영양정책 필요성이 대두되고 있다.

영양정책은 그림 10-1과 같이 보건정책, 농업, 식품공급, 식품가격, 식품품질, 식품제조, 집단급식과 영양교육 등의 여러 분야가 포함된다. 이렇게 다양한 분야들이 영양정책에 포함됨으로써 국민 건강증진 목표를 달성할 수 있으며, 농업이나 식품 산업분야 등 각 분야의 동반 성장을 이룰 수 있게 된다.

CHAPTER 10

2 정책수립과정

새로운 정책을 만들려면 정부의 관심을 끄는 초안이 설정되어야 하며, 건강과 영양의 이슈를 해결하기 위한 모델을 적용하여야 한다. 정책은 그림 10-2에서와 같이 문제인식을 도출하여 가안을 작성하고 전문가 및 관련 기관의 검토 후에 만들게 된다. 그리고 정책이 결정되면 집행과 평가가 이루어지며, 평가 결과를 다시 다음의 정책에 반영하여 수정하게 된다.

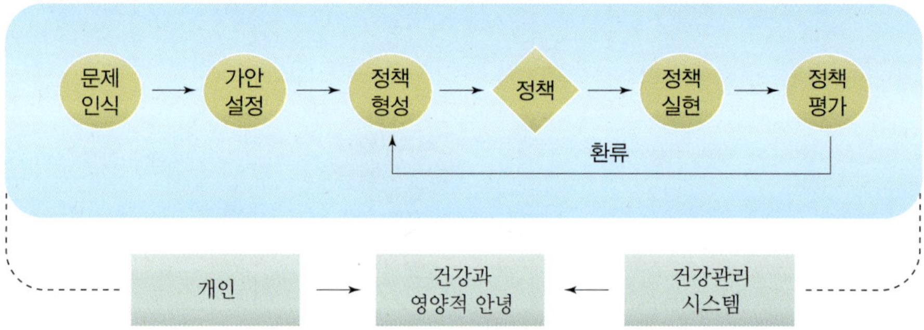

그림 10-2 정책과정

자료: Owen, 1999

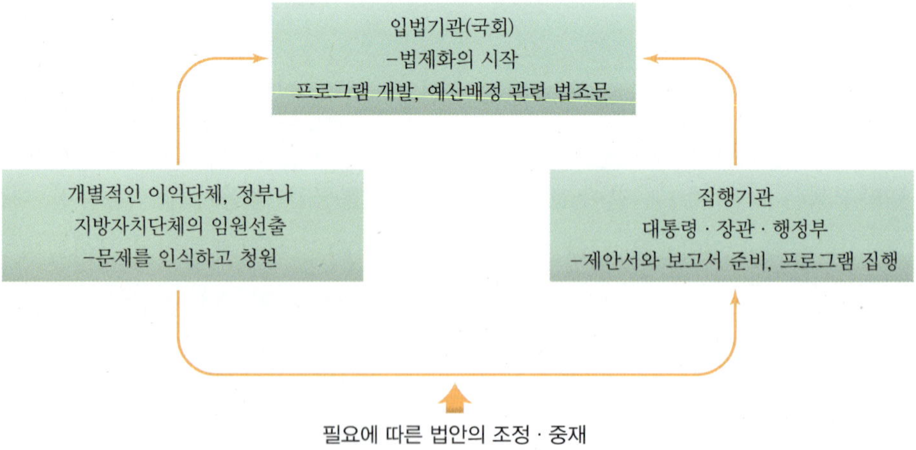

그림 10-3 국가의 정책입안과정

국가의 구체적 정책입안과정은 크게 세 가지로 나눌 수 있다(그림 10-3). 문제인식과 청원 과정, 국회에서의 법제화 과정, 집행기관에서의 제안서와 프로그램 집행과정이다. 이러한 과정은 건강증진법 제정에서 그 사례를 찾을 수 있다(BOX 10-1).

BOX 10-1 건간증진법 제정 예

1. 문제인식 및 청원

① 1980년대 초반부터 유럽 등에서 건강증진정책과 사업이 개발되어 시행되어 왔다. 우리나라에서는 1970년대 초반에서 1980년대 말까지 보건교육자들은 건강을 향상시키기 위한 개인의 책임과 역할을 강조하고 이를 위한 지식전달에만 치중하고 있었다. 그러나 선진국에서 일어났던 건강증진운동의 영향이 국내에까지 미치게 되자 이들 보건교육 전문가 사이에서 새로운 각성이 일어나게 되었다.

② 과거의 질병중심·개인중심의 보건 교육적 접근방법에서 탈피하여 적극적인 사회변화를 지향하는 새로운 보건교육의 정립이 필요하다는 공감대가 형성되었다. 더불어 향후 보건정책의 방향을 치료중심에서 건강증진 및 질병예방 중심으로 전환해야 한다는 의견들이 일기 시작하였다.

2. 입 법

① 1990년 대통령의 지시로 보건교육자문위원회가 구성, 1991년 1차 회의 보건교육정책수립을 위한 분야별 추진 팀 구성 및 활동 시작

② 위원회에서 국민건강증진법 제정, 보건교육자료센터 설치, 학교보건교육강화, 국민건강증진을 위한 대중매체의 효율적인 활용방안, 그리고 병·위원 및 민간단체협력 등 제안

③ 1995년 국민건강증진법 집행

3 국민건강증진정책

1995년 국민건강증진법의 제정으로 보건 및 영양정책 방향은 전환점을 맞게 되었다. 이 법은 '국민에게 건강에 대한 가치와 책임의식을 함양하도록 건강에 관한 바른 지식을 보급하고 스스로 건강생활을 실천할 수 있는 여건을 조성함으로써 국민의 건강을 증진함'을 목적으로 하고 있다.

국민건강증진법의 영양정책 관련 조항으로는 영양개선과 국민영양조사가 있다. 영양개선에 대해서는 '국가 및 지방자치단체는 국민의 영양상태를 조사하여 영양개

표 10-1 보건관계법과 국민건강증진법의 비교

구 분	종래의 보건관계법	국민건강증진법
사업대상	환자	건강한 자
사업내용	약물투여, 기술적 치료 질병관리, 감염성 질환	금연 · 절주 · 영양개선 등 생활습관의 변화유도 만성 퇴행성 질환
재원	국고 · 지방비	국고 · 지방비 및 담배사업자 등의 출연금(기금)

선방안을 강구하고 영양에 관한 지도를 실시하여야 한다'고 명시되어 있으며, 이를 위해서 영양교육사업, 영양개선에 관한 조사 · 연구사업, 기타 영양개선 사업 등을 수행하도록 명시되어 있다. 국민영양조사에 관해서는 국민의 건강상태 식품섭취, 식생활조사 등 국민의 영양에 관한 조사를 정기적으로 실시하도록 명시하고 있다.

국민건강증진법에 따라 정부는 국민건강증진사업에 대한 분야별 목표를 설정하고, 이 목표의 달성을 위하여 국민들이 건강생활 실천을 통해서 스스로 건강을 관리할 수 있도록 하고 있다. 즉, 주민대상의 보건의료기관 및 관련조직의 예방사업을 활성화하고, 여건조성을 위한 각종 시설의 확충과 위해를 줄여 나가도록 하고 있다. 따라서 종래의 보건관계법이 환자대상으로 감염성 질병관리에 역점을 두었던 것과는 매우 큰 차이가 있다(표 10-1).

이러한 정책들은 국민건강증진법시행령 제2조에서 제9조의 규정에 의해 설치 · 운영되는 보건복지부장관의 자문기관인 '보건정책심의위원회', 정부 · 지방자치단체 및 보건관련단체의 상호유기적인 협조를 통해 마련되어야 한다. 각 시 · 군 · 구는 국민건강증진법 제10조의 규정에 의하여 지역사회의 주민단체 또는 공공 기관이 참여하는 '건강생활실천협의회'를 구성하고 이 협의회에서 지역특성에 적합한 건강증진 세부실천계획을 수립하도록 하였다. 이로써 국민의 욕구를 충족할 수 있는 수준의 보건 서비스를 제공하게 되었다.

2. 한국의 영양정책

국가의 영양정책은 국민 개개인의 건강을 증진하여 삶의 질을 향상시키는 것을 목표로 수립되며, 결국 국가의 경제적, 사회적, 문화적 발전의 기본 자산으로서 국가 경쟁력을 높이는데 기여하게 된다. 이에 한국의 영양정책 변천과정을 살펴보고 2012년도부터 추진되고 있는 1차(2012~2016), 2차(2017~2021), 3차(2022~2026) 국민영양관리기본계획에서 나타난 목표, 추진과제, 중점과제 및 세부 실행계획에 대해 알아본다.

1 영양정책 변천과정

우리나라 영양정책의 변천과정은 영양정책 부서의 이동을 통해 알 수 있다. 1958년 7월 보건사회부 훈령에 의해 보건사회부 방역국 보건과에서 국민영양실태조사에 관한 사항을 관장하였으며, 이어서 1964년 4월 보건사회부 훈령에 의해 의정국 지방의정과에서 국민영양에 관한 사항을 관장하였다.

1970년 2월 대통령령으로 보건사회부 보건국에서 국민영양조사와 계몽지도를 수행하였으며, 1972년 2월 대통령령에 의해 보건사회부 차관 밑에 모자보건관리실이 설치되고 중앙전담기구로 개편되면서 국민영양담당보좌관으로 승격되었다. 그러나 1982 년 11월 정부조직법이 개편되어 모자보건관리실이 없어지면서 국민영양담당보좌관 제도가 없어졌고, 영양행정은 보건사회부 보건국 보건교육과에서 전담하게 되었다. 그 후 여러 차례의 변경을 통해 보건복지부로 개편하게 되었고 2010년도 국민영양관리법이 제정되면서 보건복지부 건강증진과에서 영양행정을 관할하게 되었다.

경제개발계획에서의 영역에서도 영양정책의 위치를 알아볼 수 있다.

제5차 경제개발5개년계획(1982~1986)의 경우 영양부문이 따로 있어 국민영양조사와 국민지도 방안에 대해 계획을 하고 있었다. 6차 계획(1987~1991)에서는 영양부문으로 영양관리 체계의 확립, 식량영양관리제도의 재정립, 취약계층의 영양 개선, 학교영양관리 강화, 집단급식소 영양관리 철저, 영양교육 홍보의 강화를 계획 하고 있었으나, 이러한 계획이 잘 실현되지 않은 실정이었다.

그 후 제7차 경제사회발전5개년계획과 신경제5개년계획(1993~1997)에서 보건정책 방향이 바뀌면서 영양정책 실현을 위한 제도적 장치가 이루어졌다. 이 단계에서 보건정책과 사업의 목표가 이전까지는 의료이용수준 향상 이었으나, 건강수준 향상으로 바뀌게 되었다. 그리고 정책과 사업의 주 대상을 전염병 예방에서 건강한 생활습관 형성을 통한 만성 퇴행성 질환과 각종 사고의 예방으로 전환하였다. 또한 정책과 사업의 방법론을 질병진료체계에서 건강증진체계로 하고 있다.

이처럼 보건정책의 방향이 질병의 치료에서 질병예방과 건강증진으로 점차 바뀌어 간 것을 알 수 있다. 1995년에는 '국민건강증진법' 이 제정되어 보건정책에의 방향전환을 본격적으로 추진할 수 있는 법적 장치가 수립되었다. 더불어 1996년에는 지역보건법이 개정 되어 1998년부터는 영양사를 정식으로 보건소에 배치할 수 있도록 개정되었다.

2 영양정책의 패러다임의 변화

영양정책의 패러다임은 20세기 말 소극적 질병 예방에서, 적극적으로 영양과 건강을 챙기는 영양관리 시대로 진화되고 있다. 우리나라 영양관리의 패러다임도 1960년대부터 1980년대 초반까지는 '영양구호', 1980년대 후반부터 1990년대 중반까지는 '영양 개선', 1990년대 중반부터는 '영양관리' 로 변화되어 왔다.

따라서 우리나라의 영양 정책은 「제1차 국민영양관리기본계획(2012~2016년)」의 성과를 바탕으로 개개인이 보다 적극적으로 건강한 식생활을 실천하고 영양을 관리하며, 정부는 이를 뒷받침할 수 있는 환경과 기반을 강화하는 "능동적 영양관리" 를 지향하고 있다.

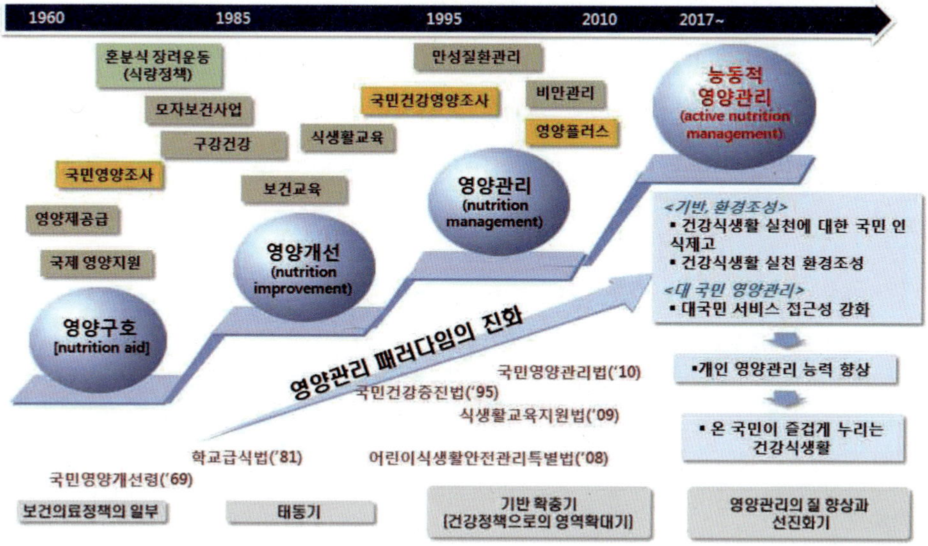

그림 10-4 국민영양관리의 패러다임 변화

자료: 보건복지부

3 국민영양관리법 및 국민영양관리기본계획

우리나라는 국민 건강증진 및 만성질환 예방을 통한 의료비 감소 등 체계적인 국가영양정책 수립을 위해, 2010년 국민영양관리법을 제정 · 시행하고 있다. 국민영양관리법 제7조에 따르면, 보건복지부는 매 5년마다 국민의 영양관리를 위하여 중장기적 목표의 추진 방향과 영양 · 식생활 교육사업, 취약계층 영양관리사업, 영양 및 식생활 조사사업 등 관련 추진계획을 담은「국민영양관리기본계획」을 수립 · 시행하여야 하며, 이를 통해 향후 5년간 우리나라 영양관리 목표와 정책 방향을 설정하고 이를 달성하기 위한 범정부적인 정책과제를 제시하고 있다.

이에 따라 2012년 제1차 국민영양관리기본계획(2012~2016)을 수립하여 시행하였다. 그 후, 1차 기본계획 종료에 따라 성과와 과제를 점검하고, 인구고령화, 영양불균형, 비만 및 만성질환 증가 등 정책여건을 고려하여 제2차 국민영양관리 기본계획(2017~2021)을 수립하였다. 또한 코로나19 등 보건의료환경의 변화와 정책여건을 고려하여 2022년도에는 제3차 국민영양관리 기본계획(2022~2026)을 수립하였다. 이를 기반으로 매년 지방자치단체(시 · 군 · 구)에서는 시행계획을 수립하여 지역 특성에 적합한 식생활 · 영양사업을 시행하도록 하고 있다.

제 1, 2, 3차 국민영양관리기본계획의 비전과 목표 및 주요 추진과제는 표 10-2와 같다.

표 10-2 제1·2·3차 국민영양관리기본계획 비교

구분	제1차 국민영양관리기본계획	제2차 국민영양관리기본계획	제3차 국민영양관리기본계획
비전	건강 100세를 위한 최적의 영양관리	온 국민의 영양관리로 건강사회 구현	모든 국민의 건강한 식생활 실천이 가능한 사회
목표	건강식생활 실천율 제고 인구특성에 따른 영양격차 최소화 만성질환 증가 속도관리	건강식생활 실천 인구 증가	건강식생활 실천 인구 증가 – 누구나, 언제나, 어디서나 스마트 영양관리 –
추진 과제	• 식품 및 음식 영양정보 확인환경 • 나트륨 · 주류 및 위해가능 영양성분 섭취 저감화 • 건강체중 인식확산 교육 및 홍보 • 나트륨 저감화 홍보 및 캠페인 • 생애주기별 영양관리지원 • 영양플러스 사업 운영 • 임산부 철분, 엽산제 지원 • 다문화가정 영양관리 • 어린이 급식관리지원센터 확대 및 운영 내실화 • 지역아동센터 급식관리 체계화 • 저소득층 어린이 과일제공사업 • 만성질환 예방 · 관리를 위한 영양관리 • 노인 급식관리사업 • 방문영양관리사업 • 국민건강영양조사 등 국민 식생활 모니터링 • 영양섭취기준 · 식생활지침 제 · 개정 및 보급 • 영양관리서비스 산업기반 구축	• 건강식생활 실천 운동 전개 • 건강식생활 실천 참여형 홍보 활동 강화 • 신뢰성 있는 영양정보 제공 • 건강한 식품 선택권 보장 • 개인의 영양관리 능력향상 및 실천을 위한 영양관리서비스 산업 활성화 • 국민 식생활 · 영양 모니터링 강화 • 식생활 · 영양 관리 기준의 체계적 제 · 개정 및 보급 • 식생활 · 영양 관련 체계적 DB 구축 · 관리 • 관련 제도 · 인력 · 재정적 기반 강화 • 영유아 · 임산부 영양관리 지원 강화 • 아동 · 청소년의 영양관리 능력 향상 • 성인 만성질환 예방을 위한 영양관리 강화 • 노인 영양관리 강화 • 지역사회 특화 영양사업 개발	• 지속 가능한 전국단위 캠페인 추진 • 건강식생활 정보 전달경로 확대 • 홍보 · 캠페인을 위한 민관협력 강화 • 영양 · 식생활 디지털 정보제공 • 건강한 식품 소비 선택권 강화 • 건강한 식품 생산 유도 • 스마트 영양관리 서비스 앱 보급 • 생활공간 기반 영양관리 실천역량 강화 • 영양취약계층 영양관리 지원 강화 • 긴급영양관리 지원체계 구축 • 법 · 제도 등 정비 • 국민 영양 · 식생활 조사 확대 및 개선 • 영양성분 데이터 생산 및 활용 강화 • 전문인력 역량 강화 • 영양관리 근거 마련 연구 기획 및 수행

자료: 보건복지부

4 제2차 국민영양관리기본계획(2017~2021) 성과 평가 및 과제

(1) 제2차 국민영양관리기본계획의 추진 성과

① 건강식생활 실천환경 조성

- 체험형 교육 활성화
  - 나트륨 · 당류 줄이기
  - 저염 · 저당 레시피 조리실습 등 체험형 식생활 교육프로그램(튼튼먹거리 탐험대) 운영 확대
- 건강식생활 실천 참여기회 제공 확대
  - 국민의 인식 제고와 올바른 식습관 형성을 유도하기 위하여 체험공간(우수 농어촌식생활 체험공간) 및 식생활 교육기관 지정 운영
- 영양표시 및 나트륨 저감 지원
  - 가공식품 영양표시 의무화 확대 : 영양표시 의무대상 식품유형을 2016년 108개에서 2021년 115개로 확대)
  - 가정간편식 나트륨 저감화 기술 가이드라인 마련

② 맞춤형 영양관리 서비스 지원 강화

- 만성질환위험군 대상 영양관리
  - 모바일 헬스케어 사업(의사, 코디네이터, 간호사, 영양사, 운동전문가를 통해 자가 건강관리서비스와 건강정보 분석 및 상담 등의 맞춤형 서비스 제공)
  - 참여 보건소 확대를 통한 만성질환자의 영양관리 강화
- 학교 영양관리 프로그램 개발 · 보급
  - 건강과일 바구니 사업 및 초등 돌봄교실 과일간식 지원 시범사업(방과 후 돌봄교실 학생 대상 연 30회, 1인 1회당 150g씩 제공)
  - 학교 영양관리 운영 모델 개발 및 교육프로그램 보급 확대(유 · 초 · 중 · 고 영양식생활 교육 가이드라인 및 초등학교 교육자료 개발 · 보급)

● 영양취약계층 맞춤형 영양관리 추진

– 영양플러스 수혜자 대상 온라인 교육시스템을 도입을 통한 비대면 교육 강화 : 영양위험요인(저체중, 성장부진, 빈혈 등)이 있는 영유아 · 임산부에 대한 보충 식품 제공 및 영양교육 제공

– 노인복지시설 등에 대한 급식관리 지원 시범사업 추진

③ 과학적 · 체계적 국민영양관리정책 기반 확대

● 국민건강영양 조사 확대 · 개선

– 국민건강영양조사 산출 영양소 수 확대 : ('16년) 17종(콜레스테롤, 식이섬유) → ('19년) 18종(당) → ('20년) 19종(엽산)

– 비타민 등 영양생화학 지표 추가

– 식품섭취 조사 2일 조사를 활용한 일상섭취량 산출

● 영양성분 데이터 통합 제공 토대 마련

– 범부처 협업체계 구축 : 부처 간 업무협약 체결(식품의약품안전처, 교육부, 농림축산식품부, 해양수산부), 민관협의체 구성(정부부처 과장급 공무원, 학계 및 산업계 전문가 등)

– 식품영양성분 제공표준 제정 : 영양성분 데이터를 공공데이터로 개방 시 준수해야 하는 항목과 형식을 정하여 행정안전부 공공데이터 제공표준으로 고시

● 영양관리 기반 마련

– 노인, 장애인 등 영양관리를 위한 법적 · 제도적 기반 마련

– 영양관리 자치법규 제정

(2) 제2차 국민영양관리기본계획 실행 후 보완해야할 과제

① 영양관리에 관한 대국민 인식 강화 및 영양 정보제공 확대

● **홍보 · 캠페인** : 중앙정부 · 지자체 · 민간이 연계한 장기간의 홍보 · 캠페인 활성화 필요

● **영양 정보제공** : 분산적으로 제공되는 영양 정보의 통합 · 연계 및 수요자의 접근

성이 높은 매체를 활용한 영양 · 식생활 정보제공 필요

② 국가 영양관리 체계 개선

- 맞춤형 영양관리 체계
  - 저소득층, 임산부, 노인 등 기존 대상에 대한 영양관리 서비스 개선과 함께 청 · 장년층, 특히 1인 가구 대상 영양관리 지원 신규사업 필요
  - 애플리케이션 등 모바일 서비스를 활용한 맞춤형 영양관리 확대 필요
- 긴급영양관리지원 체계
  - 코로나19 등 재난 상황 대응 영양관리 체계가 미흡하였으므로, 대상별 · 위기상황별 영양관리 긴급대응 체계 필요
- 데이터 기반 영양관리
  - 데이터의 중요성이 증대되는 상황이므로,새로운 식품 등에 대한 영양성분 데이터 생산 확대와 기관별로 분산된 데이터베이스를 표준화 및 영양관리 서비스에 연계 필요

③ 영양관리 전문인력 역량 강화 및 인프라 확대

- 영양관리 전문인력 역량 강화
  - 영양사, 임상영양사 등 영양전문인력의 역량 강화를 위한 ICT 역량 및 실무능력 등 강화 프로그램 필요
- 영양관리 인프라 확대
  - 영양관리 사업의 추진력 확보를 위한 인프라가 부족하므로, 국민영양관리법 등 법적 · 제도적 기반 정비 및 영양 · 식생활 관련 모니터링 확대 · 개선 필요

5 제3차 국민영양관리기본계획

(1) 제3차 국민영양관리기본계획 수립과정

제3차 국민영양관리기본계획은 그림 10-5의 체계적인 과정을 통해 수립되었다. 우선

국내외 영양 · 식생활 환경 및 여건 분석과 제2차 국민영양관리기본계획 성과 평가를 통해 근거자료를 확보하였다. 다음 순서로 추진과제를 마련하였다. 이는 제1, 2차 국민영양관리기본계획의 성과와 정책여건을 분석하고 대국민 인식조사를 하여 정책 방향과 목표 설정 및 분야별 추진과제를 도출하였으며, 전문가 및 관계자를 대상으로 협의체를 구성하고 공청회를 통해 의견수렴을 한 후, 최종적으로 국민영양관리기본계획 및 추진과제를 선정하였다.

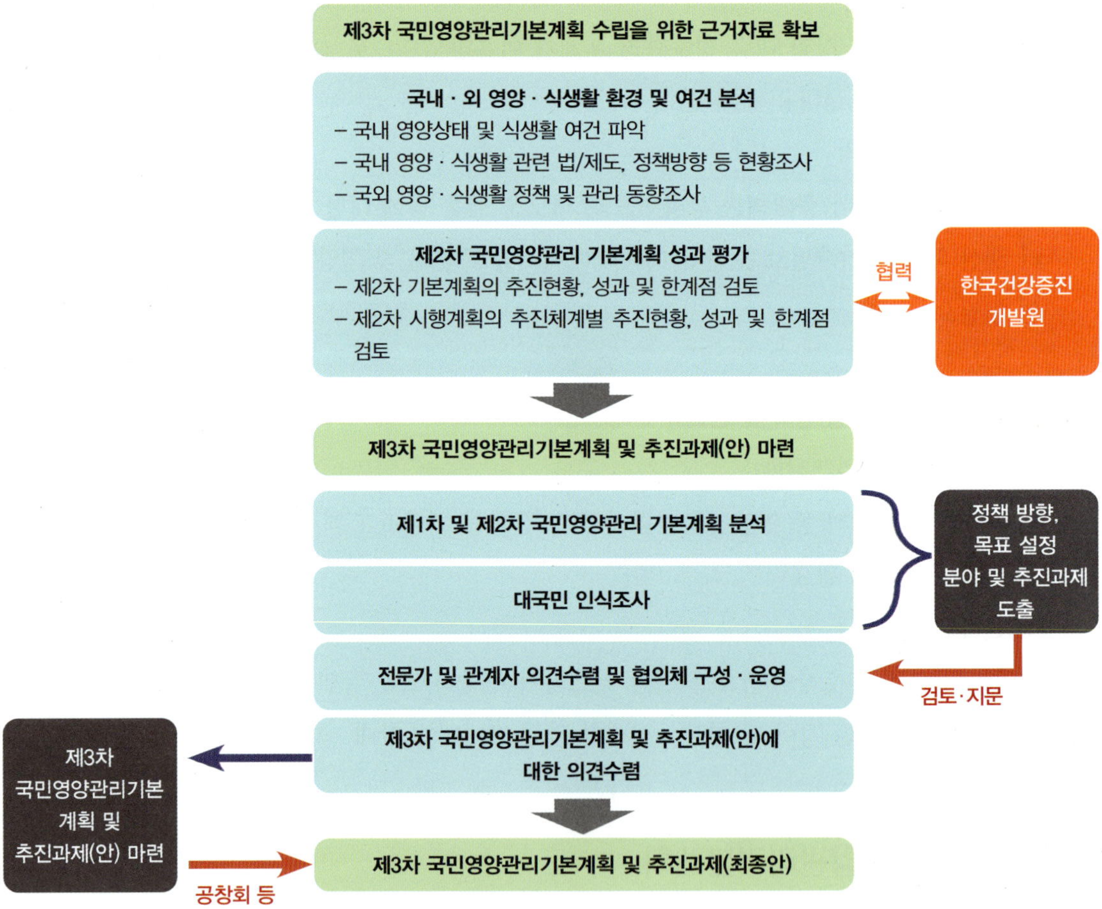

그림 10–5 제3차 국민영양관리기본계획 수립 과정

자료: 보건복지부

(2) 제3차 국민영양관리기본계획 비전, 목표 및 성과지표

3차 국민영양관리기본계획은 1 · 2차 기본계획의 성과를 바탕으로 건강식생활 실천 환경 조성을 고도화하고, 맞춤형 영양 관리를 강화하는 "스마트 영양관리"를 도입하여 국민영양관리의 내실화 지향하고 있다.

BOX 10-2 국민영양관리법 주요 내용

(누구나) 1인 가구 및 청·장년층 등 포함
(언제나) 코로나 19와 같은 재난 상황에서도 영양 관리체계 유지
(어디서나) ICT 기술 활용으로 공간적 제약 완화

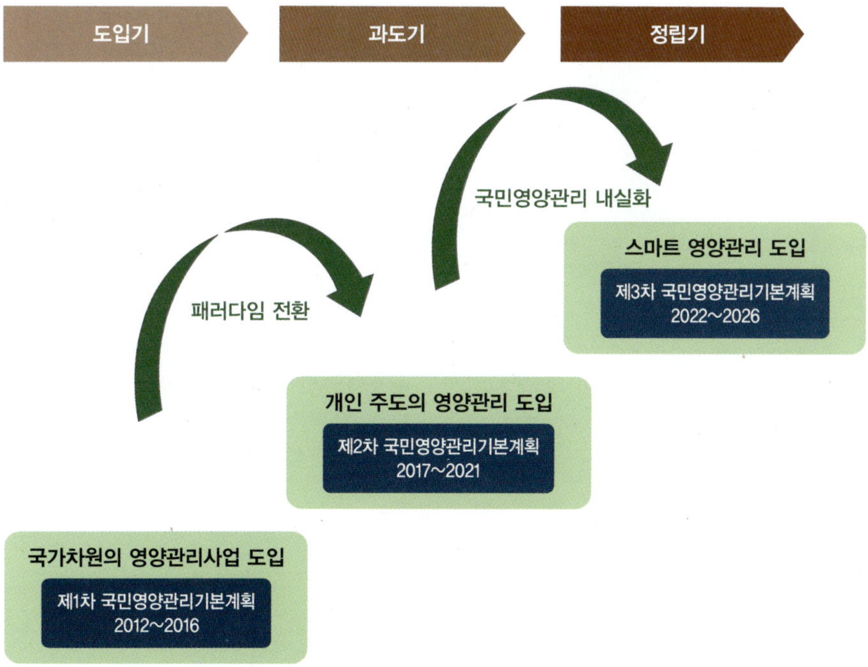

그림 10-6 국민영양관리의 발전 방향

자료: 보건복지부, 2022

CHAPTER 10

비전

모든 국민의 건강한 식생활 실천이 가능한 사회

목표

건강식생활 실천 인구 증가

– 누구나, 언제나, 어디서나 스마트 영양관리 –

- 포화지방산을 적정 수준으로 섭취하는 인구비율 증가 ('20년 47.7%→'26년 63.5%), 만 3세 이상, 표준화
- 나트륨을 적정 수준으로 섭취하는 인구비율 증가 ('20년 33.6%→'26년 38.6%), 만 1세 이상, 표준화
- 과일/채소를 1일 500g 이상 섭취하는 인구비율 증가 ('20년 26.2%→'26년 35.1%), 만 6세 이상, 표준화
- 가공식품 선택 시 영양표시 이용 인구비율 증가 ('20년 30.1%→'26년 31.1%), 초등학생 이상, 표준화
- 당을 적정 수준으로 섭취하는 인구비율 증가 ('20년 72.3%→'26년 80.0%), 만 6세 이상, 표준화
- 아침식사 결식률 유지 ('20년 34.6%→'26년 ≤ 34.6%), 만 1세 이상, 표준화

- 식품안정성 확보 가구분율 증가 ('20년 96.3%→'26년 96.7%)
  – 소득 1–5분위 간 격차 감소 ('20년 13.2%p→'26년 9.5%p)

추진 전략 및 실천 과제

1 국민의 식생활 변화 인식 제고 추진

❶ 지속가능한 전국단위 캠페인 추진
❷ 건강식생활정보 전달경로 확대
❸ 홍보 · 캠페인을 위한 민관협력 강화

2 강한 식생활 선택을 위한환경 조성

❶ 영양 · 식생활 디지털 정보제공
❷ 건강한 식품 소비 선택권 강화
❸ 건강한 식품 생산 유도

3 생활밀착형 영양관리 맞춤서비스 강화

❶ 스마트 영양관리 서비스 앱 보급
❷ 생활공간 기반 영양관리 실천역량 강화
❸ 영양취약계층 영양관리 지원 확대
❹ 긴급영양관리 지원체계 구축

4 영양관리 기반 내실화를 위한근거강화 및 인프라 확충

❶ 법 · 제도 등 정비
❷ 영양 · 식생활 조사 확대 및 개선
❸ 영양성분 데이터 생산 및 활용 강화
❹ 전문인력 역량 강화
❺ 영양관리 근거마련 연구 기획 및 수행

추진 체계

1 건강식생활 실천환경 조성 및 기반 강화
2 중앙행정기관 및 지방자치단체의 연도별 시행계획 수립 · 시행
3 민관협력 거버넌스 구축

그림 10–7 제3차 국민영양관리기본계획

자료: 보건복지부, 2022

표 10-3 제1·2·3차 국민영양관리기본계획 성과지표 비교

구분	제1차 국민영양관리 기본계획	제2차 국민영양관리 기본계획	제3차 국민영양관리 기본계획
성과 지표	① 건강한 식생활 실천 인구 비율 증가 ('08년 28.9% → '15년 32.5%) ② 영양 섭취 부족 인구 비율 감소 ('08년 13.7% → '15년 8%) ③ 영양표시 활용 인구 증가 ('08년 22.7% → '15년 27%) ④ 아침결식률 감소 ('08년 21.5% → '15년 18.0%) ⑤ 영양관리(교육 및 상담)를 받는 인구 비율 증가 ('08년 8.3% → '15년 15.1%) ⑥ 식품안정성이 확보된 가구비율 확대 ('08년 88.1% → '15년 92.1%) ⑦ 적정체중(18.5≤ BMI <25) 성인 인구 비율 증가 ('08년 64.0% → '15년 65.8%) ⑧ 고혈압 유병율(30세 이상) 감소 ('08년 26.9% → '15년 25.0%)	① 적정 수준의 지방 섭취 인구 비율 증가 ('15년 44.2% → '21년 50%) ② 나트륨 2,000mg/일 이하 섭취 인구 비율 증가 ('15년 19.6% → '21년 31%) ③ 적정 수준의 당 섭취 인구 비율 증가 ('15년 64.6% → '21년 80%) ④ 과일 · 채소 500g/일 이상 섭취 인구 비율 증가 ('15년 38.5% → '21년 42%) ⑤ 가공식품 선택시 영양표시 이용 인구 비율 증가 ('15년 26.4% → '21년 30%) ⑥ 아침결식률 감소 ('15년 26.1% → '21년 18%)	① 포화지방산을 적정 수준으로 섭취하는 인구 비율 증가 ('20년 47.7% → '26년 63.5%) ② 나트륨을 적정 수준으로 섭취하는 인구 비율 증가 ('20년 33.6% → '26년 38.6%) ③ 당을 적정 수준으로 섭취하는 인구 비율 증가 ('20년 72.3% → '26년 80.0%) ④ 과일/채소를 1일 500g 이상 섭취하는 인구 비율 증가 ('20년 26.2% → '26년 35.1%) ⑤ 가공식품 선택 시 영양표시 이용 인구 비율 증가 ('20년 30.1% → '26년 31.1%) ⑥ 아침식사 결식률 유지 ('20년 34.6% → '26년 ≤ 34.6%) ⑦ 식품안정성 확보 가구분율 증가 ('20년 96.3% → '26년 96.7%) – 소득 1–5분위 간 격차 감소 ('20년 13.2%p → '26년 9.5%p)

자료: 보건복지부

(3) 제3차 국민영양관리기본계획 5대 중점과제

제3차 국민영양관리기본계획('22~'26년)은 4대 추진전략, 15개 추진과제 및 29개 세부과제로 구성되어 있다. 또한 추진과제 중 국민 생활 밀착형 사업 및 정책적 중요성이 높은 사업을 5대 중점과제로 선정하여 국민 체감도 향상을 도모하고 정책 성과개선 추진하고 있다. 5대 중점과제는 다음 표 10-4와 같다.

표 10-4 제3차 국민영양관리기본계획 5대 중점과제

	5대 중점과제
1	식품영양 건강식생활 포털 구축 · 운영 – 일반 국민에게 필요하고 정확한 식품영양 건강식생활 정보가 한 곳에서 손쉽게 제공될 수 있도록 건강식생활 포털 구축 · 운영
2	배달 애플리케이션에 나트륨 · 당 저감 기능 구현 – 배달 애플리케이션을 통한 음식 주문 증가 상황에서 덜 짜고 덜 단 음식의 손쉬운 주문으로 균형적인 영양섭취 확대
3	취약계층에 대한 영양지원 확대 – 농식품바우처(저소득 가구), 영양플러스(임산부, 영유아) 등 영양취약계층의 영양수준 향상을 위한 지원사업 확대
4	국가재난 시 긴급영양관리지원 체계 구축 – 재난상황 발생 시 대상별 · 상황별 지원체계 마련
5	영양성분 데이터 생산 및 활용 강화 – 수요자 중심의 기초영양성분 데이터 생산을 확대하고 통합식품영양성분 데이터베이스 구축 및 개방을 통해 영양성분 데이터 활용 강화

자료: 보건복지부, 2022

(4) 제3차 국민영양관리기본계획 기대 효과

이상의 제3차 국민영양관리기본계획 추진에 의한 기대 효과는 다음과 같다.

- 일관성 있고, 지속적인 국가 차원의 캠페인과 홍보를 통해 건강식생활 실천 및 영양 관리의 중요성에 대한 국민 인식을 드높인다.
- 영양 정보, 식품, 서비스 환경 개선을 통한 건강식생활 실천 환경조성으로 자기주도적 영양관리를 강화한다.
- 맞춤형 영양관리의 대상 및 방법을 확대함으로써 국민영양관리의 사각지대를 해소한다.
- 법과 제도 정비를 통한 영양관리 기반 강화로 지속가능한 국가 영양관리체계를 수립한다.
- 궁극적으로, 영아부터 노년까지 전 생애에 걸친 건강식생활 실천을 통해 건강한 성장 · 발달부터 만성질환 예방으로 이어지는 국민영양관리 선순환 체계를 구축한다.

CHAPTER 11

영양행정기관과 관련 법규

1 영양행정의 의의 | 2 부처별 영양사업과 관련 법규 | 3 외국의 영양행정기구와 관련 법률

1. 영양행정의 의의

국가의 행정은 법률에 기초하여 사회공공의 질서를 지키며 국민의 건강과 복지를 증진시키고 나아가 국가발전을 이룩하도록 하는 행위라고 정의할 수 있다. 행정은 국민에게 직접 영향을 미치는 행위로 나타난다. 그러므로 영양행정은 조직·인력·재정적 지원을 가지고 직접적인 영양서비스와 영양사업을 실시하여 식생활과 건강증진을 도모하는 데 의의가 있다. 한편 국가의 모든 사항을 중앙관계부처에서 처리할 수 없으므로 지방행정은 지방공공기관과 단체에서 일반 행정의 일부를 분담하고 있다.

우리나라의 영양행정은 보건복지행정의 일환으로서 국가 수준으로는 보건복지부가 중심이 되어 추진되고 있으며, 식품의약품안전처, 농림축산식품부, 교육부, 행정자치부, 국방부, 문화체육관광부, 지방자치단체 등과 함께 담당하고 있다. 이러한 영양행정은 국민영양관리법, 국민건강증진법, 지역보건법, 식품위생법, 학교급식법, 어린이 식생활안전관리 특별법, 식생활교육지원법 등 영양정책 관련법을 근거로 실행되고 있다.

2. 부처별 영양사업과 관련 법규

1 보건복지부

보건복지부는 국민의 보건과 복지정책의 수립을 관장하는 중앙행정기관이며, 2008년 2월 정부조직법 개정에 따라 여성가족부 일부를 흡수해 보건복지부로 개편되었다. 보건복지부는 「국민영양관리법」을 토대로 하여 국민 영양정책 수립 및 실행의 핵심적인 역할을 하며, 그 외 「국민건강증진법」, 「지역보건법」 등을 통해 국민건강증진 정책을 실행하고 있다. 영양관련 업무를 담당하는 주요 부서는 건강정책국의 건강증진과이며, 그 외 건강정책과, 보건의료정책과에서 유관 업무를 담당하고 있다(그림 11-1).

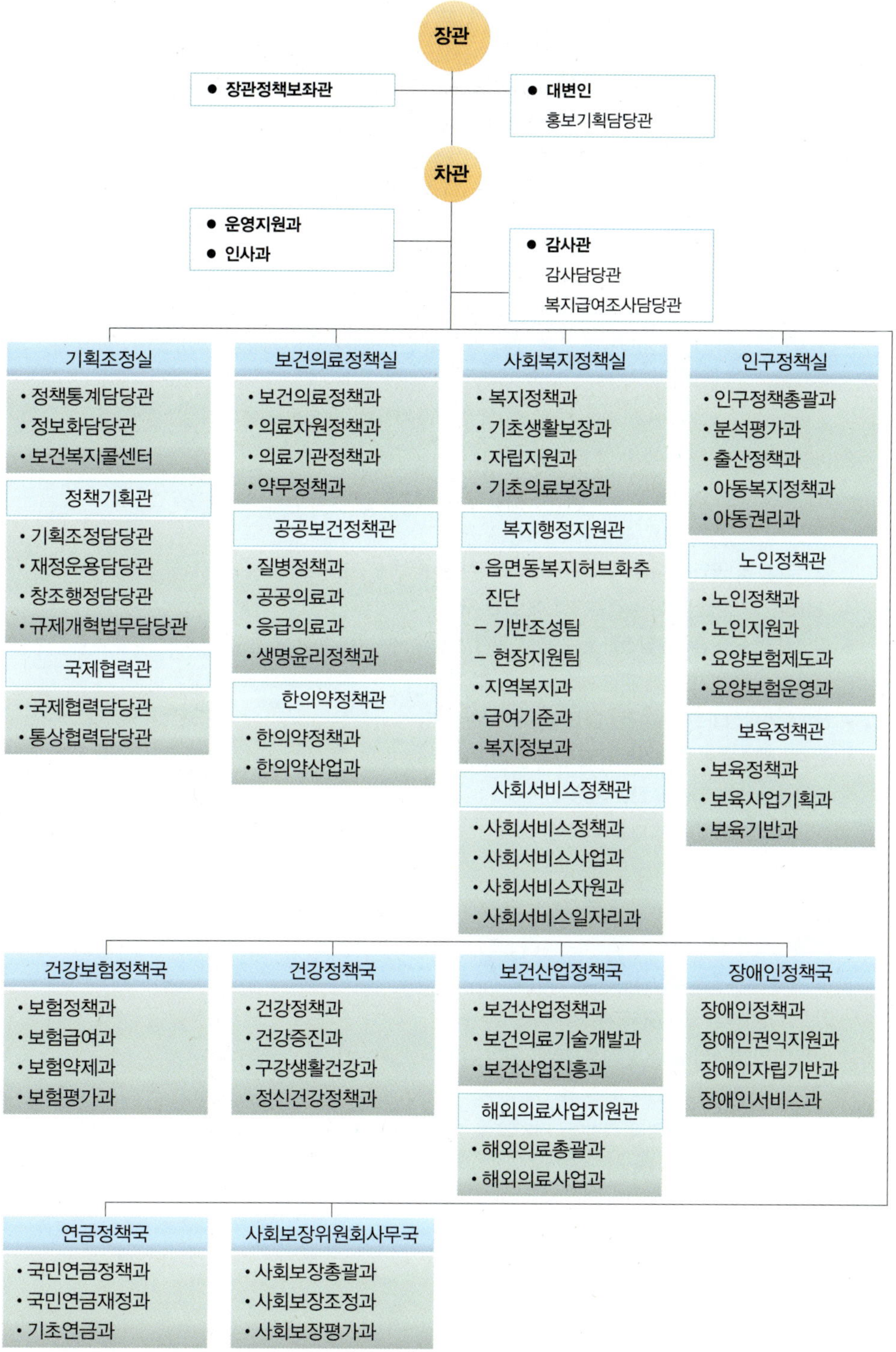

그림 11-1 보건복지부 조직도

알아두기 **보건복지부 건강증진과의 주요 업무 내용**

1. 국민영양관리 기본계획 수립 및 평가 등 국민 식생활·영양 정책 수립 및 총괄
- 「국민영양관리법」 및 식생활·영양 관련 법령 제정·개정, 제도 개선
- 한국인 영양소 섭취기준 및 식생활 지침 제정·개정 및 보급
- 임산부·영유아·아동·노인 등 취약계층 영양관리사업
- 만성질환 예방을 위한 영양관리(나트륨·당·포화지방 저감화등) 사업(보건복지부 소관으로 한정한다)
- 어린이집, 유치원, 학교, 집단급식소, 의료기관 및 사회복지시설 등 시설 및 단체에 대한 영양관리 사업
- 영양사 및 임상영양사 자격관리·교육 관련 사항 및 민간영양서비스·임상영양서비스 활성화에 관한 사항
- 그 밖에 국민 식생활 건강·영양 정책 추진을 위한 연구사업, 기반 조성 및 지원에 관한 사항

2. 비만예방관련 제도의 수립 및 운영
- 비만예방 종합대책 수립 및 제도운영
- 비만예방 및 건강식생활 교육·홍보사업

3. 흡연예방 및 금연에 대한 계획 수립, 제도개선 및 홍보에 관한 사항

4. 「담배규제기본협약」 이행 관련 조치에 관한 사항

5. 금연클리닉 및 금연상담전화 등 운영에 관한 사항

6. 맞춤형 방문건강관리에 관한 제도의 수립 및 운영

7. 신체활동활성화를 위한 건강증진사업에 관한 사항

8. 건강검진에 관한 종합계획의 수립 및 조정

9. 건강검진 관련 법령에 관한 사항

10. 건강검진사업에 관한 다음의 사항
- 「국민건강보험법」에 따른 건강검진
- 생애전환기 건강진단
- 영유아 건강검진
- 그 밖의 취약계층 건강검진
- 건강검진사업의 평가 및 조사·연구

11. 건강검진 결과의 활용 및 사후관리에 관한 사항

12. 건강검진기관의 질 관리 및 평가

13. 「어린이 식생활안전관리 특별법」 제22조에 따른 어린이급식관리지원센터의 집단급식소 등록관리 및 절차에 관한 사항

(1) 국민영양관리법

국민영양관리법은 2010년에 제정되었으며, 국민건강증진법, 식품위생법, 지역보건법 등에 분산되어 있던 영양 관련 법규를 통합하였다. 세계적으로 영양 관련 단독 법으로는 최초로 제정된 독립법이라는 점에 큰 의의가 있다. 법에 건강증진 정책의 일부분으로 추진되어왔던 영양관련 정책이 단독으로 마련되도록 명시되어 있다. 특히 보건복지부는 매 5년마다 국민영양관리기본계획을 수립하여 발표하도록 규정함으로써, 국가 차원에서 국민의 영양관리를 위해 관련 정책을 주도적으로 수립하고 검증하는 제도를 도입하였다.

국민영양관리법의 주요 내용으로는 영양소 섭취기준 및 식생활 지침의 제정 및 보급, 영양사 면허 취득 및 영양사 실태신고에 대한 의무사항이 명시되어 있으며, 국가자격으로서 임상영양사 자격을 명시하였다. 그 외 영양사 업무 내용이 제시되어 있으며, 보건기관 · 의료기관 · 집단급식소 등 종사하는 영양사의 보수교육 이수 의무, 영양사 면허 대여에 대한 벌칙 조항도 명시되어 있다.

BOX 11-1 국민영양관리법 주요 내용

담당 : 보건복지부(건강증진과)

제1장 총칙

제1조(목적) 이 법은 국민의 식생활에 대한 과학적인 조사·연구를 바탕으로 체계적인 국가영양정책을 수립·시행함으로써 국민의 영양 및 건강 증진을 도모하고 삶의 질 향상에 이바지하는 것을 목적으로 한다.

제2조(정의) 이 법에서 사용하는 용어의 정의는 다음과 같다.

1. "식생활"이란 식문화, 식습관, 식품의 선택 및 소비 등 식품의 섭취와 관련된 모든 양식화된 행위를 말한다.
2. "영양관리"란 적절한 영양의 공급과 올바른 식생활 개선을 통하여 국민이 질병을 예방하고 건강한 상태를 유지하도록 하는 것을 말한다.
3. "영양관리사업"이란 국민의 영양관리를 위하여 생애주기 등 영양관리 특성을 고려하여 실시하는 교육·상담 등의 사업을 말한다.

CHAPTER 11

제3조(국가 및 지방자치단체의 의무) ① 국가 및 지방자치단체는 올바른 식생활 및 영양관리에 관한 정보를 국민에게 제공하여야 한다.

② 국가 및 지방자치단체는 국민의 영양관리를 위하여 필요한 대책을 수립하고 시행하여야 한다.

③ 지방자치단체는 영양관리사업을 시행하기 위한 공무원을 둘 수 있다.

제4조(영양사 등의 책임) ① 영양사는 지속적으로 영양지식과 기술의 습득으로 전문능력을 향상시켜 국민영양개선 및 건강증진을 위하여 노력하여야 한다.

② 식품·영양 및 식생활 관련 단체와 그 종사자, 영양관리사업 참여자는 자발적 참여와 연대를 통하여 국민의 건강증진을 위하여 노력하여야 한다.

제5조(국민의 권리 등) ① 누구든지 영양관리사업을 통하여 건강을 증진할 권리를 가지며 성별, 연령, 종교, 사회적 신분 또는 경제적 사정 등을 이유로 이에 대한 권리를 침해받지 아니한다.

② 모든 국민은 올바른 영양관리를 통하여 자신과 가족의 건강을 보호·증진하기 위하여 노력하여야 한다.

제6조(다른 법률과의 관계) 국민의 영양관리에 대하여 다른 법률에 특별한 규정이 있는 경우를 제외하고는 이 법에서 정하는 바에 따른다.

제7조(국민영양관리기본계획) ① 보건복지부장관은 관계 중앙행정기관의 장과 협의하고 「국민건강증진법」 제5조에 따른 국민건강증진정책심의위원회(이하 "위원회"라 한다)의 심의를 거쳐 국민영양관리기본계획(이하 "기본계획"이라 한다)을 5년마다 수립하여야 한다.

② 기본계획에는 다음 각 호의 사항이 포함되어야 한다.

1. 기본계획의 중장기적 목표와 추진방향
2. 다음 각 목의 영양관리사업 추진계획
   가. 제10조에 따른 영양·식생활 교육사업
   나. 제11조에 따른 영양취약계층 등의 영양관리사업
   다. 제13조에 따른 영양관리를 위한 영양 및 식생활 조사
   라. 그 밖에 대통령령으로 정하는 영양관리사업
3. 연도별 주요 추진과제와 그 추진방법
4. 필요한 재원의 규모와 조달 및 관리 방안
5. 그 밖에 영양관리정책수립에 필요한 사항

③ 보건복지부장관은 제1항에 따라 기본계획을 수립한 경우에는 관계 중앙행정기관의 장, 특별시장·광역시장·도지사·특별자치도지사(이하 "시·도지사"라 한다) 및 시장·군수·구청장(자치구의 구청장을 말한다. 이하 같다)에게 통보하여야 한다.

④ 제1항의 기본계획 수립에 따른 협의절차, 제3항의 통보방법 등에 관하여 필요한 사항은 보건복지부령으로 정한다.

제10조(영양·식생활 교육사업) ① 국가 및 지방자치단체는 국민의 건강을 위하여 영양·식생활 교육을 실시하여야 하며 영양·식생활 교육에 필요한 프로그램 및 자료를 개발하여 보급하여야 한다.

② 제1항에 따른 영양·식생활 교육의 대상·내용·방법 등에 필요한 사항은 보건복지부령으로 정한다.

제11조(영양취약계층 등의 영양관리사업) 국가 및 지방자치단체는 다음 각 호의 영양관리사업을 실시할 수 있다.

1. 영유아, 임산부, 아동, 노인, 노숙인 및 사회복지시설 수용자 등 영양취약계층을 위한 영양관리사업
2. 어린이집, 유치원, 학교, 집단급식소, 의료기관 및 사회복지시설 등 시설 및 단체에 대한 영양관리사업
3. 생활습관질병 등 질병예방을 위한 영양관리사업

제13조(영양관리를 위한 영양 및 식생활 조사) ① 국가 및 지방자치단체는 지역사회의 영양문제에 관한 연구를 위하여 다음 각 호의 조사를 실시할 수 있다.

1. 식품 및 영양소 섭취조사
2. 식생활 행태 조사
3. 영양상태 조사
4. 그 밖에 영양문제에 필요한 조사로서 대통령령으로 정하는 사항

② 보건복지부장관은 국민의 식품섭취·식생활 등에 관한 국민 영양 및 식생활 조사를 정기적으로 실시하여야 한다.

③ 제1항 및 제2항에 따른 조사 시기와 방법, 그 밖에 필요한 사항은 대통령령으로 정한다.

제14조(영양소 섭취기준 및 식생활 지침의 제정 및 보급) ① 보건복지부장관은 국민건강증진에 필요한 영양소 섭취기준을 제정하고 정기적으로 개정하여 학계·산업계 및 관련 기관 등에 체계적으로 보급하여야 한다.

② 보건복지부장관은 국민건강증진과 삶의 질 향상을 위하여 질병별·생애주기별 특성 등을 고려한 식생활 지침을 제정하고 정기적으로 개정·보급하여야 한다.

③ 제1항에 따른 영양소 섭취기준 및 제2항에 따른 식생활 지침의 주요 내용 및 발간 주기 등 세부적인 사항은 보건복지부령으로 정한다.

제15조(영양사의 면허) ① 영양사가 되고자 하는 사람은 다음 각 호의 어느 하나에 해당하는 사람으로서 영양사 국가시험에 합격한 후 보건복지부장관의 면허를 받아야 한다.

1. 「고등교육법」에 따른 대학, 산업대학, 전문대학 또는 방송통신대학에서 식품학 또는 영양학을 전공한 자로서 교과목 및 학점이수 등에 관하여 보건복지부령으로 정하는 요건을 갖춘 사람
2. 외국에서 영양사면허를 받은 사람
3. 외국의 영양사 양성학교 중 보건복지부장관이 인정하는 학교를 졸업한 사람

② 보건복지부장관은 제1항에 따른 국가시험의 관리를 보건복지부령으로 정하는 바에 따라 시험관리능력이 있다고 인정되는 관계 전문기관에 위탁할 수 있다.

③ 영양사 면허와 국가시험 등에 필요한 사항은 보건복지부령으로 정한다.

제16조(결격사유) 다음 각 호의 어느 하나에 해당하는 사람은 영양사의 면허를 받을 수 없다.

1. 「정신보건법」 제3조 제1호에 따른 정신질환자. 다만, 전문의가 영양사로서 적합하다고 인정하는 사람은 그러하지 아니하다.
2. 「감염병의 예방 및 관리에 관한 법률」 제2조 제13호에 따른 감염병환자 중 보건복지부령으로 정하는 사람

CHAPTER 11

3. 마약·대마 또는 향정신성의약품 중독자
4. 영양사 면허의 취소처분을 받고 그 취소된 날부터 1년이 지나지 아니한 사람

제17조(영양사의 업무) 영양사는 다음 각 호의 업무를 수행한다.
1. 건강증진 및 환자를 위한 영양·식생활 교육 및 상담
2. 식품영양정보의 제공
3. 식단작성, 검식(檢食) 및 배식관리
4. 구매식품의 검수 및 관리
5. 급식시설의 위생적 관리
6. 집단급식소의 운영일지 작성
7. 종업원에 대한 영양지도 및 위생교육

제18조(면허의 등록) ① 보건복지부장관은 영양사의 면허를 부여할 때에는 영양사 면허대장에 그 면허에 관한 사항을 등록하고 면허증을 교부하여야 한다.
② 영양사는 면허증을 다른 사람에게 대여하지 못한다.
③ 제1항에 따른 면허의 등록 및 면허증의 교부 등에 관하여 필요한 사항은 보건복지부령으로 정한다.

제19조(명칭사용의 금지) 제15조에 따라 영양사 면허를 받지 아니한 사람은 영양사 명칭을 사용할 수 없다.

제20조(보수교육) ① 보건기관·의료기관·집단급식소 등에서 각각 그 업무에 종사하는 영양사는 영양관리수준 및 자질 향상을 위하여 보수교육을 받아야 한다.
② 제1항에 따른 보수교육의 시기·대상·비용 및 방법 등에 관하여 필요한 사항은 보건복지부령으로 정한다.

제20조의2(실태 등의 신고) ① 영양사는 대통령령으로 정하는 바에 따라 최초로 면허를 받은 후부터 3년마다 그 실태와 취업상황 등을 보건복지부장관에게 신고하여야 한다.
② 보건복지부장관은 제20조 제1항의 보수교육을 이수하지 아니한 영양사에 대하여 제1항에 따른 신고를 반려할 수 있다.
③ 보건복지부장관은 제1항에 따른 신고 수리 업무를 대통령령으로 정하는 바에 따라 관련 단체 등에 위탁할 수 있다.

제21조(면허취소 등) ① 보건복지부장관은 영양사가 다음 각 호의 어느 하나에 해당하는 경우 그 면허를 취소할 수 있다. 다만, 제1호에 해당하는 경우 면허를 취소하여야 한다.
1. 제16조 제1호부터 제3호까지의 어느 하나에 해당하는 경우
2. 제2항에 따른 면허정지처분 기간 중에 영양사의 업무를 하는 경우
3. 제2항에 따라 3회 이상 면허정지처분을 받은 경우

② 보건복지부장관은 영양사가 다음 각 호의 어느 하나에 해당하는 경우 6개월 이내의 기간을 정하여 그 면허의 정지를 명할 수 있다.
1. 영양사가 그 업무를 행함에 있어서 식중독이나 그 밖에 위생과 관련한 중대한 사고 발생에 직무상의 책임이 있는 경우

2. 면허를 타인에게 대여하여 이를 사용하게 한 경우

③ 제1항, 제2항 및 제5항에 따른 행정처분의 세부적인 기준은 그 위반행위의 유형과 위반의 정도 등을 참작하여 대통령령으로 정한다.

④ 보건복지부장관은 제1항의 면허취소처분 또는 제2항의 면허정지처분을 하고자 하는 경우에는 청문을 실시하여야 한다.

⑤ 보건복지부장관은 영양사가 제20조의2에 따른 신고를 하지 아니한 경우에는 신고할 때까지 면허의 효력을 정지할 수 있다.

제22조(영양사협회) ① 영양사는 영양에 관한 연구, 영양사의 윤리 확립 및 영양사의 권익증진 및 자질향상을 위하여 대통령령으로 정하는 바에 따라 영양사협회(이하 "협회"라 한다)를 설립할 수 있다.

② 협회는 법인으로 한다.

제23조(임상영양사) ① 보건복지부장관은 건강관리를 위하여 영양판정, 영양상담, 영양소 모니터링 및 평가 등의 업무를 수행하는 영양사에게 영양사 면허 외에 임상영양사 자격을 인정할 수 있다.

② 제1항에 따른 임상영양사의 업무, 자격기준, 자격증 교부 등에 관하여 필요한 사항은 보건복지부령으로 정한다.

제28조(벌칙) ① 제18조 제2항을 위반하여 다른 사람에게 영양사 면허증을 대여한 사람은 1년 이하의 징역 또는 1천만원 이하의 벌금에 처한다.

② 제19조를 위반하여 영양사라는 명칭을 사용한 사람은 300만원 이하의 벌금에 처한다.

(2) 국민건강증진법

국민건강증진법은 국민에게 건강에 대한 가치와 책임의식을 함양하도록 건강에 관한 바른 지식을 보급하고 스스로 건강생활을 실천할 수 있는 여건을 조성함으로써 국민의 건강을 증진함을 목적으로 1995년에 제정되었다. 2010년 국민영양관리법이 제정되기 이전까지 국민영양관리에 대한 전반적인 내용이 이 법을 통해 이루어졌었다.

국민건강증진법에 따르면 국가는 매 5년마다 국민건강증진종합계획을 수립하여야 한다. 주요 내용으로는 금연절주운동을 비롯하여 건강생활실천협의회 구성, 보건교육 실시, 보건교육사 자격, 영양개선, 국민영양조사, 건강증진사업 등이 포함되어 있다.

BOX 11-2 국민건강증진법 주요 내용

보건복지부(건강증진과–금연)
보건복지부(정신건강정책과–절주)
보건복지부(재정운용담당관–부담금)
보건복지부(건강정책과–그 외 사항)

제1조(목적) 이 법은 국민에게 건강에 대한 가치와 책임의식을 함양하도록 건강에 관한 바른 지식을 보급하고 스스로 건강생활을 실천할 수 있는 여건을 조성함으로써 국민의 건강을 증진함을 목적으로 한다.

제2조(정의) 이 법에서 사용하는 용어의 정의는 다음과 같다.

1. "국민건강증진사업"이라 함은 보건교육, 질병예방, 영양개선, 건강관리 및 건강생활의 실천등을 통하여 국민의 건강을 증진시키는 사업을 말한다.
2. "보건교육"이라 함은 개인 또는 집단으로 하여금 건강에 유익한 행위를 자발적으로 수행하도록 하는 교육을 말한다.
3. "영양개선"이라 함은 개인 또는 집단이 균형된 식생활을 통하여 건강을 개선시키는 것을 말한다.
4. "건강관리"란 개인 또는 집단이 건강에 유익한 행위를 지속적으로 수행함으로써 건강한 상태를 유지하는 것을 말한다.

제4조(국민건강증진종합계획의 수립) ① 보건복지부장관은 제5조의 규정에 따른 국민건강증진정책심의위원회의 심의를 거쳐 국민건강증진종합계획(이하 "종합계획"이라 한다)을 5년마다 수립하여야 한다. 이 경우 미리 관계중앙행정기관의 장과 협의를 거쳐야 한다.

② 종합계획에 포함되어야 할 사항은 다음과 같다.

1. 국민건강증진의 기본목표 및 추진방향
2. 국민건강증진을 위한 주요 추진과제 및 추진방법
3. 국민건강증진에 관한 인력의 관리 및 소요재원의 조달방안
4. 제22조의 규정에 따른 국민건강증진기금의 운용방안

4의2. 아동·여성·노인·장애인 등 건강취약 집단이나 계층에 대한 건강증진 지원방안

5. 국민건강증진 관련 통계 및 정보의 관리 방안
6. 그 밖에 국민건강증진을 위하여 필요한 사항

제2장 국민건강의 관리

제8조(금연 및 절주운동등) ① 국가 및 지방자치단체는 국민에게 담배의 직접흡연 또는 간접흡연과 과다한 음주가 국민건강에 해롭다는 것을 교육·홍보하여야 한다.

② 국가 및 지방자치단체는 금연 및 절주에 관한 조사·연구를 하는 법인 또는 단체를 지원할 수 있다.

④ 「주세법」에 의하여 주류제조의 면허를 받은 자 또는 주류를 수입하여 판매하는 자는 대통령령

이 정하는 주류의 판매용 용기에 과다한 음주는 건강에 해롭다는 내용과 임신 중 음주는 태아의 건강을 해칠 수 있다는 내용의 경고문구를 표기하여야 한다.

제9조의2(담배에 관한 경고문구 등 표시) ① 「담배사업법」에 따른 담배의 제조자 또는 수입판매업자(이하 "제조자등"이라 한다)는 담배갑포장지 앞면·뒷면·옆면 및 대통령령으로 정하는 광고(판매촉진 활동을 포함한다. 이하 같다)에 다음 각 호의 내용을 인쇄하여 표기하여야 한다. 다만, 제1호의 표기는 담배갑포장지에 한정하되 앞면과 뒷면에 하여야 한다.

1. 흡연의 폐해를 나타내는 내용의 경고그림(사진을 포함한다. 이하 같다)
2. 흡연이 폐암 등 질병의 원인이 될 수 있다는 내용 및 다른 사람의 건강을 위협할 수 있다는 내용의 경고문구
3. 타르 흡입량은 흡연자의 흡연습관에 따라 다르다는 내용의 경고문구
4. 담배에 포함된 다음 각 목의 발암성물질
   가. 나프틸아민
   나. 니켈
   다. 벤젠
   라. 비닐 크롤라이드
   마. 비소
   바. 카드뮴
5. 보건복지부령으로 정하는 금연상담전화의 전화번호

② 제1항에 따른 경고그림과 경고문구는 담배갑포장지의 경우 그 넓이의 100분의 50 이상에 해당하는 크기로 표기하여야 한다. 이 경우 경고그림은 담배갑포장지 앞면, 뒷면 각각의 넓이의 100분의 30 이상에 해당하는 크기로 하여야 한다.

③ 제1항 및 제2항에서 정한 사항 외의 경고그림 및 경고문구 등의 내용과 표기 방법·형태 등의 구체적인 사항은 대통령령으로 정한다. 다만, 경고그림은 사실적 근거를 바탕으로 하고, 지나치게 혐오감을 주지 아니하여야 한다.

④ 제1항부터 제3항까지의 규정에도 불구하고 전자담배 등 대통령령으로 정하는 담배에 제조자등이 표기하여야 할 경고그림 및 경고문구 등의 내용과 그 표기 방법·형태 등은 대통령령으로 따로 정한다.

제12조(보건교육의 실시 등) ① 국가 및 지방자치단체는 모든 국민이 올바른 보건의료의 이용과 건강한 생활습관을 실천할 수 있도록 그 대상이 되는 개인 또는 집단의 특성·건강상태·건강의식 수준등에 따라 적절한 보건교육을 실시한다.

② 국가 또는 지방자치단체는 국민건강증진사업관련 법인 또는 단체등이 보건교육을 실시할 경우 이에 필요한 지원을 할 수 있다.

③ 보건복지부장관, 시·도지사 및 시장·군수·구청장은 제2항의 규정에 의하여 보건교육을 실시하는 국민건강증진사업관련 법인 또는 단체 등에 대하여 보건교육의 계획 및 그 결과에 관한 자료를 요청할 수 있다.

④ 제1항의 규정에 의한 보건교육의 내용은 대통령령으로 정한다.

제12조의2(보건교육사자격증의 교부 등) ① 보건복지부장관은 국민건강증진 및 보건교육에 관한 전문지식을 가진 자에게 보건교육사의 자격증을 교부할 수 있다.

② 다음 각 호의 1에 해당하는 자는 보건교육사가 될 수 없다.

1. 피성년후견인
2. 금고 이상의 실형의 선고를 받고 그 집행이 종료되지 아니하거나 그 집행을 받지 아니하기로 확정되지 아니한 자
3. 법률 또는 법원의 판결에 의하여 자격이 상실 또는 정지된 자

③ 제1항의 규정에 의한 보건교육사의 등급은 1급 내지 3급으로 하고, 등급별 자격기준 및 자격증의 교부절차 등에 관하여 필요한 사항은 대통령령으로 정한다.

④ 보건교육사 1급의 자격증을 교부받고자 하는 자는 국가시험에 합격하여야 한다.

⑤ 보건복지부장관은 제1항의 규정에 의하여 보건교육사의 자격증을 교부하는 때에는 보건복지부령이 정하는 바에 의하여 수수료를 징수할 수 있다.

제15조(영양개선) ① 국가 및 지방자치단체는 국민의 영양상태를 조사하여 국민의 영양개선방안을 강구하고 영양에 관한 지도를 실시하여야 한다.

② 국가 및 지방자치단체는 국민의 영양개선을 위하여 다음 각 호의 사업을 행한다.

1. 영양교육사업
2. 영양개선에 관한 조사·연구사업
3. 기타 영양개선에 관하여 보건복지부령이 정하는 사업

제16조(국민영양조사등) ① 보건복지부장관은 국민의 건강상태·식품섭취·식생활조사등 국민의 영양에 관한 조사(이하 "국민영양조사"라 한다)를 정기적으로 실시한다.

제19조(건강증진사업등) ① 국가 및 지방자치단체는 국민건강증진사업에 필요한 요원 및 시설을 확보하고, 그 시설의 이용에 필요한 시책을 강구하여야 한다.

② 시장·군수·구청장은 지역주민의 건강증진을 위하여 보건복지부령이 정하는 바에 의하여 보건소장으로 하여금 다음 각 호의 사업을 하게 할 수 있다.

1. 보건교육 및 건강상담
2. 영양관리
3. 구강건강의 관리
4. 질병의 조기발견을 위한 검진 및 처방
5. 지역사회의 보건문제에 관한 조사·연구
6. 기타 건강교실의 운영등 건강증진사업에 관한 사항

③ 보건소장이 제2항의 규정에 의하여 제2항 제1호 내지 제4호의 업무를 행한 때에는 이용자의 개인별 건강상태를 기록하여 유지·관리하여야 한다.

④ 건강증진사업에 필요한 시설·운영에 관하여는 보건복지부령으로 정한다.

(3) 지역보건법

지역보건법은 보건소 등 지역보건의료기관의 설치·운영에 관한 사항과 보건의료 관련기관·단체와의 연계·협력을 통하여 지역보건의료기관의 기능을 효과적으로 수행하는 데 필요한 사항을 규정함으로써 지역보건의료정책을 효율적으로 추진하여 지역주민의 건강 증진에 이바지함을 목적으로 제정되었다. 주요 내용으로는 지역사회 건강실태조사, 지역보건의료계획의 수립 등, 보건소 기능 및 업무 등이 제시되어 있다.

BOX 11-3 지역보건법 주요 내용

보건복지부(건강정책과)

제1조(목적) 이 법은 보건소 등 지역보건의료기관의 설치·운영에 관한 사항과 보건의료 관련기관·단체와의 연계·협력을 통하여 지역보건의료기관의 기능을 효과적으로 수행하는 데 필요한 사항을 규정함으로써 지역보건의료정책을 효율적으로 추진하여 지역주민의 건강 증진에 이바지함을 목적으로 한다.

제2조(정의) 이 법에서 사용하는 용어의 뜻은 다음과 같다.

1. "지역보건의료기관"이란 지역주민의 건강을 증진하고 질병을 예방·관리하기 위하여 이 법에 따라 설치·운영하는 보건소, 보건의료원, 보건지소 및 건강생활지원센터를 말한다.
2. "지역보건의료서비스"란 지역주민의 건강을 증진하고 질병을 예방·관리하기 위하여 지역보건의료기관이 직접 제공하거나 보건의료 관련기관·단체를 통하여 제공하는 서비스로서 보건의료인(보건의료기본법 제3조 제3호에 따른 보건의료인을 말한다. 이하 같다)이 행하는 모든 활동을 말한다.
3. "보건의료 관련기관·단체"란 지역사회 내에서 공중(公衆) 또는 특정 다수인을 위하여 지역보건의료서비스를 제공하는 의료기관, 약국, 보건의료인 단체 등을 말한다.

제4조(지역사회 건강실태조사) ① 국가와 지방자치단체는 지역주민의 건강 상태 및 건강 문제의 원인 등을 파악하기 위하여 매년 지역사회 건강실태조사를 실시하여야 한다.

제7조(지역보건의료계획의 수립 등) ① 특별시장·광역시장·도지사(이하 "시·도지사"라 한다) 또는 특별자치시장·특별자치도지사·시장·군수·구청장(구청장은 자치구의 구청장을 말하며, 이하 "시장·군수·구청장"이라 한다)은 지역주민의 건강 증진을 위하여 다음 각 호의 사항이 포함된 지역보건의료계획을 4년마다 제3항 및 제4항에 따라 수립하여야 한다.

1. 보건의료 수요의 측정

2. 지역보건의료서비스에 관한 장기·단기 공급대책
3. 인력·조직·재정 등 보건의료자원의 조달 및 관리
4. 지역보건의료서비스의 제공을 위한 전달체계 구성 방안
5. 지역보건의료에 관련된 통계의 수집 및 정리

제11조(보건소의 기능 및 업무) ① 보건소는 해당 지방자치단체의 관할 구역에서 다음 각 호의 기능 및 업무를 수행한다.

1. 건강 친화적인 지역사회 여건의 조성
2. 지역보건의료정책의 기획, 조사·연구 및 평가
3. 보건의료인 및 「보건의료기본법」 제3조 제4호에 따른 보건의료기관 등에 대한 지도·관리·육성과 국민보건 향상을 위한 지도·관리
4. 보건의료 관련기관·단체, 학교, 직장 등과의 협력체계 구축
5. 지역주민의 건강증진 및 질병예방·관리를 위한 다음 각 목의 지역보건의료서비스의 제공
   가. 국민건강증진·구강건강·영양관리사업 및 보건교육
   나. 감염병의 예방 및 관리
   다. 모성과 영유아의 건강유지·증진
   라. 여성·노인·장애인 등 보건의료 취약계층의 건강유지·증진
   마. 정신건강증진 및 생명존중에 관한 사항
   바. 지역주민에 대한 진료, 건강검진 및 만성질환 등의 질병관리에 관한 사항
   사. 가정 및 사회복지시설 등을 방문하여 행하는 보건의료사업

(4) 영유아보육법

영유아보육법은 보건복지부 보육정책과에서 주관하고 있으며, 영유아(영幼兒)의 심신을 보호하고 건전하게 교육하여 건강한 사회 구성원으로 육성함과 아울러 보호자의 경제적·사회적 활동이 원활하게 이루어지도록 함으로써 영유아 및 가정의 복지 증진에 이바지함을 목적으로 제정되었다. 영유아보육법상 영유아란 6세 미만의 취학 전 아동을 의미하며, 보육이란 영유아를 건강하고 안전하게 보호·양육하고 영유아의 발달 특성에 맞는 교육을 제공하는 어린이집 및 가정양육 지원에 관한 사회복지서비스를 말한다.

영유아보육법 제33조(급식 관리)에는 어린이집의 원장은 영유아에게 보건복지부령으로 정하는 바에 따라 균형 있고 위생적이며 안전한 급식을 하여야 한다고 명시

되어 있다. 하지만 100인 미만의 영세한 어린이집의 영양관리가 매우 취약함에 따라 식품의약품안전처에서 어린이 식생활안전관리 특별법 내에 어린이급식관리지원센터 설립에 대한 기준을 제시하여 관리가 되고 있는 실정이다.

BOX 11-4 영유아보육법 주요 내용

보건복지부(보육정책과)

제1장 총칙

제1조(목적) 이 법은 영유아(영幼兒)의 심신을 보호하고 건전하게 교육하여 건강한 사회 구성원으로 육성함과 아울러 보호자의 경제적·사회적 활동이 원활하게 이루어지도록 함으로써 영유아 및 가정의 복지 증진에 이바지함을 목적으로 한다.

제2조(정의) 이 법에서 사용하는 용어의 뜻은 다음과 같다.

1. "영유아"란 6세 미만의 취학 전 아동을 말한다.
2. "보육"이란 영유아를 건강하고 안전하게 보호·양육하고 영유아의 발달 특성에 맞는 교육을 제공하는 어린이집 및 가정양육 지원에 관한 사회복지서비스를 말한다.
3. "어린이집"이란 보호자의 위탁을 받아 영유아를 보육하는 기관을 말한다.
4. "보호자"란 친권자·후견인, 그 밖의 자로서 영유아를 사실상 보호하고 있는 자를 말한다.
5. "보육교직원"이란 어린이집 영유아의 보육, 건강관리 및 보호자와의 상담, 그 밖에 어린이집의 관리·운영 등의 업무를 담당하는 자로서 어린이집의 원장 및 보육교사와 그 밖의 직원을 말한다.

제7조(육아종합지원센터) ① 영유아에게 제26조의2에 따른 일시보육 서비스를 제공하거나 보육에 관한 정보의 수집·제공 및 상담을 위하여 보건복지부장관은 중앙육아종합지원센터를, 특별시장·광역시장·특별자치시장·도지사·특별자치도지사(이하 "시·도지사"라 한다) 및 시장·군수·구청장은 지방육아종합지원센터를 설치·운영하여야 한다. 이 경우 필요하다고 인정하는 경우에는 영아·장애아 보육 등에 관한 육아종합지원센터를 별도로 설치·운영할 수 있다.

제2장 어린이집의 설치

제10조(어린이집의 종류) 어린이집의 종류는 다음 각 호와 같다.

1. 국공립어린이집 : 국가나 지방자치단체가 설치·운영하는 어린이집
2. 사회복지법인어린이집 : 「사회복지사업법」에 따른 사회복지법인(이하 "사회복지법인"이라 한다)이 설치·운영하는 어린이집
3. 법인·단체등어린이집 : 각종 법인(사회복지법인을 제외한 비영리법인)이나 단체 등이 설치·운영하는 어린이집으로서 대통령령으로 정하는 어린이집

4. 직장어린이집 : 사업주가 사업장의 근로자를 위하여 설치·운영하는 어린이집(국가나 지방자치단체의 장이 소속 공무원을 위하여 설치·운영하는 어린이집을 포함한다)
5. 가정어린이집 : 개인이 가정이나 그에 준하는 곳에 설치·운영하는 어린이집
6. 협동어린이집 : 보호자 또는 보호자와 보육교직원이 조합(영리를 목적으로 하지 아니하는 조합에 한정한다)을 결성하여 설치·운영하는 어린이집
7. 민간어린이집 : 제1호부터 제6호까지의 규정에 해당하지 아니하는 어린이집

제33조(급식 관리) 어린이집의 원장은 영유아에게 보건복지부령으로 정하는 바에 따라 균형 있고 위생적이며 안전한 급식을 하여야 한다.

2 식품의약품안전처

식품의약품안전처는 식품 · 의약품의 안전관리체계를 구축 · 운영하여 국민이 안전하고 건강한 삶을 영위할 수 있도록 하고자 1998년도에 보건복지부 산하기관으로 설립되었으며, 2013년에 총리실 산하 기관으로 승격되었다.

식생활 안전관리에 대한 주요 업무 내용은 먹을거리 관리로 식품안전 신뢰를 제고하기 위하여, 생산단계에서는 식품원료 안전성 확보, 제조단계에서는 위해요인 사전예방 강화, 수입단계에서는 위해식품 국내유입 원천차단, 유통단계에서는 체계적이고 강력한 관리시스템 운영, 소비단계에서는 안전한 먹을거리 소비환경 조성을 목표로 하고 있다.

식생활영양안전정책과에서는 식품영양 안전에 관한 정책 개발 및 제도개선, 식품의 영양표시 정책, 식품의 위해가능 영양성분 저감화 정책 수립 및 운영, 가공식품의 영양소 기준치 설정, 고열량 · 저영양 식품(어린이 기호식품만 해당한다)의 영양성분 기준 제정 · 개정, 식품의 나트륨 저감화 실태 조사 및 저감화 관리, 식품의 영양성분 실태조사 및 정보관리, 어린이 기호식품 등의 영양성분 표시제도 정책 수립 및 운영 등의 업무를 담당하고 있다.

식생활영양안전정책과에서는 어린이 식생활안전관리 및 어린이 기호식품의 영양 · 안전 정책에 관한 사항, 어린이 급식관리지원센터 설치 · 운영에 관한 사항, 어

린이 식품안전·영양 관련 교육·홍보 및 어린이 기호식품 조리업소·판매업소 관리 운영 등의 업무를 담당하고 있다.

식품안전정책과에서는 「식품위생법」에 따른 위해요소중점관리기준(HACCP)에 관한 종합계획의 수립 및 조정, 건강기능식품 이력추적제도 운영, 식품위생교육 관리 등의 업무를 담당하고 있다.

(1) 식품위생법

식품위생법은 식품으로 인하여 생기는 위생상의 위해(危害)를 방지하고 식품영양의 질적 향상을 도모하며 식품에 관한 올바른 정보를 제공하여 국민보건의 증진에 이바지함을 목적으로 제정되었다. 식품위생법의 주요 내용으로는 집단급식소, 식품이력추적관리, 식중독, 식단 등에 대한 정의가 제시되어 있으며, 식품 또는 식품첨가물에 관한 기준 및 규격, 식품의 표시기준, 유전자변형식품등의 표시, 허위 표시, 식품공전, 식품위생감시원, 소비자식품위생감시원, 식품이력추적관리시스템, 영양사와 조리사의 배치 및 직무 내용, 집단급식소 영양사의 매 2년마다 위생교육 이수 의무사항 등에 대한 내용이 포함되어 있다.

BOX 11-5 식품위생법 주요 내용

식품의약품안전처(식품정책조정과)

제1조(목적) 이 법은 식품으로 인하여 생기는 위생상의 위해(危害)를 방지하고 식품영양의 질적 향상을 도모하며 식품에 관한 올바른 정보를 제공하여 국민보건의 증진에 이바지함을 목적으로 한다.

제2조(정의) 이 법에서 사용하는 용어의 뜻은 다음과 같다.

1. "식품"이란 모든 음식물(의약으로 섭취하는 것은 제외한다)을 말한다.
2. "식품첨가물"이란 식품을 제조·가공·조리 또는 보존하는 과정에서 감미(甘味), 착색(着色), 표백(漂白) 또는 산화방지 등을 목적으로 식품에 사용되는 물질을 말한다. 이 경우 기구(器具)·용기·포장을 살균·소독하는 데에 사용되어 간접적으로 식품으로 옮아갈 수 있는 물질을 포함한다.
3. "화학적 합성품"이란 화학적 수단으로 원소(元素) 또는 화합물에 분해 반응을 일으켜서 얻은 물질을 말한다.

CHAPTER 11

4. "기구"란 다음 각 목의 어느 하나에 해당하는 것으로서 식품 또는 식품첨가물에 직접 닿는 기계·기구나 그 밖의 물건(농업과 수산업에서 식품을 채취하는 데에 쓰는 기계·기구나 그 밖의 물건은 제외한다)을 말한다.
   가. 음식을 먹을 때 사용하거나 담는 것
   나. 식품 또는 식품첨가물을 채취·제조·가공·조리·저장·소분[(小分): 완제품을 나누어 유통을 목적으로 재포장하는 것을 말한다. 이하 같다]·운반·진열할 때 사용하는 것
5. "용기·포장"이란 식품 또는 식품첨가물을 넣거나 싸는 것으로서 식품 또는 식품첨가물을 주고받을 때 함께 건네는 물품을 말한다.
6. "위해"란 식품, 식품첨가물, 기구 또는 용기·포장에 존재하는 위험요소로서 인체의 건강을 해치거나 해칠 우려가 있는 것을 말한다.
7. "표시"란 식품, 식품첨가물, 기구 또는 용기·포장에 적는 문자, 숫자 또는 도형을 말한다.
8. "영양표시"란 식품에 들어있는 영양소의 양(量) 등 영양에 관한 정보를 표시하는 것을 말한다.
9. "영업"이란 식품 또는 식품첨가물을 채취·제조·가공·조리·저장·소분·운반 또는 판매하거나 기구 또는 용기·포장을 제조·운반·판매하는 업(농업과 수산업에 속하는 식품 채취업은 제외한다)을 말한다.
10. "영업자"란 제37조 제1항에 따라 영업허가를 받은 자나 같은 조 제4항에 따라 영업신고를 한 자 또는 같은 조 제5항에 따라 영업등록을 한 자를 말한다.
11. "식품위생"이란 식품, 식품첨가물, 기구 또는 용기·포장을 대상으로 하는 음식에 관한 위생을 말한다.
12. "집단급식소"란 영리를 목적으로 하지 아니하면서 특정 다수인에게 계속하여 음식물을 공급하는 다음 각 목의 어느 하나에 해당하는 곳의 급식시설로서 대통령령으로 정하는 시설을 말한다.
    가. 기숙사
    나. 학교
    다. 병원
    라. 「사회복지사업법」 제2조 제4호의 사회복지시설
    마. 산업체
    바. 국가, 지방자치단체 및 「공공기관의 운영에 관한 법률」 제4조 제1항에 따른 공공기관
    사. 그 밖의 후생기관 등
13. "식품이력추적관리"란 식품을 제조·가공단계부터 판매단계까지 각 단계별로 정보를 기록·관리하여 그 식품의 안전성 등에 문제가 발생할 경우 그 식품을 추적하여 원인을 규명하고 필요한 조치를 할 수 있도록 관리하는 것을 말한다.
14. "식중독"이란 식품 섭취로 인하여 인체에 유해한 미생물 또는 유독물질에 의하여 발생하였거나 발생한 것으로 판단되는 감염성 질환 또는 독소형 질환을 말한다.
15. "집단급식소에서의 식단"이란 급식대상 집단의 영양섭취기준에 따라 음식명, 식재료, 영양성분, 조리방법, 조리인력 등을 고려하여 작성한 급식계획서를 말한다.

제2장 식품과 식품첨가물

제4조(위해식품등의 판매 등 금지) 누구든지 다음 각 호의 어느 하나에 해당하는 식품등을 판매하거나 판매할 목적으로 채취·제조·수입·가공·사용·조리·저장·소분·운반 또는 진열하여서는 아니 된다.

1. 썩거나 상하거나 설익어서 인체의 건강을 해칠 우려가 있는 것
2. 유독·유해물질이 들어 있거나 묻어 있는 것 또는 그러할 염려가 있는 것. 다만, 식품의약품안전처장이 인체의 건강을 해칠 우려가 없다고 인정하는 것은 제외한다.
3. 병(病)을 일으키는 미생물에 오염되었거나 그러할 염려가 있어 인체의 건강을 해칠 우려가 있는 것
4. 불결하거나 다른 물질이 섞이거나 첨가(添加)된 것 또는 그 밖의 사유로 인체의 건강을 해칠 우려가 있는 것
5. 제18조에 따른 안전성 심사 대상인 농·축·수산물 등 가운데 안전성 심사를 받지 아니하였거나 안전성 심사에서 식용(食用)으로 부적합하다고 인정된 것
6. 수입이 금지된 것 또는 「수입식품안전관리 특별법」 제20조 제1항에 따른 수입신고를 하지 아니하고 수입한 것
7. 영업자가 아닌 자가 제조·가공·소분한 것

제7조(식품 또는 식품첨가물에 관한 기준 및 규격) ① 식품의약품안전처장은 국민보건을 위하여 필요하면 판매를 목적으로 하는 식품 또는 식품첨가물에 관한 다음 각 호의 사항을 정하여 고시한다.

1. 제조·가공·사용·조리·보존 방법에 관한 기준
2. 성분에 관한 규격

② 식품의약품안전처장은 제1항에 따라 기준과 규격이 고시되지 아니한 식품 또는 식품첨가물의 기준과 규격을 인정받으려는 자에게 제1항 각 호의 사항을 제출하게 하여 「식품·의약품분야 시험·검사 등에 관한 법률」 제6조 제3항 제1호에 따라 식품의약품안전처장이 지정한 식품전문 시험·검사기관 또는 같은 조 제4항 단서에 따라 총리령으로 정하는 시험·검사기관의 검토를 거쳐 제1항에 따른 기준과 규격이 고시될 때까지 그 식품 또는 식품첨가물의 기준과 규격으로 인정할 수 있다.

③ 수출할 식품 또는 식품첨가물의 기준과 규격은 제1항 및 제2항에도 불구하고 수입자가 요구하는 기준과 규격을 따를 수 있다.

④ 제1항 및 제2항에 따라 기준과 규격이 정하여진 식품 또는 식품첨가물은 그 기준에 따라 제조·수입·가공·사용·조리·보존하여야 하며, 그 기준과 규격에 맞지 아니하는 식품 또는 식품첨가물은 판매하거나 판매할 목적으로 제조·수입·가공·사용·조리·저장·소분·운반·보존 또는 진열하여서는 아니 된다.

제10조(표시기준) ① 식품의약품안전처장은 국민보건을 위하여 필요하면 다음 각 호의 표시에 관하여 기준을 정하여 고시할 수 있다.

1. 판매를 목적으로 하는 식품 또는 식품첨가물의 표시
2. 제9조 제1항에 따라 기준과 규격이 정하여진 기구 및 용기·포장의 표시

② 제1항에 따라 표시에 관한 기준이 정하여진 식품등은 그 기준에 맞는 표시가 없으면 판매하거나 판매할 목적으로 수입·진열·운반하거나 영업에 사용하여서는 아니 된다.

③ 제1항 제1호에 따른 표시의 기준에는 다음 각 호의 사항이 포함되어야 한다.

1. 제품명, 내용량, 원재료명, 영업소 명칭 및 소재지
2. 소비자 안전을 위한 주의사항
3. 제조연월일, 유통기한 또는 품질유지기한
4. 그 밖에 식품 또는 식품첨가물에 대한 소비자의 오인·혼동을 방지하기 위하여 표시가 필요한 사항으로서 총리령으로 정하는 사항

④ 제1항 제2호에 따른 표시의 기준에는 다음 각 호의 사항이 포함되어야 한다.

1. 재질, 영업소 명칭 및 소재지
2. 소비자 안전을 위한 주의사항
3. 그 밖에 해당 기구 또는 용기·포장에 대한 소비자의 오인·혼동을 방지하기 위하여 표시가 필요한 사항으로서 총리령으로 정하는 사항

제11조(식품의 영양표시 등) ① 식품의약품안전처장은 총리령으로 정하는 식품의 영양표시에 관하여 필요한 기준을 정하여 고시할 수 있다.

② 식품을 제조·가공·소분 또는 수입하는 영업자가 식품을 판매하거나 판매할 목적으로 수입·진열·운반하거나 영업에 사용하는 경우에는 제1항에 따라 정하여진 영양표시 기준을 지켜야 한다.

③ 식품의약품안전처장은 국민들이 제1항에 따른 영양표시를 식생활에서 활용할 수 있도록 교육과 홍보를 하여야 한다. 〈개정 2013.3.23.〉

제11조의2(나트륨 함량 비교 표시 등) ① 식품을 제조·가공하거나 「수입식품안전관리 특별법」에 따라 수입·판매하는 영업자는 총리령으로 정하는 식품의 나트륨 함량을 동일하거나 유사한 유형의 식품의 나트륨 함량과 비교하여 소비자가 알아보기 쉽게 색상과 모양을 이용하여 표시하여야 한다.

② 식품의약품안전처장은 제1항에 따른 나트륨 함량 비교 표시 기준 및 방법 등을 정하여 고시하여야 한다.

제12조의2(유전자변형식품등의 표시) ① 다음 각 호의 어느 하나에 해당하는 생명공학기술을 활용하여 재배·육성된 농산물·축산물·수산물 등을 원재료로 하여 제조·가공한 식품 또는 식품첨가물(이하 "유전자변형식품등"이라 한다)은 유전자변형식품임을 표시하여야 한다. 다만, 제조·가공 후에 유전자변형 디엔에이(DNA, Deoxyribonucleic acid) 또는 유전자변형 단백질이 남아 있는 유전자변형식품등에 한정한다.

1. 인위적으로 유전자를 재조합하거나 유전자를 구성하는 핵산을 세포 또는 세포 내 소기관으로 직접 주입하는 기술
2. 분류학에 따른 과(科)의 범위를 넘는 세포융합기술

② 제1항에 따라 표시하여야 하는 유전자변형식품등은 표시가 없으면 판매하거나 판매할 목적으로 수입·진열·운반하거나 영업에 사용하여서는 아니 된다.

③ 제1항에 따른 표시의무자, 표시대상 및 표시방법 등에 필요한 사항은 식품의약품안전처장이 정한다.

제13조(허위표시 등의 금지) ① 누구든지 식품등의 명칭·제조방법, 품질·영양 표시, 유전자변형식품등 및 식품이력추적관리 표시에 관하여는 다음 각 호에 해당하는 허위·과대·비방의 표시·광고를 하여서는 아니 되고, 포장에 있어서는 과대포장을 하지 못한다. 식품 또는 식품첨가물의 영양가·원재료·성분·용도에 관하여도 또한 같다.

1. 질병의 예방 및 치료에 효능·효과가 있거나 의약품 또는 건강기능식품으로 오인·혼동할 우려가 있는 내용의 표시·광고
2. 사실과 다르거나 과장된 표시·광고
3. 소비자를 기만하거나 오인·혼동시킬 우려가 있는 표시·광고
4. 다른 업체 또는 그 제품을 비방하는 광고
5. 제12조의3 제1항에 따라 심의를 받지 아니하거나 심의받은 내용과 다른 내용의 표시·광고

② 제1항에 따른 허위표시, 과대광고, 비방광고 및 과대포장의 범위와 그 밖에 필요한 사항은 총리령으로 정한다.

제14조(식품등의 공전) 식품의약품안전처장은 다음 각 호의 기준 등을 실은 식품등의 공전을 작성·보급하여야 한다.

1. 제7조 제1항에 따라 정하여진 식품 또는 식품첨가물의 기준과 규격
2. 제9조 제1항에 따라 정하여진 기구 및 용기·포장의 기준과 규격
3. 제10조 제1항에 따라 정하여진 식품등의 표시기준

제32조(식품위생감시원) ① 제22조 제1항에 따른 관계 공무원의 직무와 그 밖에 식품위생에 관한 지도 등을 하기 위하여 식품의약품안전처(대통령령으로 정하는 그 소속 기관을 포함한다), 특별시·광역시·특별자치시·도·특별자치도(이하 "시·도"라 한다) 또는 시·군·구(자치구를 말한다. 이하 같다)에 식품위생감시원을 둔다.

② 제1항에 따른 식품위생감시원의 자격·임명·직무범위, 그 밖에 필요한 사항은 대통령령으로 정한다.

제41조(식품위생교육) ① 대통령령으로 정하는 영업자 및 유흥종사자를 둘 수 있는 식품접객업 영업자의 종업원은 매년 식품위생에 관한 교육(이하 "식품위생교육"이라 한다)을 받아야 한다.

② 제36조 제1항 각 호에 따른 영업을 하려는 자는 미리 식품위생교육을 받아야 한다. 다만, 부득이한 사유로 미리 식품위생교육을 받을 수 없는 경우에는 영업을 시작한 뒤에 식품의약품안전처장이 정하는 바에 따라 식품위생교육을 받을 수 있다.

③ 제1항 및 제2항에 따라 교육을 받아야 하는 자가 영업에 직접 종사하지 아니하거나 두 곳 이상의 장소에서 영업을 하는 경우에는 종업원 중에서 식품위생에 관한 책임자를 지정하여 영업자 대신 교육을 받게 할 수 있다. 다만, 집단급식소에 종사하는 조리사 및 영양사(국민영양관리법 제15조에 따라 영양사 면허를 받은 사람을 말한다. 이하 같다)가 식품위생에 관한 책임자로 지정되어 제56조 제1항 단서에 따라 교육을 받은 경우에는 제1항 및 제2항에 따른 해당 연도의 식품위생교육을 받은 것으로 본다.

④ 제2항에도 불구하고 다음 각 호의 어느 하나에 해당하는 면허를 받은 자가 제36조 제1항 제3호에 따른 식품접객업을 하려는 경우에는 식품위생교육을 받지 아니하여도 된다.

1. 제53조에 따른 조리사 면허
2. 「국민영양관리법」 제15조에 따른 영양사 면허
3. 「공중위생관리법」 제6조의2에 따른 위생사 면허

⑤ 영업자는 특별한 사유가 없는 한 식품위생교육을 받지 아니한 자를 그 영업에 종사하게 하여서는 아니 된다.

⑥ 제1항 및 제2항에 따른 교육의 내용, 교육비 및 교육 실시 기관 등에 관하여 필요한 사항은 총리령으로 정한다.

제46조(식품등의 이물 발견보고 등) ① 판매의 목적으로 식품등을 제조·가공·소분·수입 또는 판매하는 영업자는 소비자로부터 판매제품에서 식품의 제조·가공·조리·유통 과정에서 정상적으로 사용된 원료 또는 재료가 아닌 것으로서 섭취할 때 위생상 위해가 발생할 우려가 있거나 섭취하기에 부적합한 물질[이하 "이물(異物)"이라 한다]을 발견한 사실을 신고받은 경우 지체 없이 이를 식품의약품안전처장, 시·도지사 또는 시장·군수·구청장에게 보고하여야 한다.

② 「소비자기본법」에 따른 한국소비자원 및 소비자단체는 소비자로부터 이물 발견의 신고를 접수하는 경우 지체 없이 이를 식품의약품안전처장에게 통보하여야 한다.

③ 시·도지사 또는 시장·군수·구청장은 소비자로부터 이물 발견의 신고를 접수하는 경우 이를 식품의약품안전처장에게 통보하여야 한다.

④ 식품의약품안전처장은 제1항부터 제3항까지의 규정에 따라 이물 발견의 신고를 통보받은 경우 이물혼입 원인 조사를 위하여 필요한 조치를 취하여야 한다.

⑤ 제1항에 따른 이물 보고의 기준·대상 및 절차 등에 필요한 사항은 총리령으로 정한다.

제49조의3(식품이력추적관리시스템의 구축 등) ① 식품의약품안전처장은 식품이력추적관리시스템을 구축·운영하고, 식품이력추적관리시스템과 제49조의2 제1항에 따른 식품이력추적관리정보가 연계되도록 하여야 한다.

② 식품의약품안전처장은 제1항에 따라 식품이력추적관리시스템에 연계된 정보 중 총리령으로 정하는 정보는 소비자 등이 인터넷 홈페이지를 통하여 쉽게 확인할 수 있도록 하여야 한다.

③ 제2항에 따른 정보는 해당 제품의 유통기한 또는 품질유지기한이 경과한 날부터 1년 이상 확인할 수 있도록 하여야 한다.

④ 누구든지 제1항에 따라 연계된 정보를 식품이력추적관리 목적 외에 사용하여서는 아니 된다.

제51조(조리사) ① 집단급식소 운영자와 대통령령으로 정하는 식품접객업자는 조리사(調理士)를 두어야 한다. 다만, 다음 각 호의 어느 하나에 해당하는 경우에는 조리사를 두지 아니하여도 된다.

1. 집단급식소 운영자 또는 식품접객영업자 자신이 조리사로서 직접 음식물을 조리하는 경우
2. 1회 급식인원 100명 미만의 산업체인 경우
3. 제52조 제1항에 따른 영양사가 조리사의 면허를 받은 경우

② 집단급식소에 근무하는 조리사는 다음 각 호의 직무를 수행한다.

1. 집단급식소에서의 식단에 따른 조리업무[식재료의 전(前)처리에서부터 조리, 배식 등의 전 과정을 말한다]
2. 구매식품의 검수 지원

3. 급식설비 및 기구의 위생·안전 실무

4. 그 밖에 조리실무에 관한 사항

제52조(영양사) ① 집단급식소 운영자는 영양사(營養士)를 두어야 한다. 다만, 다음 각 호의 어느 하나에 해당하는 경우에는 영양사를 두지 아니하여도 된다.

1. 집단급식소 운영자 자신이 영양사로서 직접 영양 지도를 하는 경우
2. 1회 급식인원 100명 미만의 산업체인 경우
3. 제51조 제1항에 따른 조리사가 영양사의 면허를 받은 경우

② 집단급식소에 근무하는 영양사는 다음 각 호의 직무를 수행한다.

1. 집단급식소에서의 식단 작성, 검식(檢食) 및 배식관리
2. 구매식품의 검수(檢受) 및 관리
3. 급식시설의 위생적 관리
4. 집단급식소의 운영일지 작성
5. 종업원에 대한 영양 지도 및 식품위생교육

제56조(교육) ① 식품의약품안전처장은 식품위생 수준 및 자질의 향상을 위하여 필요한 경우 조리사와 영양사에게 교육(조리사의 경우 보수교육을 포함한다. 이하 이 조에서 같다)을 받을 것을 명할 수 있다. 다만, 집단급식소에 종사하는 조리사와 영양사는 2년마다 교육을 받아야 한다.

② 제1항에 따른 교육의 대상자·실시기관·내용 및 방법 등에 관하여 필요한 사항은 총리령으로 정한다.

③ 식품의약품안전처장은 제1항에 따른 교육 등 업무의 일부를 대통령령으로 정하는 바에 따라 관계 전문기관이나 단체에 위탁할 수 있다.

제86조(식중독에 관한 조사 보고) ① 다음 각 호의 어느 하나에 해당하는 자는 지체 없이 관할 시장(제주특별자치도 설치 및 국제자유도시 조성을 위한 특별법에 따른 행정시장을 포함한다. 이하 이 조에서 같다)·군수·구청장에게 보고하여야 한다. 이 경우 의사나 한의사는 대통령령으로 정하는 바에 따라 식중독 환자나 식중독이 의심되는 자의 혈액 또는 배설물을 보관하는 데에 필요한 조치를 하여야 한다.

1. 식중독 환자나 식중독이 의심되는 자를 진단하였거나 그 사체를 검안(檢案)한 의사 또는 한의사
2. 집단급식소에서 제공한 식품등으로 인하여 식중독 환자나 식중독으로 의심되는 증세를 보이는 자를 발견한 집단급식소의 설치·운영자

② 시장·군수·구청장은 제1항에 따른 보고를 받은 때에는 지체 없이 그 사실을 식품의약품안전처장 및 시·도지사에게 보고하고, 대통령령으로 정하는 바에 따라 원인을 조사하여 그 결과를 보고하여야 한다.

③ 식품의약품안전처장은 제2항에 따른 보고의 내용이 국민보건상 중대하다고 인정하는 경우에는 해당 시·도지사 또는 시장·군수·구청장과 합동으로 원인을 조사할 수 있다.

④ 식품의약품안전처장은 식중독 발생의 원인을 규명하기 위하여 식중독 의심환자가 발생한 원인시설 등에 대한 조사절차와 시험·검사 등에 필요한 사항을 정할 수 있다.

제88조(집단급식소) ① 집단급식소를 설치·운영하려는 자는 총리령으로 정하는 바에 따라 특별자

치시장·특별자치도지사·시장·군수·구청장에게 신고하여야 한다.

② 집단급식소를 설치·운영하는 자는 집단급식소 시설의 유지·관리 등 급식을 위생적으로 관리하기 위하여 다음 각 호의 사항을 지켜야 한다.

1. 식중독 환자가 발생하지 아니하도록 위생관리를 철저히 할 것
2. 조리·제공한 식품의 매회 1인분 분량을 총리령으로 정하는 바에 따라 144시간 이상 보관할 것
3. 영양사를 두고 있는 경우 그 업무를 방해하지 아니할 것
4. 영양사를 두고 있는 경우 영양사가 집단급식소의 위생관리를 위하여 요청하는 사항에 대하여는 정당한 사유가 없으면 따를 것

제101조(과태료) ① 다음 각 호의 어느 하나에 해당하는 자에게는 1천만원 이하의 과태료를 부과한다.

1. 제11조 제2항을 위반하여 영양표시 기준을 준수하지 아니한 자

② 다음 각 호의 어느 하나에 해당하는 자에게는 500만원 이하의 과태료를 부과한다.

9. 제88조 제1항을 위반하여 신고를 하지 아니하거나 허위의 신고를 한 자
10. 제88조 제2항을 위반한 자

(2) 어린이 식생활안전관리 특별법

어린이 식생활안전관리 특별법은 어린이들이 올바른 식생활 습관을 갖도록 하기 위하여 안전하고 영양을 고루 갖춘 식품을 제공하는 데 필요한 사항을 규정함으로써 어린이 건강증진에 기여함을 목적으로 제정되었다. 주요 내용으로는 어린이 식생활 안전지수와 고열량·저영양 식품에 대한 정의가 제시되어 있으며, 어린이 기호식품 중 고열량·저영양 식품 및 고카페인 함유 식품에 대한 광고 제한 및 금지, 어린이급식관리지원센터 설립, 운영 등에 관한 내용이 포함되어 있다.

BOX 11-6 어린이 식생활안전관리 특별법(약칭: 어린이식생활법) 주요 내용

식품의약품안전처(식생활안전과)

제1조(목적) 이 법은 어린이들이 올바른 식생활 습관을 갖도록 하기 위하여 안전하고 영양을 고루 갖춘 식품을 제공하는 데 필요한 사항을 규정함으로써 어린이 건강증진에 기여함을 목적으로 한다.

제2조(정의) 이 법에서 사용하는 용어의 정의는 다음과 같다.

1. "어린이"란 제3호에 따른 학교의 학생 또는 「아동복지법」에 따른 아동에 해당되는 자를 말한다.
2. "어린이 기호식품"이란 「식품위생법」 또는 「축산물 위생관리법」에 따른 식품 중 주로 어린이들이 선호하거나 자주 먹는 음식물로서 대통령령으로 정하는 식품을 말한다.
3. "학교"란 「초·중등교육법」 제2조에 따른 초등학교, 중학교, 고등학교 및 특수학교를 말한다.
4. "어린이 식생활 안전지수"란 어린이를 위하여 식품안전 및 영양관리에 관한 정책을 수행하고 어린이 기호식품 및 단체급식 등을 제조·판매 또는 공급하는 환경을 개선하는 정도를 평가하여 도출한 수치(이하 "식생활 안전지수"라 한다)를 말한다.
5. "고열량·저영양 식품"이란 식품의약품안전처장이 정한 기준보다 열량이 높고 영양가(營養價)가 낮은 식품으로서 비만이나 영양불균형을 초래할 우려가 있는 어린이 기호식품을 말한다.
6. "고카페인 함유 식품"이란 「식품위생법」 제10조 또는 「축산물 위생관리법」 제6조의 표시기준에 따라 고카페인 함유로 표시된 식품을 말한다.

제5조(어린이 식품안전보호구역 지정) ① 시장·군수 또는 구청장(자치구의 구청장을 말한다. 이하 같다)은 안전하고 위생적인 식품판매 환경의 조성으로 어린이를 보호하기 위하여 학교와 해당 학교의 경계선으로부터 직선거리 200미터의 범위 안의 구역을 어린이 식품안전보호구역(이하 "어린이 식품안전보호구역"이라 한다)으로 지정·관리할 수 있다.

② 어린이 식품안전보호구역 지정에 관한 세부사항은 대통령령으로 정한다.

제7조(우수판매업소 지정 등) ① 시장·군수 또는 구청장은 어린이 식품안전보호구역에서 보건복지부장관과 협의하여 총리령으로 정하는 안전하고 위생적인 시설기준을 갖추고 고열량·저영양 식품과 고카페인 함유 식품을 판매하지 아니하는 업소를 어린이 기호식품 우수판매업소(이하 "우수판매업소"라 한다)로 지정하여 보건복지부장관과 협의하여 총리령으로 정한 로고 등을 표시하거나 광고에 사용하게 할 수 있다.

② 우수판매업소로 지정을 받고자 하는 자는 보건복지부장관과 협의하여 총리령으로 정하는 방법 및 절차 등에 따라 업소의 소재지 관할 시장·군수 또는 구청장에게 신청하여야 한다.

③ 우수판매업소로 지정받으려는 자와 지정받은 자에 대하여 조리기구·시설 및 진열·판매시설의 개·보수를 위한 비용의 일부를 대통령령으로 정하는 바에 따라 국고보조 또는 「식품위생법」 제89조에 따른 식품진흥기금에서 지원할 수 있다. 다만, 비용을 지원받은 자가 다음 각 호의 어느 하나에 해당하는 경우에는 지원받은 금액을 반환하여야 한다.

1. 우수판매업소로 지정을 받지 못한 경우
2. 지원을 받은 후 1년 이내에 폐업한 경우
3. 지원을 받은 날부터 3년 이내에 휴업한 경우로서 그 휴업기간이 합산하여 1년 이상인 경우

제8조(고열량·저영양 식품 등의 판매 금지 등) ① 식품의약품안전처장은 고열량·저영양 식품의 영양성분 기준을 정하여 고시할 수 있다.

② 식품의약품안전처장은 다음 각 호의 어느 하나에 해당하는 장소에서는 고열량·저영양 식품과 고카페인 함유 식품의 판매를 대통령령으로 정하는 바에 따라 제한하거나 금지할 수 있다.

1. 학교
2. 우수판매업소

제10조(광고의 제한·금지 등) ① 어린이 기호식품 중 고열량·저영양 식품 및 고카페인 함유 식품을 제조·가공·수입·유통·판매하는 자는 방송, 라디오 및 인터넷을 이용하여 식품이 아닌 장난감이나 그 밖에 어린이의 구매를 부추길 수 있는 물건을 무료로 제공한다는 내용이 담긴 광고를 하여서는 아니 된다.

② 식품의약품안전처장은 어린이 기호식품을 제조·가공·수입·유통·판매하는 자가 「방송법」 제2조 제1호 가목의 텔레비전방송을 이용하여 고열량·저영양 식품과 고카페인 함유 식품을 광고하는 경우 그 광고시간의 일부를 제한하거나 광고를 금지하게 할 수 있다.

③ 식품의약품안전처장은 제2항에 따라 광고시간의 일부를 제한하거나 광고를 금지하고자 하는 경우 그 대상이 되는 고열량·저영양 식품과 고카페인 함유 식품을 정하여 고시하여야 한다.

④ 제2항에 따라 광고가 제한되는 시간, 그 밖에 제한 및 금지와 관련된 필요한 세부사항은 대통령령으로 정한다.

제11조(영양성분 표시) ① 「식품위생법」 제36조 제1항 제3호에 따른 식품접객영업자 중 주로 어린이 기호식품을 조리·판매하는 업소로서 대통령령으로 정하는 영업자는 조리·판매하는 식품의 영양성분을 식품의약품안전처장이 정하는 표시기준 및 방법 등에 따라 표시하여야 한다.

② 식품의약품안전처장은 제1항에 따른 영양성분 표시를 위한 표시기준 및 방법 등을 정하여 고시하여야 한다.

제11조의2(알레르기 유발 식품 표시) ① 「식품위생법」 제36조 제1항 제3호에 따른 식품접객영업자 중 주로 어린이 기호식품을 조리·판매하는 업소로서 대통령령으로 정하는 영업자는 조리·판매하는 식품에 알레르기를 유발할 수 있는 성분·원료가 포함된 경우 그 원재료명을 식품의약품안전처장이 정하는 표시기준 및 방법 등에 따라 표시하여야 한다.

② 식품의약품안전처장은 제1항에 따른 알레르기 유발 식품 표시를 위한 표시기준 및 방법 등을 정하여 고시하여야 한다.

제12조(영양성분의 함량 색상·모양 표시) ① 식품의약품안전처장은 어린이 기호식품 중 총리령으로 정하는 식품에 들어 있는 총지방, 포화지방, 당(糖), 나트륨 등 영양성분의 함량에 따라 높음, 보통, 낮음 등의 등급을 정하여 그 등급에 따라 어린이들이 알아보기 쉽게 녹색, 황색, 적색 등의 색상과 원형 등의 모양으로 표시(이하 "색상·모양 표시"라 한다)하도록 식품 제조·가공·수입업자에게 권고할 수 있다.

② 제1항에 따라 식품의약품안전처장이 색상·모양 표시를 하게 하는 경우 원형 등의 모양에 어린이 기호식품이 함유하고 있는 각각의 해당 영양성분이 하루 권장 섭취량에서 차지하는 비율을 명기하도록 하여야 한다.

③ 식품의약품안전처장은 색상·모양 표시를 위하여 표시방법 등을 정하여 고시하여야 한다.

제12조의2(고카페인 함유 식품의 색상 표시) ① 식품의약품안전처장은 고카페인 함유 식품에 어린이들이 알아보기 쉽게 눈에 띄는 적색의 모양으로 표시하도록 식품 제조·가공·수입업자에게 권고할 수 있다.

② 식품의약품안전처장은 제1항의 표시를 위하여 표시방법 등을 정하여 고시하여야 한다.

제13조(어린이 식품안전·영양교육 및 홍보 등) ① 식품의약품안전처장, 특별시장·광역시장·도지

사·특별자치도지사(이하 "시·도지사"라 한다), 시장·군수·구청장 또는 시·도 교육청장은 모든 어린이들이 건강하고 바른 식생활을 실천할 수 있도록 개인 또는 집단의 특성, 건강상태 및 건강의식 수준에 따라 어린이 기호식품에 대한 안전과 영양공급 등에 대한 교육 및 홍보를 실시하여야 한다.

② 학교 중 초등학교의 장은 어린이 식생활 관리에 필요한 안전 및 영양교육을 정기적으로 실시하여야 한다.

제21조(어린이급식관리지원센터 등 설치·운영) ① 시·도지사 또는 시장·군수·구청장은 어린이에게 단체급식을 제공하는 다음 각 호의 급식소(이하 "급식소"라 한다)에 대한 위생 및 영양관리를 지원하기 위하여 어린이급식관리지원센터를 설치·운영할 수 있다. 이 경우 시장·군수·구청장은 연합하여 공동으로 어린이급식관리지원센터를 설치·운영할 수 있다.

1. 「영유아보육법」에 따라 보호자의 위탁을 받아 영유아를 보육하는 어린이집의 급식소
2. 「유아교육법」에 따라 유아의 교육을 위하여 설립·운영하는 유치원에 대한 급식소
3. 「학교급식법」에 따라 학교급식 대상이 되는 학교의 급식소
4. 그 밖에 어린이에게 단체급식을 제공하는 급식소 중 대통령령으로 정한 급식소

제23조(식생활 안전지수 조사 등) ① 식품의약품안전처장은 어린이 식생활의 안전과 영양수준을 객관적으로 확인·평가하기 위하여 식생활 안전지수를 대통령령으로 정하는 바에 따라 정기적으로 조사하여 공표하여야 한다.

② 식품의약품안전처장은 제1항에 따른 식생활 안전지수의 조사업무를 대통령령으로 정하는 단체 또는 기관에 위탁할 수 있다. 이 경우 조사에 사용되는 비용은 국가가 지원하여야 한다.

③ 제1항에 따른 식생활 안전지수의 조사 항목 및 방법 등에 관하여 필요한 사항은 식품의약품안전처장이 정하여 고시한다.

제26조(어린이 식생활 안전관리종합계획 수립) ① 식품의약품안전처장은 3년마다 관계 중앙행정기관의 장과 협의하여 어린이 기호식품과 단체급식 등의 안전 및 영양관리 등에 관한 어린이 식생활 안전관리종합계획을 위원회의 심의를 거쳐 수립하여야 한다.

② 제1항에 따른 어린이 식생활 안전관리종합계획(이하 "종합계획"이라 한다)은 다음 각 호의 사항이 포함되어야 한다.

1. 어린이 기호식품 등의 안전정책의 목표 및 기본방향
2. 어린이 기호식품 등의 변화와 전망
3. 어린이 기호식품 등의 제도개선에 관한 사항
4. 어린이 기호식품 등에 관련한 연구 및 기술개발에 관한 사항
5. 어린이 기호식품 등의 안전을 위한 국제협력에 관한 사항
6. 어린이 기호식품 등을 제조·가공·수입·조리하여 판매하는 자에 대한 지원과 안전성 확보를 위한 지원방법에 관한 사항
7. 그 밖에 어린이 기호식품 등의 안전성 확보를 위하여 필요한 사항

(3) 건강기능식품에 관한 법률(약칭: 건강기능식품법)

건강기능식품법은 건강기능식품의 안전성 확보 및 품질 향상과 건전한 유통 · 판매를 도모함으로써 국민의 건강 증진과 소비자 보호에 이바지함을 목적으로 하며, 2002년도에 제정되었다.

주요 내용으로는 건강기능식품 제조업자의 관리, 건강기능식품 기준 및 규격과 표시 · 광고 등 관련 사항, 허위 · 과대 · 비방의 표시 · 광고 금지 등의 사항이 포함되어 있다.

BOX 11-7 건강기능식품에 관한 법률(약칭: 건강기능식품법)

식품의약품안전처(건강기능식품정책과)

제1조(목적) 이 법은 건강기능식품의 안전성 확보 및 품질 향상과 건전한 유통·판매를 도모함으로써 국민의 건강 증진과 소비자 보호에 이바지함을 목적으로 한다.

제3조(정의) 이 법에서 사용하는 용어의 뜻은 다음과 같다.

1. "건강기능식품"이란 인체에 유용한 기능성을 가진 원료나 성분을 사용하여 제조(가공을 포함한다. 이하 같다)한 식품을 말한다.
2. "기능성"이란 인체의 구조 및 기능에 대하여 영양소를 조절하거나 생리학적 작용 등과 같은 보건 용도에 유용한 효과를 얻는 것을 말한다.
3. "표시"란 건강기능식품의 용기·포장(첨부물과 내용물을 포함한다. 이하 같다)에 기재하는 문자·숫자 또는 도형을 말한다.
4. "광고"란 라디오·텔레비전·신문·잡지·음성·음향·영상·인터넷·인쇄물·간판 또는 그 밖의 방법으로 건강기능식품에 대한 정보를 나타내거나 알리는 행위를 말한다.
5. "영업"이란 건강기능식품을 판매의 목적으로 제조 또는 수입하거나 판매(불특정 다수에게 무상으로 제공하는 것을 포함한다. 이하 같다)하는 업(業)을 말한다.
6. "건강기능식품이력추적관리"란 건강기능식품을 제조하는 단계부터 판매하는 단계까지 각 단계별로 정보를 기록·관리하여 해당 건강기능식품의 안전성 등에 문제가 발생할 경우 해당 건강기능식품을 추적하여 원인을 규명하고 필요한 조치를 할 수 있도록 관리하는 것을 말한다.

제18조(허위·과대·비방의 표시·광고 금지) ① 누구든지 건강기능식품의 명칭, 원재료, 제조방법, 영양소, 성분, 사용방법, 품질 및 건강기능식품이력추적관리 등에 관하여 다음 각 호에 해당하는 허위·과대·비방의 표시·광고를 하여서는 아니 된다.

1. 질병의 예방 및 치료에 효능·효과가 있거나 의약품으로 오인(誤認)·혼동할 우려가 있는 내용의

표시·광고

2. 사실과 다르거나 과장된 표시·광고

3. 소비자를 기만하거나 오인·혼동시킬 우려가 있는 표시·광고

4. 의약품의 용도로만 사용되는 명칭(한약의 처방명을 포함한다)의 표시·광고

5. 다른 업체 또는 그 업체의 제품을 비방하는 표시·광고

6. 제16조 제1항에 따라 심의를 받지 아니하거나 심의받은 내용과 다른 내용의 표시·광고

② 제1항에 따른 허위·과대·비방의 표시·광고의 범위 등에 관하여 필요한 사항은 총리령으로 정한다.

제26조(유사 표시 등의 금지) 건강기능식품이 아닌 것은 그 용기·포장에 인체의 구조 및 기능에 대한 식품영양학적·생리학적 기능 및 작용 등이 있는 것으로 오인될 우려가 있는 표시를 하거나 이와 같은 내용의 광고를 하여서는 아니 되며, 이와 같은 건강기능식품과 유사하게 표시되거나 광고되는 것을 판매하거나 판매할 목적으로 저장 또는 진열하여서는 아니 된다.

3 농림축산식품부

농림축산식품부는 농산·축산, 식량·농지·수리, 식품산업진흥, 농촌개발 및 농산물 유통에 관한 사무를 관장하는 부처이다. 주요 업무 내용은 식량의 안정적 공급과 농산물에 대한 품질관리, 농업인의 소득 및 경영안정과 복지증진, 농업의 경쟁력 향상과 관련 산업의 육성, 농촌지역 개발 및 국제 농업 통상협력 등에 관한 사항, 식품산업의 진흥 및 농산물의 유통과 가격 안정에 관한 사항 등으로 구성되어 있다.

영양식생활정책 관련 부서는 식생활소비진흥과이며, 농산물 원산지관리, 지리적 표시제 관리, 농산물안전, GAP, 식생활교육지원 사업, 학교급식지원센터 운영활성화사업 등의 업무를 주관하고 있다.

(1) 식생활교육지원법

식생활교육지원법은 식생활에 대한 국민적 인식을 높이기 위하여 필요한 사항을 정함으로써 국민의 식생활 개선, 전통 식생활 문화의 계승·발전, 농어업 및 식품산업 발전을 도모하고 국민의 삶의 질 향상에 기여함을 목적으로 2009년에 제정되었다.

주요 내용으로는 국민의 식생활 개선과 전통 식생활 문화의 계승 · 발전 등을 위하여 필요한 시책수립 및 매 5년마다 식생활교육기본계획 수립이 포함되어 있으며, 그 외 어린이 식생활 교육, 식생활 체험활동 촉진, 전통 식생활 문화 계승과 지역 농수산물의 활용, 식생활 지침 개발 · 보급, 식생활교육지원센터 설치, 매년 2회 이상 학교에서의 식생활교육 실시 등이 있다.

BOX 11-8 식생활교육지원법 주요 내용

농림축산식품부(식생활소비진흥과)

제1조(목적) 이 법은 식생활에 대한 국민적 인식을 높이기 위하여 필요한 사항을 정함으로써 국민의 식생활 개선, 전통 식생활 문화의 계승·발전, 농어업 및 식품산업 발전을 도모하고 국민의 삶의 질 향상에 기여함을 목적으로 한다.

제2조(정의) 이 법에서 사용하는 용어의 뜻은 다음과 같다.

1. "식생활"이란 식품의 생산, 조리, 가공, 식사용구, 상차림, 식습관, 식사예절, 식품의 선택과 소비 등 음식물의 섭취와 관련된 유·무형의 활동을 말한다.
2. "식생활 교육"이란 개인 또는 집단으로 하여금 올바른 식생활을 자발적으로 실천할 수 있도록 하는 교육을 말한다.
3. "전통 식생활 문화"란 우리 민족 고유의 식생활과 관련된 생활양식이나 행동양식으로서 국가적 차원에서 진흥시킬만한 전통적이고 문화적 가치가 있다고 인정되는 것을 말한다.
4. "학교"란 「유아교육법」 제2조와 「초·중등교육법」 제2조에 따른 학교를 말한다.

제3조(국가와 지방자치단체의 책무) 국가와 지방자치단체는 국민의 식생활 개선과 전통 식생활 문화의 계승·발전 등을 위하여 필요한 시책을 수립하여 시행하여야 한다.

제7조(건전한 식습관 형성) 식생활 교육은 국민의 건전한 식생활을 도모하기 위하여 식품선택에 관한 적정한 판단력을 배양하고 올바른 식사예절을 실천할 수 있도록 추진되어야 한다.

제8조(식생활에 대한 감사와 이해) 식생활 교육은 국민이 영위하고 있는 식생활이 자연의 혜택과 식생활에 관여하는 모든 사람들의 노력으로 이루어지고 있다는 것을 인식하고 이에 감사하는 마음을 지닐 수 있도록 추진되어야 한다.

제10조(어린이 식생활 교육) 식생활 교육은 어린이가 올바른 식생활을 실천할 수 있도록 부모, 보호자, 교육관계자, 농어업인, 식품 관련 종사자 등의 적극적 참여하에 지속적으로 추진되어야 한다.

제11조(식생활 체험활동 촉진) 식생활 교육은 환경과 조화를 이룬 식품의 생산부터 소비까지 다양한 식생활 체험활동을 통하여 국민 스스로 올바른 식생활을 실천할 수 있도록 추진되어야 한다.

제12조(전통 식생활 문화 계승과 지역 농수산물의 활용) 식생활 교육은 우수한 한국형 식생활의 확

산을 통하여 전통 식생활 문화를 계승·발전시켜 세계화하고, 식품 생산자와 소비자 간의 상호교류 등을 촉진함으로써 농어촌의 경제 활성화와 지역 농수산물의 활용 촉진에 기여하도록 추진되어야 한다.

제13조(환경친화적인 식생활 실천) 식생활 교육은 식품의 생산부터 소비까지 일련의 과정에서 에너지와 자원의 사용을 줄이고 온실가스 및 오염물질의 배출을 최소화할 수 있는 환경친화적인 식생활이 이루어질 수 있도록 추진되어야 한다.

제3장 식생활 교육 기본계획 등

제14조(식생활 교육 기본계획의 수립) ① 농림축산식품부장관은 식생활 교육 관련 정책을 종합적이고 체계적으로 추진하기 위하여 5년마다 관계 중앙행정기관의 장과 협의하여 식생활 교육 기본계획(이하 "기본계획"이라 한다)을 수립하여야 한다.

② 기본계획은 다음 각 호의 사항을 포함한다.

1. 식생활 교육의 목표와 추진방향
2. 가정, 학교, 지역 등에서의 식생활 교육에 관한 사항
3. 농어업 활성화 등을 위한 농어업인과 소비자 간 교류촉진에 관한 사항
4. 전통 식생활 문화의 계승·발전에 관한 사항
5. 식생활 교육에 수반되는 재원 조달 계획에 관한 사항
6. 식생활 체험활동의 활성화에 관한 사항
7. 그 밖에 식생활 교육에 관하여 필요한 사항으로 대통령령으로 정하는 사항

③ 농림축산식품부장관은 기본계획을 수립하는 때에는 제18조에 따른 국가 식생활 교육 위원회의 심의를 거쳐야 한다. 기본계획을 변경하는 경우에도 같다.

제22조(식생활 지침 개발·보급 등) ① 국가와 지방자치단체는 식생활 교육 등에 활용하기 위하여 농수산물 또는 전통식품을 이용한 식생활 지침 등을 개발하여 보급할 수 있다.

② 제1항에 따른 식생활 지침의 주요 내용, 발간 주기 등 세부적인 사항은 대통령령으로 정한다.

제24조(전통 식생활 문화 및 농어촌 식생활 체험 활성화) ① 국가와 지방자치단체는 전통 식생활 문화 체험 활성화를 위하여 전통 식생활 문화 체험관 및 홍보관, 전통 식생활 문화 교육시설 등을 건립할 수 있다.

② 농림축산식품부장관은 농어촌에 대한 이해를 증진시키고 식생활 체험 기회를 다양화하기 위하여 대통령령으로 정하는 바에 따라 우수 농어촌 식생활 체험공간(이하 "우수체험공간"이라 한다)을 지정할 수 있다.

제25조의2(식생활교육지원센터의 지정 등) ① 농림축산식품부장관 또는 지방자치단체의 장은 식생활 교육의 원활한 추진을 위하여 전문성이 있는 기관 또는 단체를 식생활교육지원센터로 지정할 수 있다.

② 제1항에 따른 식생활교육지원센터의 지정기준은 다음 각 호와 같다.

1. 식생활 교육 관련 지원사업을 주된 업무로 하는 비영리 목적의 법인 또는 단체일 것
2. 제3항에 따른 지정사업을 수행할 수 있는 전담인력과 조직, 시설·설비 등을 갖추고 있을 것

③ 식생활교육지원센터는 다음 각 호의 사업(이하 이 조에서 "지정사업"이라 한다)을 수행한다.

1. 식생활 교육 관련 단체의 식생활 교육 추진활동에 대한 정보의 수집 및 제공
2. 식생활 교육 관련 단체 간의 협력망 구축 지원
3. 지역 농수산물 활용에 관한 교육 및 홍보 지원
4. 지역 특성에 맞는 식생활 교육 교재 및 프로그램 개발 지원
5. 학교 등에서의 식생활 교육 지원
6. 지역 식생활 교육의 실태조사 및 개선방안 연구
7. 그 밖에 식생활 교육의 활성화를 위하여 필요한 사업

제26조(학교에서의 식생활 교육) ① 학교는 올바른 식생활 확산을 위한 식생활 교육을 매년 2회 이상 정기적으로 실시하여야 하며, 해당 교육에는 다음 각 호의 사항이 포함되어야 한다.

1. 「어린이 식생활안전관리 특별법」 제2조 제2호에 따른 어린이 기호식품을 비롯한 어린이와 청소년이 자주 섭취하는 식품·식품첨가물의 영양성분 및 유해성분
2. 식품 및 농수산물의 생산·제조 및 가공 등의 과정에 사용되는 각종 화학첨가물
3. 그 밖에 올바른 식생활 확산을 위하여 농림축산식품부장관이 필요하다고 인정하는 사항

② 국가와 지방자치단체는 학교에서의 식생활 교육 활성화를 위하여 교육교재 개발, 시설·장비 등을 지원할 수 있다.

③ 국가와 지방자치단체는 학교에서 식생활 교육에 참여하는 교육관계자, 농어업인, 식품 관련 종사자 등의 식생활 교육 연수 활동을 지원할 수 있다.

④ 국가와 지방자치단체는 학교에서의 식생활 교육 활성화를 위하여 환경친화적인 농수산물이 사용될 수 있도록 생산자 또는 생산자단체에 직거래 촉진 등에 필요한 경비를 지원할 수 있다.

(2) 식품산업진흥법

식품산업진흥법은 식품산업과 농어업 간의 연계강화를 통하여 식품산업의 건전한 발전을 도모하고 식품산업의 경쟁력을 제고하여 다양하고 품질 좋은 식품을 안정적으로 공급함으로써 국민의 삶의 질 향상과 국가경제 발전에 이바지하는 것을 목적으로 2007년도에 제정되었다.

주요 내용으로는 식품산업진흥 기본계획의 수립, 식품산업의 진흥기반의 조성, 국제교류 및 무역진흥, 학교급식 우수 식자재 공급, 식품명인의 지정 및 지원, 전통식품과 식생활 문화의 세계화, 한식세계화사업, 식품성분표의 발간, 식품의 산업표준인증 및 전통식품의 국제규격화 등이 있다.

BOX 11-9 **식품산업진흥법 주요 내용**

농림축산식품부(식품산업정책과–총괄)
농림축산식품부(식품산업진흥과–전통식품)
농림축산식품부(식생활소비진흥과–학교급식, 농식품인증)
해양수산부(수출가공진흥과)

제1조(목적) 이 법은 식품산업과 농어업 간의 연계강화를 통하여 식품산업의 건전한 발전을 도모하고 식품산업의 경쟁력을 제고하여 다양하고 품질 좋은 식품을 안정적으로 공급함으로써 국민의 삶의 질 향상과 국가경제 발전에 이바지하는 것을 목적으로 한다.

제2조(정의) 이 법에서 사용하는 용어의 뜻은 다음과 같다.

1. "식품"이란 「농업·농촌 및 식품산업 기본법」 제3조 제7호의 식품을 말한다.
2. "식품산업"이란 「농업·농촌 및 식품산업 기본법」 제3조 제8호의 식품산업을 말한다.

2의2. "농어업"이란 「농업·농촌 및 식품산업 기본법」 제3조 제1호의 농업과 「수산업·어촌 발전 기본법」 제3조 제1호 가목의 어업을 말한다.

2의3. "농수산물"이란 「농업·농촌 및 식품산업 기본법」 제3조 제6호 가목에 따른 농산물과 「수산업·어촌 발전 기본법」 제3조 제1호 가목에 따른 어업활동으로부터 생산되는 산물을 말한다.

3. "식품사업자"란 식품산업을 영위하는 자를 말한다.
4. "전통식품"이란 국산 농수산물을 주원료 또는 주재료로 하여 예로부터 전승되어 오는 원리에 따라 제조·가공·조리되어 우리 고유의 맛·향 및 색을 내는 식품을 말한다.
6. "국가식품클러스터"란 국가가 식품산업과 관련되어 있는 기업, 연구소, 대학 및 기업지원시설을 일정 지역에 집중시켜 상호연계를 통한 상승효과를 만들어 내기 위하여 형성한 집합체를 말한다.
7. "우수식품등인증"이란 제20조 제1항에 따른 식품의 산업표준인증, 제22조 제1항에 따른 전통식품의 품질인증, 제22조의2 제1항에 따른 가공식품 및 음식점등의 원산지인증을 말한다.

제4조(식품산업진흥 기본계획의 수립) ① 농림축산식품부장관은 식품산업의 진흥과 경쟁력을 강화하기 위하여 식품산업의 진흥 등에 관한 기본계획을(이하 "기본계획"이라 한다) 수립·시행하여야 한다.

② 기본계획에는 다음 각 호의 사항이 포함되어야 한다.

1. 식품산업의 진흥에 관한 기본방향
2. 식품산업과 농어업의 연계강화에 관한 사항
3. 외식산업의 육성에 관한 사항

3의2. 전통식품의 개발·보급 및 세계화에 관한 사항

4. 식품의 품질향상·수급·인증제도 등에 관한 사항
5. 식품산업 관련 기술의 개발 및 보급 등에 관한 사항
6. 식품산업 관련 전문인력의 양성 및 통계·정보화에 관한 사항
7. 우수 식재료 소비 촉진에 관한 사항

CHAPTER 11

8. 식품의 품질 등에 관한 소비자 정보제공 및 보호에 관한 사항
8의2. 국가식품클러스터에 관한 사항
9. 그 밖에 식품산업의 진흥에 필요한 사항

제13조의2(학교급식 식자재 계약재배 등) ① 농림축산식품부장관 또는 해양수산부장관은 학교급식과 농어업의 연계를 강화하고 학교급식에 우수한 식자재를 공급하기 위하여 「학교급식법」 제5조 제4항에 따른 학교급식지원센터 등과 농수산물 또는 식품을 생산하는 자 간의 식자재 계약재배 또는 직거래를 촉진하는 등의 교류협력사업을 장려할 수 있다.

② 농림축산식품부장관 또는 해양수산부장관은 대통령령으로 정하는 바에 따라 제1항에 따른 교류협력사업에 대하여 식자재 안정성 조사 등에 필요한 경비를 지원할 수 있으며, 우수 식자재 사용실적 등을 평가하여 우수사업자를 우대할 수 있다.

③ 제2항에 따른 지원의 대상 및 기준, 그 밖에 필요한 사항은 대통령령으로 정한다.

제17조(전통식품과 식생활 문화의 세계화) ① 국가 및 지방자치단체는 각 지역별 전통식품과 식생활 문화를 조사·발굴하여 이를 현대화하고 우리 음식과 식생활 문화의 세계화를 통한 국가 이미지 향상에 노력하여야 한다.

② 국가 및 지방자치단체는 제1항에 따른 전통식품의 세계화를 위하여 필요하다고 인정되는 경우에 전통식품과 식생활 문화의 홍보, 해외 한식당 및 해외진출 식품업체의 경쟁력 제고 등에 필요한 경비를 지원할 수 있다.

③ 제2항에 따른 지원대상, 지원기준, 지원방법 및 운용 등에 필요한 사항은 대통령령으로 정한다.

제17조의2(한식세계화사업추진기관의 지정 등) ① 농림축산식품부장관은 제17조 제1항에 따른 사업을 수행하기 위하여 한식 관련 법인, 단체 또는 연구소 등을 한식세계화사업추진기관으로 지정할 수 있다.

제18조(전통 식생활 문화의 계승·발전) ① 국가와 지방자치단체는 소비자의 권익증진 및 전통 식생활 문화를 계승·발전시키기 위하여 이에 필요한 정보를 제공하고 전통 식생활 문화를 위한 지침을 정하여 보급·지도할 수 있다.

② 농림축산식품부장관 또는 해양수산부장관은 산지 농수산물의 소비를 확대하고 전통적 식생활 문화를 계승·발전시키기 위하여 산지 농수산물 및 전통식품을 이용한 다양한 식단 및 조리법을 개발·보급할 수 있다.

③ 농림축산식품부장관 또는 해양수산부장관은 산지 농수산물을 이용한 전통식품의 우수성을 일반인에게 전수·보급하기 위하여 전통식품의 조리와 가공 등에 필요한 교육을 실시할 수 있다. 이 경우 산지 농수산물을 생산하는 해당 지역 주민이 교육을 받을 수 있도록 노력하여야 한다.

제19조(식품성분 조사 등) ① 정부는 제18조 제1항 및 제2항에 따른 식품정보 제공 등을 위하여 농수산물을 포함한 식품의 영양성분을 분석하여 식품성분표의 발간 및 식품영양학적 품질 특성 등에 대한 조사·연구를 실시할 수 있다.

② 제1항의 농수산물을 포함한 식품의 영양성분 분석 및 식품영양학적 품질 특성의 조사·연구에 필요한 사항은 대통령령으로 정한다.

제20조(식품의 산업표준인증) ① 농림축산식품부장관 또는 해양수산부장관은 식품산업의 표준화

를 촉진하고 식품의 품질향상 및 소비자의 권익 증진을 위하여 식품의 산업표준인증제도를 운영할 수 있다.

② 제1항에 따른 산업표준인증의 품목·기준·표시방법, 그 밖에 필요한 사항은 대통령령으로 정한다.

제21조(전통식품의 국제규격화 추진) 농림축산식품부장관 또는 해양수산부장관은 전통식품의 품질향상과 국제교역을 촉진하기 위하여 전통식품에 대한 국제규격화를 추진하고 국제식량농업기구·국제식품규격위원회 등 국제기구의 식품 규격제정 및 정보제공 등 국제협력증진을 위하여 필요한 노력을 기울여야 한다.

제22조(전통식품의 품질인증) ① 농림축산식품부장관 또는 해양수산부장관은 전통식품의 품질향상·생산장려 및 소비자보호를 위하여 전통식품에 대한 품질인증제도를 운영하여야 한다.

② 제1항에 따라 전통식품의 품질인증을 받은 자는 농림축산식품부령 또는 해양수산부령으로 정하는 바에 따라 전통식품 품질인증기준의 준수 여부 등에 관하여 정기적으로 심사를 받아야 한다.

제22조의2(가공식품 및 음식점등의 원산지인증) ① 농림축산식품부장관 또는 해양수산부장관은 농수산업과 식품산업 간 연계발전을 도모하고 농수산물을 원료로 가공하거나 조리한 식품의 원산지에 대한 신뢰를 강화하기 위하여 가공식품 및 음식점등(식품위생법 제36조 제1항 제3호에 따른 식품접객업, 같은 법 제2조 제12호에 따른 집단급식소를 말한다. 이하 같다)을 대상으로 원산지인증제도를 운영할 수 있다.

4 교육부

교육부는 학생건강정책과에서 학교급식 운영 및 학교급식 위생 및 안전관리 대책 수립을 담당하고 있다. 2016년에는 전국 초·중·고·특수학교 전체 11,698개교에서 100% 급식이 실시되고 있으며, 1일 평균 614만 명의 학생이 급식을 하고 있다. 급식 운영 형태는 직영급식이 11,456교(97.9%)로서, 단독조리 8,828교(77.1%), 공동조리 2,628교(22.9%)이며, 위탁급식은 242교(2.1%)로서, 교내조리 208교(86.0%), 외부운반 34교(14.0%)로 구성되어 있다.

(1) 학교급식법

학교급식법은 학교급식 등에 관한 사항을 규정함으로써 학교급식의 질을 향상시키고 학생의 건전한 심신의 발달과 국민 식생활 개선에 기여함을 목적으로 1981년 제정되었으며, 수차례 보완되었다.

주요 내용으로는 영양교사 배치 기준, 급식시설의 시설, 설비의 기준, 식재료, 영양, 위생관리 기준, 식생활지도와 영양상담 등이 있다.

BOX 11-10 **학교급식법 주요 내용**

교육부(학생건강정책과)

제1조(목적) 이 법은 학교급식 등에 관한 사항을 규정함으로써 학교급식의 질을 향상시키고 학생의 건전한 심신의 발달과 국민 식생활 개선에 기여함을 목적으로 한다.

제2조(정의) 이 법에서 사용하는 용어의 정의는 다음과 같다.

1. "학교급식"이라 함은 제1조의 목적을 달성하기 위하여 제4조의 규정에 따른 학교 또는 학급의 학생을 대상으로 학교의 장이 실시하는 급식을 말한다.
2. "학교급식공급업자"라 함은 제15조의 규정에 따라 학교의 장과 계약에 의하여 학교급식에 관한 업무를 위탁받아 행하는 자를 말한다.
3. "급식에 관한 경비"라 함은 학교급식을 위한 식품비, 급식운영비 및 급식시설·설비비를 말한다.

제6조(급식시설·설비) ① 학교급식을 실시할 학교는 학교급식을 위하여 필요한 시설과 설비를 갖추어야 한다. 다만, 2이상의 학교가 인접하여 있는 경우에는 학교급식을 위한 시설과 설비를 공동으로 할 수 있다.

② 제1항의 규정에 따른 시설·설비의 종류와 기준은 대통령령으로 정한다.

제7조(영양교사의 배치 등) ① 제6조의 규정에 따라 학교급식을 위한 시설과 설비를 갖춘 학교는 「초·중등교육법」 제21조 제2항의 규정에 따른 영양교사와 「식품위생법」 제53조 제1항에 따른 조리사를 둔다.

② 교육감은 학교급식에 관한 업무를 전담하게 하기 위하여 그 소속하에 학교급식에 관한 전문지식이 있는 직원을 둘 수 있다.

제10조(식재료) ① 학교급식에는 품질이 우수하고 안전한 식재료를 사용하여야 한다.

② 식재료의 품질관리기준 그 밖에 식재료에 관하여 필요한 사항은 교육부령으로 정한다.

제11조(영양관리) ① 학교급식은 학생의 발육과 건강에 필요한 영양을 충족할 수 있으며, 올바른 식생활습관 형성에 도움을 줄 수 있는 식품으로 구성되어야 한다.

② 학교급식의 영양관리기준은 교육부령으로 정한다.

제12조(위생·안전관리) ① 학교급식은 식단작성, 식재료 구매·검수·보관·세척·조리, 운반, 배식, 급식기구 세척 및 소독 등 모든 과정에서 위해한 물질이 식품에 혼입되거나 식품이 오염되지 아니하도록 위생과 안전관리에 철저를 기하여야 한다.

② 학교급식의 위생·안전관리기준은 교육부령으로 정한다.

제13조(식생활 지도 등) 학교의 장은 올바른 식생활습관의 형성, 식량생산 및 소비에 관한 이해 증

진 및 전통 식문화의 계승·발전을 위하여 학생에게 식생활 관련 지도를 하며, 보호자에게는 관련 보를 제공한다.

제14조(영양상담) 학교의 장은 식생활에서 기인하는 영양불균형을 시정하고 질병을 사전에 예방하기 위하여 저체중 및 성장부진, 빈혈, 과체중 및 비만학생 등을 대상으로 영양상담과 필요한 지도를 실시한다.

(2) 초중등교육법

초중등교육법 제21조 제2항에는 영양교사의 자격이 명시되어 있으며, 교육부 학교정책과에서 주관하고 있다.

BOX 11-11 초 중등교육법 주요 내용

교육부(학교정책과)

제21조(교원의 자격)

② 교사는 정교사(1급·2급), 준교사, 전문상담교사(1급·2급), 사서교사(1급·2급), 실기교사, 보건교사(1급·2급) 및 영양교사(1급·2급)로 나누되, 별표 2의 자격 기준에 해당하는 사람으로서 대통령령으로 정하는 바에 따라 교육부장관이 검정·수여하는 자격증을 받은 사람이어야 한다. 〈개정 2013.3.23.〉

(3) 유아교육법

유아교육법에서의 유아란 만 3세부터 초등학교 취학 전까지의 어린이로 정의하고 있으며, 유아의 교육을 위하여 유아교육법에 따라 설립 · 운영되는 학교를 유치원이라고 한다. 유아교육법은 유아교육에 관한 전반적인 사항을 정의하고 있으며, 유치원에서의 급식, 유치원 교직원으로서 영양사 배치 규정 등이 명시되어 있다.

BOX 11-12 유아교육법 주요 내용

교육부(유아교육정책과)

제17조(건강검진 및 급식)

② 원장은 교육하고 있는 해당 유치원의 유아에게 적합한 급식을 할 수 있다.

③ 제1항에 따른 건강검진의 실시시기 및 그 결과처리에 관한 사항과 제2항에 따른 급식 시설·설비기준 등에 관하여 필요한 사항은 교육부령으로 정한다.

제20조(교직원의 구분)

② 유치원에는 교원외에 촉탁의사, 영양사, 간호사 또는 간호조무사, 행정직원 등을 둘 수 있다.

5 여성가족부

다문화가족에 대한 지역사회영양프로그램은 여성가족부의 다문화가족과에서 담당하고 있다. 다문화가족지원법은 다문화가족 구성원이 안정적인 가족생활을 영위하고 사회구성원으로서의 역할과 책임을 다할 수 있도록 함으로써 이들의 삶의 질 향상과 사회통합에 이바지함을 목적으로 제정되었다.

다문화가족 지원을 위하여 다문화가족지원법을 2008년에 제정하였다. 이 법에 따르면 매 5년마다 다문화가족정책에 관한 기본계획(이하 "기본계획"이라 한다)을 수립하도록 하고 있으며, 제9조에서 국가와 지방자치단체는 영양 · 건강에 대한 교육서비스를 지원하도록 명시하고 있다.

6 국방부

국방부는 물자관리과에서 군인급식규정에 따라 현역에 복무하는 군인의 급식에 관한 사항을 규정하고 있다. 이 규정에 따르면, 군인에게는 매일 주식과 부식(이하 "현물"이라 한다)을 지급하도록 하며, 급식기준액은 하루에 군인 1명에게 현물을 지급하기 위하여 필요한 비용에 기초하여 매년 세출예산으로 정한 금액으로 한다고 명시되어 있다.

3. 외국의 영양행정기구와 관련 법률

1 미 국

(1) 영양행정기구

미국에서 지역사회 주민을 위한 영양활동은 연방정부를 중심으로 주정부와 협조하여 실시되고 있다. 그러나 실제적인 업무는 주정부와 그 안의 군 단위(county)에서 실시되고 있고, 연방정부는 예산 · 인력 · 도구 등 여러 가지 형태로 주정부를 지원하며 연방정부 내에는 이와 관련된 많은 연구기능이 포함되어 있다. 미국에서 영양행정에 주로 관여하는 정부조직은 다음과 같다.

① 보건후생성

영양활동에 관여하는 행정부서는 연방정부의 경우, 보건후생성(Department of Health and Human Services : DHHS)의 조직부서 중 공중보건관리국(Public Health Services)의 산하에 속하는 여러 기관들이 담당한다. 주정부는 각 주에 따라 다르게 조직되어 있다. 행정구역 단위의 보건영양사는 직책에 따라 자격 기준을 명확히 구별하고 있다. 구체적인 영양정책의 수립과 프로그램 실행에 전문적인 역할을 부여하여 실제로 지역사회 주민의 건강증진에 크게 이바지하고 있다.

② 보건소

미국은 주 내에 행정구역으로서 각 군이 있으며 그 안에 보건의료서비스센터인 보건소가 있다. 각 주나 주 내의 군도 지방자치제의 영양정책을 실시하며, 보건의료서비스에 대한 책임과 권한을 가지고 있다.

지방 보건부 조직에서 영양부서가 구체적으로 구분되어 있는 곳도 있으나 기능별 조직의 형태로 프로그램 속에 포함되고 있거나 만성질환 관리사업, 보건교육 또는 지역보건서비스의 일환으로 영양서비스를 실시하고 있는 곳이 있어 영양업무 조직은 지역마다 다르다. 영양부서가 따로 있는 보건소에서는 보건영양 담당자가 국이나 과의 책임자가 되어 영양사업의 기획과 집행에 책임을 지고 예산을 담당하고 있다.

보건소에서는 보건영양의 책임을 가진 주관담당자가 각 구성단위에 속해 있는 영양담당자의 업무에 협조해서 영양관련 프로그램별로 서비스를 조정하는 기능을 한다.

미국의 지방 보건기구의 유형을 구분하면 다음과 같다.

- Full service형 : 도시지역에서는 주로 이웃 보건소를 운영하거나 지원하며, 직접 지역보건사업을 기획 · 조정하고 지역보건소를 통해 주로 빈민들에게 통원 서비스와 건강상담을 실시하며 병원서비스와도 연결시켜 주는 일을 한다.
- General entry level형 : 주로 농촌지역의 지방 보건조직 유형으로 다른 기관에 의뢰하여 주민들이 상담과 병원 서비스를 받도록 연계시키는 일을 한다.
- Categorical and screening service형 : 지방 보건조직은 특정한 일부 기능, 즉 치과, 아동보건 서비스, 모성보건 서비스, 가족계획 등의 '분류별(categorical)' 서비스를 실시하고, 기존의 서비스 조직과 연계를 통하여 건강검진 및 보건의료 서비스를 받도록 하는 형태이다.

③ 질병관리센터

질병관리센터(Centers for Disease Control : CDC)는 1946년 애틀랜타에서 설립한 공중보건관리국의 기구로 주요 임무는 피할 수 있는 질병, 장애, 미숙으로 인한 사망 등을 방지하고 국민들에게 건강한 생활양식을 보급하는 일이다.

④ 식품의약품국

공중보건관리국의 산하기관인 식품의약품국(Food and Drug Administration : FDA)은 「식품과 관련한 연방규정집(Code of Federal Regulation Title 21)」을 집행하는 일을 담당한다. 국내에서 생산되거나 외국에서 수입되어 판매되는 모든 식품 중 농림성(USDA) 관할하에 있는 육류, 가금류와 달걀을 제외한 식품류 · 가공식품 · 화장품 · 의약품 · 생물학적 약제 · 의료기구 · 방사능 관련제품 등의 안전성을 보장하는 책임을 지고 있는 전문기관이다. 식품의약품국(FDA)은 식품의 규격과 기준 설정, 오염방지와 관련된 연구자료의 수집과 해석, 연방규정 집행, 식품의 감시와 검사기능 등을 가지고 있다.

⑤ 식품안전 및 응용영양센터

식품안전 및 응용영양센터(Center for Food Safety and Applied Nutrition : CFSAN)는 식품의약품국(FDA) 산하 6개 센터 중 하나로 식품의 안전성을 유지하고 독성·위해물질로부터 국민들을 보호하는 임무를 가진 기구이다. 주로 영양, 식품과 관련된 연구·조사활동을 수행하고 식품의약품국의 정책과 규격, 기준제정 관련자료를 제공한다.

(2) 보건영양사업과 영양지원 프로그램

미국은 지방자치제가 효율적으로 시행되고 있기 때문에 보건의료서비스에 대한 책임과 권한에 관한 사항들은 지방정부의 고유권한으로 여겨져 왔다. 각 주마다 특징적인 사업을 다양하게 전개하고 있으며, 여러 가지 보건행정조직을 통하여 영양서비스가 지역사회 주민들에게 제공되고 있다. 연방정부는 다양한 영양사업을 수행할 수 있도록 지침을 정하고 예산과 자료를 제공해 주고 있다. 미국의 공중보건 서비스는 전통적으로 예방업무에 치중되어 있고 공중보건조직이 직접 치료 등의 진료서비스를 제공하는 것은 일부 빈민계층, 소수민족에게 국한되어 있다.

미국 보건영양사업의 목적은 영양불량으로 인하여 발생할 수 있는 질병을 예방하여 경제적 불평등에 관계없이 모든 지역주민이 육체적·정신적으로 건강을 유지할 수 있도록 하는 데 있다. 따라서 보건영양사업의 중심은 영양관련 문제에 취약한 계층에게 영양교육과 식품을 공급해 줌으로써 영양상태를 향상시키고자 하는 데 있다.

이러한 영양적 취약계층에는 빈민, 장애자, 임신·수유부와 그들의 자녀인 영아 등이 포함된다. 이들을 위한 프로그램의 수혜기준은 연간 수입과 영양상태 평가 등의 여러 항목에 의해서 이루어지며 신청자에 한해서 자격이 주어진다.

(3) 보건영양사업 인력

미국의 지역사회에서 보건영양사업을 수행하고 있는 인력은 다음과 같이 분류된다.

① 보건영양관리자

보건영양관리자(Public health nutritionist)는 공중보건기관에 근무하는 직원으로서 영양서비스를 제공하는 업무를 맡고 있다. 자격으로는 보건학 석사, 보건학 과정을 포함한 응용영양학 석사, 보건통계, 역학, 보건행정, 보건계획과 경영분야의 보조과정을 이수한 응용영양학 석사 수준이 요구되고 있으며, 영양사 실무, 보건과학과 실무, 경영, 의사소통, 입법의 분야에서 전문성을 가진 자를 말한다. 영양학 관련 분야에서 3~5년의 경험이나 보건 분야에서 2~3년의 경력이 요구되며, 반드시 미국영양사협회(ADA)의 RD(registered dietitian)이어야 한다. RD가 되려면 대학에서 미국영양사협회가 규정한 필수과목을 이수한 후 동 협회가 인정한 시설에서 일정기간의 훈련을 거쳐 엄격한 자격심사를 거친 후에 영양사 자격시험을 통과함으로써 미국영양사협회로부터 자격증을 받아야 한다. 미국에서는 30여 개 주에서 보건영양사에게 대학원 학력과 석사학위를 요구하고 있으며, 일부에서는 박사학위 소유자도 증가하고 있을 정도로 보건영양사의 자질이 향상되고 있다.

② 지역사회영양사

지역사회영양사(community dietitian)는 보건영양관리자가 되기 위한 시작단계로서 지역주민이나 환자를 대상으로 영양관리를 하거나 영양교육을 실시한다. 교육자격으로는 지역사회영양이나 식품영양, 영양 전공의 학사학위 소지자로서 미국영양사협회의 교육 요구조건을 만족해야 한다. 교육과정에는 반드시 지역사회영양이 포함되어야 하며 RD로서의 자격을 유지해야 한다. 지역사회영양사는 보건영양관리자의 감독하에서 업무를 수행하게 된다.

③ 지역사회영양조원

지역사회영양조원(community dietetic technician)은 보건영양관리자와 지역사회영양사가 지역사회 주민의 영양상태 평가, 영양서비스를 실시하는 것을 보조하는 업무를 담당한다. 교육자격은 미국영양사협회에서 승인한 영양조원 프로그램(dietetic technician program)의 2년 과정을 수료해야 한다.

2 일본

(1) 보건 · 영양 행정기구와 법률

일본의 영양행정조직은 중앙정부의 후생성이 중심적인 역할을 하고 있다. 후생성 보건의료국 밑에 건강증진영양과는 공공부문의 건강사업 정책 결정과 수행에 주도적인 역할을 하고 있고, 지방보건소, 시 · 정 · 촌(市 · 町 · 村) 보건센터를 통하여 영양활동을 하고 있다. 또한 생활위생국 식품보건과에서도 영양행정에 관련된 업무를 수행하고 있다. 건강증진영양과와 식품보건과에서 담당하고 있는 업무를 요약하면 표 11-1과 같다.

표 11-1 일본의 주된 영양행정 부서의 업무

담당부서	건강증진과(보건의료국)	식품보건과(생활위생국)
법률	영양개선법, 영양사법, 조리사법	식품위생법, 제과위생사법
주요 업무	• 국민건강증진에 관한 정책 기획 및 집행 • 영양개선법의 시행에 관한 업무 (특수영양식품에 관한 것은 제외) • 영양사법 및 조리사법의 시행에 관한 업무 • 국민 후생운동의 보급 • 식생활의 지도에 관한 업무 • 국민의 영양상태 조사 업무 • 국립건강 · 영양연구소에 관한 업무 • 위생교육의 보급 및 향상 도모	• 식품위생에 관한 조사연구 및 기획 조정 • 식품 및 기구위생에 관한 규격 설정 • 식품위생감시원에 관한 업무 • 식품위생검사시설에 관한 업무 • 특수영양식품의 표시 및 정보 제공 • 제과위생사법 시행 • 검역소 기타 음식에 기인하는 위생상의 문제방지를 위한 업무

보건 · 영양 관련연구기관으로는 국립영양연구소가 국민건강과 국가 식품정책을 수립하는 데 기여하고 있으며, 후생성 산하에 식품과 영양관련연구를 수행하기 위해 국립건강영양연구소를 두고 있다.

영양정책에 관련된 법률로는 일본 헌법과 그 외 여러 가지 법률, 정부의 지방자치단체령이나 조례 등이 있으나 가장 주된 것이 영양개선법이다. 1920년대에 국립영양연구소를 세워 국민건강을 위해 일해 왔으며 국민의 영양상태를 기초로 국가의 식품정책을 수립했다. 일본은 의료와 보건서비스의 많은 부분이 민간으로 이양되어 있으나 국민에 대한 영양활동은 정부가 공중보건사업의 초기부터 주도하여 확고한 기반을 다지고 있다.

(2) 영양행정 관련 법률

① 영양개선법

1952년에 제정된 법으로 당시 국민 영양상태는 식품을 확보하는 대책이 긴급하였고, 단백질 및 칼슘의 섭취 부족이 현저하고 양적 · 질적인 영양결핍이 문제시되고 있었다.

또한 질병구조를 보면 결막염 등의 전염성 질환이 만연하여 그 대책의 하나로 국민의 영양개선사업이 중요시되고 있었다. 한편 국민들의 영양개선에 대한 지식이나 충분한 인식이 부족하고 행정체제도 종합적인 시책을 추진하지 못하고 있었다. 따라서 영양개선 행정의 실시, 효과 향상에 여러 원인에 대한 대책을 계속적으로 강구하기 위하여 영양개선법이 제정되었고, 그 후 여러 차례의 개정을 통해 오늘에 이르고 있다.

영양개선법의 목적은 국민들의 영양에 대한 인식을 높이고 국민의 영양상태를 증진시키는 것이다. 또한 국민건강 및 체력의 유지 · 향상을 도모하기 위해 영양을 개선하는 방안을 강구하고 나아가서 국민복지의 추진에 기여하는 것이다. 이를 위하여 영양개선법을 통해 국민영양조사 실시, 보건소 내 영양상담소의 설치, 보건소의 영양지도원제도, 집단급식시설의 영양관리를 지도 · 감독할 수 있도록 되어 있다.

② 영양사법

일본의 영양사법은 1947년에 제정되었으나 영양개선법의 개정에 따라 일부 개정되었고, 1962년에 영양사법이 일부 개정되어 4년제 교육을 기본으로 하는 관리영양사제도가 제정되었다.

(3) 영양행정조직

일본의 보건정책은 건강진단과 가정간호 분야가 정부보조시스템으로 시작되어 일정한 요건을 갖추게 되면 후생성과 지방정부가 이를 보조하는 것으로 되어 있다. 보건소는 국가사업기관으로서 지역의 보건업무를 총괄하고 시 · 정 · 촌 보건센터에서는 주로 지역주민에 대한 직접적인 보건업무를 담당하고 있다.

① 보건소의 조직

일본은 1997년 지역보건법의 전면 시행에 의해 주민에게 보다 밀접한 서비스를 제공하는 체계가 정비되어 보건소는 광역적 · 전문적 · 기술적 거점으로서 그 기능이 강화되었다. 일본은 보건소와 시 · 읍 · 면의 역할 분담을 명확하게 하고, 보건소는 주민에게 가까운 보건 서비스를 실시하는 시 · 읍 · 면을 지원하는 보완기능을 강화함과 동시에 보다 전문적인 사업전개를 추진하고 있다.

보건소는 지역사회주민의 보건에 관한 사업관리 · 감독기능을 가지고 주민들의 영양관리를 주관하고 있으며 기본조직은 그림 11-2와 같다.

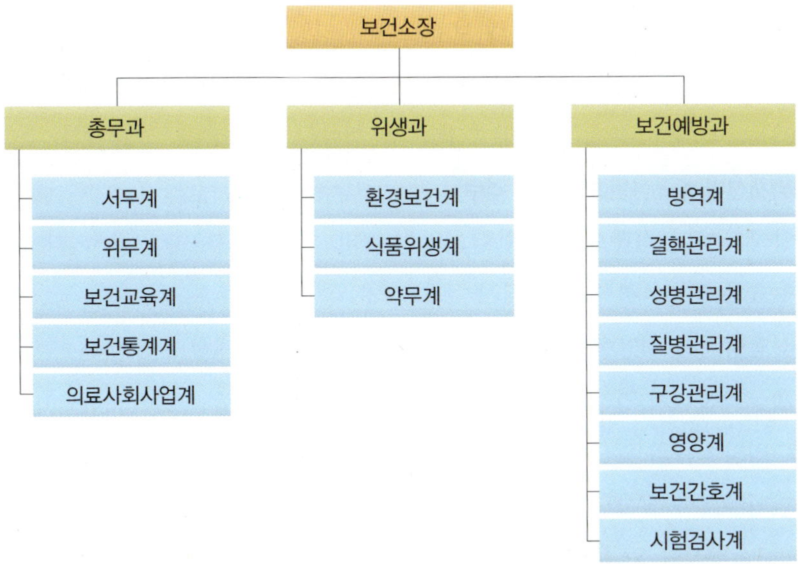

그림 11-2 일본 보건소의 조직

CHAPTER 11

보건소들은 행정체계를 통해 중앙정부의 지시를 받아서 국가의 보건사업을 수행하고 있으며, 소규모 지방자치단체인 시 · 정 · 촌에는 지방자치단체에서 설립 · 운영되는 보건센터가 있다.

일본의 보건소는 지역에 따라 5가지 형태로 구분되고, 다시 인구 규모에 따라 5단계로 나누어 전국적으로 15가지 유형으로 구분되며, 각 유형별로 업무운영의 기준이 시달되고 있다.

- **도시형(U형)** : 도시보건소
- **중간형(UR형)** : 도시와 농촌의 중간형 보건소
- **농어촌형(R형)** : 농촌보건소
- **광역형(L형)** : 인구가 희박한 오 · 벽지 보건소
- **지소형(S형)** : 인구 30,000명 이하의 보건소

일본의 보건소 유형별 업무운영의 예는 표 11-2와 같다.

② 보건소 영양개선업무의 법적 근거

일본 보건소법 제2조 제3호에 의해 보건소에서 영양개선활동을 하는 것을 다음과 같이 규정하고 있으며, 동법 시행령에는 보건소영양사를 배치하도록 규정하고 있다.

- **영양개선법에 규정된 보건소의 업무**

– 영양상담지도, 식품의 영양상 합리적인 소비
– 영양효과가 충분한 급식의 실시
– 급식담당자의 영양에 관한 지식향상과 식품조리방법 개선
– 단체급식시설의 영양관리지도, 단체급식의 조사와 지도
– 특수영양식품의 표시허가에 대한 지도
– 국민영양조사 실시

- **지방교육행정의 조직운영에 관한 법률에 규정된 보건소의 역할**

학교급식에 관한 참고자료 제공과 기술원조

표 11-2 일본 보건소의 유형별 업무운영의 예

구 분	도시(U)형 보건소	중간(UR)형 보건소	농촌(R)형 보건소	광역(L)형 보건소
건강 상담	1. 건강상담(영양지도 포함)의 실시, 가능한 한 과내의료기관 및 단체 활동에 위임 2. 중점대상은 중소기업, 저소득층 3. 질병의 치료상담, 정신보건상담 등 건강상담 강화	도시형과 농촌형의 방침을 지역 실정을 고려하여 운영	1. 건강상담, 소외 상담강화 2. 농어촌, 산촌지역의 특유한 질병을 고려한 건강상담 3. 질병치료상담, 정신보건상담 등을 정기적으로 실시	1. 소내 건강상담은 최소로 하고 소외 건강상담 강화 2. 의료기관 및 관련 단체의 의료활동과 연결하여 이동보건소 활동 강화
집단 검진	1. 집단검진 실시는 관내 보건의료기관 및 단체에 위탁 2. 중점대상은 중소기업, 저소득층	상동	1. 지역의료기관과 관련단체의 상황에 따라 집단검진 실시 분담 2. 농·어촌, 산촌의 특유한 질병대책을 고려하여 다각적인 집단검진 실시	1. 집단검진 실시의 중심이 되는 단체와의 공동활동 강화 2. 농어촌, 산촌 지역의 특성에 맞는 질병대책과 의료혜택을 받지 못하는 지역에 대한 활동 강화
보건 간호 활동	1. 일반지역의 보건간호활동은 보건소가 주체 2. 대상은 중소기업과 저소득층에 중점을 둠	상동	1. 시정촌의 지역의료보험과 보건시설 등과의 공동계획에 기초하여 지역활동 계획 2. 상황에 따라 보건소 보건간호사의 지역주재제 실시	1. R형에 준함 2. 보건소의 보건간호사의 주재제를 원칙으로 함
환경위생 및 식품위생의 지도, 감독	1. 공중위생관계자의 영업시설, 급식시설 등의 감시, 지도 2. 공해 및 주거위생에 관하여 대책 강화	상동	간이상수도 및 농 · 어촌, 산촌의 특수질병과 해충제거 대책 등 강화	1. 주거를 중심으로 생활환경의 개선대책 강화 2. R형에 준함
	• 관광지에 관해서는 R형에 준함			
시험검사	1. 식품위생 환경위생업무의 과학화를 위한 설비 및 인원 강화	상동	일선시험검사 설비의 표준화	R형에 준함 의료관계자의 편의도모
	• 인구 50만을 단위로 하는 블록별로 시험검사 설비를 집중화하여 이용에 효율 도모			
지구조직 활동에 대한 지도	도시에 집중된 의료, 복지, 산업체, 문화시설 등 사회자원과의 연계지도 강화	상동	1. 시 · 정 · 촌 또는 부락 단위의 지구조직활동 추진 2. 지방특산활동과 연결	1. 부락단위의 조직활동 추진 2. R형의 2에 준함
영양 지도	1. 개별지도는 의료기관, 단체 등의 활동에 위임 2. 부인단체, 청소년단체, 학부모 모임을 대상으로 영양지식의 보급과 계몽실시 3. 중소기업자, 저소득층 중점 지도 4. 급식시설에 대한 식품위생, 환경위생감시와 영양지도 실시 5. 학교급식 지도 강화	상동	1. 소외의 개별지도 강화 2. 지방 특유의 영양결핍 내지는 질병에 관련한 영양지도 실시 3. 부인단체 등과의 연결, 지구조직의 육성 4. 생활개량보급원, 농업개량보급원과 연계 식생활 개선활동 지도 강화 5. 학교급식에 영양사 배치 장려 6. 동절기의 식품가공, 저장 지도	1. 영양지도 차량을 활용 2. 건강사안, 집단검진에 영양상담을 병행 실시 3. 가정방문 지도 4. 부락단위의 지구조직을 육성 5. 계획재배에 의한 자가농산물을 통해 다양한 식품섭취 6. 학교급식실시 지도, 지원 7. 농번기 협동 취사, 협동 가공 지도

● **아동복지법에 규정된 보건소의 아동복지시설에 대한 조언**

아동복지시설에 대한 영양개선의 조언 제공

● **영양사법 등에 규정된 업무**

– 영양사 면허에 관한 업무

– 영양사양성시설에 관한 업무

● **노인복지법에 규정된 보건소의 업무**

노인복지시설에 대한 영양개선

③ 보건소의 영양활동인력

보건소의 영양사는 관리영양사와 의사 특례비례에 의한 영양사를 영양지도원으로 보직하고 있다. 일본의 영양사와 관리영양사에 대한 정의는 영양사법 제1조에 '영양사란 영양사의 명칭을 쓰고 영양지도에 종사함을 직업으로 하는 자', '관리영양사란 전항에 규정한 업무이며, 복잡 또는 곤란한 일을 해내는 능력을 갖춘 자로서 등록된 영양사'로 규정되고 있다.

1987년부터는 영양사시험을 폐지하고 영양사면허는 양성시설에서 체계적으로 교육을 받은 자에게 수여하게 되었다. 그러나 관리영양사는 영양지도에 관한 고도의 전문지식과 기능을 시험하는 관리영양사 국가시험에 합격한 자로 한정하고 있다.

④ 보건소의 영양활동

1937년에 제정된 보건소법이 1994년에 지역보건법으로 개정되면서 성인병 예방을 위한 보건대책, 국민의 건강지도, 영양지도, 모자보건, 노인보건 업무 등은 주로 시·정·촌 보건센터로 이양되었다. 이에 따라 영양지도 사업을 강화하고, 이에 필요한 인력과 시설기반을 확대하도록 지원하고 있다. 보건소영양사는 보건소법과 영양개선법 등에 근거한 사업을 실시하며, 관내 각 시·정·촌의 영양개선추진체계의 정비에 책임을 지고 있다.

일본 보건소영양사업은 지역사회 내의 인적자원을 육성하고 협의회를 구성하여 지역 내의 영양문제를 개선시키는 데 활용되고 있다. 또한 보건소영양사업의 일환으로 지역 내에 있는 영양적 환경(식품위생, 단체급식 등)이 건강하게 유지되도록 지도 감독하고 있다. 영양사들의 활동을 전개도로 나타내면 그림 11-3과 같다.

그림 11-3 보건소영양사의 활동

자료: 鈴木 健, 1991

일본의 보건소영양사업에서 영양사가 하는 주요 업무 중의 하나로 지역영양개선협의회와의 활동을 들 수 있으며, 이는 일본의 보건영양활동의 특징으로 여겨진다.

1959년에 '영양 및 식생활개선의 조직활동 실천요령' 에 관한 지침이 제정된 이후 모든 현에 영양교실이 개설되었다. 이 영양교실의 수료자 중에서 영양위원이 일정기간 동안 임명되어 조직활동을 하게 되었다.

● **협의회의 목표**

– 균형잡힌 식사, 운동, 휴양

– 성인병을 예방하기 위한 성인보건의 향상

– 모자건강증진

– 빈혈을 퇴치하여 건강수준을 향상

– 단순당의 섭취를 감소시켜 충치예방

● **영양개선지구조직 수행단계**

– 영양위원 자격 인정을 위한 강습으로써 영양교실을 개설한다.

– 영양교실 수료자 중에서 시 · 정 · 촌의 장이 일정기간 동안 영양위원을 위촉한다.

– 영양위원은 시 · 정 · 촌의 협조하에 지구 활동을 자주적으로 수행한다.

– 영양위원 상호 간의 연수를 하고, 또한 지구실천을 추진하기 위하여 영양위원 외의 주민들을 동원하여 영양실천협의회를 조직한다.

– 영양 및 식생활개선의 실천활동이 활성화되는 시기를 보고 보건소에 있는 영양개선실천협의회에 등록한다.

CHAPTER

12 외국의 영양정책

1. 미국의 영양정책과 지역사회영양활동

1 미국 영양정책의 변천

미국 영양정책 역사에서 1969년에 열린 식품 · 영양 · 보건에 관한 백악관회의(White House Conference on Food, Nutrition, and Health)가 중요한 의미를 가진다. 1969년 백악관회의 전까지 영양정책은 건강정책으로 주목받지 못하였으나 백악관회의가 계기가 되어 영양정책의 변화를 가져오게 된다. 백악관회의를 통해 미국의 대표적인 영양정책인 'Food Stamp Program'과 'School Lunch Program'이 전국적으로 확대되었고, 임산부 · 영유아 보충영양지원사업(Special Supplemental Feeding Program for Women Infants and Children : WIC)이 제안되었으며, 영양표시제(nutrition facts labeling)를 개선하게 되었다. 또한 미국 농무부(United States Department of Agriculture : USDA)와 미국보건복지부(United States Department of Health and Human Services : DHHS)의 전신인 미국보건교육복지부(United States Department of Health, Education, and Welfare)가 미국인을 위한 식생활 지침(Dietary Guidelines for Americans)을 제정하는 것을 시작하게 되었다.

2000년 5월 클린턴 대통령은 학계, 정부, 민간 부문 2,000여 명이 모인 전국 영양회의(National Nutrition Summit)를 개최하였다. 이 회의의 주요 주제는 식품안정성(food security) 증진, 비만 감소, 영양문제와 운동부족으로 인한 경제적 영향 분석, 행동 개선 연구 촉진, 전 연령에 걸친 영양문제와 운동부족 개선, 대중들에게 영양과 건강에 관해 효과적으로 메시지 전달이었다.

2009년에는 오바마 대통령의 부인인 미셸 오바마가 렛츠 무브(Let's Move!) 캠페인을 시작하였다. 렛츠 무브 캠페인은 전 세대에 걸친 비만 문제를 해결하는 것을 목표로 하였다. 특히 아동비만 개선과 아동건강 증진에 필요한 Healthy Lunchtime Challenge 등의 새로운 프로그램을 시작하고, 기존 프로그램인 보충영양지원 프로그램 교육(SNAP-Education : SNAP-Ed) 등을 개선하게 된다. 2010년에 The Healthy, Hunger-Free Kids Act of 2010이 통과되면서 학교 식사가 건강한 식사로 개선되는 효과가 나타났다.

2014년에는 미국 의회가 National Commission on Hunger를 설립하여 미국 내 굶주림과 식품불안정성을 해소하는 20개의 지침을 제언하게 된다.

비만과 비전염성질병의 증가로 미국인의 건강과 경제적 손실에 대한 심각성을 인지하면서, 영양요인이 환자의 건강에 중요한 영향을 주기 때문에 환자들에게 적절한 영양교육과 상담을 해야 한다는 필요성이 부각되었다. 이에 2022년 5월에 미국 의회는 보건의료전문직 교육기관이 영양교육 방법을 가르치는 프로그램을 만들어야 하는 결의안(resolution)을 통과시켰다.

미국은 지난 반세기 동안 비만, 심혈관질환, 당뇨병 등의 비전염성질병 증가, 식품불안정, 식품접근성과 식품구매력의 불형평성, 환경오염 등 다양한 어려움을 겪고 있다. 이에 미국은 연방정부(federal government)와 지방정부(예 : 주정부, state government)가 다양한 영양정책과 그에 따른 사업을 개발하여 주민이 처한 여건에 따라 여러 가지 영양활동의 혜택을 받을 수 있도록 지역사회영양 서비스를 제공하고 있다. 현재 미국 농무부는 15개의 영양지원 프로그램(nutrition assistance program)을 운영하고 있다(표 12-1).

표 12-1 미국 농무부 영양보조정책

영양지원 프로그램	프로그램 내용
Child and Adult Care Food Program (CACFP)	어린이, 노인, 장애인 보호 기관에 식사 및 간식 제공
Commodity Supplemental Food Program (CSFP)	60세 이상 저소득층 사람들에게 부족하기 쉬운 영양소를 섭취할 수 있는 음식 제공. Grocery Plus라고도 함
Disaster Assistance	재해로 피해를 본 개인, 가구, 지역에 식품을 제공
Farmers Market Nutrition Program	WIC 프로그램 참여자들에게 농산물 직판장(farmers market)에서 쓸 수 있는 쿠폰 제공
Food Distribution Program on Indian Reservations (FDPIR)	인디언 부족 보호지역에 사는 저소득층 대상자에게 식품 제공
Fresh Fruit and Vegetable Program	참여 학교에 학기 중에 신선한 과일과 채소 제공

(계속)

영양지원 프로그램	프로그램 내용
National School Lunch Program (NSLP)	공립과 비영리 사립학교에 저가 또는 무료의 점심 제공. 두 번째로 예산 규모가 큰 프로그램임
School Breakfast Program (SBP)	공립과 비영리 사립학교에 저가 또는 무료의 아침식사 제공
Senior Farmers Market Nutrition Program	CSFP에 참여하는 60세 이상 사람들에게 농산물 직판장(farmers market)에서 쓸 수 있는 쿠폰 제공
Special Milk Program	공립학교, 비영리 사립학교, 어린이 보호 기관에 저가 또는 무료의 우유 제공
Special Supplemental Nutrition Program for Women, Infants & Children (WIC)	영양위험이 있는 저소득층 임산부, 수유부, 출산 후 여성, 만 5세까지 어린이에게 식품, 영양교육, 수유지원, 의료복지 서비스 제공
Summer Food Service Program (SFSP)	만 18세 이하 저소득층 대상자에게 방학 중 식사 제공
Supplemental Nutrition Assistance Program (SNAP)	저소득층 가구에게 직불카드 형태로 식품 구입이 가능하도록 지원. 첫 번째로 예산 규모가 큰 프로그램임
The Emergency Food Assistance Program (TEFAP)	저소득층에게 식사를 제공하는 공공 또는 민간 비영리 기관에 식품 제공
Procuring Local Foods for Child Nutrition Programs	학교에 로컬식품 제공

자료: FNS Nutrition Programs

2 미국 농무부의 영양지원 프로그램

(1) 보충영양지원 프로그램

미국의 대표적인 영양정책으로는 보충영양지원 프로그램(Supplemental Nutrition Assistance Program : SNAP)이 있다. 과거에는 푸드스탬프(Food Stamp Program)라고 불렸다. 보충영양지원 프로그램은 미국의 연방정부가 운영하는 가장 중요한 식품영양정책으로 미국 농무부 주관 15개 식품영양지원 프로그램 중 가장 예산규모가 크다. 빈곤기준(poverty level)의 130% 이하인 저소득층 가구에게 직불카드 형태로 현금을 지원하고 잉여 농산물을 구매할 수 있도록 한다. 또한 보충영양지원 프로그램 대상자들에게 영양교육을 실시하는 보충영양지원 프로그램 교육(SNAP-Ed)이 있다. 비록 보충영양지원 프로그램이 식품안정성을 증가시키는데 효과적이었으나, 식사의 질을 향상 시켰는지에 대해서는 논란의 여지가 있다. 특히 최근에는 만성질환을 예방하고 건강한 식생활을 장려하기 위해 식품안정성을 넘어서서 건강하고, 안전한 식품을 구매할 수 있도록 하는 영양안정성(nutrition security)을 확보해야 한다는 점이 부각되고 있다.

(2) 임산부 · 영유아 보충영양지원사업

임산부 · 영유아 보충영양지원사업(Special Supplemental Feeding Program for Women Infants and Children : WIC)은 영양적 위험에 있는 저소득층 임신여성, 수유여성, 출산 후 여성, 만 5세 이하 어린이를 대상으로 식품 또는 식품을 구매할 수 있는 쿠폰을 제공한다. 임산부 · 영유아 보충영양지원사업은 1972년 켄터키 주(Kentucky)에서 파일럿으로 시작하였고 1974년에 45개 주로 확대 운영하게 되었다. 제공하는 식품 목록은 채소와 과일, 판매되고 있는 유아식, 우유, 전곡류 시리얼, 전곡류 빵, 기름이 적은 참치 통조림, 콩 통조림/땅콩버터, 치즈, 주스, 달걀, 철이 강화된 조제분유이다.

(3) 국립학교 점심 프로그램

국립학교 점심 프로그램(National School Lunch Program : NSLP)은 공립학교, 비영리 사립학교, 주거용 보육기관에 점심을 제공하는 프로그램이다. 국립학교 점심 프로그램은 농무부가 운영하는 연방정부 프로그램이나 각 주정부가 운영을 돕고 있다. 저소득층 아이들에게 저가 또는 무료의 점심을 제공한다. 빈곤기준의 130% 이하인 가구의 아이들에게는 무료로, 130%에서 185% 가구의 아이들에게는 저가의 점심을 제공한다. 각 학교는 사용한 비용을 상환 받고, 미국 농무부가 식품 현물을 제공하기도 한다.

(4) 미국인을 위한 식생활 지침

미국인을 위한 식생활 지침은 1977년 미국인을 위한 식사목표(Dietary Goals for the American people)가 제안된 이후, 미국 농무부와 미국보건복지부가 5년마다 제정하고 있다. 2020-2025 미국인을 위한 식생활 지침(2020-2025 Dietary Guidelines for Americans)은 근거중심 방법을 도입하여 ① 2015-2020 미국인을 위한 식생활 지침(2015-2020 Dietary Guidelines for Americans)을 포함하여 자료 검토 → ② 근거중심에 기반을 두어 미국 농무부와 보건복지부가 식생활 지침을 작성 → ③ 전문가의 검토 → ④ 미국 농무부 식품영양국(USDA Food and Nutrition Service), 질병통제예방센터(Centers for Disease Control and Prevention), 국립보건원(National Institute of Health), 식품의약품청(Food and Drug Administration) 등의 유관 기관의 검토 → ⑤ 식생활 지침 발표의 절차를 거쳐 제정하였다.

2020-2025 미국인을 위한 식생활 지침

- 모든 삶의 단계에서 건강한 식생활 패턴을 유지함
- 개인의 취향, 문화 전통, 경제적 상황을 고려하여 영양이 풍부한 식품 및 음료를 선택함
- 영양이 풍부한 식품 및 음료를 섭취하고, 에너지 섭취량이 과하지 않게 신경 쓰도록 함
- 첨가당, 포화지방, 나트륨 함량이 높은 식품과 음료를 적게 먹고, 술을 적게 마심

자료: 2020~2025 – Dietary Guidelines for Americans

(5) 영양안정성

미국 농무부의 식품영양서비스(Food and Nutrition Service : FNS)는 충분한 식품을 섭취하는 것을 넘어서 식사의 질을 함께 고려해야 한다는 영양안정성(Nutrition Security) 개념을 제시하고 있다. 이에 따라 미국 농무부는 기존에 진행하는 영양정책을 재평가하고 재정비하고 있다. 보충영양 지원 프로그램을 재평가하고, 실질적이고 장기적인 학교 영양 기준을 개발하며, 임산부 · 영유아 보충영양지원사업이 식생활 지침을 따르도록 개선하고, SNAP-Ed, MyPlate, WIC breastfeeding support와 같은 영양교육 프로그램이 건강한 식품 섭취를 강조하도록 한다.

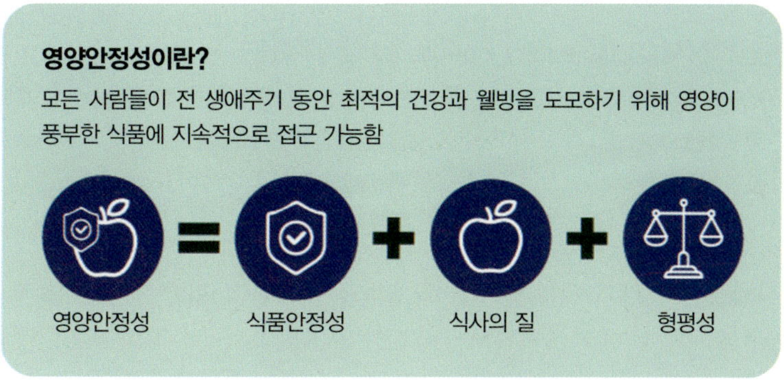

그림 12-1 영양안정성(Nutrition Security)

자료: 미국 농무부의 영양안정성 실행 인포그래픽

3 국민건강정책

미국은 1979년 "Healthy People : The Surgeon General's Report on Health Promotion and Disease Prevention" 보고서를 시작으로 1980년 보건복지부 산하 질병예방 및 건강증진과(Office of Disease Prevention and Health Promotion : ODPHP)가 10년 마다 Healthy People을 발표하고 있다. Healthy People 1990, Healthy People 2000, Healthy People 2010, Healthy People 2020 이후 현재는 5번째 발표인 Healthy People 2030이 활용되고 있다. Healthy People 2030의 비전은 "모든 사람이 전 생애에 걸쳐 건강과 웰빙에 대한 잠재력을 최대한 발휘할 수 있는 사회"이다. Healthy People 2030은 건강의 심리적 · 사회적 관점을 강화하기 위해 기존의 건강에서 건강과 웰빙(well-being)으로 확장하였다. 다음의 다섯 가지 목표(Overarching Goals)로 구성되어 있다.

미국 국민건강정책 2030(Healthy People 2030)의 목표

1. 예방 가능한 질환, 장애, 손상, 조기 사망이 없는 건강하고 번영하는 삶과 웰빙을 누리도록 한다.
2. 건강 차별 철폐, 건강 형평성과 건강정보이해력 획득을 통해 사회 모든 국민계층의 건강증진과 웰빙을 도모한다.
3. 모든 사람들이 건강과 웰빙에 대한 잠재력을 최대한 발휘할 수 있도록 사회적·물리적·경제적 환경을 조성한다.
4. 모든 연령계층 국민의 건강한 발육, 건강한 생활습관, 웰빙을 독려한다.
5. 모든 사람들의 건강증진과 웰빙을 위해 국가의 리더, 관련 기관, 대중 모두 정책 수립에 참여하도록 한다.

자료: Healthy people 2030

Healthy People 2030의 체계는 주제영역(topic areas), 목표(objectives), 선도건강지표(Leading Health Indicators : LHIs)로 이루어진다. 62개 주제영역으로 이루어져 있고, 이를 건강상태(Health Conditions), 건강행동(Health Behaviors), 인구(Populations), 셋팅과 체계(Settings and Systems), 건강의 사회적 결정요인(Social Determinants of Health)으로 5개 범주로 구분하였다.

목표는 358개의 핵심목표(Core objectives), 115개의 개발목표(Developmental objectives)와 40개의 연구목표(Research objectives)로 이루어져 있다. 이중 건강행동의 영양과 건강한 식사(Nutrition and Healthy Eating)에 해당하는 자세한 목표는 표 12-2와 같다. 선도건강지표는 우선적으로 실행되어야 할 건강지표를 선정하여 집중관리 하는 데 활용된다.

표 12-2 미국 농무부 영양보조정책

분류	세부목표	목표상태*	현재 섭취량 (평균)	목표 섭취량 (평균)
일반사항	2세 이상 인구의 과일 섭취 증가	Baseline only	에너지 1000kcal당 0.51컵	에너지1000kcal당 0.56컵
	2세 이상 인구의 채소 섭취 증가	Baseline only	에너지 1000kcal당 0.76컵	에너지1000kcal당 0.84컵
	2세 이상 인구의 녹황색 채소 및 콩류 섭취 증가	Baseline only	에너지 1000kcal당 0.31컵	에너지 1000kcal당 0.33컵
	2세 이상 인구의 전곡류 섭취 증가	Baseline only	에너지 1000kcal당 0.46온스	에너지 1000kcal 당 0.62온스
	2세 이상 인구의 첨가당 섭취 감소	Baseline only	에너지의 13.5%	에너지의 11.5%
	2세 이상 인구의 포화지방 섭취 감소	Baseline only	에너지의 11.4%	에너지의 8.4%
	2세 이상 인구의 소금 섭취 감소	Baseline only	3,406mg	2,725mg
	2세 이상 인구의 칼슘 섭취 증가	Baseline only	1,077mg	1,184mg
	2세 이상 인구의 칼륨 섭취 증가	Baseline only	2,512mg	2,763mg
	2세 이상 인구의 비타민 D 섭취 증가	Baseline only	15.8mcg	19.0mcg
	1세에서 2세 유아의 철 결핍률 감소	Baseline only	6.3%	2.1%
	건강하지 않은 식품과 음료를 팔지 않는 학교 비율 증가	Developmental		
	가구 식품불안정성과 굶주림 감소	Improving	10.5%	6.0%
	심각한 식품불안정성을 가진 아동이 없도록 함	Getting worse	0.85%	0.00%
청소년	미국 농무부의 학교 아침식사 프로그램(School Breakfast Program) 참여 학생 비율 증가	Getting worse	21.0%	34.9%
	미국 농무부의 여름 식품 서비스 프로그램(Summer Food Service Program) 참여 학생 비율 증가	Research		
암	암 생존자의 삶의 질 향상	Research		
당뇨병	미국 질병관리본부가 알고 있는 제2형 당뇨병 예방 프로그램을 완료한 사람들의 비율 증가	Developmental		

(계속)

분류	세부목표	목표상태*	현재 섭취량 (평균)	목표 섭취량 (평균)
심장질환 및 뇌졸중	고혈압 성인 비율 감소	Baseline only	29.5%	27.7%
	성인의 콜레스테롤 수치 감소	Baseline only	190.9mg/dL	186.4mg/dL
유아	6개월까지 완전모유 수유율 증가	Little or no detectable change	25.8%	42.4%
	1세까지 모유 수유율 증가	Little or no detectable change	35.0%	54.1%
과체중 및 비만	성인 비만율 감소	Baseline only	38.6%	36.0%
	비만인 성인이 체중감소, 영양, 운동 상담을 받을 수 있는 헬스케어 방문 비율 증가	Baseline only	24.8%	32.6%
여성	엽산을 충분히 섭취하는 가임여성 비율 증가	Baseline only	82.6%	86.2%
	12세에서 49세 여성의 철결핍률 감소	Baseline only	11.0%	7.2%
직장	직장에서 영양교육 프로그램 제공 비율 증가	Developmental		

* 목표상태
Baseline only : 현재 상황에 대한 자료가 있으나 얼마나 개선을 했는지에 대해서는 자료가 없음
Little or no detectable change : 개선이 되지 않음
Getting worse : 오랫동안 목표치에 크게 못 미침
Developmental objectives : 분석 데이터는 없으나 필요한 목표임
Research objectives : 건강부담, 경제적 부담, 불형평성이 있는 문제이나 아직 근거가 충분하지 않음

자료: Healthy People 2030.

4 전국 영양 모니터링 시스템

전국 영양 모니터링 시스템(National Nutrition Monitoring System : NNMS)은 1990년 전국 영양 모니터링 시스템 법(National Nutrition Monitoring and Related Research Act)에 의해 생겼다. 이 법을 기반으로 정기적인 영양감시(nutrition surveillance)를 시행하고, 전국적으로, 각 주별로, 각 지역별로 모은 자료를 모니터링하고 있다. 대표적인 주요 자료는 국민건강영양조사(National Health and Nutrition Examination

Survey : NHANES), 국가아동건강조사(National Survey of Children's Health : NSCH), 청소년 위험 행동 감시 시스템(Youth Risk Behavior Surveillance System : YRBSS) 등이 있다.

5 영양표시제

백악관 회의를 계기로 미국 식품의약품청(Food and Drug Administration : FDA)이 영양표시규정 제정을 시작하게 되고, 1973년에 영양표시규정을 발표하게 된다. 1973년 이후 영양과 건강에 대한 관심이 증가하면서 영양표시의 필요성이 더욱 커지게 되어 1990년 미국 식품의약품청은 모든 가공식품에 영양표시제를 실시하는 규정을 제안하게 되고 동시에 미국과학아카데미(US National Academy of Sciences)의 미국의학원(Institute of Medicine)은 영양표시제에 대한 과학적 고찰 및 방향성을 제시하게 된다. 1990년에 영양표시 및 교육법(Nutrition Labeling and Education Act : NLEA)이 제정되면서 영양표시가 의무화되었고, 미국 식품의약품청에게 영양표시제를 관리하는 권한이 부여되었다.

2. 일본의 영양정책과 지역사회영양활동

1 일본 영양정책의 변천

일본은 1952년에 제정된 영양개선법을 기반으로 중앙 정부와 지방 정부가 영양정책을 수립 · 시행한다. 일본은 1964년 동경올림픽이 끝난 뒤 일본 국민들 사이에 건강 체력만들기에 대한 관심이 높아지게 되었고, 정부에서도 국민들의 건강 · 체력증강 대책에 대하여 그 기본 방침을 설정하게 되었다. 즉, 국민의 건강과 체력을 증강시키기 위해서는 국민의 자주적 실천운동을 촉진시켜야 한다고 판단하고, 정부는 국민들이 일상생활을 통하여 적극적으로 그 활동에 임할 수 있도록 환경조건을 정비하고자 추진정책을 제시하였다. 1965년에는 정부의 부서 내에 건강증진, 체력증강시책 추진의 모체로서 민간관계 단체와의 상호협조체제를 만들고 국민운동을 전개하기 위하여 '체력만들기 국민회의'를 발족하였다.

국가의 중심이 되는 영양행정시책으로는 국민건강만들기 시책을 들 수 있다. 국민건강만들기의 중요한 3가지 내용은 건강검진 도입, 지역의 건강센터 설립, 전문인력의 확보였다.

1985년에는 '건강증진을 위한 식생활지침'을 보급하고, 1990년에는 개인의 특성에 따라 실천하기 쉬운 구체적인 식생활목표로 '건강증진을 위한 식생활지침(대상 특성별)'을 책정하여 국민들에게 바람직한 식생활을 실천하도록 교육하고 있다. 또한 지역주민들의 영양 · 식생활 개선을 지도하기 위하여 보건소에 영양지도원을 배치하였으며, 이들은 집단이나 개인을 대상으로 영유아, 임산부에 대한 영양지도, 보건식지도, 만성질환자를 위한 병인식지도, 집단급식시설에 대한 영양지도 등에 주력하고 있다.

또한 일본에서는 근로자들의 건강증진을 위해서 THP(Total Health Promotion Plan) 운동을 실시하고 있다. 소비자에 대한 영양정보 제공을 위하여 외식요리와 가공식품의 표시 제도를 유도하며, 일본 영양 · 건강식품협회가 중심이 되어 후생노동성의 지도에 따라 국민들에게 소비자 교육을 실시하고 있다.

2 국민건강만들기 대책

고령화 사회가 오는 것에 대비하기 위해서 1978년에 후생노동성은 성인병 예방과 국민의료비 절감을 위해 '국민건강만들기 대책'을 제시하였고, 기본내용은 생애주기를 고려한 국민건강만들기 추진, 생활습관(영양, 운동, 휴양)의 3개 요소를 고려한 건강만들기 조성이다. 국민건강만들기 계획은 10년마다 개정되고 있다.

1988년에는 제2차 국민건강만들기 대책의 일환으로 'Active 80 Health Plan'이라는 슬로건을 내새웠고, 이는 80세가 되어서도 자신의 힘으로 생활하고, 사회활동에 참여하며 운동을 실천하도록 하는 것을 목표로 한다. 제2차 국민건강만들기는 질병예방 및 조기발견, 조기치료에 중점을 두고 식사, 운동, 휴양의 3요소 생활양식을 바탕으로 건강증진의 목표를 달성한다는 사업을 전개하였다. 제1차 국민건강만들기 대책에서 전국적인 영양개선사업을 전개하였고, 제2차 국민건강만들기 대책의 영양사업으로 가공식품의 영양성분 표시제도의 보급, 집단급식시설에 관리영양사의 배치, 건강증진을 위한 식생활지침의 보급, 식생활 건강상담, 일본인 영양소요량의 책정과 보급 등을 포함한다.

2000년에는 제3차 국민건강만들기 대책으로 건강일본21(Health Japan 21)을 시작하였고, 2013년에는 제2차 건강일본21이 추진되었다(그림 12-2). 건강일본21에서는 제1차와 제2차 국민건강만들기 대책에서 국민의 건강상태 개선을 객관적으로 평가하고 그 평가에 기반을 두어 대책을 세우기 어려웠다는 점을 보완하여 구체적인 목표를 설정하고 각각의 지표를 기준치로 제시하였다. 2000년 건강일본21의 구체적인 목표분야로 영양/식생활, 신체활동/운동, 휴양/마음의 건강증진, 담배, 음주, 구강건강, 당뇨병, 순환계질환, 암으로 설정하고 2010년까지의 도달 목표수치를 제시하였다. 2013년에 발표한 제2차 건강일본21의 기본 목표는 다음과 같다.

제2차 건강일본21은 5개의 기본 방향에 대해 53개 목표분야를 설정하였고, 그 중 영양과 식생활에 대한 목표는 표 12-3과 같다.

2013년 제2차 건강일본21의 기본 목표

1. 건강수명을 연장하고, 건강 불형평성을 감소한다.
2. 생활습관관련 질환의 발생과 중증화를 예방한다.
3. 사회활동에 필요한 기능을 유지하고 향상한다.
4. 건강한 사람들이 보호받고 지원받을 수 있는 사회적 환경을 조성한다.
5. 사회환경과 영양과 식생활, 신체활동과 운동, 휴양, 음주, 흡연, 구강건강과 같은 생활습관을 개선한다.

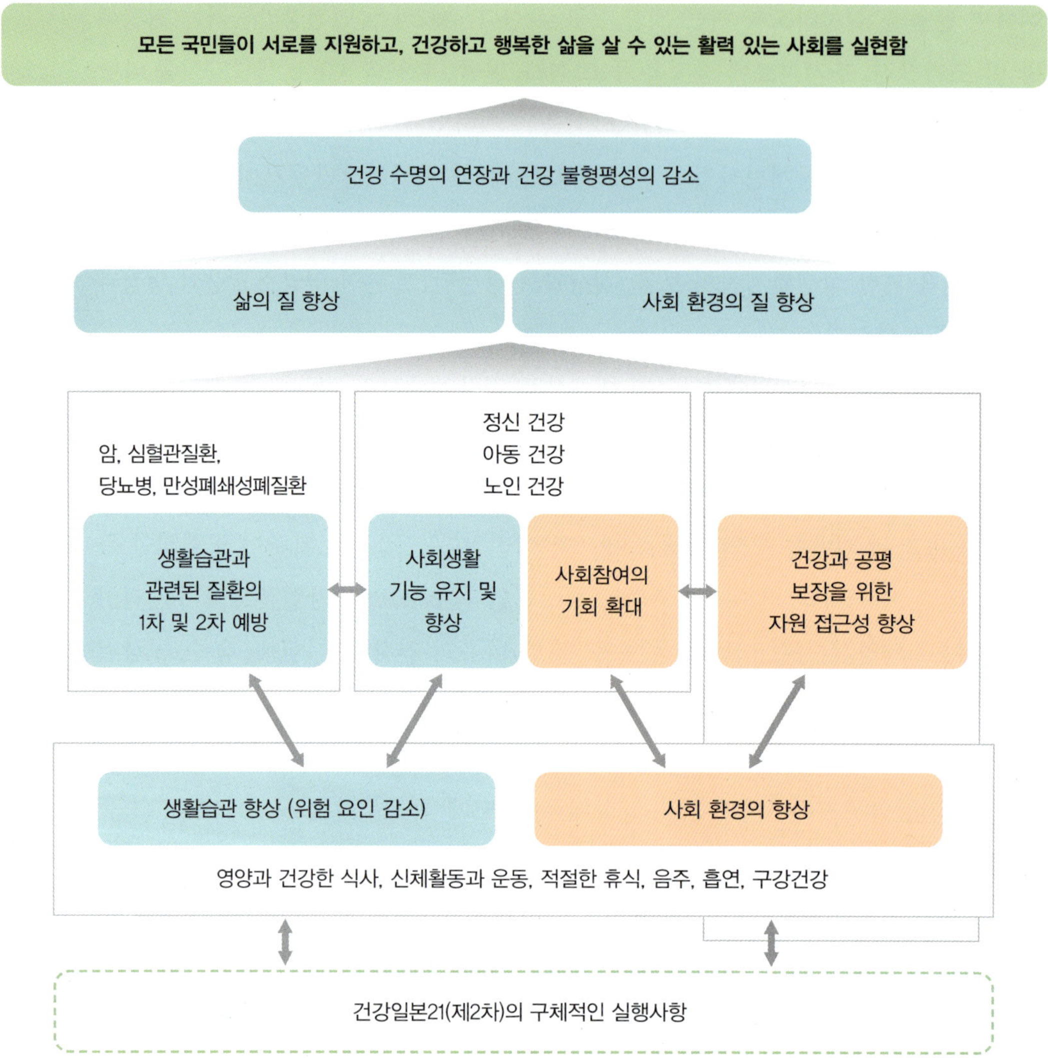

그림 12-2 건강일본21(제2차) 개념도

자료: Yokoyama T. National Health Promotion Measures in Japan. Health Japan 21(the second term). Journal of the National Institute of Public Health. 2020;69(1):14-24

표 12-3 제2차 건강일본21 영양과 식생활에 대한 목표

지표	현재 자료	목표
① 건강한 체중을 유지하는 사람 비율 증가(체질량지수 25 이상인 비만인 사람 또는 18.5 미만인 저체중인 사람 비율 감소)	20대에서 60대 사이 비만남성 비율은 31.2%, 40대에서 60대 사이 비만여성 비율은 22.2%. 20대 저체중 여성 비율은 29.0% (2010)	20대에서 60대 사이 비만남성 비율은 28%, 40대에서 60대 사이 비만여성 비율은 19%. 20대 저체중 여성 비율은 20% (2022)
② 적당량의 식사를 하고 적절한 식사의 질을 가지고 있는 사람의 비율 증가		
(a) 하루에 2번 이상 주식, 주부식, 부식으로 균형 있는 식사를 하는 사람의 비율 증가	68.1% (2011)	80% (2022)
(b) 평균 소금 섭취량 감소	10.6g (2010)	8g (2022)
(c) 채소 · 과일 섭취량 증가	하루 채소 평균섭취량 282g, 하루에 과일을 100g 미만으로 섭취하는 사람 비율 61.4% (2010)	하루 채소 평균섭취량 350g, 하루에 과일을 100g 미만으로 섭취하는 사람 비율 30% (2022)
③ 가족과 규칙적으로 함께 식사하는 비율 증가(혼자 식사하는 아동 비율 감소)	아침 초등학생 15.4% 중 · 고등학생 33.7% 저녁 초등학생 2.2% 중 · 고등학생 6.0% (2010)	감소 (2022)
④ 소금저감과 지방저감 식품을 제공하는 식품회사 증가	회사 14개, 식당 17,284곳(2012)	회사 100개, 식당 30,000곳(2022)
⑤ 손님의 필요에 따라 메뉴를 계획하고, 조리하고, 평가하며 영양성분을 개선하는 급식시설 비율 증가	영양사가 있는 시설 70.5% (2010)	영양사가 있는 시설 80% (2022)

자료: Health Japan 21(the second term)

3 노인보건사업

일본은 1963년에 '노인복지법'을 제정하여 제한적인 서비스를 제공하다가, 1973년 70세 노인에 대한 의료비를 전액 지급하는 정책을 펼쳤다. 하지만 오일쇼크로 인한 경제침체로 1982년 '노인보건법'을 제정하여 전액 부담 제도를 폐지하고 본인이 일부 부담금을 지불하는 제도를 도입한다. 1989년에 '고령자보건복지추진 10개년 전

CHAPTER 12

략'(골드플랜, Gold Plan)을 발표하였고, 1990년부터 1999년까지의 장기요양(개호(介護)) 문제 해결을 위한 골드플랜을 시행하였다.

하지만 고령화가 예상보다 급속도로 이루어져 1994년에 목표치를 상향 조정하여 개정한 '신골드플랜'을 시행하게 되었다. 2000년부터 2004년까지는 '향후 5개년간의 고령자보건복지시책의 방향(골드플랜21)'을 책정하였고, 2000년부터 개호보험을 시행하여 노인복지 서비스 재편을 하였다. 2005년에는 재정적으로 개호보험의 지속가능성을 높이기 위해 개호보험제도를 개정하게 된다. 2005년 개정된 개호보험제도의 5가지 주요 구체적 목표는 ① 예방중시시스템으로의 전환, ② 시설급부의 재정비, ③ 새로운 서비스체계의 확립, ④ 서비스 질적확보 및 향상, ⑤ 보험료부담 및 제도운영의 재정비이다.

또한 2005년 개호보험제도의 개정을 통해 일본의 지역포괄케어시스템이 도입하게 된다. 지역포괄케어시스템은 개호가 필요한 상황에서도 노인이 살던 지역에서 마지막까지 생활할 수 있도록 주거, 의료, 개호, 질병 예방, 생활 지원을 포괄적이고 지속적으로 제공하는 시스템이다. 지역포괄케어시스템은 지역포괄지원센터를 중심으로 시행되고 있고, 지역포괄지원센터는 네트워크 연계를 통해 지역주민들에게 건강 유지와 생활 안정에 필요한 서비스를 포괄적으로 지원한다.

2006년에는 의료제도를 전반적으로 개혁하게 되고, 바뀐 의료제도는 기존 65세 이상의 고령자를 65세 이상 75세 미만의 전기고령자와 75세 이상의 후기고령자로 세분화하여 의료보험제도 체계를 개편하는 기반이 되었다. 2006년 '건강보험법 등의 일부 개정에 관한 법률'을 근거로 2008년에 기존의 '노인보건법'이 '고령자 의료확보에 관한 법률'로 개정되었다. '고령자 의료확보에 관한 법률'에서는 70세 이상의 노인 중 75세 이상을 후기고령자로 구분하여 정책을 펼치게 된다. 이 법률은 ① 의료비 적정화 추진, ② 전기고령자에 관한 보험자간의 비용부담 조정, ③ 후기고령자의료제도의 창설 및 시행, ④ 사회보험진료 · 요양보수지불기금의 고령자의료제도 관계업무, ⑤ 국민건강보험단체연합회의 고령자위료 관계업무를 주요 내용으로 한다. 75세 이상의 고령자(후기고령자)를 대상으로 한 새로운 의료제도인 '후기고령자의료제도'가 2008년 4월 1일부터 시행되었다.

일본은 계속되는 저출산 및 고령화로 인해 건강보험의 혜택이 주로 고령자에게 가고, 부담은 현역 세대가 지게 되는 상황이다. 이를 개선하고 건강보험 재정 안정화를 위해 모든 세대 대응형 사회보험제도 구축을 목표로 하여 2021년에 '건강보험법'을 개정하였다.

4 근로자 건강증진운동

일본의 노동성은 노동인구의 고령화에 대처하기 위하여 기업 내에서 중년 이상의 근로자에 대하여 건강만들기를 권유하는 'Silver Health Plan'을 추진하였다. 1988년 노동안전위생법의 개정에 의거하여 모든 근로자들의 몸과 마음의 건강만들기(Total Health Plan Promotion : THP) 운동을 적극적으로 전개하고 있다. 산업영양사는 모든 근로자들의 몸과 마음의 건강만들기에 참가함에 따라 집단급식의 관리자로서 뿐만 아니라 영양지도자로 활동하게 되었다. 모든 근로자들의 몸과 마음의 건강만들기는 건강만들기 계획, 건강측정, 건강지도, 실천활동, 실시효과 확인의 5가지 과정으로 구성되어 있다(BOX 12-1). 모든 근로자들의 몸과 마음의 건강만들기는 안전위생관리의 일환으로 다음과 같은 사항을 목표로 하고 있다.

- 노동안전위생법에 의한 건강만들기
- 중년 · 노년자만이 아닌 젊을 때부터의 건강만들기
- 마음과 몸의 양면을 중요시하는 건강만들기
- 서비스 기관 등의 지원으로 중소기업의 건강만들기 참가
- 건강만들기에 대한 정부의 제도 조성

각 직장에서 의사를 중심으로 하여 협력체제를 만들고 근로자 개인의 건강만들기를 추진하게 된다. 산업체에서도 지역보건의 입장과 같이 영양사는 단순히 식사를 제공하는 것이 아닌 건강관리 · 영양관리에 신경을 쓰고 있으며, 건강교육 · 영양교육을 실시하여 건강 · 영양지도를 통해 근로자들의 건강만들기에 공헌하고 있다.

BOX 12-1 **모든 근로자들의 몸과 마음의 건강만들기 진행방법**

1. **건강만들기 계획:** 기업 내 위생위원회 등에서 직상의 실태에 맞는 건강만들기를 효과적으로 실시하기 위하여 목표와 활동 내용을 정한다.
2. **건강측정:** 생활상황 조사, 의학적 검사, 운동 기능 검사 등을 실시하고 개인의 생활습관과 건강상태를 확인한다.
3. **건강지도:** 건강측정 결과와 산업의에 의해 지도표를 근거로 정신건강 관리, 영양, 보건과 같은 각 전문 요원이 구체적인 건강만들기에 대한 조언을 한다.
4. **실천활동:** 개인이 건강지도 등을 참고로 걷기, 휴양, 영양적으로 균형 잡힌 식사 등 일상적인 건강만들기 활동을 실천한다.
5. **실시효과 확인:** 생활습관이 개선되면 사원은 보다 건강하고 활기차게 되며 직장 내로 확대된다. 이러한 효과에 대한 확인과 조정을 하며 다음의 계획과 연결한다.

5 소비자 교육활동

소비자가 식품을 선택할 때 가공식품을 보고 그 영양가를 알기는 쉽지 않다. 일본에서는 후생성의 지도에 따라 사단법인 일본 영양·건강식품협회가 중심이 되어 '특정보건용식품 중 특수영양식품 표시제도', '일본농림규격법', '건강식품 인정제도'를 실시하고 있으며 행정부와 함께 주로 영양사가 소비자 교육을 실시하고 있다. 외식에 의존하는 소비자가 증가하고 있는 실정이므로 올바른 정보를 소비자에게 제공하여 외식음식을 선택할 때 활용할 수 있도록 1990년부터 영양가를 표시하는 것을 장려하고 이를 지도하고 있다. 2015년부터는 식품업체와 소비자가 모두 알기 쉽도록 식품표시 관련 3법인 일본농림규격법, 식품위생법, 건강증진법을 통합하여 식품표시법을 제정하였다. 이에 따라 가공식품의 영양성분 표시가 의무화되었다. 의무표시 항목은 에너지, 단백질, 지방, 탄수화물, 나트륨(소금 상당량으로 표시)이다.

CHAPTER **13**

세계영양문제와 국제기구의 영양활동

1 세계영양문제 | 2 국제기구와 영양개선활동

1. 세계영양문제

1 영양불균형의 이중부담

영양불균형의 이중부담(double burden)은 영양부족과 영양과잉이 함께 일어나는 현상으로 세계영양의 중요 문제이다(그림 13-1). 세계 인구의 3분의 1이 적어도 한 개의 영양불균형(여기서, 영양불균형은 급성영양불량 : wasting, 만성영양불량 : stunting, 비타민과 무기질 결핍, 과체중 또는 비만, 영양관련 비전염성질환 : noncommunicable disease이다)을 가지고 있다. 세계보건기구는 영양불균형의 이중부담의 원인으로 행동적 요인, 사회적/인구사회학적 요인, 생물학적 요인, 환경적 요인을 들고 있다.

행동적 요인으로는 생활습관과 심리학적 요인을, 인구사회학적 요인으로는 사회경제적 요인과 식품안정성을, 생물학적 요인으로는 유전, 후성유전학, 태아와 영아시기의 환경, 환경요인으로는 식품공급과 식품시스템, 식품섭취량과 비용, 문화적 사회적인 환경, 도시 건조환경, 무역과 무역정책을 포함한다. 세계보건기구는 영양

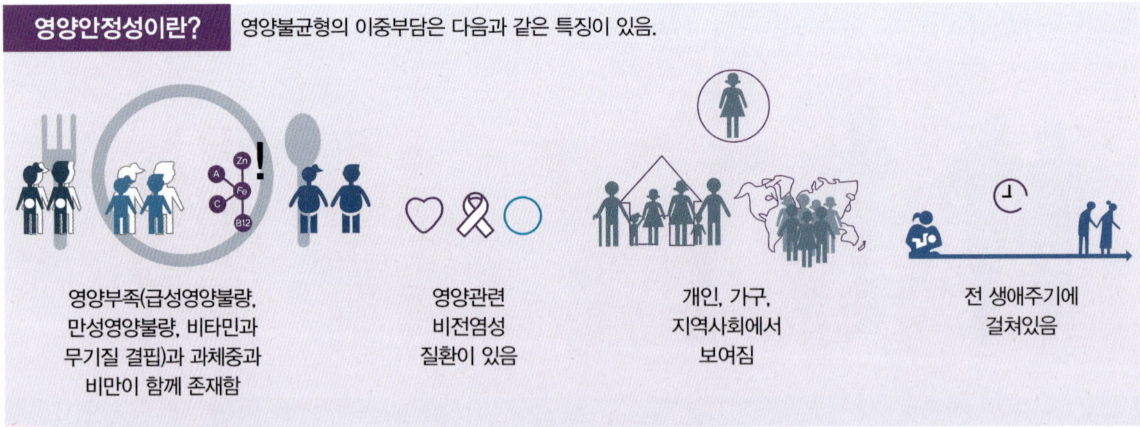

그림 13-1 영양불균형의 이중부담

자료: The double burden of malnutrition, Policy Brief, Department of Nutrition for Health and Development, World Health Organization

불균형의 이중부담을 개선하기 위해서 영양을 위한 양자 이득 대응책(double-duty actions for nutrition)을 제시하였다. 양자 이득 대응을 이루기 위한 5가지 잠재적 실천사항은 완전모유수유 지키기 및 증진, 최적의 조기 영양 실행, 산모 영양 및 산전관리 프로그램, 급식 정책 및 프로그램, 마케팅 규제이다.

2 세계질병부담

세계질병부담 연구(Global Burden of Disease Study)에서는 전 세계질병부담 추정을 위해 다양한 건강위험요인에 대한 장애보정손실연수(Disability adjusted life years : DALY)와 사망통계를 제시하고 있다(그림 13-2). 여성의 질병부담의 원인으로 가장 높은 순위는 수축기혈압, 영양요인, 높은 혈당, 공기오염, 높은 체질량 지수였다. 수축기혈압이 5,250,000명의 사망(95% 신뢰구간 = 4,490,000명 – 6,000,000명의 사망)을 영양요인은 3,480,000명의 사망(95% 신뢰구간 = 2,780,000명 – 4,370,000명 사망)에 기여한 것으로 나타났다. 남성의 경우 질병부담의 원인 중 가장 높은 순위 5위는 담배, 수축기혈압, 영양요인, 공기오염, 높은 혈당이었다. 남성에게 영양요인은 4,470,000명의 사망(95% 신뢰구간= 3,650,000명 – 5,450,000명 사망)에 기여하였고, 이는 2019년 전체 남성 사망의 14.6%를 차지한다. 체계적인 연구 결과를 통해 세계질병부담에 영양요인이 여성에게는 2위, 남성에게는 3위의 원인이었고, 세계질병부담을 낮추기 위해 질병과 관련 있는 영양요인을 밝히고 통제하며, 영양교육을 하는 것의 중요성이 더욱 부각되고 있다.

2017년에는 특별히 영양요인으로 인한 사망과 장애보정손실연수를 발표하였는데(그림 13-3), 식생활과 관련하여 전 세계 사망 원인으로 높은 소금 섭취, 낮은 전곡류 섭취, 낮은 과일 섭취가 높은 순위를 차지하였다.

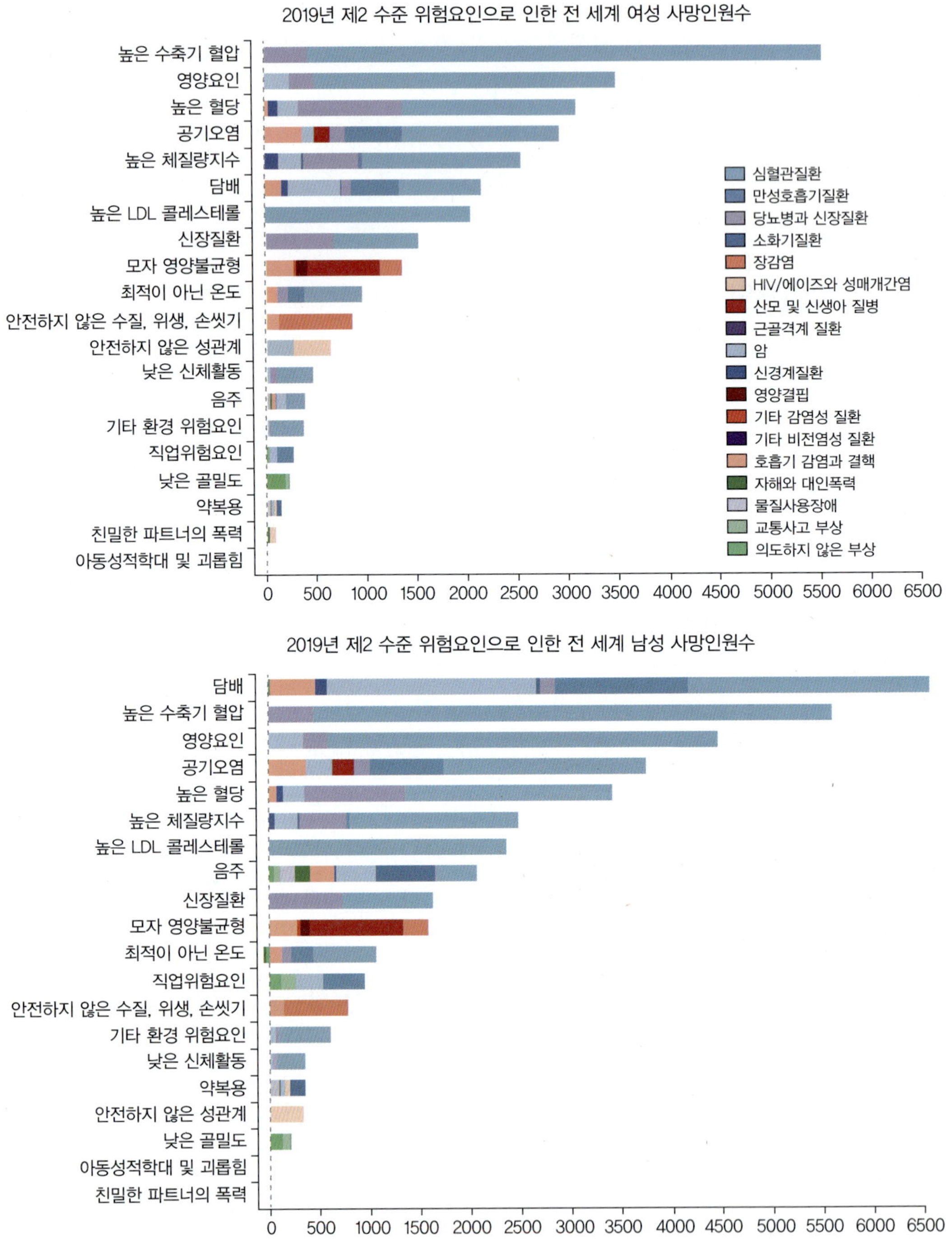

그림 13-2 2019년 제2 수준 위험요인으로 인한 전 세계 사망인원수(단위: 1,000명)

자료: GBD 2019 Risk Factors Collaborators. Global burden of 87 risk factors in 204 countries and territories, 1990–2019: a systematic analysis for the Global Burden of Disease Study 2019. Lancet. 2020 Oct 17;396(10258):1223–1249

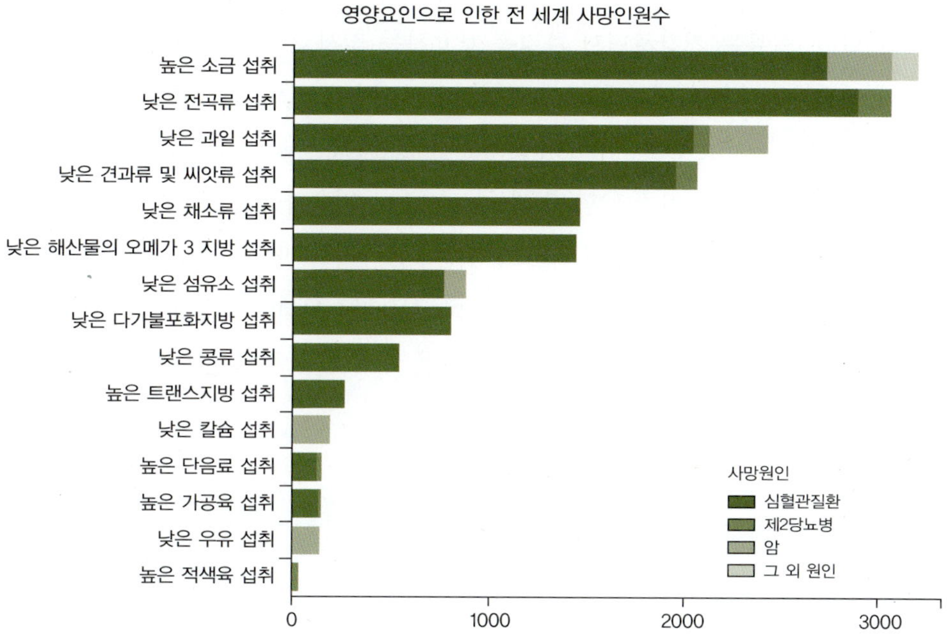

그림 13-3 2017년 영양요인으로 인한 전 세계 사망인원수 (단위: 1,000명)

자료: GBD 2019 Risk Factors Collaborators. Global burden of 87 risk factors in 204 countries and territories, 1990–2019: a systematic analysis for the Global Burden of Disease Study 2019. Lancet. 2020 Oct 17;396(10258):1223–1249

3 지속가능영양

2015년 유엔(United Nations : UN)은 지속가능발전목표(Sustainable Development Goals : SDGs)를 2030년까지 달성하기로 결의하였다. 지속가능발전목표는 인류, 지구환경, 번영, 평화, 파트너십의 5개 영역에서 인류가 나아가야 할 방향성을 제시한 17개 목표로 이루어져 있다. 17개 목표 모두 식품영양과 관련이 있으나 특히 인류와 지구 환경영역에서 식품영양의 중요성이 두드러진다. 유엔총회는 2016년 4월 1일자 결의에서, 유엔 영양행동 10년 2016~2025(UN Decade of Action on Nutrition 2016~2025)을 선언하였다. 유엔 영양행동 10년(2016~2025)은 지속가능발전목표와 더불어 건강한 식사로의 전환과 영양문제 해결 및 비전염성 질병(Noncommunicable disease : NCD) 예방관리를 위해 푸드시스템을 변화시킬 필요가 있음을 강조하였다. 유엔 영양행동 10년(2016-2025)에서는 환경 친화적이지 않은 현재의 푸드시스템은

CHAPTER 13

문제가 있고, 인류는 건강하면서 환경을 보호하는 식사로 긴급히 전환하여 푸드시스템의 지속가능성을 높여야 한다고 주장하였다. 이에 국가들은 유엔식량농업기구(Food and Agriculture Organization of the United Nations : FAO)와 세계보건기구(World Health Organization : WHO)가 주도적으로 지속가능한 건강한 식생활 지침을 만들도록 요청하였고, 2019년 7월 1일부터 3일까지 로마의 유엔식량농업기구 본부에서 지속가능한 건강한 식생활(Sustainable Healthy Diets)의 지침 원칙을 발표하였다. 이 원칙은 17개 유엔의 지속가능발전목표 중 다음과 같이 1번-5번, 12-13번 목표를 달성하는데 초점을 두고 있다.

1. 모든 곳에서 모든 형태의 빈곤종식(No Poverty)
2. 기아 종식, 식량안보와 개선된 영양상태의 달성, 지속가능한 농업 강화(Zero Hunger)
3. 모든 연령층을 위한 건강한 삶 보장과 복지 증진(Good Health and Well-Being)
4. 모두를 위한 포용적이고 공평한 양질의 교육보장 및 평생학습 기회 증진(Quality Education)
5. 성평등 달성과 모든 여성 및 여아의 권익신장(Gender Equality)

:

12. 지속가능한 소비와 생산 양식의 보장(Responsible Consumption and Production)
13. 기후변화와 그로 인한 영향에 맞서기 위한 긴급 대응(Climate Action)

유엔식량농업기구와 세계보건기구가 2019년에 발표한 지속가능한 건강한 식생활은 식품을 기반으로 하나 영양섭취기준과 환경적, 사회적, 문화적, 경제적 지속가능성을 고려하여 결정하였다(표 13-1). 지속가능한 건강한 식생활은 인간이 성장하고 발달할 수 있도록 하고, 현재 세대와 미래 세대가 전 생애주기에 걸쳐서 기능적, 육체적, 정신적, 사회적 웰빙을 가질 수 있도록 하는 것을 목표로 한다. 이로써 지속가능한 건강한 식생활은 영양결핍관리, 비전염성질환 예방, 생물다양성 보전, 지구환경 보전에 기여를 할 수 있다고 본다.

표 13-1 지속가능한 건강한 식사(Sustainable Healthy Diets) 지침

번호	내용	영어원문
1	출생부터 6개월까지 모유만 먹을 수 있게 하며, 생후 2년이 될 때까지 적절한 이유식을 먹으면서 모유 수유하도록 한다.	…start early in life with early initiation of breastfeeding, exclusive breastfeeding until six months of age, and continued breastfeeding until two years and beyond, combined with appropriate complementary feeding.
2	다양한 가공하지 않은 식품을 먹고, 가능한 가공이 많이 된 식품 섭취는 줄이도록 한다.	… are based on a great variety of unprocessed or minimally processed foods, balanced across food groups, while restricting highly processed food and drink products.
3	통곡류, 콩류, 견과류를 포함하여 다양한 채소 · 과일을 섭취한다.	… include wholegrains, legumes, nuts and an abundance and variety of fruits and vegetables
4	달걀, 유제품, 가금류, 생선류를 적절히 섭취하고, 적색육은 적게 섭취한다.	… can include moderate amounts of eggs, dairy, poultry and fish; and small amounts of red meat.
5	안전하고 깨끗한 물을 마신다.	… include safe and clean drinking water as the fluid of choice.
6	에너지와 영양소를 성장과 발달을 위해 적절하게(모자라지도 넘치지도 않게) 섭취하고, 생애주기 전반에 걸쳐 활력 있고 건강한 삶을 위해 필요량에 맞춰 섭취한다.	… are adequate (i.e. reaching but not exceeding needs) in energy and nutrients for growth and development, and to meet the needs for an active and healthy life across the lifecycle.
7	세계보건기구 지침대로 비전염성 질환을 예방하고 건강과 웰빙 증진에 힘쓴다.	… are consistent with WHO guidelines to reduce the risk of diet-related NCDs, and ensure health and wellbeing for the general population
8	식중독을 일으키는 원인물질에 노출되지 않도록 한다.	… contain minimal levels, or none if possible, of pathogens, toxins and other agents that can cause foodborne disease.
9	온실가스 배출, 물과 토양의 사용, 질소와 인의 사용, 화학 오염물질을 목표치 이내로 한다.	… maintain greenhouse gas emissions, water and land use, nitrogen and phosphorus application and chemical pollution within set targets.
10	생물다양성(곡물, 축산, 산림식품, 해양유전자원)을 보존하고, 과도한 어획과 과도한 사냥을 하지 않는다.	… preserve biodiversity, including that of crops, livestock, forest-derived foods and aquatic genetic resources, and avoid overfishing and overhunting.
11	식품 생산 시 항생제와 호르몬 사용을 줄인다.	…minimize the use of antibiotics and hormones in food production.
12	식품 포장 시 플라스틱 소재 사용을 줄인다.	… minimize the use of plastics and derivatives in food packaging.
13	식품 손실과 폐기물을 줄인다.	…reduce food loss and waste.
14	지역문화, 조리법, 지식과 소비패턴, 식품을 구하고, 생산하고 소비하는 방법의 가치를 존중한다.	… are built on and respect local culture, culinary practices, knowledge and consumption patterns, and values on the way food is sourced, produced and consumed.
15	접근가능하고 바람직하다.	… are accessible and desirable.
16	식품을 구매하고, 물이나 연료를 준비하는데 쓰는 시간 배분 불균형 등 시간 배분에 있어서의 젠더 불평등을 피한다.	… avoid adverse gender-related impacts, especially with regard to time allocation(e.g. for buying and preparing food, water and fuel acquisition).

자료: 유엔식량농업기구와 세계보건기구. 지속가능한 건강 식사의 지침 원칙(Sustainable healthy diets. Guiding principles), 로마, 2019

CHAPTER 13

2. 국제기구와 영양개선활동

국제연합(United Nations : UN) 국제기구와 비정부기구, 국가원조기관에서 전 세계의 식량자원, 영양 및 건강문제를 개선하고 지원하고 있다. 대표적인 유엔국제기구는 다음과 같다(BOX 13-1).

BOX 13-1 보건관련활동 유엔산하기구

- 세계보건기구(World Health Organization : WHO)
- 유엔식량농업기구(Food and Agriculture Organization of the United Nations : FAO)
- 유엔세계식량계획(United Nations World Food Program : WFP)
- 유엔아동기금(United Nations Children's Fund : UNICEF)
- 유엔개발계획(United Nations Development Program : UNDP)
- 유엔 환경 계획(United Nations Environment Program : UNEP)
- 유엔에이즈계획(Joint United Nations Programme on HIV/AIDS : UNAIDS)
- 유엔인구기금(United Nations Population Fund : UNFPA)
- 국제통화기금(International Monetary Fund : IMF)
- 세계은행(World Bank : WB)
- 국제 농업 개발 기금(International Fund for Agricultural Development : IFAD)

1 세계보건기구

세계보건기구(World Health Orgnization : WHO)는 국제공공위생사무소(Office International d' Hygiene Publique), 국제연맹보건기구(League of Nations Health Organization) 및 국제연합구제부흥본부(UN Relief and Rehabilitation Administration) 보건국의 제반 임무를 계승받은 기구로서, 1948년 4월 7일 61개 회원국이 세계보건기구헌장에 대해 비준함으로써 정식 발족하였다(World Health Organization, 1998). 세계보건기구의 창립일을 기념하여 세계보건기구는 1950년부터 4월 7일을 세계보건의 날로 정하였고, 우리나라도 1973년부터 보건의 날로 정하여 기념하고 있다. 세계

보건기구는 세계보건기구헌장에서 "건강이라는 것은 완전한 육체적, 정신적 및 사회적 복리의 상태를 뜻하고, 단순히 질병 또는 병약이 존재하지 않는 것이 아니다."라고 정의하였다. 세계보건기구의 세계보건기구헌장은 다음과 같다(BOX 13-2). 우리나라는 1949년에 세계보건기구 회원국으로 가입하였으며 서태평양 지역(Western Pacific Region)에 속해 있다.

BOX 13-2 세계보건기구헌장

- 건강이라는 것은 완전한 육체적, 정신적 및 사회적 복리의 상태를 뜻하고, 단순히 질병 또는 병약이 존재하지 않는 것이 아니다.
- 도달할 수 있는 최고 수준의 건강을 향유한다는 것은 인종, 종교, 정치적 신념과, 경제적 또는 사회적 조건의 구별 없이 만인이 가지는 기본적 권리의 하나이다.
- 모든 국민의 건강은 평화와 안전을 달성하는 기초이고, 개인과 국가의 최대한의 협력에 의존한다.
- 어떠한 국가가 건강을 증진하고 보호한다는 것은 모두에 대하여 가치를 갖는다.
- 건강의 증진과 질병 특히 전염병의 억제가 여러 국가간에 불균등하게 발달하는 것은 공통의 위험이다.
- 아동의 건강한 발육은 근본적 중요성을 가지며, 변화하는 전반적 환경 속에서 조화롭게 생활할 수 있는 능력은 이러한 발육에 필수적인 것이다.
- 의학적 및 심리학적 혜택과 관련 지식을 모든 국민에게 보급하는 것은 건강을 최대한 달성하는데 있어서 필수적인 것이다.
- 정보를 제공받은 공중이 의견을 가지고 적극적으로 협력하는 것은 건강을 향상하는데 가장 중요한 것이다.
- 국가는 자국민의 건강에 관하여 적절한 보건 및 사회적 조치를 제공함으로써만 성취될 수 있는 책임을 가진다.

자료: 세계보건기구헌장 (WHO) 번역본. 세계법제정보센터

세계보건기구의 목적은 모든 사람들이 가능한 최상의 건강수준에 도달하는 것에 있다. 이에 다음과 같은 다양한 기능을 수행하고 있다(BOX 13-3).

BOX 13-3 세계보건기구의 기능과 역할

- 보편적인 의료보장(universal health coverage) 달성
- 보건 비상 대처 사업(Health Emergencies Programme) 지원
- 의약품 및 건강제품 접근성 향상
- 항생제 내성 예방 및 대응
- 연구
- 데이터구축, 분석 및 전달

자료: 세계보건기구

2 유엔식량농업기구

유엔식량농업기구(Food and Agriculture Organization of the United Nations : FAO)는 모든 국민의 영양상태 및 생활수준 향상과 식량(농산물)의 생산 및 분배능률 증진을 목적으로 설립되었다. 1943년 44개 국가가 식량농업기구를 설립하기로 약속하였고, 이에 1945년 캐나다 퀘벡 시에서 열린 회의에서 유엔전문기구로서 유엔식량농업기구가 설립되었다. 1946년 유엔식량농업기구는 처음으로 세계 영양 및 식량 상황을 파악하기 위한 조사를 하였다. 유엔식량농업기구의 주요기능 및 역할은 다음과 같다.

- 영양상태, 식량 및 농업(임업, 수산업 포함)에 관한 정보의 수집, 분석, 판단과 보급
- 영양, 식량 및 농업에 관한 과학적, 기술적, 사회적, 경제적 연구
- 농산물 상품협정에 관한 국제정책의 채택
- 각국 정부가 요청하는 기술원조의 제공

한국은 1949년에 가입하였고, 매년 이사회, 농업 · 수산 · 산림 위원회, 식량안보위원회 등 다수 회의에 참가하며 국제농업 현황 및 각국의 농업정책에 대한 정보를 교환하고 있다.

3 세계식량계획

세계식량계획(United Nations World Food Program : WFP)은 1961년에 개도국 기아 해방을 위한 잉여농산물 원조를 목적으로 설립되었다. 세계식량계획은 세계 최대 규모의 인도적 지원 기관으로 긴급 상황에서는 생명을 구하고, 분쟁과 재난, 기후 위기를 극복 중인 지역에는 식량을 지원한다. 세계식량계획은 유엔의 지속가능한 발전목표(Sustainable Development Goals)의 두 번째 목표인 기아종식(Zero hunger) 달성을 목표로 한다. 세계식량계획은 2020년에 노벨평화상을 수상하였다. 세계식량계획의 주요 사업은 긴급 구호, 구호 및 재건 사업, 개발 사업, 특별 대응력 증대 사업이다. 세계식량계획의 전략 계획 2017~2021은 다음과 같다(BOX 13-4).

BOX 13-4 세계식량계획의 전략 계획 2017~2021

- Strategic Goal 1: 기아종식을 달성하기 위해 국가들을 지원함 Support Countries to Achieve Zero Hunger
- Strategic Goal 2: 유엔 지속가능한 발전 목표를 구현하도록 지원하는 파트너가 됨. Partner to Support Implementation of the SDGs

전략 계획 목적을 이루기 위한 구체적인 목표는 다음과 같다.

- Strategic Objective 1 목표 1: 식량접근이 가능하도록 하여 기아를 종식시킴
- Strategic Objective 2 목표 2: 영양상태를 향상시킴
- Strategic Objective 3 목표 3: 식품안정성을 확보함
- Strategic Objective 4 목표 4: 유엔 지속가능한발전목표를 지원함
- Strategic Objective 5 목표 5: 유엔 지속가능한발전목표의 결과를 위한 파트너가 됨

자료: 세계식량계획(2017~2021)

4 유엔아동기금(유니세프)

유엔아동기금(United Nations Children's Fund : UNICEF, 유니세프)은 1946년 제 2차

세계대전 후 설립되었다. 유니세프의 임무는 나라가 전쟁에서 어떠한 역할을 했는지 상관없이 생명과 미래가 위험에 처한 어린이와 젊은이들을 돕는 것이다. 유니세프의 역할은 다음과 같다 (BOX 13-5). 유니세프는 대한민국 정부 수립 직후인 1948년 한국 내 아동 구호사업을 시작하였다. 1990년대에 들어서 대한민국은 재정적인 지원을 받는 수혜국에서 도움을 주는 공여국이 되었다. 2017년에 유니세프 본부 공공파트너십국의 직속 기구인 유니세프 서울연락사무소를 개설하게 된다.

BOX 13-5 유니세프의 역할

- 어린이 보호와 포함: 모든 어린이는 안전하고 포용이 있는 환경에서 자랄 권리가 있다.
- 어린이 생존: 모든 어린이는 생존하고 번영할 권리가 있다.
- 교육: 모든 어린이는 배울 권리가 있다.
- 사회 정책: 모든 어린이는 공평한 기회를 가질 권리가 있다.
- 긴급 구호: 긴급 상황에 있는 모든 아이들에게 접근하도록 한다.
- 젠더: 모든 소녀들은 자신의 잠재력을 발휘할 권리가 있다.
- 어린이를 위한 혁신: 모든 어린이를 위한 혁신을 지원한다.
- 공급 및 물류: 위험에 처한 모든 어린이에게 필요한 물품을 공급한다.
- 연구, 근거와 분석: 데이터와 근거를 바탕으로 결과를 도출한다.

자료: 유엔아동기금

5 국제기구의 영양개선 활동

세계보건기구, 유엔식량농업기구, 세계식량계획, 유니세프, 국제 농업 개발 기금(International Fund for Agricultural Development : IFAD)은 함께 코로나19 팬데믹 중인 2021년 식품안정성과 영양 상태 보고서에서 식품안정성과 영양균형을 위협하는 4가지 요인을 제시하고, 영양상태를 개선하고 건강한 식사가 가능하도록 하기 위해 식품시스템을 어떻게 변환할지에 대해 발표하였다. 식품불안정성과 영양불균형의 위험요인은 분쟁(conflict), 기후변화와 극단성(climate variability and extremes),

경기 침체(economic slowdowns and downturns), 건강에 좋은 식사를 구매할 수 없는 것(unaffordability of healthy diets)이고, 이를 바꿀 수 있는 방법을 6가지로 제시하였다(그림 13-3).

유엔식량농업기구의 임무는 영양을 개선하고, 농업생산성을 증가시키며, 농촌 인구의 생활수준을 높이고, 세계 경제성장에 기여하는 것이다. 유엔식량농업기구의 식품영양부(Food and Nutrition Division : FND)는 건강한 식사와 영양 개선을 위한 지속가능한 식품시스템을 달성하기 위해 각 나라, 유엔자매기구, 그 외 파트너기관들과 함께 유엔식량농업기구의 업무를 지원한다. 식품영양부가 수행하는 업무는 영양교육, 학교 식품과 영양 관리, 식생활 지침 제정 지원, 소비자 인식 개선, 영양을 위한 지속가능한 식품 가치 사슬 개발, 집에서 기르는 학교 급식 식품, 식품 손실 및 폐기물 감소, 영양평가, 영양소섭취기준 제시, 식품표시제, 과학적 조언, 식품섭취데이터

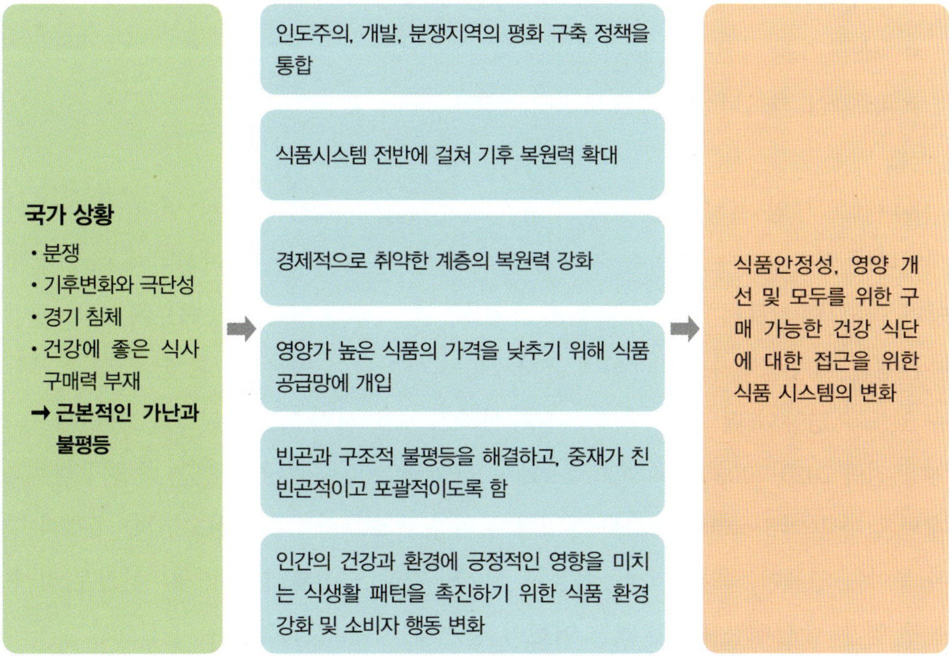

그림 13-3 식품안정성, 영양균형, 건강한 식사의 구매력을 향상을 위해 식품시스템을 변환하는 방법

자료: FAO, IFAD, UNICEF, WFP and WHO. 2021. The State of Food Security and Nutrition in the World 2021.

및 식품성분데이터 구축, 영양정책 및 프로그램 개선 등이다.

세계식량계획은 영양이 활동의 핵심 가치이다. 세계식량계획은 영양불균형을 예방하고 치료하며, 유엔 지속가능한 발전 목표의 기아종식을 이루기 위해 아동, 임산부와 수유부, 인체면역결핍바이러스(human immunodeficiency virus : HIV)를 가진 사람들을 타깃으로 하여 건강하고 적절한 식사에 접근할 수 있도록 한다. 세계식량계획의 영양과 관련된 업무는 다음과 같다.

- **긴급 상황의 영양:** 긴급 상황에 처한 난민이나 실향민들의 영양불균형 예방 및 회복력 구축
- **급성영양불량:** 급성영양불량 예방 및 치료
- **만성영양불량:** 만성영양불량 예방
- **영양에 민감한 접근법:** 영양에 민감한 접근법 사용 (예. 영양소 강화 등)
- **근거, 데이터, 분석:** 근거중심의 데이터 분석
- **혁신과 기술:** 혁신과 기술 관련 프로젝트에 투자
- **파트너십:** 파트너십 구축의 중심적 역할

유니세프 영양 프로그램(UNICEF nutrition programme)은 '예방 먼저, 예방이 안 되었다면 치료를 반드시'라는 전제를 가지고 있다. 유니세프는 어린이와 여성이 영양가 높고, 안전하며, 구매가능하고 지속가능한 식품을 접근 가능하도록 하여 영양불균형을 예방하고자 한다. 이에 유니세프는 아이들이 영양적으로 균형 있게 자랄 수 있도록 영양의 질, 건강, 식수, 위생, 사회적 보호 서비스를 지원한다. 유니세프의 영양 전략 2020~2030(UNICEF Nutrition Strategy 2020~2030)에서는 다음과 같이 6개의 결과 분야(Results area)를 선정하여 영양 프로그램을 시행하고 있다. 6개의 결과 분야는 영유아 영양(~5세), 아동과 청소년 영양(5~9세, 10~19세), 임산부 및 수유부 영양, 급성영양불량이 있는 어린이 영양 및 돌봄, 인도적 지원이 필요한 모자의 영양, 영양을 위한 파트터십과 거버넌스이다(BOX 13-6).

BOX 13-6 **유니세프 6개 결과 분야**

- 영유아 영양: 만 5세까지 영유아의 영양불균형(만성영양불량, 급성영양불량, 미량영양소 결핍, 과체중) 예방
- 아동과 청소년 영양: 아동(만 5~9세)과 청소년(만 10~19세)의 영양불균형(영양부족, 미량영양소 결핍, 과체중) 예방
- 임산부 및 수유부 영양: 임산부 및 수유부의 영양불균형(영양부족, 미량영양소 결핍, 과체중) 예방 및 신생아 저체중 예방
- 급성영양불량이 있는 어린이 영양 및 돌봄: 아동을 위한 영양, 돌봄 및 지원의 연속체의 일환으로 시설 및 지역사회 기반 방법을 통해 급성영양불량을 진단하고 치료
- 인도적 지원이 필요한 모자의 영양: 긴급 상황의 영양프로그램 실행.
- 영양을 위한 파트너십과 거버넌스: 파트너십, 데이터, 지식, 옹호, 자금 조달 향상을 통해 글로벌, 지역 및 국가 수준에서 모자 영양을 위한 실현하는 환경을 강화

자료: United Nations Children's Fund. (UNICEF). Nutrition, for Every Child: UNICEF Nutrition Strategy 2020–2030

CHAPTER 13

| 참고문헌 |

국내서적

건강매거진(2000). 한국보건사회연구원.

고성진, 김병환, 박경민, 박명준, 박선섭, 박재원, 배성권, 이정경, 임국환(1998). 공중보건학. 지구문화사.

고지혈증 치료지침위원회(1996). 고지혈증치료지침(제2판).

관계부처합동. 제1차 학생건강증진기본계획안 요약(2019~2023), 2019.

관계부처합동. 제5차 국민건강증진종합계획(Health Plan 2030, 2021~2030), 보건복지부, 2021.

교육부(1999~2000). 학교급식자료.

교육부(2004). 학교급식현황 및 급식사고 보고.

교육부. 2020학년도 학교급식 실시현황.

구재옥(1999). 영유아를 위한 영양교육의 방향. 대한지역사회영양학회지, 4(4), 623-628.

구재옥(1999). 초등학교 영양교육의 실태와 발전방향. 창립30주년기념 전국영양사학술대회자료집.

구재옥, 김경원, 박혜련, 윤은영(2006). 영양교육과 상담. 한국방송통신대학교출판부.

국민건강보험공단. 2022년 건강검진 실시 안내, 2022.

국민건강보험심사평가원. 2015년 진료비통계지표, 2016.

국회입법조사처(2016). 지표로 보는 이슈. 제49호.

김경주(2000). 일본의 THP(Total Health Promotion Plan) 운동. 국민영양, 221, 6-8.

김경주(2003). 일본의 THP 활동 사례. 국민영양, 26(8), 18-21.

김계현, 이정찬, 김한나, 이평수. 노인층에 적용되는 외래본인부담 제도의 문제점과 개선방안. 의료정책연구소, 2013.

김기훈, 문재우, 유일준(1999). 공중보건학(pp.11-25, pp.249-275). 정문각.

김도훈. 일본 건강보험정책의 최근 동향: 2021년 건강보험법 개정을 중심으로. 국제사회보장리뷰, 2021;19:111~118.

김명혜(1990). 일본의 고령자 보건사업과 영양사 활동. 국민영양, 219, 42-47.

김삼근(1997). 보건소 시범 영양사업과 영양상담. 대한지역사회영양학회. 춘계학술대회 초록집.

김석주(2014). 북한 주민의 질병관(疾病觀)과 질병행태. KDI 북한경제리뷰.

김성란(1996). 보건소 영양상담의 실제. 대한지역사회영양학회지, 1(2).

김영옥(1990). 지역사회 영양학의 교육 및 연구방향. 지역사회영양학회지, 1(1), 123-134.

김영옥(2000). 대국민 영양교육 전략. 2000년 대한지역사회영양학회 춘계학술대회 '식사의 질 평가와 대국민 영양교육 전략', 22-35.

김영옥, 이기룡, 이민표(1998). 아동보육시설의 운영실태와 발전 방안 모색에 관한 연구-대전광역시 아동보육시설을 중심으로. 영유아 보육학, 16, 249-286.

김정순. 일본의 노인복지법제. 한국법제연구원, 2004.

김정희, 문정숙(1997). 흡연여대생의 식이섭취실태 및 영양상태평가에 관한 연구 II. 항산화비타민.

김현주(2000). 농촌 주부를 위한 영양교육용 비디오테이프 제작과 그 효과에 관한 연구. 석사학위 논문, 서울대학교.

김혜경(1997). 보건소의 지역사회 영양사업. 한국보건산업진흥원. 국민영양관리법(안) 마련을 위한 전문가 워크숍 자료집, 42-49.

김혜련(1996). 국민건강증진을 위한 영양 부문의 2000년 잠정목표와 전략. 지역사회영양학회지, 1(2), 161-177.

김화중, 김영임(1998). 지역사회간호학. 한국방송통신대학교출판부.

김희경(1998). 일본에서의 영양 스크리닝 실태. 대한지역사회영양학회 1998 추계학술대회 초록집, 16-32.

남현철(1998). 보건교육 및 건강증진. 계축문화사.

노동부(1999). 근로자 건강진단 실시 결과 보고서.

노동부(1999). 사업장 노동 실태조사 보고서.

농촌진흥청. 농사시험연구 사업연보(1962~1998).

대한영양사회(1993). 우리나라 보건소 영양사업 어떻게 할 것인가. 대한영양사회 심포지엄 자료집, 11-84.

대한영양사회(1994). 시범보건소 배치 영양사 교육. pp.24-58.

대한영양사회(1997). 지역사회 영양사업 지도서-보건소 영양사업을 중심으로.

대한영양사회(1998). 보건소 영양사업 사례집.

대한영양사회(1999). 학교급식 분과자료.

대한영양사회, 지역사회영양학회(1996). 근로자 건강증진과 바람직한 영양서비스. 제3차 소비자가 만족하는 영양서비스 제공을 위한 심포지엄 자료집, 11-34.

대한영양사회, 지역사회영양학회(1996). 근로자 건강증진과 바람직한 영양서비스. 제3차 소비자가 만족하는 영양서비스 제공을 위한 심포지엄 자료집, 35-52.

대한영양사회, 대한지역사회영양학회(1996). 근로자 건강증진과 바람직한 영양서비스. 심포지엄 초록집.

대한지역사회영양학회(2000). 통일한국을 대비한 영양감시체계 개발. 추계학술대회 초록집. 鈴木建 외 4인(1981). 公衆營養學. 歯登出版式會社.

대한치매학회. 치매유병률, 2021.

모수미(1996). 지역사회영양학의 역할 및 필요성. 지역사회영양학회지, 1(1), 102-104.

모수미(1999). 지역사회영양학. 한국방송통신대학교출판부.

모수미, 최혜미, 박양자, 구재옥(1999). 지역사회영양학. 한국방송통신대학교출판부.

문현경(2000). 국민영양관리와 영양사의 역할. 국민영양관리법(안) 마련을 위한 전문가 워크숍 자료집. 한국보건산업진흥원.
Mitsuma Michi(1993). 사업소에서 건강 만들기에 관련해서. 임상영양(일본), 82(1), 30-33.
민영희(1999). 보건소 영양개선 지도사업-수원시 권선구 보건소 중심으로-국민영양 교육현황과 방향. 토론회·한국가건회. 경희대임상연구소.
민영희(2000). 우리나라 보건영양사업의 현황. 국민영양, 219, 11-19.
박미선(1997). 식습관조사표활용방안. 지역사회영양학회지, 2(3), 440-443.
박영숙, 이기춘, 이기영, 이은영, 이순형, 김대년, 최연실(1997). 탈북자 면접을 통한 북한주민의 건강 및 식품섭취 실태 탐색. 지역사회영양학회지, 3(3), 396-405.
박영숙, 이기춘, 이기영, 이은영, 이순형, 김대년, 최연실, 석드보라(1998). 탈북자의 북한에서의 식생활 실태와 남한에서 인식한 차이. 지역사회영양학회지, 4(1), 64-73.
박영숙, 이정원, 서정숙, 이보경, 이혜상(2006). 영양교육과 상담(pp.367-374). 교문사.
박준교, 이원묘(1994). 국민학교 아동의 영양교육 발전방안. 대한영양사회 학교분과 연차대회 자료집, 7-11.
박혜련(2000). 지역사회 영양서비스 요구와 전망. 국민영양.
백희영(1993). 보건소 배치 영양사를 위한 교육 프로그램 개발. In : 우리나라 보건소 영양사업 어떻게 할 것인가. 대한영양사회 심포지엄, 53-84.
백희영, 문현경, 최영선, 안윤옥, 이홍규, 이승욱(1997). 한국인의 식생활과 건강(pp.30-44). 서울대학교출판부.
보건복지부(1996). 국민건강증진기본시책.
보건복지부(1997). 95국민영양조사결과보고서.
보건복지부(1998). 대한영양사회. 영유아 보육시설의 영양관리 현황보고서. 대한영양사회.
보건복지부(1999). 국민건강·영양조사 : 영양조사부분. 건강조사부분.
보건복지부(1999). 보건복지백서.
보건복지부(1999). 보건사회통계연보.
보건복지부(대한영양사회)(1998). 영유아 보육시설의 영양관리 시범사업 결과보고서. 대한영양사회.
보건복지부. 2015년도 지역사회통합건강증진사업안내(방문건강관리), 보건복지부, 2015.
보건복지부. 2022년도 결식아동급식(지방이야)업무 표준매뉴얼
보건복지부. 국민건강영양조사. 2005, 2020.
보건복지부(2017). 제2차(2017~2021) 국민영양관리기본계획
보건복지부, 농림축산식품부, 식품의약품안전처(2016). 국민 공통 식생활지침.
보건복지부, 농림축산식품부, 식품의약품안전처(2021). 국민 공통 식생활지침.
보건복지부, 영·유아 보육시설의 영양관리. 1999.
보건복지부, 육아종합지원센터, 제4차 어린이집 표준보육과정. 2019.
보건복지부, 제3차 국민건강증진종합계획(2011~2020). 2011.
보건복지부, 질병관리본부(2009). 2008 국민건강통계.

보건복지부, 질병관리본부(2015). 국민건강영양조사.
보건복지부, 질병관리본부(2016). 2015 국민건강통계 I, II.
보건복지부, 질병관리청. 2019 국민건강통계-국민건강영양조사 제8기 1차년도, 2020.
보건복지부, 한국건강증진개발원. 2015년 지역사회통합건강증진사업 우수사례집. 한국건강증진개발원, 2016.
보건복지부, 한국건강증진개발원. 2021년 지역사회통합건강증진사업 안내(영양). 2021.
보건복지부, 한국건강증진개발원. 제4차 국민건강증진종합계획 2016~2020. 보건복지부, 2015.
보건복지부, 한국영양학회(2015). 2015년 한국인 영양소 섭취기준.
보건복지부, 한국영양학회(2020). 2020년 한국인 영양소 섭취기준: 에너지와 다량영양소.
보건복지부, 한국영양학회(2021). 2020년 한국인 영양소 섭취기준: 활용.
보건복지부. 한국인 영양소 섭취기준. 2020.
보건복지부·농림축산식품부·식품의약품안전처, 보도자료: 건강한 식생활을 실전해요! 정부, 「한국인을 위한 식생활지침」 발표[4.14], 2021.
보건복지부·질병관리본부, 2018 국민건강통계: 국민건강영양조사 제7기 3차년도, 2019.
보건복지부·질병관리청, 2019 국민건강통계: 국민건강영양조사 제8기 1차년도, 2020.
보건복지부·한국영양학회, 2020 한국인 영양소 섭취기준 활용연구, 2021.
보건복지부·한국영양학회, 2020 한국인 영양소 섭취기준, 2020.
보건복지포럼(2012). 북한주민의 공공 식량배급 수혜상황과 영양취약 아동규모추계.
보건사회연구원(1995). 한국인의 보건의식행태-1995년도 국민건강 및 보건의식행태조사.
보건산업진흥원(2008). 임산부 및 영유아 보충영양관리사업.
부천시(1998). 부천시건강실천협회보고서.
Sakamoto, Hiroshi(1980). 식생활 개혁에의 지원방법. 公衆衛生(일본), 44(2), 110-114.
서은경(1996). 지역사회에서의 영양개선사업의 활성화대책, 지역사회영양학회지, 1(1). 114-122.
서정숙(2000). 21C 식생활의 새로운 패러다임. 대한지역사회영양학회지, 5.
성미경·김성은(2002). 흡연과 건강. 국민영양, 236, 32-33.
세계인구통계리포트(2006).
손숙미(1997). 북한의 공중보건상태. 지역사회영양학회지 2(4), 467-469.
손숙미, 박양자, 구재옥, 모수미, 윤혜영, 승정자(1996). 도시저소득층 노인들의 영양 및 건강상태 조사와 급식이 노인들의 영양 및 건강상태의 개선에 미치는 영향-1, 신체계측과 영양소 섭취량. 지역사회영양학회지, 1(1), 79-88.
손숙미, 양정숙(1997). 부천시 저소득층초등학교 5학년 어린이들의 영양소 섭취 및 철분영양상태.
안전보건공단, 2015년도 근로자 건강증진활동 우수사례 발표대회 자료집. 안전보건공단 직업건강실, 2015.
양일선(1996). 한국노인 복지정책 개선을 위한 양로·요양시설 급식관리체계 및 급식 서비스 현황 조사. 한국영양학회지, 29(7), 830-838.
양일선(2006). 단체급식. 교문사.

양일선, 김은경, 채인숙(1995). 탁아기관 유아를 위한 영양교육 프로그램의 개발 및 효과평가. 한국영양학회지, 28(1), 61-70.

엄순희(2003). 보건소영양사와 지역사회영양개선사업. 국민영양, 26(2), 39-41.

오현미, 윤진숙(2000). 근로자의 근무유형별 건강상태와 영양섭취상태 비교 연구. 대한지역사회영양학회지, 5(1), 13-22.

유지은. 일본의 식품표시제도 특징 및 시사점. 세계농업 제189호. 1-20.

윤병준. 일부 국가의 국민 건강증진 종합계획에 관한 고찰. 한국학교보건교육학회지. 2013;14(2):59-73.

윤성하, 이지혜, 오경원, 에너지 섭취 및 적정 섭취 현황, 국민건강통계플러스, 2020.

이가옥(1994). 우리나라 노인복지의 현황과 정책과제. 한국영양학회지 27(4), 387-402.

이기완, 명춘옥, 박영심, 남혜원, 김은경(1995). 특수영양학. 신광출판사.

이미숙, 최경숙, 백수경(1994). 충북 괴산군 송면 중학생의 영양실태조사. 한국영양학회지, 27(7), 760.

이영미(1999). 영양개선을 위한 급식관리 및 교육활동의 개발 방향. 국민영양, 18(10).

이원묘(1994). 학교급식과 영양사의 역할. 아시아영양사회 심포지엄 자료.

이은경(1996). 보건소 영양사업의 방향을 생각하며. 국민영양, 179, 9-18.

이정남. 윤철재. 일본의 고령자 보건의료 및 복지정책의 현황특성에 관한 연구-2000년대 고령자 의료·복지정책의 전개를 중심으로-. 한국의료복지시설학회(현 한국의료복지건축학회) 의료·복지 건축(구 한국의료복지시설학회지). 2010:16(3):57-68.

이정수, 이원철, 이경수, 고광욱, 최은진, 박천만. 일본의 건강증진 정책의 방향-생활습관병 대책을 중심으로- 보건교육·건강증진학회지. 2008;25(3):167-181.

이정원(1998). 영양평가지표의 활용방안. 대한지역사회영양학회. 추계학술대회 초록집, 33-48.

이정원, 이미숙, 김정희, 손숙미, 이보숙(1999). 영양판정. 교문사.

이정희(2014). 북한 어린이 영양실태 비교: 1998년~2012년 북한 어린이 영양조사 보고서 분석. KDI 북한경제리뷰.

2005년 국민 건강·영양조사(2006). 한국보건산업진흥원.

이행신(2000). 미국의 Healthy People 2010. 국민영양. 219, 20-22.

임경숙(1997). 보건소노인영양개선사업: 영양밀도와 섭취식품군의 다양성에 의한 노인영양 평가. 대한영양사회학술지, 3(2), 182-196.

임정미. 일본의 지역포괄케어시스템: 지역포괄지원센터를 중심으로. 국제사회보장리뷰. 2018;5:67~77.

질병관리청. 2020 국민건강통계: 국민건강영양조사 제8기 2차년도, 2022.

장남수 등(2000). 연변지역 탈북 아동 및 청소년의 체위와 식생활 양상. 한국영양학회지, 33(3), 324-331.

장남수, 강명희, 정혜경, 양은주, 이현숙. 새로 쓰는 지역사회영양학. 교문사, 2017.

장미라, 홍완수(2000). 사업체 근로자의 영양서비스 요구도 분석. 대한영양사회학술지, 6(1), 26-32.

장유경, 정영진, 문현경, 윤진숙, 박혜련(1989). 지역사회영양학. 신광출판사.
장정희(1998). 근로자를 위한 영양캠페인 실시보고. 국민영양, 98-3, 31-33.
전국대학교 식품영양학과 교수협의회 영양사제도개선추진분과위원회(2000). 임상영양사. 보건영양사 및 급식경영영양사 전문교육과정 연구.
田中平三(1989). 公衆營養學. 東京: 光生當.
전혜성(1996). 미국에서의 성인병 예방을 위한 직장인 영양교육. In: 대한영양사회, 대한지역사회영양학회. 근로자 건강증진과 바람직한 영양서비스. 제3차 소비자가 만족하는 영양서비스 제공을 위한 심포지엄, 11-34.
정금주(1996). 한국농촌 영양개선사업의 실제와 성과. 지역사회영양학회지, 1(1), 107-113.
정기혜, 박수천, 김영래(1998). 푸드뱅크의 정착화 방안. 정책보고서 98-05. 한국보건사회연구원.
淀川 외 6인(1992). 公衆榮養 活動의 實際, 第一出版, 東京.
제1차 국민영양관리기본계획(2012~2016). 보건복지부, 2012.7.
제2차 국민영양관리기본계획(2017~2021). 보건복지부, 2017.6.
제3차 국민영양관리기본계획(2022~2026). 관계부처합동, 2022.6.
제5차 국민건강증진종합계획(Health Plan 2030) (2021~2030). 관계부처합동, 2021.1.
조수헌(1996). 건강검진의 필요성과 전망. 계하지역사회영양학회 추계학술대체자료집.
조여원(1997). 탈북자의 남한 정착 이후 영양섭취 변화. 지역사회영양학회지, 2(4), 470-476.
조여원, 홍주영, 이혜원, 이승림(1996). 근로자의 건강검진 과정중의 영양상담 실시와 영양교육 프로그램 활용방안에 관한 연구(I). 대한영양사회학술지, 2(1), 20-28.
조정순(1999). 우리나라 학교급식의 현황 및 방향. 한국학교보건학회지, 12(2), 169-185.
조종희, 편혜숙(2011). 서울시 강동구 건강생활실천 통합서비스사업 추진계획.
중국영양학회(2016). 중국의 식품구성탑.
中村丁次(1996). 일본에서의 근로자 건강증진을 위한 THP운동. In: 대한영양사회, 대한지역사회영양학회. 근로자 건강증진과 바람직한 영양서비스. 제3차 소비자가 만족하는 영양서비스 제공을 위한 심포지엄, 35-52.
질병관리본부. 2019 국민건강영양조사 결과발표 자료집, 2020.
최일섭, 류진석(1996). 지역사회복지론 11판. 서울대학교출판부.
최혜미 외(1998). 21세기 영양학. 교문사.
최혜미, 김경원, 김창임, 김희선, 손정민, 최경숙, 현태선. 이해하기 쉬운 지역사회영양학, 파워북, 2022.
통계청(1996). 남북한 경제사회상 비교(pp.174-286). 강문인쇄사.
통계청(1999). 인구통계연보.
통계청(2015).『국민건강영양조사』 통계정보 보고서.
통계청(2016). 사망원인통계.
통계청. 2019 사망원인통계 보도자료, 2020.
통계청. 2020 사망원인통계 보도자료, 2021.

통계청. 2020 통계로 보는 1인가구 현황, 2020.
통계청. 2020년 사망원인통계, 2021.
통계청. 장래인구추계: 2017-2067, 2019.
통계청. 국가통계포럼.
豊川裕之(1976). 公衆營養學. 東京: 光生館.
Hara Norihisa(1993). THP와 산업영양지도자. 임상영양(일본), 82(1), 24-25.
학교급식발전연구회(1999). 초등학교 식문화 클럽활동 교육자료집. 대한영양사회.
한국건강증진개발원. 보건소 모바일 헬스케어 2차년도 시범사업 결과보고서, 2017.
한국농촌경제연구원(1995). 식품수급표.
한국농촌경제연구원(2004). 식품수급표.
한국농촌경제연구원(2014). 식품수급표.
한국농촌경제연구원(2019). 식품수급표, 2020.
한국보건사회연구원(1996). 국민건강증진사업 교육훈련교재.
한국보건사회연구원(2000). 2010년 건강증진목표 설정과 전략개발.
한국보건사회연구원(2016). 국내 모유수유 실태 보고서.
한국보건산업진흥원(2006). 2005년도 국민건강·영양조사 토론회 자료.
한국보건산업진흥원. 임신부 및 영·유아 보충 영양관리사업 중간지침서. 영양교육. 2005.
한국보건산업진흥원. 임신부 및 영·유아 보충 영양관리사업 평가보고서. 2005.
한국영양학회(2000). 한국인영양권장량(제7차 개정판).
한국영양학회(2015). Can Pro 5.0(Web ver.) 전문가용.
한정열(2005). 산업보건에 있어서 영양사의 역할 및 그 중요성. 국민영양, 28(4), 16-18.

국외서적

ADA, & US Public Health Service(1993). *Worksite Nutrition* (2nd ed.).
ADA, & US public service(1993). *Worksite Nutrition - A guide to planning, implementation and evaluation* (2nd ed.).
ADA(2000). Dannon Institute Publication for the Award for Excellence. *Community Nutrition*, 3(1), 7, 13.
Anderson, J. E., & Valyasevi, A.(1988). *Effectual communications for nutrition in primary health care*. the UN university.
Campbell, M. K., & Sherman, S. G.(1998). Nutrition behavior: Implementing change in communities. In : Owen, A. L., Splett, P. L., & Owen G. M, *Nutrition in the community* (pp.172-198). NY: McGraw-Hill.
Chapman, N., & Nehoe, R.(1995). *Let your voice to heard : how to shape food policy*.

Washington DC: N Chapman Associates, Inc.

Dallman, P. R.(1977). New approaches to screening for iron deficiency. *J Pediatrics, 90*, 678-681.

Deluco, D. D., & Cremer, M.(1990). Consumer' s perceptions of hospital food and dietary services. *J Am. Diet. Assoc. go*, 1711-1715.

Dunham, A.(1970). *The New Community Organization*. NY: Thomas Y. Crowell Company

Esping-Anderson, G.(1990). *The Worlds of Welfare Capitalism*. Oxford: Polity Press.

FAO/WFP(2013). Crop and Food Security Assessment Mission to the Democratic People' s Republic of KOREA.

Food and Agriculture Organization of the United Nations and World Health Organization. Sustainable Healthy Diets. Guiding Principles. Rome, 2019.

Frankle, R. T., & Owen, A.(1993). *Nutrition in the community* (3rd ed.). NY: Mosby.

Frankle, R. T., & Owen, A.(1993). *Nutrition in the community* (3rd ed.). St. Louis, Mosby company.

Frankle, R. T., & Owen, A. L.(1993). *Nutrition in the community* (3th ed.). St. Louis, Mosby company.

Frankle, R. T., & Owen, A. Y.(1978). *Nutrition in the community* : The art of delivering services. Mosby.

GBD 2017 Diet Collaborators. Health effects of dietary risks in 195 countries, 1990-2017: a systematic analysis for the Global Burden of Disease Study 2017. Lancet. 2019 May 11;393(10184):1958-1972.

GBD 2019 Risk Factors Collaborators. Global burden of 87 risk factors in 204 countries and territories, 1990-2019: a systematic analysis for the Global Burden of Disease Study 2019. Lancet. 2020 Oct 17;396(10258):1223-1249.

Geneva(1993). *World declaration and plan of action for nutrition*. Office of publication. World Health Organization.

Gibson, R. S.(1990). *Principles of nutritional assessment*. Oxford Univ. Press.

Gibson, R. S.(1993). *Nutritional assessment-a laboratory manual*. Oxford Univ Press.

Gilbert, N., & Specht, H.(1970). *Dimension of Social Welfare Policy Englewood Cliffs*. NJ: Prentice-Hall.

Gillespie, A. H.(1997). Developing a university-community partnership model integrating research and intervention to improve food decision in families and communities. 1997년 대한지역사회영양학회 추계학술대회 건강증진을 위한 영양서비스 접근방향, 1-18.

Glanz, K., Lewis, F. M., & Rimer, B. K.(1990). *Health behavior and health education*. Jossey-Bass Publishers.

Guthrie, H. A., & Scheer, J. C.(1981). Validity of dietary score for assessment of nutrient adequacy. *JADA*, 78, 240-224.

Hermann, M.(1999). Behaviorally focused nutrition education programs for children. *Community Nutritionary*, 7-9.

Hermann, M.(1999). Win-Win Partnerships between winmunity institutions and schools. *Community Nutritionary*, 4-6.

Institute of Medicine (US) Committee on Examination of Front-of-Package Nutrition Rating Systems and Symbols; Wartella EA, Lichtenstein AH, Boon CS, editors. Washington (DC): National Academies Press (US); 2010.

JE, & Valyasevi, A.(1988). *Effective Comunications for Nutrition in primany health care*. The UN university.

Johnston, F. E.(1987). *Nutrition anthropology*. NY: Alan R. Liss, Inc.

Judith Healy(1998). Welfare Options: *Delivering Social Services*. Sydney: Allen & Unwin.

Kahn, A.(1969). Theory and Practice of Social Planning. NY: Russell Sage.

Kanarek, R. B., & Marks-Kaufman, R. M.(1991). *Nutrition and behavior*. NY: Van Vostrand Reinhold.

Kanfman, M. J.(1999). *Nutrition in public health*. Puleliser. Inc.

Kant, A. K., Schatzkin, A., Ziegler, R. G., & Nestle, M.(1991). Dietary diversity in the US population. *NHANES, 11*, 1976-1980. *JADA, 91*, 1526-1531.

Katona-Apte, Judit, Mokdad, & Ali(1998). Maslnutrition of Children in the Demicratic People' s Republic of North Korea. J. *Nutrition, 128*, 1315-1319.

Kaufman, M.(1986). Preparing public health nutritionists to meet the future. *J. Am. Diet. Assoc, 86*, 511-514.

Keenan, D. P.(1996). In the face of diversity : Modifying nutrition education delivery to meet the needs of an increasingly multicultural consumer base. *JNE*, 28, 86-91.

Kennedy E. Nutrition policy in the US: 50 years in review. Asia Pac J Clin Nutr. 2008;17 Suppl 1:340-2.

Kenney EL, Barrett JL, Bleich SN, Ward ZJ, Cradock AL, Gortmaker SL. Impact Of The Healthy, Hunger-Free Kids Act On Obesity Trends. Health Aff(Millwood). 2020.

Kessler DA. The evolution of national nutrition policy. Annu Rev Nutr. 1995;15:xiii-xxvi.

Kobayashi, S.(1999). Research for health promotion in Japan. *The 8th Asian Congress of Nutrition*. Satellite symposium.

Komiyama Y. A Basic Direction for Comprehensive Implementation of National Health Promotion - Ministerial Notification No. 430 of the Ministry of Health, Labour and Welfare. Minister of Health, Labour and Welfare. 2012.

Kondai, Yoshiko(1993). 병원영양사와 건강운동지도사위 접점을 구하여. 임상영양학(일본), 82(1), 42-44.

KREI(2014). 북한농업동향. 제16권 1호.

Lee, R. D., & Nieman, D. C. (1997). *Nutritional assessment* (2nd ed). Mosby.

Lippitte et al.(1958), *The Dymamics of Planned Change: A Comparative Study of Principles and Techniques*. NY: Harcourt, Brace Jovanovich.

Mande J, Willett W, Auerbach J, Bleich S, Broad Leib E, Economos C, Griffin T, Grumbly T, Hu F, Koh H, Mozaffarian D, Perez-Escamilla R, Seligman H, Story M, Wilde P, and Woteki C. Report of the 50th Anniversary of the White House Conference on Food, Nutrition, and Health: Honoring the Past, Taking Actions for our Future. Boston, MA; March 2020.

Mangum, A.(1969). *Emergence of Manpower Policy*. NY: Holt, Rinehart and Winston.

Martin, J.(1997). 미국의 학교급식프로그램. 국민영양. 185, 30-32.

Nartin, J., & Conklin, M. T.(1999). *Managing childe Nutrition Programs*. An Aspen Publicaton.

National Health Promotion- Ministerial Notification No.430 of the Ministry of Health, Labour and Welfare. Minister of Health, Labour and Welfare. 2012.

National Research Council-National Academy of Sciences(1989). *Diet and health*. Washington D.C : National Academy Press.

Obert, J. C.(1986). *Community Nutrition* (2nd ed.). NY: John Wiley.

Obert, J. C.(1986). *Community nutrition*. John wiley & Sons.

Owen, A, L., Splett, P., & Owen, G.(1999). *Nutrition in the Commutiy*, (4th ed.). UN : McGraw-Hill Book Co.

Owen, A. L., Splett, P. L., & Owen, G. M.(1999). *Nutrition in the community*. WCB. McGraw-Hill.

Owen, A. L., Splett, P. L., & Owen, G. M.(1999). *Nutrition in the Community : The art and science of delivering services* (4th ed). WCB/McG raw-Hill Company.

Paige, D. M.(1998). *Clinical nutrition*. Mosby.

Parks, S. C. & Moody, D. L.(1986). A marketing model : Applications for dietetic professionals. *J. Am. Diet. Assoc*, 86(1), 37-43.

Perlman Robert & Gurin Arnold(1972). *Commutiy Organization and Social Planning*. NY: John Wiley & Sons.

Popkin BM, Corvalan C, Grummer-Strawn LM. Dynamics of the double burden of malnutrition and the changing nutrition reality. Lancet 2020;395(10217):65-74.

Sakamoto M, Nishiokok(1990). *Biophy laxis*. Asakura Publishing co.

Sims, L. S.(1993). *Public policy in nutritron : a frame work for action Nutrition today, 28(5)*, 14.

Sizer, F., & Whitney, E.(1997). *Nutrition Concepts and Controversies* (7th ed.). West

Wadsworth.

Sizer. F., & Whitney, E.(1997). *Nutrition: Concepts and Controversies* (7th ed.). Westwood worth, ITP Company.

Snetselaar, L. G.(1989). *Nutrition counseling skills* (pp. 18-54). Aspen publication.

Terry, R. D.(1993). *Introductory community nutrition*. Dubuque: William C Brown communications, Inc.

Terry, R. D.(1994). *Introductory Community Nutrition*. Mosby company.

U.S. Department of Agriculture and U.S. Department of Health and Human Services. Dietary Guidelines for Americans, 2020-2025. 9th Edition. December 2020.

United Nations Children's Fund. (UNICEF). Nutrition, for Every Child: UNICEF Nutrition Strategy 2020-2030. UNICEF, UNICEF, New York.

US Department of Health & Human services(1997). *Developing objectives for healthy people 2010.*

Wardlaw, G. M.(1997). *Contemprary Nutrition* (3rd ed.). Brawn & Benchmark publishers.

WFP / FAO / UNICEF(2011). 북한 식량안보 실태 조사 긴급보고서.

WFP 모니터링 자료 및 2013 CFSAM.

Willett W, Rockstrom J, Loken B, Springmann M, Lang T, Vermeulen S, Garnett T, Tilman D, DeClerck F, Wood A, Jonell M, Clark M, Gordon LJ, Fanzo J, Hawkes C, Zurayk R, Rivera JA, De Vries W, Majele Sibanda L, Afshin A, Chaudhary A, Herrero M, Agustina R, Branca F, Lartey A, Fan S, Crona B, Fox E, Bignet V, Troell M, Lindahl T, Singh S, Cornell SE, Srinath Reddy K, Narain S, Nishtar S, Murray CJL. Food in the Anthropocene: the EAT-Lancet Commission on healthy diets from sustainable food systems. Lancet. 2019;393(10170):447-492.

Wolinsky, F. D., et al.(1990). Progress in the development of a nutritional risk index. J. Nutr, 120, 1549-1553.

Yokoyama T. National Health Promotion Measures in Japan. Health Japan 21(the second term). Journal of the National Institute of Public Health. 2020;69(1):14-24.

Ziegler, E. E., & Filer, L. J.(1996). *Present knowledge in nutrition* (pp. 554-563). ILSI Press.

사이트

건강길라잡이-보건복지부. http://healthguide.kihasa.re.kr

국민건강영양조사. http://knhanes.cdc.go.kr

국민건강증진종학계획(Health Plan). https://www.khealth.or.kr/board?menuId=MENU01278

국민건강증진종합계획(Health Plan 2010). http://2010.hp.go.kr

농림축산식품부. http://www.mafra.go.kr/
대한민국정책브리핑. https://www.korea.kr/news/top50View.do?newsId=148899558
대한영양사협회. http://www.dietitian.or.kr
대한지역사회영양학회 식생활정보센터. http://www.dietnet.or.kr
먹거리나누기운동협의회. http://www.ifoodbank.or.kr
미국 USDA. http://www.usda.gov
보건교육사자격관리사무국. https://www.khe.or.kr
보건복지부. http://www.mohw.go.kr
부산 푸드뱅크. http://foodbank.or.kr
서울육아종합지원센터. http://seoul.childcare.go.kr
성공회 푸드뱅크. http://www.sfb.or.kr
세계보건기구헌장(WHO) 번역본. 세계법제정보센터.
https://world.moleg.go.kr/web/wli/lgslInfoReadPage.do?1=1&AST_SEQ=309&CTS_SEQ=5263&ETC=1.
식품의약품안전처 영양정보. www.mfds.go.kr
영양사도우미. http://www.kdclub.com
외교부. [UN 일반] 유엔 전문기구 및 독립기구
https://www.mofa.go.kr/www/brd/m_3874/view.do?seq=273339&page=36
한국주재-유엔 사무소. https://un-rok.org/ko/
유엔세계식량계획. https://ko.wfp.org/
중앙보육정보센터. http://central.childcare.go.kr
통계청 국가통계포털. http://kosis.kr
통계청. http://kostat.go.kr
한국보건사회연구원 건강길라잡이. http://healthguide.kihasa.re.kr
한국보건사회연구원. http://www.kihasa.re.kr
한국표준직업분류-노동통계정보시스템. http://laborstat.molab.go.kr
환경부, 유엔지속가능발전목표. http://ncsd.go.kr/api/unsdgs국문본.pdf

FAO, IFAD, UNICEF, WFP and WHO. 2021. The State of Food Security and Nutrition in the World 2021. Transforming food systems for food security, improved nutrition and affordable healthy diets for all. Rome, FAO. https://doi.org/10.4060/cb4474en
Food and Agriculture Organization of the United Nations. Food and Nutrition Division(ESN). https://www.fao.org/economic/nutrition/en/
Health Japan 21. https://www.nibiohn.go.jp/eiken/kenkounippon21/en/
Healthy People 2030. https://health.gov/healthypeople

National WIC Association. https://www.nwica.org/

Policy Basics: The Supplemental Nutrition Assistance Program(SNAP). https://www.cbpp.org/research/food-assistance/the-supplemental-nutrition-assistance-program-snap.

The double burden of malnutrition. Policy Brief(2017). Department of Nutrition for Health and Development. World Health Organization. Geneva. Switzerland. https://www.who.int/publications/i/item/WHO-NMH-NHD-17.3

The EAT-Lancet Commission Summary Report. https://eatforum.org/content/uploads/2019/07/EAT-Lancet_Commission_Summary_Report.pdf.

The UN Decade of Action on Nutrition 2016-2025. https://www.unscn.org/en/topics/un-decade-of-action-on-nutrition.

UNICEF. https://data.unicef.org

United Nations. The UN Decade of Action on Nutrition 2016-2025. https://www.unscn.org/en/topics/un-decade-of-action-on-nutrition.

World Food Programme. https://www.wfp.org.

World Food Programme. WFP Strategic Plan(2017-2021). https://www.wfp.org/publications/wfp-strategic-plan-2017-2021.

World Health Organization. Double-duty actions for nutrition. Policy Brief (2017). Department of Nutrition for Health and Development. World Health Organization. Switzerland. https://www.who.int/publications/i/item/WHO-NMH-NHD-17.2

World Health Organization. The double burden of malnutrition. Policy Brief (2017). Department of Nutrition for Health and Development. World Health Organization. Geneva. Switzerland. https://www.who.int/publications/i/item/WHO-NMH-NHD-17.3

World Health Organization(1998). 1948: a new health organization is born. World Health, 51(2), 4-5. World Health Organization. https://apps.who.int/iris/handle/10665/331264

저자 소개

모수미
서울대학교 대학원 농학 박사
현재 서울대학교 명예교수

구재옥
서울대학교 대학원 영양학 박사
현재 한국방송통신대학교 명예교수

김복희
서울대학교 대학원 식품영양학과 박사
현재 조선대학교 식품영양학과 교수

이윤나
서울대학교 대학원 영양학 박사
현재 신구대학교 식품영양학과 교수

이정은
미국 하버드대학교 영양학과 및 역학과 박사
현재 서울대학교 식품영양학과 교수

임경숙
서울대학교 대학원 영양학 박사
현재 수원대학교 식품영양학과 교수

정상진
미국 미시간주립대학교 식품영양학과 박사
현재 국민대학교 식품영양학과 교수

5판 COMMUNITY NUTRITION

지역사회영양학

초판 발행 2001년 3월 6일 | **개정판 발행** 2006년 9월 6일 | **2개정판 발행** 2011년 3월 7일
4판 발행 2017년 8월 11일 | **5판 발행** 2022년 8월 31일

지은이 모수미·구재옥·김복희·이윤나·이정은·임경숙·정상진
펴낸이 류원식
펴낸곳 교문사

편집팀장 김경수 | **책임진행** 권혜지 | **디자인** 신나리 | **본문편집** 우은영

주소 10881, 경기도 파주시 문발로 116 | **전화** 031-955-6111 | **팩스** 031-955-0955
홈페이지 www.gyomoon.com | **E-mail** genie@gyomoon.com
등록 1968. 10. 28. 제406-2006-000035호

ISBN 978-89-363-2396-7 (93590) | **정가** 25,000원